情報処理技術者試験学習書

対応試験
[春期]
●プロジェクトマネージャ ●システム監査技術者
[秋期]
●システムアーキテクト ●ITサービスマネージャ ●ITストラテジスト

うかる!

春期 秋期

高度試験 第2版 午後II論述

ITのプロ46 著
代表 三好康之

SE SHOEISHA

本書内容に関するお問い合わせについて

このたびは翔泳社の書籍をお買い上げいただき、誠にありがとうございます。弊社では、読者の皆様からのお問い合わせに適切に対応させていただくため、以下のガイドラインへのご協力をお願い致しております。下記項目をお読みいただき、手順に従ってお問い合わせください。

●ご質問される前に

弊社Webサイトの「正誤表」をご参照ください。これまでに判明した正誤や追加情報を掲載しています。

正誤表　https://www.shoeisha.co.jp/book/errata/

●ご質問方法

弊社Webサイトの「刊行物Q&A」をご利用ください。

刊行物Q&A　https://www.shoeisha.co.jp/book/qa/

インターネットをご利用でない場合は、FAXまたは郵便にて、下記"翔泳社 愛読者サービスセンター"までお問い合わせください。
電話でのご質問は、お受けしておりません。

●回答について

回答は、ご質問いただいた手段によってご返事申し上げます。ご質問の内容によっては、回答に数日ないしはそれ以上の期間を要する場合があります。

●ご質問に際してのご注意

本書の対象を越えるもの、記述個所を特定されないもの、また読者固有の環境に起因するご質問等にはお答えできませんので、予めご了承ください。

●郵便物送付先およびFAX番号

送付先住所　〒160-0006　東京都新宿区舟町5
FAX番号　03-5362-3818
宛先　（株）翔泳社 愛読者サービスセンター

はじめに

情報処理技術者試験には，「論文」を書かなければならない試験区分が5つあります。いずれも高度系に位置付けられる区分なのですが…この「論文」に対して苦手意識をもっている人も少なくありません。「文系じゃないから…」，「国語が苦手なもので…」，「文章を書く機会ってもう無いし…」など，苦手な人の意見は様々ですが，そこに共通しているのは，「**今からじゃ，もうどうしようも無いよね**」というものです。もっと国語を勉強しておけばよかったとか，今から自分の国語力を高めるのは無理だろうとか。

でも…全く，そんなことはないのです。当然ですが…“論文”とは言え“国語の試験”ではありません。したがって社会人になってからでも…ベテランになってからでも，いくらでも合格論文は書けるようになります。**しかも想像しているよりもずっと短時間で。**

筆者はこれまで20年にわたり，情報処理技術者試験対策講座を開催してきましたが，いつも最初にそのことを伝えています。**決して難しいものではなく，今からでも…半年あれば仕上がりますよと**。しかも，最初の1区分は多少時間がかかるかもしれませんが，2区分目はかなり楽になり，気付いたら5区分制覇できると手応えを感じるようになることも。いつのまにか得意になっていたりするんですよね。

本書では，そのあたりのノウハウを凝縮して詰め込みました（筆者の論文対策における実績は巻末の著者紹介参照)。しかも5区分なので，受験区分だけではなく他の区分の特徴を知ることもでき，5区分制覇を狙っている人向けにも役立つ内容に仕上げました。それゆえ，ぜひとも，プロとして情報処理技術者試験と真正面から向き合っている素晴らしいエンジニアの方々に…本書を活用して合格を勝ち取ってもらいたいと考えています。

最後になりますが，いつものように「良い本を作りたい」という一心で，様々なわがままな要求にも，「読者のためだから」と逃げることなく付き合ってくれた翔泳社の方々にお礼申し上げます。ありがとうございました。おかげさまで，自信の持てる1冊に仕上がりました。

令和2年1月

著者　ITのプロ46代表　三好康之

目次

読者特典

本書の付録として，情報処理技術者試験の午後Ⅱの過去問題と，試験区分別の原稿用紙などを電子ファイルで提供しています。

1．午後Ⅱ過去問題

ＳＡ：　平成　６年～令和元年（26 年分）
ＰＭ：　平成　７年～平成 31 年（26 年分）
ＳＭ：　平成　７年～令和元年（25 年分）
ＳＴ：　平成　６年～令和元年（25 年分）
ＡＵ：　平成１１年～平成 31 年（21 年分）

2．試験区分別　論文原稿用紙（添削チェックシート付）

各試験区分　Ｂ４タイプ／Ａ４タイプ

●配布サイト
https://www.shoeisha.co.jp/book/present/9784798165608/
●アクセスキー
記載場所，入力方法については，Web サイトを参照してください。

2020 年２月下旬ごろから提供開始の予定です。

上記サイトにアクセスすると，SE BookMembers（SEBM）メルマガ登録のご案内が表示されます。ぜひご登録ください。登録いただかない場合でも，画面内の「SEBM メルマガに登録せずダウンロード」をクリックすると，ファイルをダウンロードできます。

付録　ご利用上のご注意

第1部

論述試験共通対策

Step1　論文の体裁で2,200字以上書く

Step2　問題文の趣旨に沿って解答する

Step3　具体的に書く！

Step4　初対面の第三者に正しく伝わるように書く！

Step5　その他　三つの注意事項

Step6　時間配分～なぜみんな2時間で書けるの？～

例）2,800字を書く時の2時間の使い方

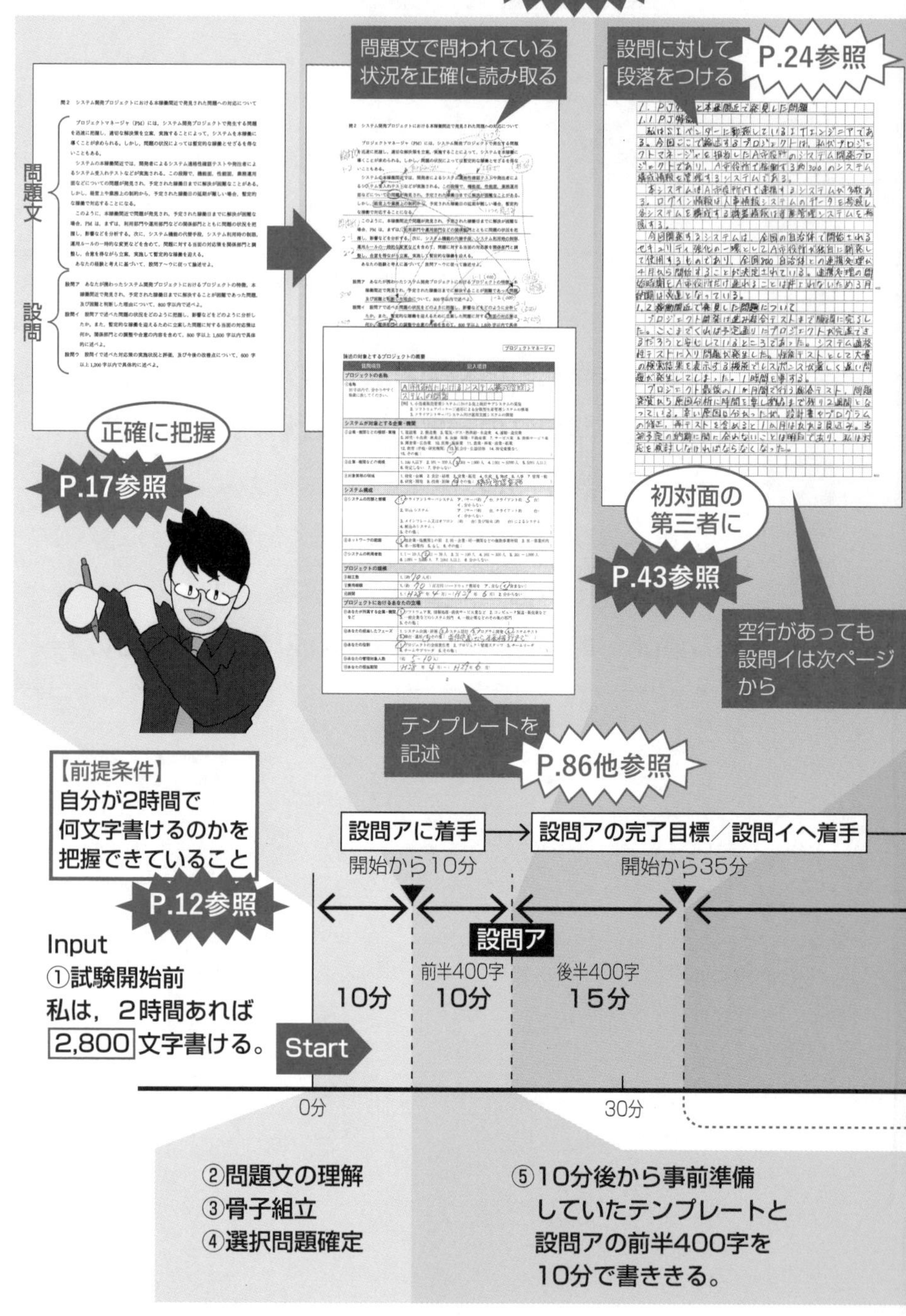

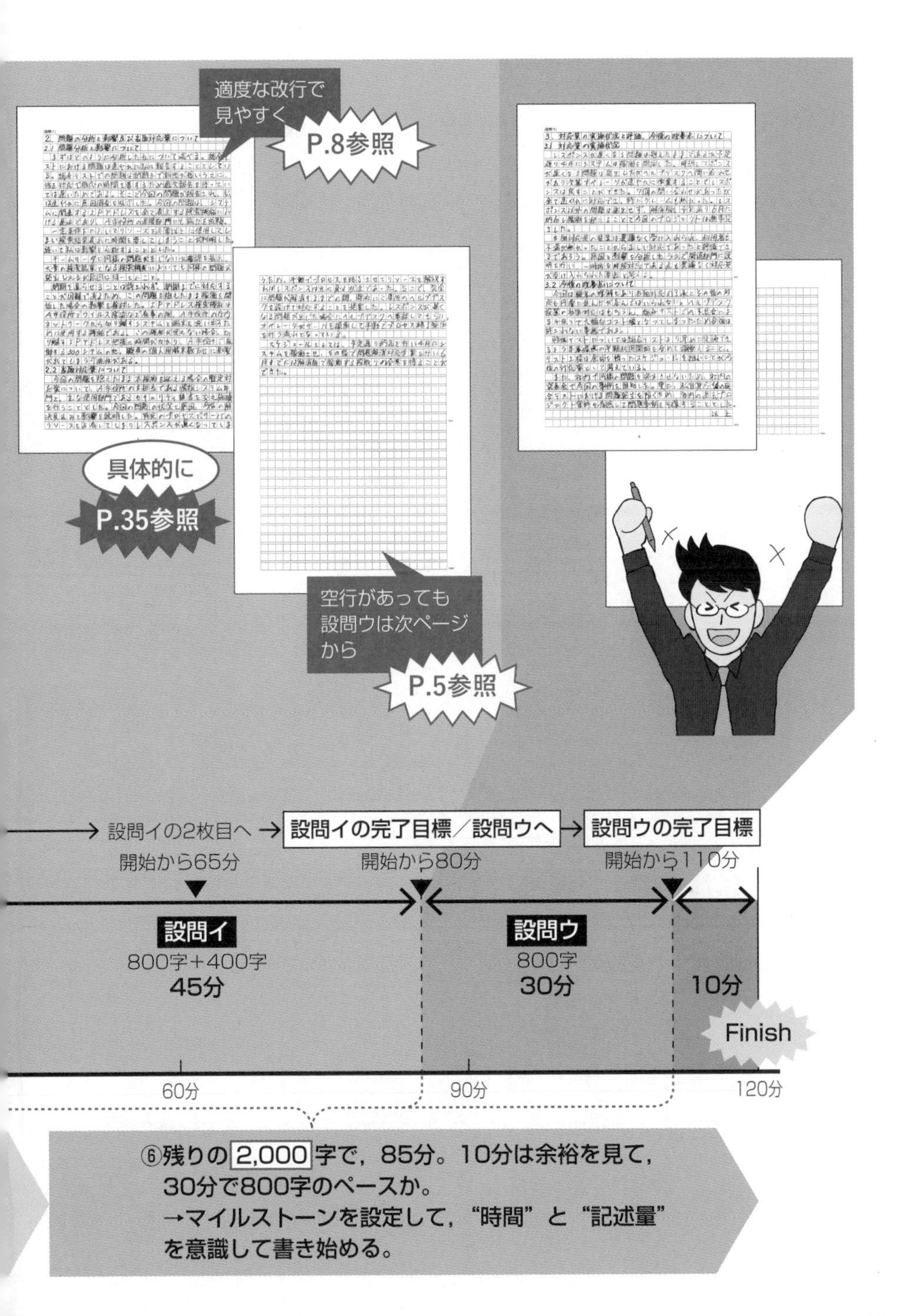

適度な改行で見やすく
P.8参照
具体的に
P.35参照
空行があっても設問ウは次ページから
P.5参照
設問イの2枚目へ
設問イの完了目標／設問ウへ
設問ウの完了目標
開始から65分
開始から80分
開始から110分
設問イ
800字+400字
45分
設問ウ
800字
30分
10分
Finish
60分
90分
120分
⑥残りの 2,000 字で，85分。10分は余裕を見て，
30分で800字のペースか。
→マイルストーンを設定して，“時間”と“記述量”
を意識して書き始める。

論文の体裁で2,200字以上書く

合格論文に向けた**“第1のハードル”**は，指定されている**規定字数**（※1）をクリアして，最後まで書ききることです。

※1　規定字数：設問アで800字（以内），設問イで800字，設問ウで600字（システム監査技術者の場合は設問イで700字，設問ウで700字）が，規定字数になります。合計すると2,200字になるので本書では便宜上，合計値を規定字数として使っています。それゆえ，合計が2,200字以上あっても，設問イと設問ウのいずれかが規定字数に達していない場合は規定字数をクリアしたことにはならないので注意してください。

1 なぜ，2,200字以上書かないといけないの？

◆問題冊子に書いている注意事項

午後Ⅱ論述式試験で使用される問題冊子の注意事項（図1参照）には“文字数”に関するものがあります（図2参照）。これが，前頁で説明している規定字数の根拠になります。

それと，問題冊子では「**評価を下げることがある**」という甘い表現になっていますが，規定字数をクリアできていない論文は，不合格論文だと考えておいたほうがいいでしょう。実際には，規定字数に満たなくても合格している人は確認できているので，“字数不足＝即不合格”ということではありません。問題冊子の通り「**評価を下げることがある**」だけでした。しかし，筆者の受講生から得ている膨大なデータの中で，規定字数を満たさずに合格できたのは，極々稀なケースです。

したがって，多少厳しい見方になりますが，規定字数に満たない場合は不合格論文になる可能性が高いと考えて，しっかりと準備しておきましょう。

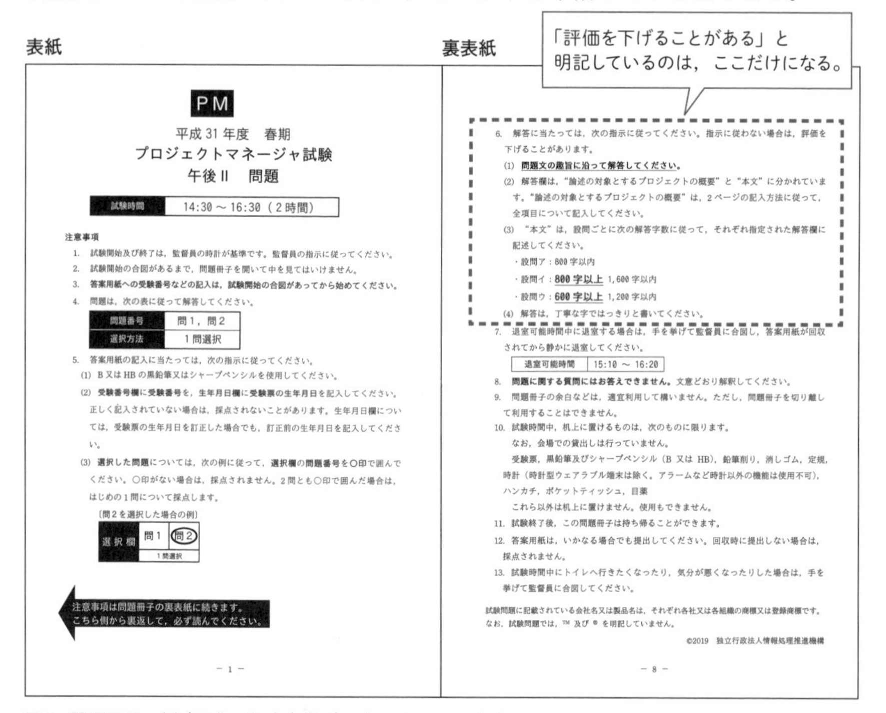

表紙

PM

平成31年度　春期
プロジェクトマネージャ試験
午後Ⅱ　問題

試験時間	14:30 ～ 16:30（2時間）

注意事項

1. 試験開始及び終了は，監督員の時計が基準です。監督員の指示に従ってください。
2. 試験開始の合図があるまで，問題冊子を開いて中を見てはいけません。
3. **答案用紙への受験番号などの記入は，試験開始の合図があってから始めてください。**
4. 問題は，次の表に従って解答してください。

問題番号	問1，問2
選択方法	1問選択

5. 答案用紙の記入に当たっては，次の指示に従ってください。
   (1) B又はHBの黒鉛筆又はシャープペンシルを使用してください。
   (2) **受験番号欄に受験番号を，生年月日欄に受験票の生年月日**を記入してください。正しく記入されていない場合は，採点されないことがあります。生年月日欄については，受験票の生年月日を訂正した場合でも，訂正前の生年月日を記入してください。
   (3) **選択した問題**については，次の例に従って，**選択欄の問題番号**を○印で囲んでください。○印がない場合は，採点されません。2問とも○印で囲んだ場合は，はじめの1問について採点します。

〔問2を選択した場合の例〕

選択欄	問1	(問2)
	1問選択	

注意事項は問題冊子の裏表紙に続きます。
こちら側から裏返して，必ず読んでください。

－ 1 －

裏表紙

6. 解答に当たっては，次の指示に従ってください。指示に従わない場合は，評価を下げることがあります。
   (1) **問題文の趣旨に沿って解答してください。**
   (2) 解答欄は，“論述の対象とするプロジェクトの概要”と“本文”に分かれています。“論述の対象とするプロジェクトの概要”は，2ページの記入方法に従って，全項目について記入してください。
   (3) “本文”は，設問ごとに次の解答字数に従って，それぞれ指定された解答欄に記述してください。
   - 設問ア：800字以内
   - 設問イ：**800字以上** 1,600字以内
   - 設問ウ：**600字以上** 1,200字以内

   (4) 解答は，丁寧な字ではっきりと書いてください。
7. 退室可能時間中に退室する場合は，手を挙げて監督員に合図し，答案用紙が回収されてから静かに退室してください。

退室可能時間	15:10 ～ 16:20

8. **問題に関する質問にはお答えできません。**文意どおり解釈してください。
9. 問題冊子の余白などは，適宜利用して構いません。ただし，問題冊子を切り離して利用することはできません。
10. 試験時間中，机上に置けるものは，次のものに限ります。
    なお，会場での貸出しは行っていません。
    受験票，黒鉛筆及びシャープペンシル（B又はHB），鉛筆削り，消しゴム，定規，時計（時計型ウェアラブル端末は除く。アラームなど時計以外の機能は使用不可），ハンカチ，ポケットティッシュ，目薬
    これら以外は机上に置けません。使用もできません。
11. 試験終了後，この問題冊子は持ち帰ることができます。
12. 答案用紙は，いかなる場合でも提出してください。回収時に提出しない場合は，採点されません。
13. 試験時間中にトイレへ行きたくなったり，気分が悪くなったりした場合は，手を挙げて監督員に合図してください。

試験問題に記載されている会社名又は製品名は，それぞれ各社又は各組織の商標又は登録商標です。
なお，試験問題では，™ 及び ® を明記していません。

©2019　独立行政法人情報処理推進機構

－ 8 －

図1　問題冊子の例（平成31年度春期プロジェクトマネージャ）

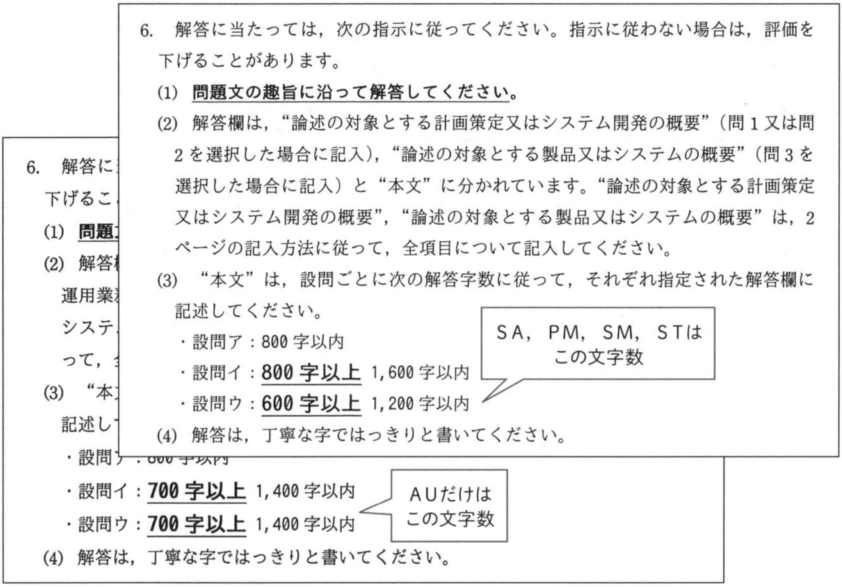

6. 解答に当たっては，次の指示に従ってください。指示に従わない場合は，評価を下げることがあります。

(1) **問題文の趣旨に沿って解答してください。**

(2) 解答欄は，“論述の対象とする計画策定又はシステム開発の概要”（問1又は問2を選択した場合に記入），“論述の対象とする製品又はシステムの概要”（問3を選択した場合に記入）と“本文”に分かれています。“論述の対象とする計画策定又はシステム開発の概要”，“論述の対象とする製品又はシステムの概要”は，2ページの記入方法に従って，全項目について記入してください。

(3) “本文”は，設問ごとに次の解答字数に従って，それぞれ指定された解答欄に記述してください。

・設問ア：800字以内
・設問イ：**800字以上** 1,600字以内
・設問ウ：**600字以上** 1,200字以内

SA，PM，SM，STは
この文字数

(4) 解答は，丁寧な字ではっきりと書いてください。

6. 解答に
下げるこ
(1) **問題**
(2) 解答
運用業
システ
って，
(3) “本
記述し
・設問ア：800字以内
・設問イ：**700字以上** 1,400字以内
・設問ウ：**700字以上** 1,400字以内

AUだけは
この文字数

(4) 解答は，丁寧な字ではっきりと書いてください。

図2 問題冊子の規定字数に関する注意事項の拡大図

◆採点講評での指摘

問題冊子に書いている規定字数に関する注意は，過去の採点講評でも指摘されています。このあたりの指摘からも，規定字数をクリアすることの必要性が伺えますよね。

平成20年のシステムアーキテクト試験の採点講評より

規定字数に満たないもの，記述の乱雑なものや誤字脱字が目立つもの，論述内容が理解しづらいものがあった。このような論述では，受験者の能力や経験を正しく読み取れない場合もあり得るので，是非留意してもらいたい。

平成31年のプロジェクトマネージャ試験の採点講評より

誤字が多く分かりにくかったり，字数が少なくて経験や考えを十分に表現できていなかったりする論述も目立った。（こういうのは良くない）。

2 文字数に対する基本的な考え方は？

◆最適な記述文字数は2,800字ぐらい

規定字数に関しては，平成23年度システム監査技術者試験の採点講評において，**「解答字数の下限ぎりぎりで十分に内容を表現できない論述や，下限に満たない論述が目立った。」**という指摘もありました。

この指摘を見る限り，2,200字をクリアしただけでは（評価を下げることは無くても）まだ足りないようです。確かに，問題文と設問で要求されていることに対して表現しようとすると，下限ぎりぎり（2,200字）では難しいですよね。

では，内容を十分に表現できている合格論文の最適な記述文字数とは，何文字ぐらいになるのでしょうか。筆者がこれまで添削してきた経験から言うと，それはズバリ2,800字です。あくまでも筆者の感覚にすぎませんが内容を十分に表現できていて読みごたえがあるのはもちろんのこと，ダラダラとせず，冗長な部分もない最適な文字数が2,800字です。"手書きで2時間"という制約条件を加味したら，**最大3,600字の約8割に当たる2,800字**を当面の目標にしておけば，まず間違いないでしょう。

◆記述量のカウントについて

さて，ここまで"文字数"，"文字数"と繰り返し説明してきましたが，そもそも文字数は，どのようにカウントしているのでしょうか。それをここで確認しておきましょう。

①文字数ではなく行数でカウントしている。それも厳密なものでもなく"4行で100字"というような大雑把な計算
②段落タイトル，適度な改行は絶対に必要

過去の採点講評や自分自身の経験，数多くの受講生の合格経験などから，上記のようになると考えられます。文字数に対する指示があるため，空白マスをあけてはいけないと思われるかもしれませんが，読みにくければ逆効果です。平均して，1ページ（400字）を2〜3ブロックに分けてまとめた方が，グッと読みやすい文章になることは明白でしょう（図3）。

＜悪い例＞

> 私の勤務する会社は，独立系ソフトウェア開発企業で，関西の中堅企業，大学，官庁等を主要な顧客としている。今年で勤続15年になるが，ＳＥとしての経験を経て，約７年前からプロジェクト管理を主要業務にしている。今回私が担当したのは，Ａ大学の統合事務システム開発プロジェクトである。本プロジェクトは，これまで個別にシステム化されてきた入試業務，学生管理業務，就職管理業務等の各個別業務システムを一本化する目的で立ち上げられた。総開発期間は１年半。但し，業務ごとに順次稼働を開始させるもので，最初は半年後の学生募集業務である。開発工数は 120 人月で，ピーク時には要員が 20 名になる。要求品質は，特に可用性確保が求められた。開発を進めていく上で考慮しなければならない点として，ユーザ側のシステム開発リテラシーが非常に低い点がある。

＜良い例＞

> 私の勤務する会社は，独立系ソフトウェア開発企業で，関西の中堅企業，大学，官庁等を主要な顧客としている。今年で勤続15年になるが，ＳＥとしての経験を経て，約７年前からプロジェクト管理を主要業務にしている。
>
> 今回私が担当したのは，Ａ大学の統合事務システム開発プロジェクトである。本プロジェクトは，これまで個別にシステム化されてきた入試業務，学生管理業務，就職管理業務等の各個別業務システムを一本化する目的で立ち上げられた。
>
> 総開発期間は１年半。但し，業務ごとに順次稼働を開始させるもので，最初は半年後の学生募集業務である。開発工数は 120 人月で，ピーク時には要員が 20 名になる。要求品質は，特に可用性確保が求められた。
>
> 開発を進めていく上で考慮しなければならない点として，ユーザ側のシステム開発リテラシーが非常に低い点がある。

図3　悪い例と適度な改行をしている良い例

◆不要な空行はNG

平成21年のシステム監査技術者試験の採点講評では「**論述内容の意味の無い重複，不要な空行，専門用語の誤りなどがないように注意してもらいたい。**」と指摘されています。この指摘に見られるように，不要な空行や，意味なく左の1マス全部を空けるような書き方は避けた方が良いでしょう。但し，箇条書きを使うところなどは“不要”ではありません。そのあたりはサンプル論文で確認するようにしてください。

◆設問アの800字以内の考え方

設問アは，どの試験区分でも「800字以内」という解答字数になっています。これを額面通りに取ると100文字程度でも問題ないことになりますが，当然ですが，そういうことにはなりません。極端に文字数が少ないと，採点者サイドの期待する情報量に至らないので「**内容が不十分でよくわからない**」ということになってしまいます。

それに，そもそも…設問アは，本来「**書きたいことが多すぎて，800字に収めるのが難しい。何を切り捨てよう（書かずにいよう）。どうすれば端的に説明できるんだろう。**」と悩むべきところだとも言われています。

そう考えれば，空欄行ゼロ（16文字×32行の原稿用紙の32行目に文字を書く）がベストですよね。最低でも700字以上，すなわち空欄行を4行より少なくすることを目安にしましょう。但し，あくまでも目安であることだけは忘れないように。

3 読みやすい丁寧な字…これ厳守

◆採点講評での指摘

問題冊子には「**解答は丁寧な字ではっきりと書いてください。**」という注意書きが記されています。そして，過去の採点講評でも，その件に関して何度も指摘されてきました。

平成23年のプロジェクトマネージャ試験の採点講評より
誤字，当て字，俗語なども目立った。高度情報処理技術者として，適切な用語を使用し，考えを的確に相手に伝えることは非常に大切であるので，気をつけてほしい。

平成22年のシステムアーキテクト試験の採点講評より
論述は第三者に読ませるものであることを意識してほしい。例えば，段落を分けることで何についての記述なのかを明確にする。業界特有の用語は説明を入れるなど，考えを的確に伝えるための工夫をしてほしい。

◆汚い字はNG？

論文は読みやすい丁寧な字で書かなければなりません。汚い答案，読めない文字，たとえ“達筆”であっても読みにくい文字は，いずれも評価を落とす可能性があるからです。

受験生の中には，この点を軽く考えている人もいますが，それは大きな誤りです。実際，筆者の開催している試験対策講座でも，原因不明で不合格になった受講生（講座内で「この受講生は絶対に論文で落ちないだろう」というレベルにまで仕上がり，試験当日も「しっかりと書けた」と報告を受けていたにもかかわらず，不合格になった受講生）に共通しているのが，（後から思い返してみると）字が乱雑だったという点なのです。それが原因かどうかはわかりませんが，問題冊子にも明記されている数少ない「評価を下げる」要因の一つなので，きっとそうなんだと思います。したがって，論文は「**丁寧な字**」を厳守し，「**きれいな答案**」を心がけなければならないと考えておきましょう。

但し，読みやすい丁寧な字でないといけない理由は，（字が汚い答案だから採点したくないという）採点者の感情的なものでも，エゴイズム的なものでもありません。単に，文字が読みにくいと，結果的に読み手の記憶に残らないからです。

良い論文（合格論文）とは，読み終わった後に，作者の論述する“内容が”，採点者の頭の中に“残っている”論文です。採点者の頭の中に内容を残すには，その内容も当然ですが，短い時間で一気に，かつ内容に集中させて，読破させなければなりません。もしも，字が汚くて，採点者を至るところで「**この字は何て書いているのだろう**」と中断させたり，「**読みにくいな**」などと内容に集中することを妨げたりすると，結果的に採点者の頭の中には（内容は）残らなくなります。その結果，「**結局，よくわからなかった…**」と判断され，評価はその分低くなってしまいます。

要するに，「きれいな字」というのは，ビジネスにおいても，こうした資格試験においても，優れた武器になるということです。いくら良い内容を表現していても，その表現手段である「言葉」や「字」がお粗末では，決して相手に伝わりません。「言葉」や「字」には，その人物の内面が出てくるとも言われています。“力強い言葉”が説得力を持つように，“きれいな字”も説得力を持つというのは間違いありません。不合格の理由は公表されず，ある程度採点者の主観によって合否が左右されることを合わせて考慮すると，字を丁寧に書くことは必須だと言っても過言ではないでしょう。

今では手書きで文書を書くことも本当に少なくなりましたが，いつ何時，手書きで表現しなければならないシーンがくるかは分かりません。これを機会に，丁寧な字を書く練習を始めてみることをお勧めします。

なお，このような理由で「丁寧な字」が望まれるのであれば，**何も一貫して字を丁寧に書く必要がないことにも気づくでしょう**。論文の書き出しは非常に重要であり，ここでイメージさせることができるかどうかで，合格論文であるかどうかが決まります。だから前半部分に解読不可能な文字が出現すると，最後まで影響するかもしれませんが，徐々に崩れていった字体に関しては，採点者の適応能力で追随してもらえるはずです。そう考えて，規定字数をクリアするペースではないと判断した場合は，少々字を崩してでも字数確保に努めるべきです。最優先させるべきことは，採点の土俵に乗ること，つまり，規定字数以上の文字数を書くことですからね。

◆自分の文字を書く速度を把握しておく

論述試験に限っては，“字のきれいさ”に加えて，**“文字を書く速さ”**も強力な武器の一つになります。それゆえ，試験対策期間中にしっかり練習して「**自分がいったい2時間で何文字書けるのか？**」を把握し（P.014参照），試験当日は（問題文を読んだ直後に）「**この問題なら2時間で2,800字は書ける！**」という判断ができるようにしておくこと（P.002参照）が望まれます。

ちなみに筆者は，受講生の協力を得て，何度かデータを取ったことがあります。その結果は次のようなものでした。

①1分間に平均40文字前後　…　受講生の90%（10人に9人）
②1分間に平均50文字以上　…　受講生の10%（10人に1人）
③1分間に平均60文字以上　…　受講生の1%（100人に1人）

10人中9人は，規定字数（2,200文字）を書くだけでも55分も必要で，それが理想の2,800字だと70分も必要だということになります。しかもこの速度は，手を休めることなく書き続けた場合のものなので，これに，考えて手が止まったり，間違って消して書き直したりすると，さらに平均速度が落ちます。「**2時間ぎりぎりまで書き続けた。**」という受験生が多いのも納得ですね。

【参考】平成20年度までの旧試験での制約

平成20年度までの旧試験における“字数の制約”は次のようなものでした。設問の一部がワンパターンだったこともあり，要求している規定字数は，今よりもやや多かったのです。旧試験の問題で論文練習をするときには，注意しましょう。

平成 20 年度までの旧試験での制約

問題文の裏表紙（一部抜粋）

(3) “ 本文 ” について，
・設問アは，800 字以内で記述してください。
・設問イ，ウは，合わせて 1,600 字以上 3,200 字以内で記述してください。
・箇条書を含めることは差し支えありませんが，箇条書に終始しないでください。

(4) 解答は，はっきりした字できれいに書いてください。読みにくい場合は，減点の対象になります。

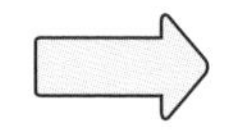

○設問アは 800 字を超えて書いてはいけない
○全部で 2,400 字程度は最低必要
○全部で 4,000 字を超えて書いてはいけない
○字は丁寧に！

4 その他の注意事項

Step1で注意すべきことは，これまでに説明してきた点だけです。いずれも問題冊子や採点講評で直接的に指摘されているポイントです。それ以外には，特に定められたルールというものはありませんが，できれば“**常識の範囲**”としての作文や論文のルールは守っておいたほうがいいかもしれません。リスクは最小限にしておいたほうがいいからです。誰にでもできる難しくないことなのでやって損はありません。以下に，そのうちのいくつかを紹介しておきましょう（表1）。

常体	常体とは，「だ・である」調のことです（これに対して「です・ます」調の方は敬体と言います）。通常，論文は常体を使います。どの参考書でもそう推奨しているはずです。筆者は，過去の試験で敬体を試したことがあり，その時には合格していますが，本番でそんなリスクを取る必要はありません。その時も自分で書いていて違和感があったし，何よりも幼稚な文章に見えてしまいます。何のメリットもありません。
禁則処理	禁則処理とは，約物（論文だと，特に句読点や後ろのかっこ）が行頭にこないようにする処理のことです。約物が行頭にくるような場合には，前の行の最終マスに含めたり，欄外に記載したりします。WORDなどのワープロソフトの機能にもありますよね。
英数字	英数字に関しては，これといったルールが無いので全角でも構わないのですが，なんか間延びしますよね。そこで，論文では半角を使ってもいいようです。正直減点されているかどうかはわかりませんが，筆者は毎回半角を使います。そもそも雑誌や書籍で使っている出版社ルールですからね。大丈夫でしょう。 ※半角（一マスに2文字）で書くもの ・フルスペルの英文字（例：Customer Relationship Management） ・数字（例：5,000,000） ※英字だが全角（一マスに1文字）で書くもの ・英文字の略字（例：CRM）
固有名詞	企業名，組織名，個人名，製品名，有名なプロジェクト名等の固有名詞は，イニシャルで記述するのが一般的です（A社，X氏等）。但し，論文の中では一つのイニシャルで一つの意味と対応付けないと，読み手は混乱するので注意しましょう。また，イニシャルが多くなってきても混乱するので，例えば「A部長」とか，「仕入れ先のX社」とか，随所で違いの分かる表現を加味するといいでしょう。なお，固有名詞に関してはP.037のコラムにも書いています。合わせて確認してみてください。 （例）A社のAさん（×）。A社のXさん（○）

表1　基本的な作文や論文のルール

5 2時間手書きで書けるようになる練習

それでは最後に，Step1の練習方法について説明したいと思います。Step1に課題があり練習が必要かどうかは，自分自身が一番良く知っています。

何度か2時間手書きで論文を書いてみて，その実績から「**練習しなくても2時間手書きで2,800字はコンスタントに書ける。**」という人は，練習する必要はありません。しかし，そうではなく「書けない」と考えている人はもちろんのこと，「分からない」と考えている人も，絶対的な自信を持てるまでは練習が必要になります。

◆2時間，手書きで書く練習をする

Step1をクリアするための練習は，とにもかくにも，過去問題を使って2時間手書きで書いてみることです。書けるようになるまで何度も書いてみることが最大のポイントになります。

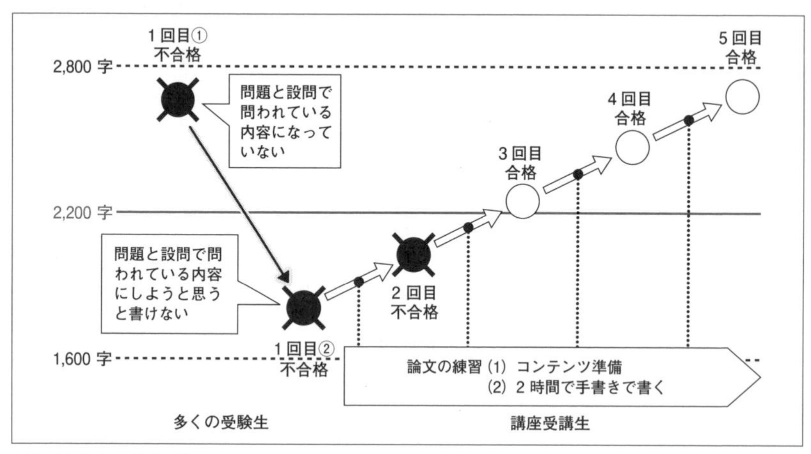

図4　受講生の成長パターン

図4は，筆者が論文対策講座で実際に見てきた受講生の成長曲線です。論文を初めて書いた時，ほとんどの受講生は図のように，"字数不足（図の1回目①）"か"題意に沿っていない（図の1回目②）"かのいずれかの理由でC評価やD評価になります。しかし，そこで課題を見つけて一つずつ改善していくことで，早い人で3回，遅くとも5回で，2時間で題意に沿った論文が書けるようになっていました。

その理由はいろいろあると思います。**自分の文章の癖を知り課題を知る，その課題を改善する，共通部分のコンテンツの準備が進む，知識が身に付く，ペース配分を掴む，情報処理技術者試験の表現に慣れる**などです。その過程でStep2～Step6に書いているようなことに気付き，一つずつ改善しているのでしょう。

そして，いったん書けるようになると（図4の成長曲線で5回目ぐらいのところに達すると），先に記した通り「**もう練習しなくても確実に書ける**」という絶対的な自信が持てるようになるのです。結果，他の試験区分を受験する時には「練習しなくても全然大丈夫」と，自分自身が判断するというわけです。

◆早くから着手することが重要

なお，この練習は早くから着手しないと成果は出ません。1回1回の間隔をあけて，その間にコンテンツを準備したり，自分の普段のコミュニケーションスタイルと向き合ったり，知識を十分につけたりする時間が必要だからです。当然ですが，「5回書けばいいのか」と考えて，試験の5日前から毎日5本書いたとしても，大きな効果は期待できませんからね。できる限り，1回目と2回目，さらに3回目の間隔をあける計画を立て，その間にじっくりと課題と向き合う，そういう練習になるように計画しましょう。

但し，その場合，最初の頃は全く手が動かなくて2時間無駄に過ごしたようになってしまうので，そこだけは覚悟しておきましょう。ともすれば，無駄に時間を過ごしているように感じると思います。そんな時間があったら午後Ⅰでも解いてみようかとなってしまい，先に知識を付けようと考えてしまうかもしれません。しかし，本当に無駄ではないのです。

実際筆者の講座では，初回から「2時間論文を書く」という無理難題を受講生に課しています。もちろん最初は2時間思うように手は動きませんが，それでも回を重ねて最終的に合格しています。問題意識を早くから持てることや，課題を見つけることの方が重要だということです。「**早くから始めないと，試験本番までに仕上がらない**」，「**自問自答するだけでもちゃんと前に進んでいる**」，そう考えて苦痛に耐えましょう。

column

論文に「未経験」と書いたら…

午後II論述式試験の問題文には，最後に必ず「**あなたの経験と考えに基づいて，設問ア～ウに従って論述せよ。**」という指示があります。採点講評でも，よく「**経験に基づいて書いてほしい**」という指摘をしています。

これに対して，ある日，筆者の試験対策講座の受講生から「**問題によっては経験の無いものがあるんですが，そういう時に，素直に未経験と書いてはいけないのですか？**」という質問を受けました。

「**うーん。どうでしょう。**」

その時，筆者は答えられませんでした。

試したい…

一応，出題は2問ありますし，多くの受験生が書けるようなテーマも出題されます。IPAも「この経験をしている人に合格してほしい」という想いもあるのでしょう。

しかし，未経験の受験者が多いのも事実で，学生にも合格者が出ていることもあるのですが，未経験の場合は「知識を駆使して経験した体で書く」ことで合格を目指すのがデフォルトになっています。

そんな中，実際に未経験だと宣言して論文を書いたらどうなるんだろう？

「**試したい…**」

筆者の悪い癖です。わからないから試したくなったのです。

結果はD評価

で，実際に平成28年のITサービスマネージャ試験で試してみました。その結果…結論から言うとダメでした。

どのような論文にしたのかと言うと，まずは設問アを，次のような感じで始めました。

「私には，その経験はまだない。そこで，過去の比較的よく似た事例をベースにして『あの時，…が…という事態になっていたとしたら』と仮定して，今の知識に基づいて具体的に書いていきたいと思う。」

そして随所に「**実際には…だったが，仮にそれが…だったとしたら，私はこうしていただろう。**」という感じで書き上げたのです。

結果は，見事に不合格でした。しかもD評価です。過去，論文系の試験は午前，午後Iで不合格になったことはありますが，論文でA評価以外取ったことがありません。それまで15連勝中（15勝無敗）でした（試験対策をやっている立場なので当然ですが）。

内容面ではいつも通りほぼ完全に書ききりました。それがD評価です。これがB評価やC評価であれば（原因が特定できず）悩ましかったと思うのですが…。

詳細はブログで！

詳細は筆者のブログに書いています。かなり昔の記事なので「三好康之　情報処理技術者試験…不合格だった」で検索してみてください。その記事の下の方に当時のリンク（2015年12月18日のブログ）を張っています。

Step 2 問題文の趣旨に沿って解答する

合格論文に向けた“**第2のハードル**”は，問題文と設問を熟読して「**問題文の趣旨**」を正確に読み取ることです。論文は，当然ですが何を書いてもいいわけではありません。出題者は「**こんな経験があれば，その経験について書いてほしい**」と考えていて，それを問題文で示しています。したがって，まずは問題文と設問を熟読して「**要求されている経験，すなわち書かないといけないこと**」を把握しなければなりません。ここで誤った解釈をしてしまうと，いくら素晴らしい経験を書いたところで合格論文にはならないので注意しましょう。

1 “問題文の趣旨に沿う”ってどういうこと？

◆問題冊子に書いている注意事項

前述の通り，午後Ⅱ論述式試験で使用される問題冊子の表紙と裏表紙には，注意事項が書かれています（図5参照）。その中に**「解答に当たっては，次の指示に従ってください。指示に従わない場合は，評価を下げることがあります。」**という注意事項があり，そこに**「問題文の趣旨に沿って解答してください。」**と書かれています。これは四つある注意事項の中の一番目で太字かつ下線付きで強調されているところなので，最重要注意事項だということを示しています。したがって，単に規定字数をクリアするだけではなく，併せてこの要求をクリアすることも考えていかなければなりません。

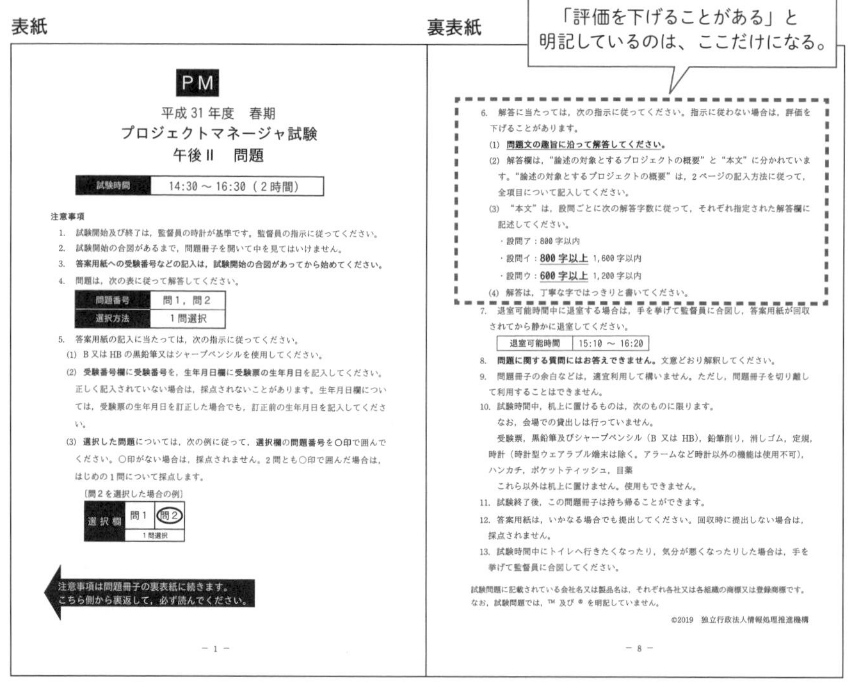

表紙

PM

平成31年度　春期
プロジェクトマネージャ試験
午後Ⅱ　問題

試験時間	14:30 ～ 16:30（2時間）

注意事項

1. 試験開始及び終了は，監督員の時計が基準です。監督員の指示に従ってください。
2. 試験開始の合図があるまで，問題冊子を開いて中を見てはいけません。
3. **答案用紙への受験番号などの記入は，試験開始の合図があってから始めてください。**
4. 問題は，次の表に従って解答してください。

問題番号	問1，問2
選択方法	1問選択

5. 答案用紙の記入に当たっては，次の指示に従ってください。
   (1) B又はHBの黒鉛筆又はシャープペンシルを使用してください。
   (2) **受験番号欄に受験番号を，生年月日欄に受験票の生年月日**を記入してください。正しく記入されていない場合は，採点されないことがあります。生年月日欄については，受験票の生年月日を訂正した場合でも，訂正前の生年月日を記入してください。
   (3) **選択した問題**については，次の例に従って，**選択欄の問題番号を○印**で囲んでください。○印がない場合は，採点されません。2問とも○印で囲んだ場合は，はじめの1問について採点します。

〔問2を選択した場合の例〕

選択欄	問1	(問2)
	1問選択	

注意事項は問題冊子の裏表紙に続きます。
こちら側から裏返して，必ず読んでください。

－1－

裏表紙

6. 解答に当たっては，次の指示に従ってください。指示に従わない場合は，評価を下げることがあります。
   (1) **問題文の趣旨に沿って解答してください。**
   (2) 解答欄は，“論述の対象とするプロジェクトの概要”と“本文”に分かれています。“論述の対象とするプロジェクトの概要”は，2ページの記入方法に従って，全項目について記入してください。
   (3) “本文”は，設問ごとに次の解答字数に従って，それぞれ指定された解答欄に記述してください。
      ・設問ア：800字以内
      ・設問イ：**800字以上** 1,600字以内
      ・設問ウ：**600字以上** 1,200字以内
   (4) 解答は，丁寧な字ではっきりと書いてください。
7. 退室可能時間中に退室する場合は，手を挙げて監督員に合図し，答案用紙が回収されてから静かに退室してください。

退室可能時間	15:10 ～ 16:20

8. **問題に関する質問にはお答えできません。**文意どおり解釈してください。
9. 問題冊子の余白などは，適宜利用して構いません。ただし，問題冊子を切り離して利用することはできません。
10. 試験時間中，机上に置けるものは，次のものに限ります。
    なお，会場での貸出しは行っていません。
    受験票，黒鉛筆及びシャープペンシル（B又はHB），鉛筆削り，消しゴム，定規，時計（時計型ウェアラブル端末は除く。アラームなど時計以外の機能は使用不可），ハンカチ，ポケットティッシュ，目薬
    これら以外は机上に置けません。使用もできません。
11. 試験終了後，この問題冊子は持ち帰ることができます。
12. 答案用紙は，いかなる場合でも提出してください。回収時に提出しない場合は，採点されません。
13. 試験時間中にトイレへ行きたくなったり，気分が悪くなったりした場合は，手を挙げて監督員に合図してください。

試験問題に記載されている会社名又は製品名は，それぞれ各社又は各組織の商標又は登録商標です。
なお，試験問題では，™ 及び ® を明記していません。

©2019　独立行政法人情報処理推進機構

－8－

図5　問題冊子の例（平成31年度春期プロジェクトマネージャ）再掲

◆採点講評での指摘

問題冊子に書いている注意事項に関しては，過去の採点講評でも指摘されています。しかも，どの試験区分でも最も多い指摘事項になります。

平成24年度のITサービスマネージャの採点講評より

設問で要求していない事項についての論述が本年は特に目についた。設問は出題のテーマや趣旨に応じて設定している。問題文と設問をよく読み，何について解答することが求められているかしっかりと把握した上で，論述に取り組んでもらいたい。

平成22年～平成30年までのITストラテジスト試験の採点講評より

ITストラテジストの経験と考えに基づいて，設問の趣旨を踏まえて論述することが重要である。問題文及び設問の趣旨から外れた論述や具体性に乏しい論述は，評価が低くなってしまうので，注意してもらいたい。（これは平成30年の採点講評）

平成20年度のシステム監査技術者試験の採点講評より

求めていない内容を中心に論述しているものが数多くあった。また，監査手続の論述を要求しているにもかかわらず，予備調査，本調査，報告書作成などの監査手順の論述も散見された。過去の試験のパターンにとらわれず，設問をよく読んで論述すること。（以下略）

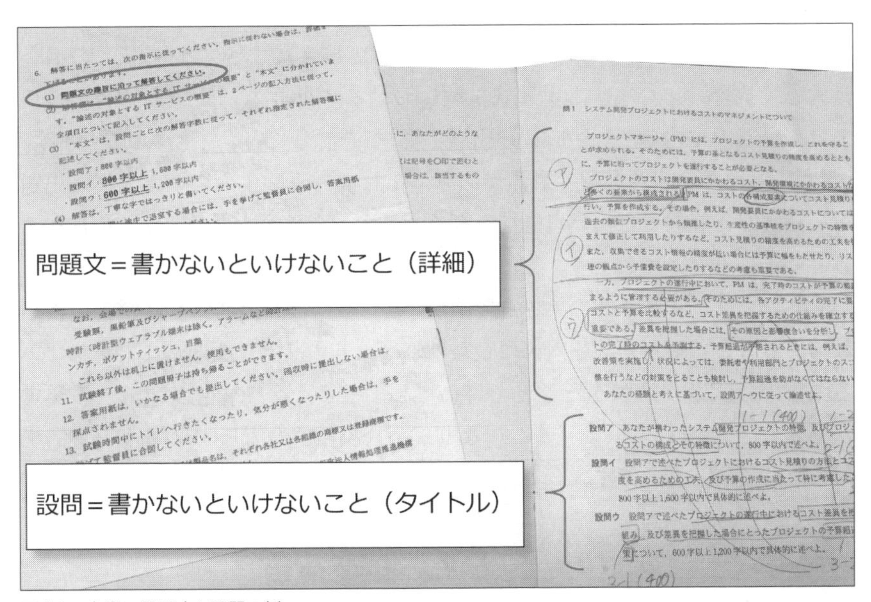

写真1　実際の問題文と設問の例

2 問題文と設問の意味

それではここで，個々の問題について“問題文”と“設問”の意味について，一から説明していきましょう。個々の問題は，原則1ページに1問で，1行目に“問題番号”と“問題タイトル”が記載されています。そして，その後に続く文章が“問題文”で，下方にある“設問ア”，“設問イ”，“設問ウ”の三つが“設問”になります。

◆設問

論述式タイプの問題も，記述式タイプと同じように“問題文”と“設問”に分かれていて，解答（すなわち論文）は設問に対して書くことになります。

設問は，全区分どの問題も（しかも昔からずっと変わらず）ア，イ，ウの三部構成になっていて，それぞれの中で，一つもしくは複数のことが問われています。そして，それらが“**書かないといけないこと**”，“**論述しないといけないこと**”になります。具体的には，設問で問われていることを“段落タイトル”にします（P.024参照）。

◆問題文

前述のとおり“設問”の扱いは記述式試験と同じですが，“問題文”の扱いは大きく異なっています。論述式試験における“問題文”は，“**出題者の書いてほしい状況や内容**”，すなわち“**出題の要求**”を詳しく書いたものになります。“設問”だけだと誤解を招く恐れがあり，それゆえ受験生の書いた論文が出題者の意図した経験ではない可能性が高くなるので，それを避けるために存在すると考えるといいでしょう。

したがって，A評価の“合格論文”にするためには，最低でも問題文に書かれていることに沿った論述内容にしなければなりません。問題文に書かれていることから大きく逸脱したことを書いてしまうと，採点基準の「**出題の要求から著しく逸脱している**」ことになり，不合格論文になってしまうので，絶対に避けたいところです。

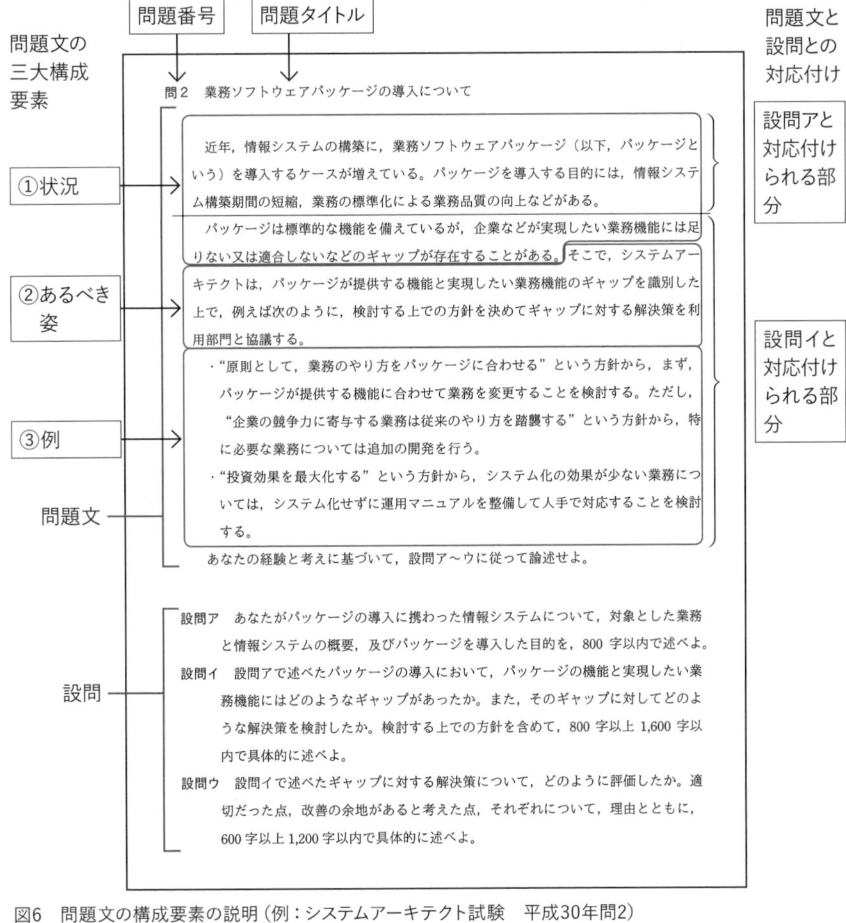

図6　問題文の構成要素の説明（例：システムアーキテクト試験　平成30年問2）

また，問題文は，「**状況**」，「**あるべき姿**」，「**例**」の三つの要素で構成されています（図6の左側に記している①②③）。

もちろん問題によっては，「状況」が特段絞り込まれていない場合や，「状況」なのか「あるべき姿」なのか迷う場合などもありますが，例外もあるということを念頭に置いた上で，おおよそこの三つの構成要素でできていると考えておきましょう。

(1) 状況（＝ここで，書いてもいいケースをチェックする）

一つ目の「**状況**」は，多くの場合問題文の最初の数行に書いている部分になります。これは，出題者が書いてほしい状況を示している部分です。したがって，ここで自分が書こうとしている事例と同じ状況かどうかをチェックします。

図6の例では最初の5行が該当しますが，ここの記述から，「**パッケージを導入した時のことで，目的も構築期間の短縮や業務品質の向上などであり，ギャップが存在するケース**」なら書いてもいいと判断します。導入目的に関しては，あくまでも例なので他の目的でも構いませんが，例えば，運用管理ツールや電子メールソフト，ウイルス対策ソフトなどのようにパッケージを使うのが当然のことで，独自開発しないというケースは合いません。また，「新規業務を開始するため，その業務用にパッケージを導入する」ケースも合わせるのは難しいでしょう。業務のこだわりがまだ無いので「基本，パッケージに合わせよう」となると合わないからです。

(2) あるべき姿（＝ここで，主張しなければならないことをチェックする）

二つ目の「**あるべき姿**」とは，「**プロジェクトマネージャたるもの，～をしなければならない**」とか，「**ITストラテジストは，～することが肝要である**」とか，当該試験区分の人材に求められていることを表現している部分になります。

出題者は，このあるべき姿を示すことで，「**だから，あなたも当然，そうしていますよね**」ということを示唆し，採点者は，その（出題者からの）メッセージを受け取って，論文の中にその意識が表れているのかどうかを判断します。したがって，受験生は，この「あるべき姿」を（出題者から）受け取って「**書かないといけないこと**」を確定させなければなりません。

この時，（設問では特に問われない）問題文にしかない記述が結構あるので，見落とさないように細心の注意を払いましょう。この図6の例（中盤に記載されているところ）でも，問題文には「**解決策を利用部門と協議する。**」という記述があるものの，設問にはありませんからね。こういう場合出題者は，「**当然，協議しているよね**」というように考えている可能性が高いので，設問の「検討した解決策」に含めて，忘れずに“**協議したこと**”についても書くようにしなければならないわけです。それが最も安全ですからね。

(3) 例（＝ここで，大きく乖離していないかをチェックする）

三つ目の「例」は，話が発散しないように用意された部分だと考えてもらえばいいでしょう。出題者は，問題文で典型的な例を示すことで「**設問で聞いているのは，例えばこんなことなんだよ。誤解しないようにね。**」というメッセージを発信している感じですね。

採点者も，この例を含めて出題者からのメッセージだと受け取って採点しているはずなので，受験生も，書くべきことを決める段階で，書こうと考えている内容がこの「例」と同じものか，あるいは同じ類のものかをチェックしなければなりません。図6の例では，ギャップ部分の解決策として二つの例を挙げています。方針の異なる二つの解決策が提示されています。

但し，誤解のないように言っておきますが，この二つの例と同じものしかダメだというわけではありません。「例え」はあくまでも「例」に過ぎないですからね。

なお，P.034のコラム「**問題文の“例”をそのまま使っちゃいけないの!?**」には，この“例”の取り扱い方法を書いています。チェックしておいてください。

3 設問の使い方 〜段落タイトルを付ける〜

続いて“段落タイトル”について説明します。サンプル論文を見てもらえば気付くと思いますが，論文は，段落ごとにタイトルを付けて書くのが今では**“当たり前”**になっています。筆者が添削していても，ほとんど全ての論文が段落タイトルを正しく書いています。全くタイトルを書いていない論文に出会う割合は，これまでだと1,000本に1本よりも少ないですね。たまに見かけた時には「**まだ，全く試験対策を始めていませんよね。まずは，どんな参考書でもいいから試験対策本を読んで最低限のルールを覚えましょう！添削はその後からです。**」と指摘しています。全く何もしていないということが分かるほど，当たり前のことになっているわけです。

◆段落タイトルが必要な理由

段落タイトルが必要な理由は，採点者に「**どこに設問の回答があるのかわからなかった。よくわからない論文だった。**」という印象を与えないためです。実際に，過去の採点講評でも，「**論述は第三者に読ませるものであることを意識してほしい。例えば，段落を分けることで何についての記述なのかを明確にする，（中略）…など，考えを的確に伝えるための工夫をしてほしい。**」と指摘されています（平成22年度システムアーキテクト）。

◆段落タイトルは，「問われていること」ごとに対応付けて書くこと

論文を採点する時に，採点者は，問題文と設問で問われていることに対して，受験者がどのような経験をしたのかをチェックしていきます。この時，問題文及び設問と，論文の中で書いていることを，突き合せをしていくような感じで採点を進めていくと考えられます。最終的には，総合的に判断するかもしれませんが，細かくチェックしていこうとすると，自ずとそういう方法になります。そのため，採点者にとって，設問と論文の対応関係が分かりやすいように配慮された**“設問の中で問うている単位で段落タイトルを付けてくれている論文”**は，非常に採点しやすいことになります。

そう考えると，設問で問われていることを**“オウム返し”**で段落タイトルにして，「**あなた（出題者）の聞きたいことは，この段落に書いています**」ということをアピールをすることが最善の策になりますよね。

具体的には，図7のように，設問で問われている一つ一つに対して段落タイトルを付けていきます。この例では，設問ア，設問イ，設問ウには第1レベルの見出し（1.等）を，設問ア，イ，ウの中で問われていることには第2レベルの見出し（1.1等）を，それぞれ付けています。

通常，個々の設問では“複数のこと”が問われていますからね。図7の問題でも，設問アで二つのこと，設問イで二つのこと，設問ウで三つのことが問われています。したがって，その単位で段落分けをして，それぞれに段落タイトルを付けるようにするわけです。そうしなければ即不合格になるというわけではありませんが，最も単純で，かつ最も安全な方法になります。

ちなみに，段落タイトルの付け方に関しては，例えばこの例では，第1レベルは，第2レベルの見出しをまとめたり足したりしたもので，第2レベルの見出しは設問で問われていることのオウム返しにしています（細かい部分は次頁の「**◆段落番号の付け方**」を参考にしてください）。

なお，このあたりがよく分からない場合は，本書のサンプル論文をチェックしてみてください。どの試験区分のどの問題でも大差はありません。段落の分け方や段落タイトルの付け方については，サンプル論文と比較しながらブラッシュアップしていけばいいでしょう。

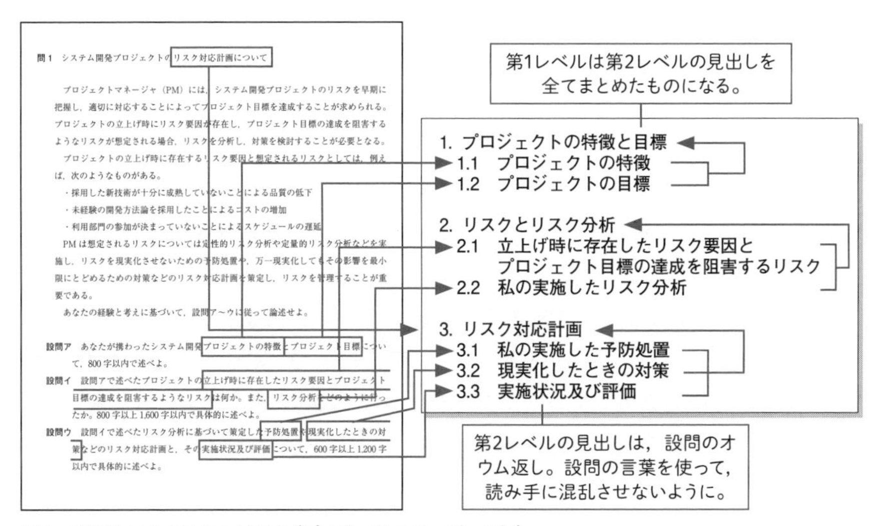

問1　システム開発プロジェクトのリスク対応計画について

プロジェクトマネージャ（PM）には，システム開発プロジェクトのリスクを早期に把握し，適切に対応することによってプロジェクト目標を達成することが求められる。プロジェクトの立上げ時にリスク要因が存在し，プロジェクト目標の達成を阻害するようなリスクが想定される場合，リスクを分析し，対策を検討することが必要となる。

プロジェクトの立上げ時に存在するリスク要因と想定されるリスクとしては，例えば，次のようなものがある。

・採用した新技術が十分に成熟していないことによる品質の低下
・未経験の開発方法論を採用したことによるコストの増加
・利用部門の参加が決まっていないことによるスケジュールの遅延

PMは想定されるリスクについては定性的リスク分析や定量的リスク分析などを実施し，リスクを現実化させないための予防処置や，万一現実化してもその影響を最小限にとどめるための対策などのリスク対応計画を策定し，リスクを管理することが重要である。

あなたの経験と考えに基づいて，設問ア～ウに従って論述せよ。

設問ア　あなたが携わったシステム開発プロジェクトの特徴とプロジェクト目標について，800字以内で述べよ。

設問イ　設問アで述べたプロジェクトの立上げ時に存在したリスク要因とプロジェクト目標の達成を阻害するようなリスクは何か。また，リスク分析をどのように行ったか。800字以上1,600字以内で具体的に述べよ。

設問ウ　設問イで述べたリスク分析に基づいて策定した予防処置や現実化したときの対策などのリスク対応計画と，その実施状況及び評価について，600字以上1,200字以内で具体的に述べよ。

図7　段落タイトル例とその付け方（プロジェクトマネージャの例）

◆段落番号の付け方

段落番号に関しては，特にこれといったルールはありません。第2部のサンプル論文を見てもらっても統一感がないことが確認できると思います。自分で，わかりやすい番号を付ければ問題ありません。例えば，筆者はいつも下記のように3階層に分けるようにしています。

第1レベル：設問ア・イ・ウに対して“1.”，“2.”，“3.”（全角で2文字） 第2レベル：設問の中で問われていることに対して“1-1.”，“1-2.”，“2-1.”など （半角で4文字なので，2マスに書く） 第3レベル：自分の判断で分割する。(1)，(2)，(3)

他にも“ア-1”，“イ-1”というようにしても全く問題はありません。注意しなければならないことは，階層化のレベルを合わせることぐらいでしょう。

◆タイトルの強調

段落タイトルを見やすくするために，図8のように“**太字**”で書くことも効果的です。ちょうど，書籍や，パソコンで文章を作成する際に行っている配慮と同じです。特に，不要な空白行や，空白のマスを作らずに読みやすい論文にするために有効だと考えています。

ちなみに筆者は，タイトルを“**太字**”で書きたいので，受験会場には，HBのシャーペンと，Bの鉛筆を持参しています。そして，タイトルはBの鉛筆で書き，本文はHBのシャーペンで書くわけです。これで，非常に見やすくなります。「絶対にしなければならない！」というわけではありませんが，採点者に対するささやかな心配りや思いやりなので，お勧めです。

◆段落タイトルと内容が乖離しないこと

そして最後に一つ。段落タイトルを書いた限りは，そのタイトル内に書く内容は，段落タイトルと乖離しないように注意することも忘れてはなりません。筆者が添削していても，「**段落タイトルと内容が違います**」という指摘をすることが少なくありません。採点講評でも「**例えば，“対象業務の概要及び特徴”を問うているにもかかわらず，“プロジェクトの概要”や“システムの概要”を述べているような論述が挙げられる。**」と，その存在に警鐘を鳴らしています。注意しましょう。

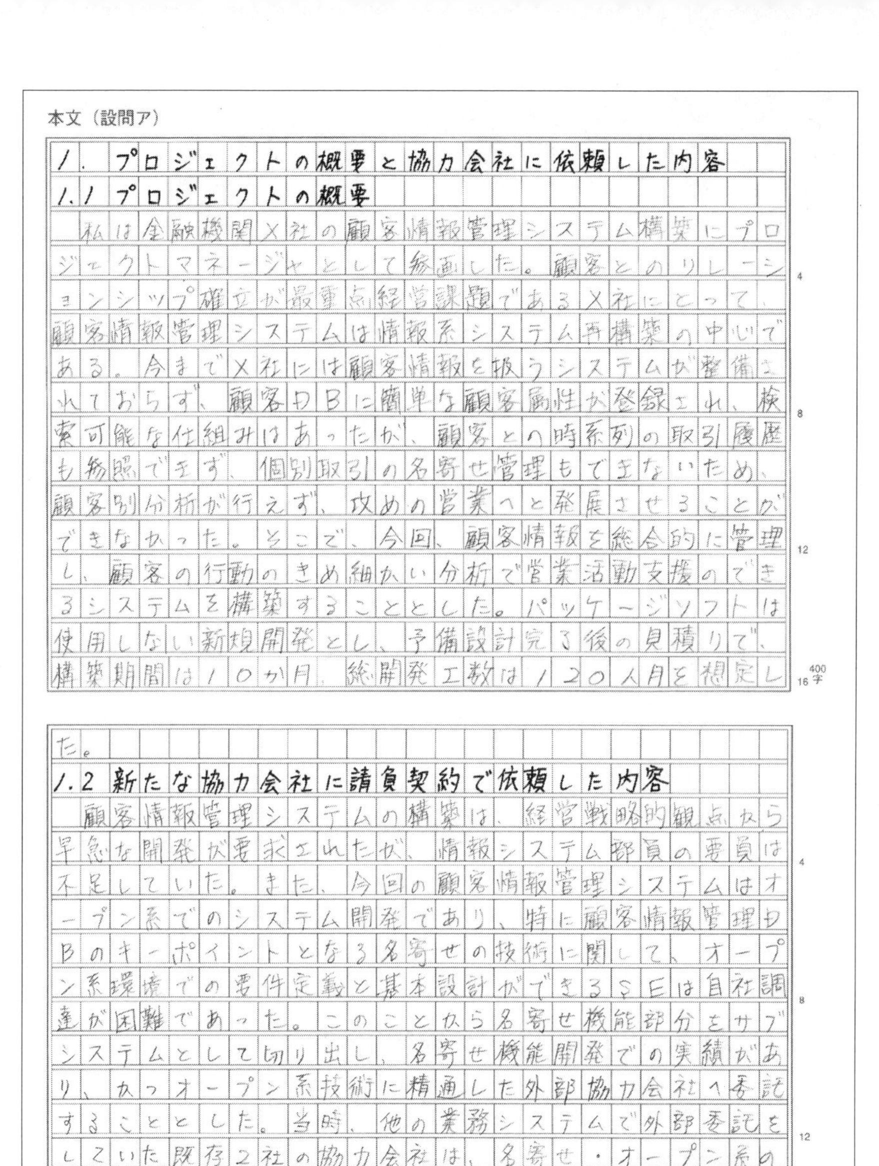
本文（設問ア）

1. プロジェクトの概要と協力会社に依頼した内容

1.1 プロジェクトの概要

　私は金融機関X社の顧客情報管理システム構築にプロジェクトマネージャとして参画した。顧客とのリレーションシップ確立が最重点経営課題であるX社にとって、顧客情報管理システムは情報系システム再構築の中心である。今までX社には顧客情報を扱うシステムが整備されておらず、顧客DBに簡単な顧客属性が登録され、検索可能な仕組みはあったが、顧客との時系列の取引履歴も参照できず、個別取引の名寄せ管理もできないため、顧客別分析が行えず、攻めの営業へと発展させることができなかった。そこで、今回、顧客情報を総合的に管理し、顧客の行動のきめ細かい分析で営業活動支援のできるシステムを構築することとした。パッケージソフトは使用しない新規開発とし、予備設計完了後の見積りで、構築期間は10か月、総開発工数は120人月を想定した。

1.2 新たな協力会社に請負契約で依頼した内容

　顧客情報管理システムの構築は、経営戦略的観点から早急な開発が要求されたが、情報システム部員の要員は不足していた。また、今回の顧客情報管理システムはオープン系でのシステム開発であり、特に顧客情報管理DBのキーポイントとなる名寄せの技術に関して、オープン系環境での要件定義と基本設計ができるSEは自社調達が困難であった。このことから名寄せ機能部分をサブシステムとして切り出し、名寄せ機能開発での実績があり、かつオープン系技術に精通した外部協力会社へ委託することとした。当時、他の業務システムで外部委託をしていた既存2社の協力会社は、名寄せ・オープン系の経験がなく、前提条件を満たせないと判断し、新たな協力会社を選定することにした。

図8　タイトル強調例（プロジェクトマネージャの例）

4 問題文の使い方

続いて，問題文の使い方について説明します。前述の通り，問題文には設問で問われていることを詳細に説明した“**出題者の要求**”が含まれているので，それを把握するために使います。推奨するのは次のような手順です。

①設問と問題文の対応付けを行う。
　問題文を設問ごとに線で分けて対応付ける（そうすると分かりやすい）。
②設問を状況・課題・対策に分ける。
③問題文で“状況”，“あるべき姿”，“ 例”を再確認して，つながりを考えながら書くことを決める。

これを，最終的に試験本番では“**10分**”程度で行う必要があります。そしてこの時に“**具体的かつ詳細に書けるかどうか？**”も判断するため，できれば選択可能な問題全てに対して実施した上で，より良く書けそうな1問を選択しましょう。そうすることで，書けなくなるリスクをより小さくできます。

そして書く内容を決めたら，後は，定期的に問題文を再読して「**漏れが無いか？**」，「**話が脱線していないか？**」，「**タイトルと乖離していないか？**」を確認しながら進めていきます。そうすれば最終的に「出題の要求から著しく逸脱している」ことを防ぐことができるでしょう。

column

論述試験の問題文は“解答例”

筆者は，試験対策講座の最初に，必ずこう言うようにしています。

- 「論述試験の問題文は，解答例です」
- 「出題者が，（受験生だけではなく）採点する人（採点する人は一人じゃないはず）に向けて発した『この視点でチェックしてね』というメッセージが問題文です」
- 「午後II試験だけは，解答例を横において受験しています」
- 「筆者も，問題文がないと添削できないし，評価もできません」
- 「だから，問題文と書いた論文をつき合わせてチェックすれば，自分で評価（自己採点）もできます」

そういう視点で問題文をじっくりと見てみましょう。この感覚を掴めば，午後II問題文の熟読と暗記が，なぜ重要なのかも理解できるでしょう。

〈参考〉

問題文は次の手順で解析します。最初に，設問で問われていることを明確にし，各段落の記述文字数を（ひとまず）確定します（①②③）。続いて，問題文と設問の対応付けを行います（④⑤）。最後に，問題文にある状況設定やあるべき姿をピックアップするとともに，例を確認し，自分の書こうと考えているものが適当かどうかを判断します（⑥⑦）。

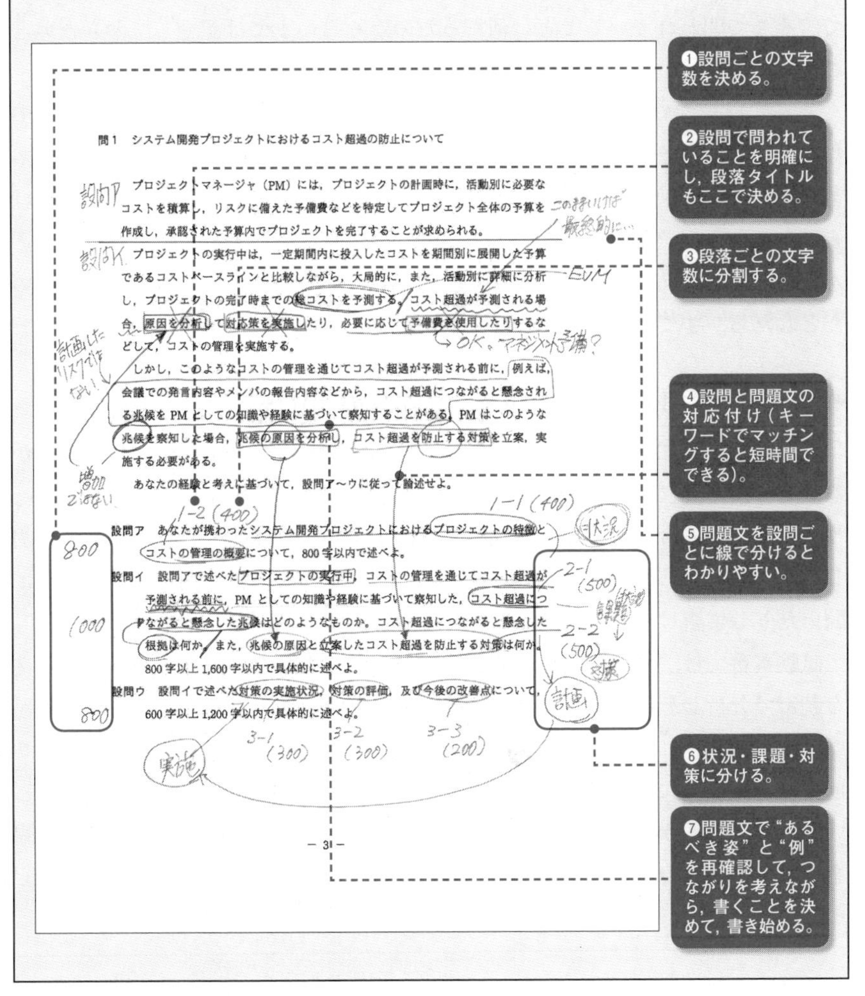

問1　システム開発プロジェクトにおけるコスト超過の防止について

プロジェクトマネージャ（PM）には，プロジェクトの計画時に，活動別に必要なコストを積算し，リスクに備えた予備費などを特定してプロジェクト全体の予算を作成し，承認された予算内でプロジェクトを完了することが求められる。

プロジェクトの実行中は，一定期間内に投入したコストを期間別に展開した予算であるコストベースラインと比較しながら，大局的に，また，活動別に詳細に分析し，プロジェクトの完了時までの総コストを予測する。コスト超過が予測される場合，原因を分析して対応策を実施したり，必要に応じて予備費を使用したりするなどして，コストの管理を実施する。

しかし，このようなコストの管理を通じてコスト超過が予測される前に，例えば，会議での発言内容やメンバの報告内容などから，コスト超過につながると懸念される兆候をPMとしての知識や経験に基づいて察知することがある。PMはこのような兆候を察知した場合，兆候の原因を分析し，コスト超過を防止する対策を立案，実施する必要がある。

あなたの経験と考えに基づいて，設問ア～ウに従って論述せよ。

設問ア　あなたが携わったシステム開発プロジェクトにおけるプロジェクトの特徴とコストの管理の概要について，800字以内で述べよ。

設問イ　設問アで述べたプロジェクトの実行中，コストの管理を通じてコスト超過が予測される前に，PMとしての知識や経験に基づいて察知した，コスト超過につながると懸念した兆候はどのようなものか。コスト超過につながると懸念した根拠は何か。また，兆候の原因と立案したコスト超過を防止する対策は何か。800字以上1,600字以内で具体的に述べよ。

設問ウ　設問イで述べた対策の実施状況，対策の評価，及び今後の改善点について，600字以上1,200字以内で具体的に述べよ。

— 31 —

図9　問題文の解析手順の例

5 Step2をクリアするための練習方法

それでは最後に，Step2の練習方法について説明したいと思います。その練習方法はズバリ“**過去の問題文を徹底的に読み込んで，ある程度暗記しておくこと**”です。丸暗記とまでは言いませんが，何年度の問何番はどういう問題で，そこで問われていることは何だったのかぐらいまでは記憶しておきたいところです。

そう推奨している理由は二つあります。一つは，**書けそうな部分とそうでない部分を切り分けることができる**からです。書けそうにない部分は試験本番の短時間では絶対に出てこないことなので，事前に準備しておかないといけませんからね。そしてもう一つは，**問題文の読み違えを無くすことができる**からです。問題文の意図を取り違え，問われている内容と無関係なことを書いたとしたら，すごくもったいないですからね。

◆書けそうな部分，書けなさそうな部分の切り分け

まず，一つ目の狙いですが，これは過去問題を一つ一つ読み込んで「**書かないといけないこと**」を把握した上で考えてみて，切り分けていきます。そうして，書けるものに関しては問題ないのですが，具体的に書けないものに関してはチェックしておき，試験本番までに，ネットや書籍で調べたり，誰かに聞いたりして書けるように情報収集しておきます。

試験本番では，考えている時間がそんなにありません。前述の通り，問題文を読んで分析し，個々の段落に書くべきことを決めて書き始めるまでに10分程度の時間しか取れません。その中で，仮に書けないものがあった場合，当たり前ですが，瞬時に書くことを思いつくわけがありません。2時間の中では難しいでしょう。しかし，試験日までの時間だと2時間どころか数か月という時間を使うこと可能です。したがって，準備段階で（試験対策として）やっておくべきなのです。

◆過去問を読み込む（予防接種）

ここまでずっと説明してきたとおり，合格論文にもっていくには，問題文と設問で問われていることについて書かないと始まりません。しかし，そうは言うものの，苦手な問題もあれば，イメージのわかない問題もあると思います。先入観が邪魔をして間違った認識のまま書いてしまうこともあるでしょう。そこで，そうした“読み違え”を無くすべく，筆者は次のような準備（練習）を推奨しています。

【過去問を読み込んで予防接種を行う具体的手順（1問＝1時間程度）】

①午後Ⅱ過去問題を1問，じっくりと読み込む（5分）
「何が問われているのか?」，「どういう経験について書かないといけないのか?」を自分なりに読み取る

②それに対して何を書くのか?“骨子”を作成する。できればこの時に，具体的に書く内容もイメージしておく（10分～30分）

③お使いの参考書にその問題の解説があるのなら，その解説を確認して，②で考えたことが正しかったかどうか?漏れはないかなどを確認する（10分）

④再度，問題文をじっくりと読み込み，気付かなかった視点や勘違いした部分等をマークし，その後，定期的に繰り返し見るようにする（10分）

筆者がこの学習方法を**“予防接種”**と呼んでいるのは，問題文の読み違えが1度引っかかっておけば2度目は引っかからないようになるので，その点が予防接種と似ているからです。問題文を正しく理解することで，それまでの先入観を上書きし，新たな先入観を**“免疫”**として習得しておけば，少なくとも試験本番時に問題文を読み違えることはないでしょう。

column

午後II過去問題の問題文を読み込む意味

筆者は，試験対策講座で必ず「論文対策の中心は，過去の午後II問題文を読み込むこと」という話をしています。もちろん本書でも推奨しています（P.031参照）。それは読み込んでほしいからです。試験対策講座でも，ずっと成果は出ていますからね。

問題文には“正解”がある

その理由の一つは先に説明した「予防接種」ですが，実はそれだけではありません。もう一つ大きな理由があります。それは「論文に“正解”を書く」ためです。

実際の現場では，たくさんの正解があったり，ある時の正解が次には正解でなかったり，またその逆だったり…「事実は小説より奇なり」という感じで唯一の正解などそんなに無いのですが，情報処理技術者試験には“正解”があります。試験だから“正解”が存在するのです。午前IIや午後Iの解答例がそれですよね。では，午後IIの正解はどこにあるのでしょうか。解答例や採点講評には，確かに正解らしきものを書いてくれています。しかし，もっと直接的で具体的な“正解”は“問題文の中”にあります。「～をしなければならない」とか，「～することが肝要である。」という“あるべき姿”がそれです。

論文を書いている時の手応えもわかる

その“正解”を論文に書くことができれば，他の受験者から頭一つ抜け出した良い論文に仕上げることができます。多くの論文が同じような内容で“どんぐりの背比べ”をしているとしても，その中で，輝きを放つことができるというわけです。

①設問の要求に対して答える
　＝ ほとんどの人がクリアしている
②問題文の中だけにしかない要求に答えることができている
　＝ 半数ぐらいの人しかクリアできていない
③他の問題文にしか出てこない手順やあるべき姿を書くことができている
　＝ ほとんどいない

上の①②③は，筆者のこれまで20年にわたる2万本の論文添削経験と，受講生からのフィードバック情報から得ている印象です。あくまでも“印象”なので，しっかりと標本採集して統計を取ったわけではありませんが，そんなに間違っていないと思います。筆者自身も，問題文の中にしか書かれていない“あるべき姿”や“手順”を見つけた時は“差を付けられる”と安心しますし，そこに「○年度の問○のあるべき姿を書こう」と決めた時には，もう合格を確信しています。

次頁にその例を示しました。例えば平成22年度問3の問題では「設問ウ」で**進捗遅延への対応**が求められています。設問で問われていることは，ほとんどの人が書きます（①）。問題文ではもう少し詳しく「**できるだけ定量的に分析し**」という指示があるのですが，その指示通りに書ける人は半数ぐらいになります（②）。しかし，ここでさらに平成17年度問3や，平成13年度問2の問題文にある「**新たなリスクの重点管理**」等に言及することができれば，間違いなく頭一つ抜け出せます。

③"他の問題文"の
あるべき姿

問3 プロジェクト

情報システテ……不良や要員間のトラブルなどの……要員スキルの見込み違い，予測していなかった作業の発生……ト内のコミュニケーションの不足などが複雑に絡み合って起きることが多い。

このような場合，プロジェクトマネージャは，問題の原因を分析し，その結果を基に，チームを再編成して問題に対処することがある。チームの再編成には，チーム間の要員の配置換え，チームリーダの交代，チーム構成の変更などがある。チームの再編成はプロジェクト遂行に影響を与えるので，慎重に取り組む必要がある。このため，プロジェクトマネージャは，関係するチームリーダや要員に再編成の目的を十分に説明して理解を得ておかなければならない。

さらに，チームの再編成後には，チームリーダからの報告や要員の作業状況などから問題の改善状況を把握することによって，チームの再編成による効果を確認し，プロジェクトの納期，品質，予算の見通しを得ることが重要である。

あなたの経験と考えに基づいて，設問ア～ウに従って論述せよ。

設問ア あなたが携わったプロジェクトの概要と，チーム……題を，800字以内で述べよ。

設問イ 設問アで述べた問題に対処するために，あなたはチーム……行ったか。再編成するのが適切であると考えた理由ととも……た，チームの再編成による効果をどのように確認したかを

設問ウ 設問イで述べたチームの再編成について，あなたはどの……今後改善したい点とともに簡潔に述べよ。

これらにも
答える！
＝
これらを回答
に含める！

平成17年度問3

安全圏！

③"他の問題文"の
あるべき姿

問2 要員交代について

システム開……によっ……ジェクトマネージャは，……を検討，実施す……て，計画とそ……した場合に，将来，プロジ……も大切である。さらに，同じことを繰り返さないため……必ずしも当人に起因するとはいえないプロジェクト運営上の問題，例えば，度……る業務仕様の変更や，無理なスケジュールによる過負荷などの要因がなかったかどうかを見直すことも重要である。

対応策の検討に当たっては，新規要員を確保する方法以外に，ほかの要員による一時的な兼務や応援などの対応策も併せて検討すべきである。その際，それらの対応策がもたらす新たなリスク，例えば，新規要員の立ち上がりに予想以上の時間がかかる，兼務者の作業が過負荷になるなどへの対応も忘れてはならない。

これらの検討結果を総合的に判断して，プロジェクトの問題を解決するために最も有効な対応策を選択し，迅速に実施する必要がある。

なお，要員交代直後は，プロジェクトの進捗状況や対応策を検討した時点で予測した新たなリスクなどを注意して観察し，状況に応じて臨機応変に対処しなければならない。

あなたの経験と考えに基づいて，設問ア～ウに従って論述せよ。

設問ア あなたが携わったプロジェクトの概要と，交代となった要員の担当作業を，800字以内で述べよ。

設問イ 要員交代を余儀なくされた際に把握したプロジェクトの問題は何か。それらの問題を解決するために，どのような対応策を検討したか。また，要員の交代をどのように行ったか。プロジェクトマネージャとして工夫した点を中心に述べよ。

設問ウ 設問イで述べた活動をどのように評価しているか。また，今後どのような改善を考えているか。それぞれ簡潔に述べよ。

平成13年度問2

たりする。

こうした対策にもかかわらず進捗が遅れた場合には，原因と影響を分析した上で遅れを回復するための対策を実施する。例えば，進捗遅れが技術的な問題に起因する場合には，問題を解決し，遅れを回復するために必要な技術者を追加投入する。また，仕様確定の遅れに起因する場合には，利用部門の責任者と作業方法の見直しを検討したり，レビューチームを編成したりする。進捗遅れの影響や対策の有効性についてはできるだけ定量的に分析し，進捗遅れを確実に回復させることができる対策を立てなければならない。

あなたの経験と考えに基づいて，設問ア～ウに従って論述せよ。

設問ア あなたが携わったシステム開発プロジェクトの特徴と，プロジェクトにおいて重点的に管理したアクティビティとその理由，及び進捗管理の方法を，800字以内で述べよ。

設問イ 設問アで述べたアクティビティの進捗管理に当たり，進捗遅れの兆候を早期に把握し，品質を確保した上で，アクティビティの完了日を守るための対策について，工夫を含めて，800字以上1,600字以内で具体的に述べよ。

設問ウ 設問イで述べた対策にもかかわらず進捗が遅れた際の原因と影響の分析，追加で実施した対策と結果について，600字以上1,200字以内で具体的に述べよ。

平成22年度問3

これにも絶対に
答える！

これには絶対に
答える！

安心！

②問題文にしか
書いていないこと

必須！

①設問に
書いていること

column

「問題文の“例”をそのまま使っちゃいけないの!?」

平成18年度から，IPAは「採点講評」を公開してくれるようになりました。これにより，それまで不透明だったことが，結構クリアになってきています。しかし，この採点講評を正しく理解しないと大変なことになります。それこそ間違った方向に突き進んでしまうことになるからです。例えば，これらはどうでしょうか。

平成24年度のプロジェクトマネージャ試験の採点講評より

各問に共通した点として，問題文中で例として示している工夫や対策などを単に引用しているだけで具体性や説得力に乏しい論述が目立った。受験者の経験や知見や工夫が適切に論述されていないものは，受験者の能力や経験は十分でないと評価せざるを得ないので，実際の経験に基づき設問に沿って具体的に論述してほしい。

平成28年度のシステムアーキテクト試験の採点講評より

問題文に記載してあるプロセスや観点などを抜き出し，一般論と組み合わせただけの表面的な論述も引き続き見られた。問題文に記載したプロセスや観点は例示である。自らが実際にシステムアーキテクトとして，検討し取り組んだことを具体的に論述してほしい。

これらの指摘をみてどう感じるでしょうか。次のように指摘しているわけではないということはわかるでしょうか。

（誤）問題文中の例として示している工夫や対策と同じ経験はNG

これらの指摘は,「**単に引用している**」ことに対する指摘であり,「**（具体的に述べよと書いているのに）具体性に乏しい**」ことに対する“ダメだし”です。したがって，「問題文の例を使ってはいけません。これ以外の例で書いてください。」と言っているわけではないのです。そもそも問題文中の例は，典型的なものをチョイスしているので，結果的に同じになってしまうことが少なくありません。その場合，それを無理矢理捻じ曲げなければならないのでしょうか?そんなわけはありません。

自分の準備したことや経験が結果的に同じになることはあります。そう考えて，同じような経験でも自信を持って具体的かつ詳細にして書ききりましょう。

Step3 具体的に書く！

Step1とStep2をクリアすれば，ひとまず合格論文（A評価）の可能性が出てきますが，まだクリアしなければならない大きなハードルがあります。それが“**具体的に書く**”ということです。これは設問で指定されているので，合格論文（A評価）の必須条件になります。しかし，“**具体的に書く**”という指示しか無いため，何をどこまで具体化すればいいのかわからず，出題者と受験者で認識にズレが生じやすくなっています。そこで，Step3では様々な角度から「**具体的に書く**」ということを見ていき，「**どこまで具体的に書けばいいのか？**」を理解した上で，その粒度で書けるようになるところまで行きたいと考えています。それがStep3の狙いですね。

1 なぜ具体的に書かないといけないのか

◆問題冊子（問題ごとの設問）に書いている指示

それでは最初に，午後IIの問題文の設問に書いている「**具体的に述べよ。**」という指示を確認しておきましょう（図10，写真2）。これが，具体的に書かないといけない根拠になります。但し，特に指示が無くても，別の指示が無い場合は「具体的に書く」必要があると考えておいた方が無難でしょう（設問アに指示が無い点に関しては，右頁のコラム参照）。

設問ア　あなたが携わったシステム開発プロジェクトにおけるプロジェクトの特徴，及びプロジェクト内の取組だけでは解決できなかった品質，納期，コストに影響し得る問題について，800 字以内で述べよ。

設問イ　設問アで述べた問題に対して，解決に役立つ観点や手段などを見いだすために，有識者や参考とするプロジェクトの特定及び助言や知見などの分析をどのように行ったか。また，見いだした観点や手段などをどのように活用して，問題の迅速な解決に取り組んだか。800 字以上 1,600 字以内で具体的に述べよ。

設問ウ　設問イで述べた特定や分析，問題解決の取組について，それらの有効性の評価，及び今後の改善点について，600 字以上 1,200 字以内で具体的に述べよ。

図10　平成31年度プロジェクトマネージャ試験　午後II問1より引用

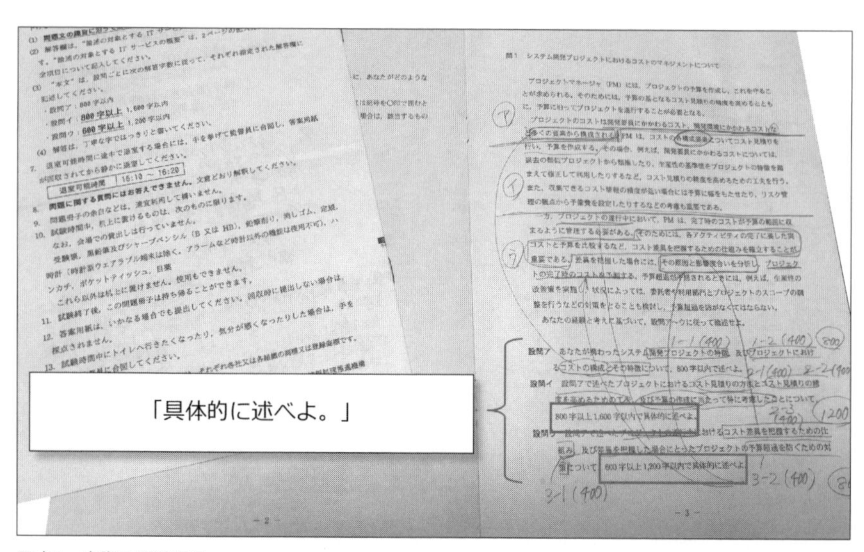

写真2　実際の問題冊子

◆採点講評での指摘

設問で要求されている「具体的に述べよ」という点に関しては，過去の採点講評でも指摘されています。いずれも「一般論」ではダメだという指摘です。

平成27年のシステムアーキテクト試験の採点講評より

問題文に記載してある観点などを抜き出し，一般論と組み合わせただけの論述は引き続き散見された。問題文に記載した観点や事例は，例示である。自らが実際にシステムアーキテクトとして，検討し取り組んだことを具体的に論述してほしい。

平成29年度のプロジェクトマネージャ試験の採点講評より

“本文”は，問題文中の事例をそのまま引用したり，プロジェクトマネジメントの一般論を論述するのではなく，論述したプロジェクトの特徴を踏まえて，プロジェクトマネージャ（PM）としての経験と考えに基づいて論述してほしい。

平成31年度のプロジェクトマネージャ試験の採点講評より

プロジェクトマネージャ試験では，“あなたの経験と考えに基づいて”論述することを求めているが，問題文の記述内容をまねしたり，一般論的な内容に終始したりする論述が見受けられた。

column

企業や個人は匿名で

昔から，情報処理技術者試験の論文で企業や個人の説明をするときには“A社”や“X氏”というように匿名で行うのが良しとされています。これは，午前問題や午後I記述式問題でも行われていることで，それゆえ午後IIでも同じように行われているのでしょう。都市伝説的な感じで「**企業が特定できる実名を書いた場合，守秘義務を犯す恐れがあるので採点できない。**」という噂もありますが，まだ採点講評で明確に示された基準でもないし，筆者もまだ実際に試したわけでもないので事実は定かではありません。ただ，筆者自身も筆者の数多くの受講生も，皆，安全を見て“**A社**”や“**Bさん**”という匿名で書いて普通に合格しているので，匿名で書いておくのが一番安全です。ひょっとしたら，設問アで「**具体的に述べよ**」と指示がないのは，具体的な企業の実名や製品名などを書いてしまう恐れがあるからなのかもしれません。近いうちに筆者が試してみて結果をブログで報告したいと思います。

2 問題文は“抽象的”な“一般論”で，論文には“具体化”を求めている

そもそも論述試験の問題文というのは，実際に開発現場で行われている個別の事象をたくさん集めてきて，そこから共通要素を抽出して作成した「一般論」なのです。簡単にいうと「**よくあるケース**」です。図11の例のように，複数の個別事例から，共通部分（この例だと「**トラブルが発生したので，緊急会議を開催した。**」というところ）を抽出して，問題文の“**あるべき姿**”や“**例**”としていると考えればいいでしょう。要するに，問題文そのものが“**抽象化**”，あるいは“**汎化**”されたものだというわけです。

そう考えれば，“**具体的に述べよ**”という指示は，「**問題文中に書かれている抽象化された（汎化された）“あるべき姿”や“例”と同じような経験を，その個別内容がわかるように書いてほしい**」ということであり，この例でいうと，ちょうど矢印を逆方向にしていくことが，“**具体的に書く**”ということになります。

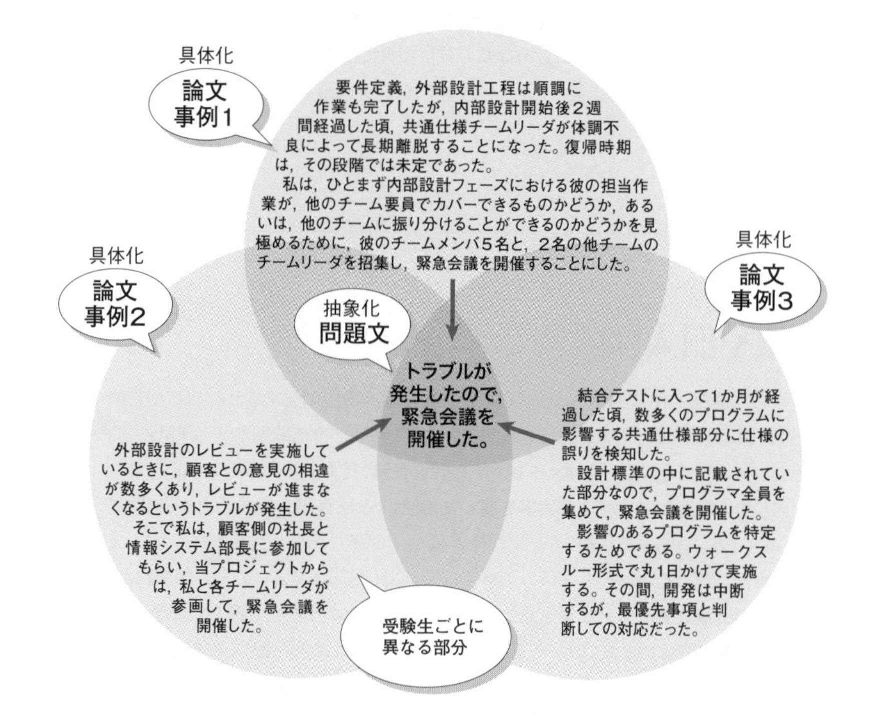

図11　問題文と論文の関係（問題文はこのように抽象化されているという一例）

別の言い方をすると，**問題文で，「優秀なITエンジニアはこんな考えやこんな行動しているよね。」**というニュアンスの一般論を表現し，設問で「君は？」と問いかけ，それに対して受験者が，「**はいありました。僕の場合はこんな感じでした。**」と経験を書くという感じです。この時に「**あなたの事例なので具体的に書いてね。**」と言っているわけです。

夏休みの作文と同じようなイメージで考えると，もっとわかりやすいかもしれません。先生の「**何か面白いことありましたか？**」という問いかけに，生徒がそれぞれ“**自分にとって**”の“**夏の想い出**”を書き上げるのとよく似たイメージです。

だから決して「**私はどのプロジェクトでもこうするようにしています！**」というあるべき論で書いてはいけないわけです。ここを勘違いして“べき論”だけで展開してしまうと，残念ながら合格論文にはなりません。全ての論文が“**その受験生だけのオリジナルな経験**”になるように書く，A評価の論文には，そこが求められていると考えておきましょう。

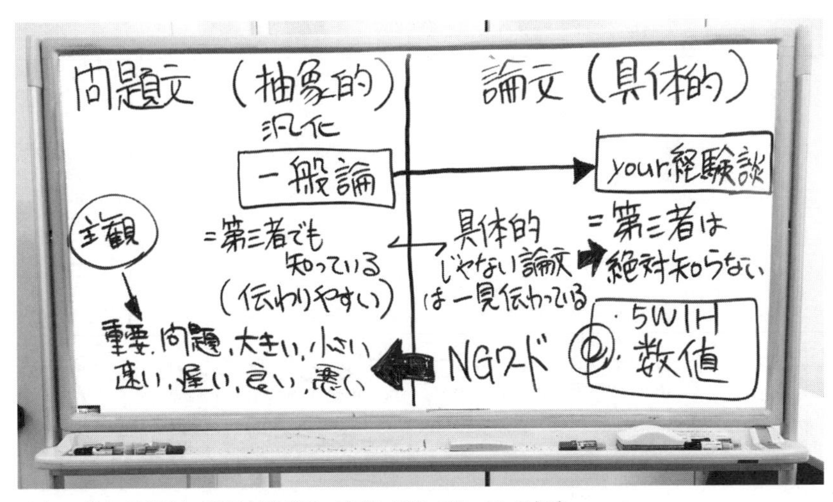

写真3　筆者が開催する試験対策講座で実際に説明で使っている板書

3　「具体的に書く」ための具体的な方法

さて，「具体的に述べよ」という指示にどういう意図があるのかを把握できたら，続いて「具体的に書く」ための具体的な方法を確認していきましょう。

筆者が推奨している最もシンプルな方法が，問題文の中に書かれているあらゆる要素に対して**「それは具体的に言うと何？」**，**「具体的には？」**，**「具体的には？」**…という感じで，自分で自分に問いかける方法です（図12）。

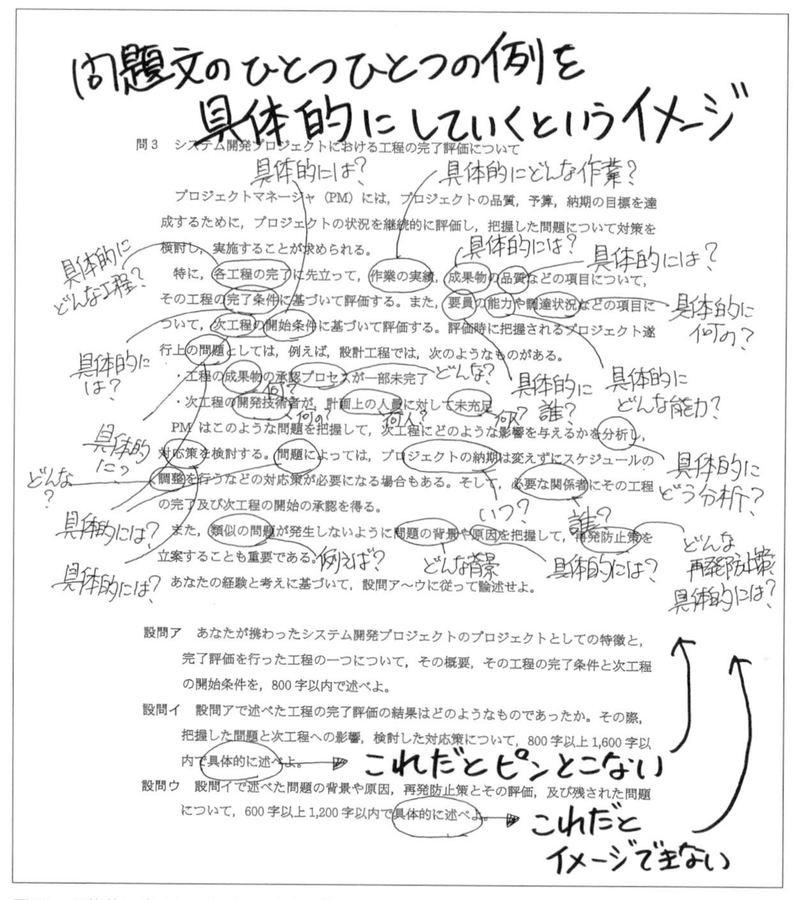

問３　システム開発プロジェクトにおける工程の完了評価について

プロジェクトマネージャ（PM）には，プロジェクトの品質，予算，納期の目標を達成するために，プロジェクトの状況を継続的に評価し，把握した問題について対策を検討し，実施することが求められる。

特に，各工程の完了に先立って，作業の実績，成果物の品質などの項目について，その工程の完了条件に基づいて評価する。また，要員の能力や調達状況などの項目について，次工程の開始条件に基づいて評価する。評価時に把握されるプロジェクト遂行上の問題としては，例えば，設計工程では，次のようなものがある。

・工程の成果物の承認プロセスが一部未完了

・次工程の開発技術者が，計画上の人員に対して未充足

PM はこのような問題を把握して，次工程にどのような影響を与えるかを分析し，対応策を検討する。問題によっては，プロジェクトの納期は変えずにスケジュールの調整を行うなどの対応策が必要になる場合もある。そして，必要な関係者にその工程の完了及び次工程の開始の承認を得る。

また，類似の問題が発生しないように問題の背景や原因を把握して，再発防止策を立案することも重要である。

あなたの経験と考えに基づいて，設問ア～ウに従って論述せよ。

設問ア　あなたが携わったシステム開発プロジェクトのプロジェクトとしての特徴と，完了評価を行った工程の一つについて，その概要，その工程の完了条件と次工程の開始条件を，800 字以内で述べよ。

設問イ　設問アで述べた工程の完了評価の結果はどのようなものであったか。その際，把握した問題と次工程への影響，検討した対応策について，800 字以上 1,600 字以内で具体的に述べよ。

設問ウ　設問イで述べた問題の背景や原因，再発防止策とその評価，及び残された問題について，600 字以上 1,200 字以内で具体的に述べよ。

図12　具体的に書くということのイメージ

そして，次の三つの視点で具体化を試みます。

①問題文の“例”もしくは類似のことを，一段掘り下げて詳しく説明する
②5W1H（いつ，誰が，どこで，何を，どのように，どうした）で説明する
③定量的な数値を使って説明する

例えば図11のベン図（P.038参照）の「会議を開催する」が，問題文の“例”に上がっていたとしたら，その会議の内容を5W1Hに照らして考えて，図11の周囲に書かれている個別事象のレベルで詳細に説明します。

ちなみに，問題文の“例”が，「**会議を開催する**」というレベルよりも一つ上位の「**様々な対策を実施する**」というものだったら，様々な対策の一つとして「**会議を開催する**」という“具体的記述”が出てくるし，逆に，「**会議を開催する**」というレベルよりも一つ下位の「**月1回の全体会議を，リーダーが中心になって開催する**」というものだったら，より詳細な会議の内容について具体化することが求められます。

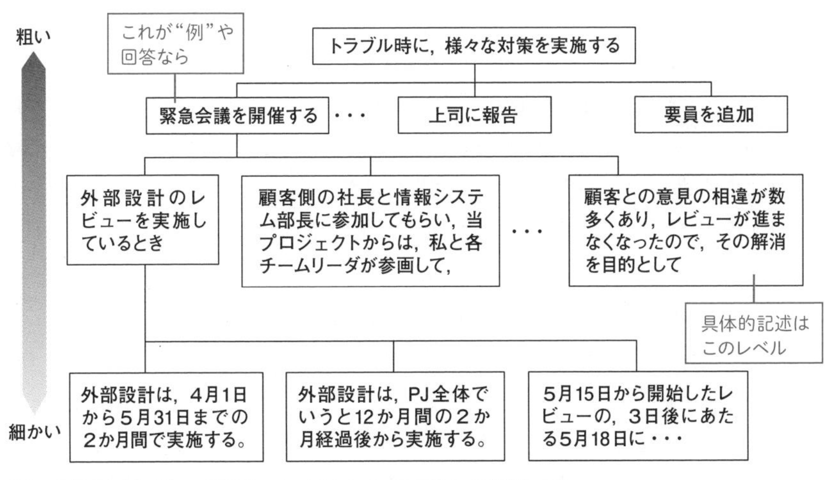

図13　具体的に述べる=一段細かいレベルにして、自分自身の事例にする

ちなみに，この作業を“**1問＝10分**”ぐらいで“**頭の中で**”できるようになれば，何を書くのか具体的に組み立てる全体の骨子（ストーリー）作成時だけではなく，問題選定時の「書ける？書けない？」の判断にも使えます。最終的には，短時間で頭の中でできるようにしておきたいですね。

4 ベテランの人が論文試験をクリアできない時には

意外に思われるかもしれませんが，経験豊富なベテランの方でも“**具体的に書く**”ことに苦戦することがあります。経験豊富で書く“ネタ”には困らないという人に限って。

でも，ひょっとしたら，それは仕方のないことなのかもしれません。というのも，そういう方々は，普段から“具体的事象を抽象化する”思考回路になっているからです。図11（P.038参照）の例でいう“→”の方向的考え方です。

- **部下から具体的事象の報告を受けて，「そういう場合はこうするんだよ。」と汎化された回答を返す**
- **報告書に，抽象化されたコンパクトな内容を記載する**
- **具体的トラブル→汎化して原因を追及する→汎化された対応策を頭から出す→当該トラブルに対する具体的解決策を出す**

どうでしょう，いずれも優秀なベテランエンジニアの日常思考回路ではないでしょうか。先に説明した通り，論文で求められている「**具体的に述べよ**」というのは，これらとは逆の思考になります。要するに，抽象的，あるいは普遍的な“**よくあるケース**”に対して，逆の思考方向で具体的に組み立てていかないといけないというわけです。だから，その感覚がよくわからなくても仕方がないのかもしれません。そういうわけで…もしも，自分に思い当たる節があるのなら，改めて意識してみましょう，具体的に書くということを。

なお，“**具体的な記述**”は，本来，経験者としての強みを活かせるところになります。論文は経験者よりも未経験者の方が有利になるところが少なくありません。変な先入観もないし，知識が多すぎて選択に時間がかかることもないからです。しかし，この「具体的に書く」という点では違います。間違いなく経験者の方が有利なところになります。したがって，経験者は，“ここで勝負する”と考えて，具体的に書く練習をして身に付けて，未経験者に差をつけましょう。

但し，その場合は，量を控えめにするように注意すること。詳細化しすぎると書ききれなくなるからです。くれぐれも書きすぎないように注意しましょう。逆に，未経験者はここが弱い部分になるので，本を読むなり，先輩に話を聞くなり，注視するなりして，情報収集を怠らないようにしましょう。

初対面の第三者に正しく伝わるように書く！

いよいよ大きな課題は残り一つです。最後は**“よくわからない論文”**からの脱**却**です。筆者が添削で**“B評価を付ける理由”**の中でもかなり多いのが，この“よくわからない論文だから”というものです。きっと普段の**“省略のコミュニケーション”**に慣れてしまっているのでしょう。情報が足りないわけです。論文を採点する人は**“面識の無い第三者”**です。換言すると，**“初対面の第三者”**です。それを十分意識して，初対面の第三者である採点者に正しく伝わるような“表現”かどうかを最後に確認しておきましょう。なお，本書では論文を媒介して初めて対面するという意味を込めて，“面識の無い第三者”ではなく“初対面の第三者”という表現を使います。

1 初対面の第三者に“経験を伝える”ための基本的な考え方（全体）

◆具体的に書くと，第三者には伝わりにくくなる！

問題文のように，抽象的に書かれた一般論は，第三者に対しても通じるようになっています。「**あ，その理屈，俺も知ってるよ**」という感じで，見知らぬ第三者に対しても簡単に通じるわけです。しかし，それを経験談で“**具体化**”していくと途端に通じなくなります。

「え？それいつのこと？」
「誰？何人ぐらいなの？」
「なんでそんなことしたの？」

当たり前ですが，**第三者たる採点者は一般論は，よく知っています。しかし，あなたがいつ何をしていたのかは知るわけないのです。**

◆その1：基本は5W1H

Step4で，何はさておき意識したいのが“5W1H”に忠実に表現することです。

When（いつ）：時間を表す。時間遷移があった時に必須
Where（どこで）：場所を表す。場所が異動した時に必須
Who（だれが）：主語。主語が変わる時に必須
Why（なぜ）：理由や根拠。非常に重要。
What（なにを）　｝「～どうしたのか」
How（どのように）｝行動や述語につなげる

日常会話は，いわば“**省略のコミュニケーション**”だといえるでしょう。「**そういや…あれ，どうなった？**」という感じで，指示語だらけで“いつ”も“どこ”も省略されていることが少なくありません。そうした方が“効率”がいいからです。しかしそれは，あくまでも“情報を共有している人同士の会話”だから成立するのであって，初対面の第三者には通用しません。

初対面の第三者に伝える場合は，“**5W1Hを省略しないコミュニケーション**”を意識して文章を組み立てなければなりません。それが基本中の基本になります。

◆その2：定量的表現で客観性を持たせるとともに経験をアピールする

初対面の第三者に正確に情報を伝えるには，主観的表現ではなく，客観性を持たせた表現でなければなりません。

具体的には，**まずは程度を表す表現…“大きい”，“小さい”，“速い”，“遅い”など…これらの程度を表す主観的表現を極力使わないように意識します。**こうした主観的表現（程度を表す表現）は問題文で使われている表現なので，論述では客観性を持たせるというわけです。そして，その最も効果的な方法が数字を使う方法です。“大きい”を表すのに“1万人月”と表現したら，それは“1万人月”以上でも以下でもありませんからね。

もちろん，数字を書かなければ合格できないわけでもありません。しかし，あらゆるものが数値を「見える化」し，定量的数値管理の方向に向かっているのに，それをアピールできないのはもったいないと思います。数値は説得力を持つからです。**論文の中に適度に散りばめられた数値は輝いて見えると言っても過言ではありません。**毎日たくさんの論文を添削している筆者にはそう見えます。公表されている採点方式に**“具体性”**や**“表現力”**がある以上，数値を出すと評価が下がるということはあり得ません。これまでの筆者の試験対策の実績でもそうなっていますから出せる時には積極的に出すようにしましょう。

◆その3：二つの“差”で表現する

「問題や課題は引き算」という表現を聞いたことはありませんか。**「“課題”や“問題”とは“理想”と“現実”の“差”」**という意味です。これを論文で表現すると，初対面の第三者にも問題や課題が正確に伝わるようになります。

程度で表した主観的表現（×） （抽象的…，どれくらいかもわからない）	二つの“差”で客観性を持たせた表現（○）
見積り金額をオーバーしてしまった。	当初の見積りでは50人月だったが，結果的に55人月になってしまった。
進捗が遅れだした。	本来，今日の段階でプログラムが10本完成していなければいけないところ，まだ8本しか完成していない。残りの2本が完成するのは3日後になるらしい。
	計画では，今日から作業に入るはずだったが，前の作業が終わっていないために，早くても1週間後になる。

表2　二つの“差”で表現している例

表2の右側の表現のように，元々の予定や計画と，今の実情を説明すれば，問題が明確になり，読み手も“その差”を正確に受け取ることができます。

2 初対面の第三者に“経験を伝える”ための基本的な考え方（段落の役割別）

論文には，“起承転結” ではありませんが，それと同じような**典型的なパターン**が存在します。具体的には，図14に記しているような**“状況”**，**“課題”**，**“対策”**の3つです。もちろん，全ての問題がそういうわけではありませんし，後述するように設問ウの**“評価”**や**“改善点”**もあります。しかし，それぞれの段落に “役割” があるのは間違いないので，その役割を見抜いて，それぞれの役割に適した表現をすると，さらに伝わりやすくなります。

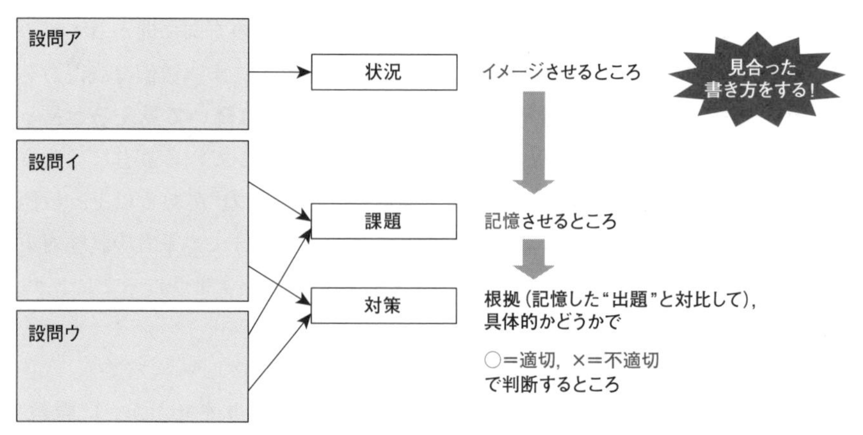

図14　論文の典型的な構成パターン

◆その1：“状況”の説明を目的にした段落＝イメージさせるところ

論文には “状況” の説明を目的とした段落があります。“設問ア” など最初の方に多く，後述する “課題” の前ふり的な位置付けにある段落です。この “状況” を説明する段落は，いかに鮮明にイメージさせるかがポイントになります。基本は状況説明なので，淡々と状況を列挙して構いません。列挙されている状況が，「自分のオリジナルの今回の話」でありさえすれば，大丈夫な部分です。

・どうすれば，読み手にイメージを伝えられるか？
・どう表現すれば，読み手に想像させることができるか？
・どうやって自分の見ている景色と，同じ景色を見せようか？

◆その2：“課題”の説明を目的とした段落＝記憶させるところ

設問イの前半部分，あるいは，設問アの後半や設問ウの前半にも見られることがありますが，そこには，**“課題”**や**“リスク”**…本論の**“前ふり”**的な役割を持つ段落があります。この後に登場する**“対策”**や**“工夫した点”**の**“根拠”**になるところです。採点者は，この段落の内容と，対策や工夫した点を突き合わせて，適切かかどうか…その有効性を判断します。したがって，ある意味，**“対策”**や**“工夫した点”**に関する段落よりも，ずっと大切にしないといけない段落だともいえます。実際，「**すごくいい対策をしたようだけど，（この段落で説明している）今回の課題やリスクがよくわからなかった。惜しいな。一般論としては正解なんだけど**」という論文をよく見かけます。もちろん不合格論文です。

そういう位置付けの段落なので，この**“前ふり”**の段落に書く**“課題”**や**“リスク”**に関しては，読み手に**“記憶させる”**ことができるかどうかが重要なポイントになります。採点者の頭の中に残しておくことができれば，後述する**“対策”**や**“工夫した点”**の段落を読んでもらう時に，この段落に戻す（読み返させる）ことなく，一気に読破させられるからです。具体的には次のような表現方法が考えられます。

①端的な表現で**段落タイトル（太字）にする**
②**数を絞って箇条書きを使う**（ここでの①②③④の記述のように）
③**最初に数を宣言**してから順番に説明する
④**段落の最後にまとめてもう一度書く**（つまり最初と最後の2回書く）

採点者が，数多くの論文を短時間で採点しなければならない事情を考えれば，彼らの短期記憶への働きかけが不可欠になります。そこで，**“課題”**や**“リスク”**は，「**(1) ハードウェア障害**」という感じで段落タイトルにしたり（上記の①），数を絞り込んで，箇条書きを使ったりします（上記の②）。数をたくさん書きたいのなら，「**重要な点は4つあります。○○や，××，△△，□□だ。一つ目の○○は，…**」というように，最初にその数を伝えて安心してもらうのも有効でしょう（上記の③）。また，網羅性もアピールしたいのなら「**全部で200近い要望があったが，そのうち最も重要な2つを紹介すると…**」というような表現でも構いません。

◆その3：設問イ・ウの“対策”の部分＝“○”か“×”かで判断するところ

論述試験のメインの部分が，この**“対策”**になります。**“工夫した点”**を求められる中心部分です。

論述試験に慣れていない受験生は，ここが最も重要だと考えているかもしれませんが，実はそうでもありません。この段落に書くことは，（これまで何度も説明してきているように）ここよりも前の段落に書いてある**“課題”**や**“リスク”**との対比の中で，適切かどうかを判断するだけだからです。ここでの採点は，“対策”ごとに，適切であれば“○”，そうでなければ“×”というように，**“○か×”**で判断されることになります。

だから，「**納期遅延が発生した時，あなたはどうしましたか？工夫した点を中心に具体的に述べよ。**」という問題に対しての**“回答”**が，「**要員の追加投入をした。**」という，ありきたりでチープなものでも全く問題ありません。それが，前の段落に書いてある**“課題”**や**“リスク”**の解決策として妥当であれば，採点者は，評価を低くすることはできないからです。

◆その4：設問イ・ウの“評価・改善”の段落＝まとめのところ

論述試験の最後のまとめ部分が，**“評価・改善”**の段落になります。

平成20年度以前の旧試験の時代には，システムアーキテクト（旧アプリケーションエンジニア），プロジェクトマネージャ，ITストラテジスト（旧システムアナリスト），ITサービスマネージャ（旧テクニカルエンジニア（システム管理））の試験区分において，設問ウは，毎回固定の**“私の評価と今後の改善点”**でした。平成21年の新試験移行に伴いその傾向はなくなりましたが，それでもたまに，設問イや設問ウで要求される場合があります。PDCAサイクルで考えた場合は避けては通れないのでしょう。

平成20年までは，「**いつもワンパターンなので，ひとつパターンを作っておきましょう。**」と言ってきましたが，新試験でも，次回試験に備えるにあたっても，念のため**“評価・改善点”**を作成しておいたほうがいいでしょう。サンプル論文を参考に必勝パターンをいくつか作っておきましょう。

3 初対面の第三者に“経験を伝える”ための応用編

◆その1：計画的表現を意識する（練習する）

どの試験区分でも「あなたはどのような対策を立案したのか具体的に述べよ。」というように，計画や対応策が問われることが少なくありません。

しかし，実際に添削していると，どんな計画を立案したのか？どんな対応策を取ったのかが，よくわからない論文も少なくないのです。何かをしているということはわかりますが，**「いつから？」**，**「いつまで？」**，**「誰が（何人ぐらいで）？」**ということが，あまり記述されていません。

あなたは，図15の計画変更を言葉だけで正確に表現できるでしょうか？

項目 ／ 年 ／ 月
今年：4月 5月 6月 7月 8月 9月 10月 11月 12月　来年：1月 2月 3月 4月
稼働日：現在（6月）／稼働（来年4月）
V社ERP導入と追加開発：要件定義（4月～5月）→ 設計（6月～7月）→ 製造（9月～10月）→ 結合テスト（12月～1月）→ 総合テスト（移行データ検証含む）（1月～2月）
データ移行：移行方式設計（9月）／移行ツール開発（12月～1月）／(1回目) (2回目) 移行リハーサル（1月・2月）／移行（4月）
運用テスト：運用テスト（来年2月～3月）

図1　A社プロジェクトの開発スケジュール

項目 ／ 年 ／ 月
今年：6月 7月 8月 9月 10月 11月 12月　来年：1月 2月 3月 4月 5月 6月
稼働日：現在（6月）／A社プロジェクト計画時の稼働予定（来年3月～4月）／新プロジェクトでの稼働予定（来年5月～6月）
V社ERP導入と追加開発：設計（6月～7月）→ 製造（8月～10月）→ 結合テスト（11月～12月）→ 総合テスト(移行データ検証含む)（1月）
A社データ移行：移行方式設計（9月）／移行ツール開発（11月～12月）／(1回目) (2回目) 移行リハーサル（1月）／移行（6月）
A社・M社の運用テスト：運用テスト（来年2月～5月）
M社における業務プロセスの理解：N課長による要件定義の内容の理解（6月～7月）／業務部門による業務プロセスの理解（7月～来年1月）
M社データ移行：移行方式設計・移行ツール開発（9月～12月）／(1回目) (2回目) 移行リハーサル（1月）／移行（6月）

注記 <------->は，検討中のスケジュールを表す。

図2　新プロジェクトの開発スケジュール案

図15　計画変更を図で表現しているケース（平成25年午後I問3より）

例えばこれが論文ではなく，実際のプロジェクトの計画変更だったらどうするでしょう。ユーザに変更内容を説明する時は，きっと前頁の図15のような**「スケジュール案」**を提示して，変更箇所の図を示しながら説明するはずです。図を見せれば，計画変更を誤解なくはっきりと伝えることができるからです。

しかし，論文試験では，必要に応じてこれを**文章だけで伝えなければなりません**。そうなると，例えば前頁の図15の中の「データ移行の移行方式設計」についての変更を言葉だけで説明すると次のようになります。

（例）データ移行の移行方式設計プロセスの変更を説明する文

> 6月初旬，要件定義工程が終わって設計に着手して数日がたった頃，計画を次のように変更することにした。
> **（1）データ移行の移行方式設計プロセスの分割**
> 9月から1か月間かけて5人で実施する予定の「移行方式設計」プロセスを，「A社のデータ移行の移行方式設計」と「M社のデータ移行の移行方式設計」に分けて実施する。「A社のデータ移行の移行方式設計」に関しては，従来の計画通り，9月から開始して1か月間，5人の要員で行う。また，「M社のデータ移行の移行方式設計」の方は，9月から1月末までの間にM社情報システム部の5名で実施する。

たった1箇所の変更でも結構な分量になりますが，「**いつから，いつまで，誰が何人ぐらいで，何をどうするのか？**」という感じで，5W1Hの要素を駆使して説明していますよね。計画を説明したい場合には，この説明が必要だというわけです。

考え方としては，読み手に「**え？いつから始めるの？**」，「**それ，いつ終わるの？**」，「**いやいや何をどうしたいの？**」というツッコミをさせないように，読み手の知りたいことを考えた上で，先に全部言ってしまおうというイメージです。こうしたツッコミをさせない文章を書けば，他の受験者に大きな差をつけられるでしょう。

ちなみにP.059の「コラム：コボちゃん作文」に書いている“コボちゃん作文”で行っていることは，この図15を言葉だけで説明するのと同じです。「**自分の見ている世界を正確に相手に伝える**」ことが苦手な人は，例えば，こうした計画表を言葉で説明するところから練習してもいいかもしれません。

◆その2：結論先行型の文章がわかりやすい理由

情報処理技術者試験の午後Ⅱ論述式試験で書く論文は，採点が目的（つまり聞きたいことが明確）なので，結論先行型で説明した方が絶対にいいと筆者は考えています。それは，**“わかりやすい”**というだけでなく**“採点しやすい”**という点もあるからです。

例えば，次のような順序で話を聞いた時，何の話をしているのか，どこで正しくわかるでしょうか？

①住んでいるのは比較的暖かい場所です。
②インドやアフリカですね。
③すごく子供思いで，子供を大切にしています。
④耳が大きいですね。
⑤鼻も長い。
⑥動物園には必ずいる愛らしい動物です。
⑦そうです，動物のゾウ，エレファントのことです。

この話を聞いている時，ゾウの話だとわかったのはどのあたりでしょうか。①②③ではほぼわからないでしょうし，せいぜい，⑤や⑥ではないでしょうか？その時の聞き手は，きっとこんな風に考えているでしょう（赤の太字部分）。

①住んでいるのは比較的暖かい場所です。
　→？何の話？誰のこと？知り合いの話か？
②インドやアフリカですね。
　→外人の友達？それとも暖かい所が好きな友人？
③すごく子供思いで，子供を大切にしています。
　→ほう。結婚してるのか。いいお父さん？いやお母さん？
④耳が大きいですね。
　→へぇーそんな特徴があるんだ。伝説のエース江川さんのような感じかな？
⑤鼻も長い。
　→？？鼻も？？
⑥動物園には必ずいる愛らしい動物です。
　→？？？？動物園？
⑦そうです，動物の“ゾウ”，エレファントのことです。
　→なんやねん，ゾウの話かい！

クイズならまだしも，論文でこれをしてしまうとよろしくありません。結論が（ゾウの話だと）分かった時には，それまで勘違いしていた①〜⑥までは記憶から飛んでしまうからです。結果的に「**ゾウの話だったこと**」しか記憶には残りません。①〜⑥までが無駄になるというわけです。

それに対して，結論を前に持ってくるだけで事情はまったく変わってきます。

①今から“ゾウ”の話をします。そうです，動物の“ゾウ”，エレファントです。 ②住んでいるのは比較的暖かい場所です。 ③インドやアフリカですね。 ④すごく子供思いで，子供を大切にしています。 ⑤耳が大きいですね。 ⑥鼻も長い。 ⑦動物園には必ずいる愛らしい動物です。

この時の読み手や聞き手の反応はこうなります。

①今から“ゾウ”の話をします。そうです，動物の“ゾウ”，エレファントです。 **→はい。“ゾウ”ね。OK！** ②住んでいるのは比較的暖かい場所です。 **→確かに！昔はマンモスなんてのもいたけどね。** ③インドやアフリカですね。 **→インドゾウ，アフリカゾウね。OK！** ④すごく子供思いで，子供を大切にしています。 **→おーそうなんだ。確かにそんな感じだね。ゾウって。** ⑤耳が大きいですね。 **→確かに。** ⑥鼻も長い。 **→誰でも知ってるぞ。** ⑦動物園には必ずいる愛らしい動物です。 **→そうなんだよな。昔から安定して愛されているんだよな。**

どうでしょう？この展開だと，これから話すことはすべて“**ゾウ**”のことだと最初に宣言しているので，聞いている人は，常に「**ゾウは…**」と主語を補いながら，あるいは“**ゾウ**”をイメージしながら受け取ってくれます。そして知っていることに関しては納得し，知らないことには感心しながら聞いてくれ

ます。時には，間違ったことを指摘されたり，認識違いで議論になったりすることもあるかもしれませんが，いずれにせよ…採点目的の論文にはベストマッチしていることだけは間違いありません。

人の短期記憶は頼りない

マジカルナンバーの理論（下記参照）でも言われている通り，人の短期記憶能力というのは頼りないものです。読み手の反応に記憶を重ねてみるとこんなに違いがあります。

①住んでいるのは比較的暖かい場所です。
　→？何の話？誰のこと？知り合いの話か？（暖かい場所を記憶）
②インドやアフリカですね。
　→外人の友達？それとも暖かい所が好きな友人？（インド，アフリカを記憶）
③すごく子供思いで，子供を大切にしています。
　→ほう。結婚してるのか。いいお父さん？いやお母さん？（結婚を記憶）
④耳が大きいですね。
　→へぇーそんな特徴があるんだ。伝説のエース江川さんのような感じかな？
　（耳を記憶。そろそろ①や②を忘れてきているかも）
⑤鼻も長い。
　→？？鼻も？？（鼻を記憶。混乱しているので記憶はどうだろう？）
⑥動物園には必ずいる愛らしい動物です。
　→？？？？動物園？（動物園を記憶。パニック）
⑦そうです，動物のゾウ，エレファントのことです。
　→なんやねん，ゾウの話かい！
　（全部記憶が吹っ飛ぶかも…ゾウの話だったことしか覚えてない。前は何だっけ？よくわからない！）

〈参考〉マジカルナンバーの理論

人間が瞬時に記憶できる（短期記憶能力）の数に関する理論。米国のジョージ・ミラーが1956年に発表したのが“マジカルナンバー7±2”。“±2”は個人差で，人間の短期記憶能力はせいぜい5～9個程度であるとした。しかし，それは誤解だという議論もあり，その後の別の人の研究で得られた“4±1”，すなわち3～5個程度だという説が現在の定説となっている。

“記憶してもらう”のではなく“評価してもらう”文章にする！

前述の通り，論文の展開を結論先行にするだけで，読み手や聞き手は自分の記憶と照らし合わせながら“YES or No”で受け取ることができます。つまり，読み手側は，記憶しなくても採点や評価ができることになります。

①今から“ゾウ”の話をします。そうです，動物の“ゾウ”，エレファントです。
　→はい。“ゾウ”ね。OK！（この設問なら“ゾウ”はありだな＝○）
②住んでいるのは比較的暖かい場所です。
　→確かに！昔はマンモスなんてのもいたけどね。（いいよ＝○）
③インドやアフリカですね。
　→インドゾウ，アフリカゾウね。OK！（いいよ＝○）
④すごく子供思いで，子供を大切にしています。
　→おーそうなんだ。確かにそんな感じだね。ゾウって。（調べた結果＝○）
⑤耳が大きいですね。
　→確かに。（いいよ＝○）
⑥鼻も長い。
　→誰でも知ってるぞ。（いいよ＝○）
⑦動物園には必ずいる愛らしい動物です。
　→そうなんだよな。昔から安定して愛されているんだよな。
　（おかしなところ無かったな＝よくわかった。納得！）

しかも，減点法での採点方法にこれはぴったりはまります。“○”と“×”で判断され，“○”だとそれで良いわけですから，全く難しいことを書く必要がないのです。

採点者は，設問の答えを求めている

しかも，採点者は論文を評価することが目的なので，設問に対する何かしらの答えを求めています。にもかかわらず，**その答えと全く違うことから書き始められると，時に混乱してしまいます。答えを求めているのに，違う角度からどんどん変化球が飛んでくるので，まったく頭に入ってきません。**

例えば次の文です。平成17年度問3の設問アで問われている「稼働開始時期が決定された背景」に関して，筆者の受講生が実際に書いた内容です。間にコメントしているのが，これを添削している時の筆者の心の声です。

1−2. 稼働開始時期が決定された背景

ウェブシステムで使用量や料金を照会するためには、料金システムとの連携が必要である。（→はい。ここはわかった）

当社エリアのウェブシステムは、基幹システムとはすでに連携していたので、ウェブPJとしては、他ガスエリアの料金システムが当社基幹システムを利用することが望ましかったが、当社基幹システムがちょうど再構築中で、他社エリアの料金システム機能を取り込むことはできなかったので、パッケージソフトを利用することが別プロジェクト（以下、料金PJ）として決定していた。

（→ちょっと文章もわかりにくいし，何が言いたいんだろう？）

お客さまへの営業上の観点からは、ウェブPJのリリースは、料金システムの稼働との同時が望ましい。（→まだ続くのか？イライラ）しかし、構築期間が短すぎるために品質が担保できないことと、料金PJとの連携テストの期間が十分とれないため、同時リリースは回避されたものの、料金システムが稼働する7月の3か月後の10月末までに稼働することを厳命された。（→10月末に決定されたってことだよな）

4 初対面の第三者に伝える表現の練習方法

それではここで，「**初対面の第三者に伝える表現**」であったり，「**話を膨らませる方法**」であったりが苦手だと自覚している人向けに，その改善方法（練習方法）についても考えていきましょう。基本は，2時間手書きで論文を書く練習の中で実施したり，パソコンで論文の事前準備をしたりする中で意識しながら行うのですが，その時に考えるべきことから確認していきたいと思います。

◆なぜ，話を膨らませるのが難しいのか？を理解する

そもそも話を膨らませることができないという悩みも，考えてみれば仕方のないことなのかもしれません。日ごろの会話は，基本的に"**省略のコミュニケーション**"になっているからです。

- 簡潔な説明を求められる
- 効率よく要点だけを話せと言われる
- 報告書への記載が多い

日常では，多忙なビジネスパーソンにとって要点のみを絞り込んだ効率の良いコミュニケーションこそ大切です。会話は，相手の時間を奪うことにほかならないからです。しかし，それは「**必要最低限の情報量で**」ということを意味していて，勝手に自分1人の判断で情報を省略して良いということではありません。

必要な情報を省略できるのは，"同じ環境" を共にしていることや過去のコミュニケーションの延長線上にあることなどが大前提になります。要するに"ツー・カーの仲" になった人たちとだけ許されるコミュニケーションスタイルなのです。

そういう意味では，日常会話の多くが（会社でも，家庭でも）かなりの情報が省略されたまま行なわれていることになります。嫁さんに「**あれ取って**」とか，部下に「**あれ，どうなった？**」で通用するのは，その典型例でしょう。**普段そういう会話しかする機会がなければ，どうしても話を膨らませることが苦手になってしまいますよね。**

◆自分の日常会話を見つめる

では，次に自分の日常会話について考えてみましょう。仕事やプライベートで日々大量に交わされている会話を見つめることで，新たな気付きを得たり，苦手な理由が見つかったりするかもしれません。

主導権を握る会話の割合

一つ目のチェックポイントは，自分が主導権を握る会話の場がどれくらいの頻度であるかという点です。

普通，会話というものは自分か相手のどちらかが主導権を握っているものです。同僚や友人同士なら，話題次第でどちらが主導権を握るかが変わることもありますが，年齢や立場，スキルなんかが異なる場合，普通はそれらが上の人が会話の主導権を握り，会話を組み立てます。会話をリードすると言ったほうが分かりやすいでしょうか。（多少厳しい表現ですが）その都度の会話に責任を持つということです。その場合，会話の主導権を握る側が絶対に考えなければならないことがあります。

（1）相手はどの言葉が分かるのか？
（2）ここでは何を省略できるのか？

巷に氾濫している「コミュニケーション理論のテキスト」では何と説明しているのか分かりませんが，この2点は責任を持つ側がきちんと意識して考えなければならないところになります。

このような主導権を握った会話，すなわち責任を持つ会話をする機会がどれぐらいあるのかをチェックしてみましょう。普通に考えれば立場や年齢が上の人と会話をする機会が多ければ少なくなるでしょうし，逆に下の人と会話する機会が多ければ多くなると思います。

そして，自分の表現力不足の要因になっていないかどうかを確認してみるといいと思います。主導権を握る会話機会が少ないから表現力が向上しないのか，それとも機会はあるけれど表現力に不安を持っているのかがわかります。

ただし，いくら会話の主導権を握る機会が多くても，その会話に責任を持っていない人はダメですよ。相手がどの言葉なら分かるのか，何を省略できるのかを考えなかったりする人です。仮にそうだったとしたら，直ちに考えていくようにしなければならないでしょう。

表現力が必要な会話機会の量

二つ目のチェックポイントは，表現力が必要な会話機会の量です。主導権を握っているかどうか，すなわちその会話に責任を持つ立場かどうかとは別に表現力が必要な会話機会の量をチェックしてみます。

<会話に表現力が必要な機会の例>
- 彼氏や彼女に相手の知らない世界の話をする
- 自宅で専業主婦の嫁や子供に会社の話をする
- 会社の同僚や上司，先輩にプライベートの出来事を話す
- クラブなどの飲み屋で付いてくれた人に自分から会話を組み立てる
- 初対面の人と接する機会を増やす

ここで言う「**表現力が必要な会話機会**」とは，環境を異にする人（他業種の人等）との会話と言ったほうが分かりやすいでしょう。先の言葉を使うのなら「**何を省略できるかを考え，何も省略できないと判断したときの会話**」です。

そういうケースが多い人は，日々表現力を意識した会話になっているはずです。しかし，そうでない人は，普段あまり練習できていない可能性があります。

総合チェック

要するに，「**自分から話しかける機会が多いか**」と，「**環境を異にする人と話をすることが多いか**」の2点がポイントになっているということです。

自分から話しかける機会が多い人は，それだけ会話時に考えていることも多くなります。往々にして無意識に行なっていることなので「**何も考えてないんだけどな**」と自覚していないかもしれませんが，自分でも気づかないところで頭の中はクルクル回っているはずです。

また，環境を異にする人と話をする機会が多い人は，それだけ省略できない情報が会話の中に多いということです。噺家や漫才師，小説家などと同様に，言葉・表情・態度を駆使して（小説家は言葉だけですが）表現する機会に恵まれているといえるでしょう。

いかがでしょうか。皆さんは表現力が必要な会話を行なう機会が多いほうでしょうか，それとも少ないほうでしょうか？もしも，そういう機会が，少なくて話を膨らませることに難しさを感じているとしたら，そういう機会を意図的に多くするようにして練習してみることをお勧めします。

column

コボちゃん作文

後述する“すべらない話”ほど，楽に，笑いながら「話を膨らませる練習」にはなりませんが，もうひとつ筆者のお勧めする「初対面の第三者に説明する省略しない文章」を作る練習方法があります。それが，コボちゃん作文での練習です。

コボちゃん作文とは，ある塾で始めた国語力を高めるための勉強方法なのですが，読売新聞で連載中の4コマ漫画『コボちゃん』を塾の生徒に見せて，その4コマ漫画を文章だけで説明させる（作文する）というものです。生徒の作り上げた“作文”は，開発者の塾長が採点するのですが，その番組を見ていると，塾長は5W1Hをベースに採点していました。やはり基本は5W1Hなんですね。

このコボちゃん作文という方法は，少し“勉強”要素が入ってきたり，誰かに添削をお願いしたりしなければならないので，少々，めんどくさいかもしれませんが，表現力を磨く練習としては，かなり有益だと思います。実際，筆者の長女が中学受験をする時に，1日1問作文させていましたが，1月ぐらいで国語の偏差値が20以上も急上昇して驚いたことを覚えています。しかも，今でも彼女は「コボちゃん作文は楽しかった。」と苦じゃなかったとのこと。いい勉強方法だと思いました。

ちなみに，今では全国的に有名で，あちこちで導入されている勉強方法のようですね。ネットで検索してみたら，結構，いろいろ出てきました。それと当然ですが，別に“コボちゃん”でなくてもいいと思います。表現力にいまひとつ自信を持てない人は，基礎から改善してみてもいいのではないでしょうか。

column

話を膨らませるのが苦手な人へのおすすめ

話を膨らませるのが苦手な人は，その道の“プロ”から学ぶことをお勧めします。ここはひとつ，プロの話術を学んでヒューマンスキルを徹底的に磨き上げましょう。

言うまでもなく…トークのプロといえば“芸人さん”です。最近では，面白いだけではなく，頭の回転が速いとか，場の空気を読むのが上手いとか，普通に尊敬対象になっていますよね。

筆者はずっと大阪にいるので，小さい頃から“吉本新喜劇”を見て育ちました。だから，トークに関しての苦手意識は全くありません。もちろん…芸人さんのように“爆笑”を取ることはできませんが，会話に困るということはなかったですね。それに，“ロジカルシンキング”を初めて知った時，既に自分ができているということにも驚きました。

もちろん国語の勉強にも役立っていました。あまり大きい声では言えませんが…筆者は，社会人になってIT関連の専門書を読むまで，（学校から強制された以外で）文字だけの本を読んだ記憶がありません。それでも国語の偏差値は常に良かったし，今，本を書いたり，論文添削しているわけですからね。これらの源泉は，間違いなく“笑いながら”無意識の間に身に付いたものなのです。一般的には，国語力を付けるには“読書”が必須と言いますが…筆者は，それをあまり信用してはいません（笑）。

DVDジャケット©フジテレビ

人志松本のすべらない話

そんな筆者から，“話を膨らませる練習”に役立つコンテンツを紹介しましょう。それは，『人志松本のすべらない話』というテレビ番組（フジテレビ系列）です。ダウンタウンの松本人志さんを中心に10 人ぐらいのお笑い芸人が円卓を囲み，日常に起こった些細なことを（1人あたり数分で）面白おかしく話すという番組です。誰のどの話も笑いが起きる，つまり“すべらない”のでそういうタイトルになっているんですね。

この“すべらない話”…面白すぎて，ついつい夢中になってしまいますが，そこをグッと我慢して，5W1Hの要素に分解しながら聞いてみてください。その“笑い”の礎になっているのが，**「状況を知らない第三者に対して，正確に話を伝達する」**という…我々が“コミュニケーションスキル研修”で学んでいる基礎と同

番組風景©フジテレビ

じだということに気付くでしょう。芸人さんの神業のような“すべらない話”でも，ベースにはしっかりとした基礎があってこそなんですよね。

もちろん，論文試験で“神業レベル”は必要ありません。まずは，基礎となる「状況を知らない第三者に対して，正確に話を伝達する」ために必要なことを，芸人さんから盗みましょう。そして，論文試験の2時間という短い時間の中で，“具体的に述べる”部分で話が膨らませられるようになりましょう。といっても，やることといえば，5W1Hの要素に分解しながら“すべらない話”を見るだけなんですが。

URL：http://www.fujitv.co.jp/suberanai/index.html

現在「すべらない話」は年末特番等，不定期放送になっています。過去の放送はDVD化されているので，放送のタイミングが合わなければDVDで練習してください。いずれもURLだけ記載しておきます。詳細情報は，そちらから入手してください。番組風景の写真やDVDのジャケット等は，本書の初版刊行時のものです。

DVD：2012歳末大感謝祭完全版！

column

話を膨らませる方法の一例

それでは，ここで実際に話を膨らませる例を見てみましょう。元ネタは，取りとめのない次のような内容でいかがでしょうか。

「この前，会社のそばでコケた。恥ずかしかった」

わずか22文字の簡潔な文章ですが，この文章を膨らませなければならないとしたら，あなたはどうするでしょうか。仮にこれが論文だったら（内容的に情報処理技術者試験という設定には無理がありますが……）。

このようなリクエストに対しては，通常，5W1Hを意識しながら，肉付けをしていくと思います。少しやってみましょう。

When＝この前
　→「今から約2週間前の12月はじめ」
Who＝なし
　→「私が」
Why＝なし
　→「いつものように会社に向かっていると」
Where＝会社のそばで
　→「会社（中之島（大阪）にある朝日新聞の横のビル）の玄関までもう少しのところ，ちょうどオープンカフェの真ん前で」
What＝なし
　→なし
How＝なし
　→「驚くほど格好悪く“すってーん”と」
どうした＝コケた
　→「コケた」

【5W1Hに忠実に膨らませた文章（135文字）】

「今から約2週間前の12月はじめ，私がいつものように会社に向かっていると，会社（中之島（大阪）にある朝日新聞の横のビル）の玄関までもう少しのところ，ちょうどオープンカフェの真ん前で驚くほど格好悪く“すってーん”とコケた。今思い出しただけでも本当に恥ずかしい出来事だった」

これで，わずか22文字の文章が135文字にまで膨らみました。

5W1Hを意識して“すべらない話”風にアレンジ

では，先ほどの“コケた”というだけの単純な話を，前頁のコラムで紹介した人気番組“人志松本のすべらない話”風にしたらどうなるのか，それを考えてみましょう。5W1Hの要素を1つずつ膨らませていくという基本に忠実な方法で，同じような感じに仕上がるかどうかがポイントになります。

ただし，元ネタそのものに面白みがないことと，筆者にそれほどお笑いセンスがないことで本家のように‘すべらない’ように仕上げることはできません。その点はご理解いただきたいと思います。筆者は生まれも育ちも大阪ですが，大阪の人間が，皆，面白いというのは大きな間違いです（笑）。一応，筆者の好きな宮川大輔をイメージして話を膨らませてみますが……。

When＝この前
→「今から約2週間前の12月はじめ」
→「えーっとね〜，あれは確か，そやな〜2週間ぐらい前になるかな。ほら，ごっつい寒い日ありましたやん。天気予報でも'今年一番の寒さ'って言うとったあの日ねぇ。12月初めや言うのに，もう'2月'みたいな。ほんま寒うて寒うてテンションもグーっと下がって。あの日にね〜」

Who＝なし
→「私が」
→「僕が」

Why＝なし
→「いつものように会社に向かっていると」
→「こう，とぼとぼと……寒いからコートの襟なんか立てつつ，とぼとぼとぼとぼ歩いてたんですわ。…もう，朝からずっとテンション低うてねぇ。こう，下のほう1点だけ見つめながら。頭ん中は'早よ，会社行ってコーヒー飲も'しか考えてへん。会社は暖房効いてますやん。せやから，もうそれしか考えられへんかったんですわ。そのうち，ぶつぶつと"独り言"言い出したりなんかして。'あったかいコーヒー，あったかいコーヒー'って。サラリーマンってこういうとき辛いんですよね……。会社行かなあかんねんから。まあ，そんな感じで会社に向かってたわけなんです」

Where＝会社のそばで
→「会社（中之島（大阪）にある朝日新聞の横のビル）の玄関までもう少しのところ，ちょうどオープンカフェの真ん前で」
→「それで，もう会社まであとちょっとで"着く"ってなったとき，ほらあの朝日新聞ありますやん，中之島の。そうそう，そこです。そこの1階にオープンカフェできてるの知ってはります？ そうですか，知りませんか……。すごいお洒落なところなんですよね。朝の出勤時間やいうのに，こうきれいなOLさんが新聞読みながら上品そうにコーヒー飲んでるんですわ。まあね，中にはおっさんもいますけど，そうですねぇ，8割ぐらいが若いきれいな女の子なんですわ。もう，絶対顔で客選んでるやろ！っていうぐらい，きれいな子ばっかりの店なんですね。中之島でも珍しい思いません？ そんな店。ほかにないと思いますよ，あんなところは。まぁそれはさておき，その店の真ん前まで来たときなんですよ」

What＝なし
→なし
→「事件が起こったんです。ほんまビビりましたわ。もう'あかん'って思いましたもん。ほんま泣きそうでしたわ」

How＝なし
→「驚くほど格好悪く"すってーん"と」

どうした＝コケた
→「まぁ。結論から言うとコケてもうたんです。それも，びっくりするぐらい綺麗に'ズッルー'っと。いや'スッルー'かな？ ん……'ちゅるん'？ それはちゃうわ。やっぱ‘スッルー’か。いつもね，そのオープンカフェの前を通るときだけは格好付けてたんですぅ。べっぴんさんばっかり居てますやろ。だから，この彼女いない歴10年の僕にとって，そこは唯一アピールの“場”やったんです。もう，そこに命かけてたんですけど……。ああ！ もうあかん…。‘できるビジネスマン’‘クールなビジネスマン’っていう“刷り込み作業”してたのに，もうその一瞬で全部パーですわ。しかも，ただ“コケた”だけちゃうんです。なんか，気持ち悪いこけ方やったらしいんですわ。変な声も出たし。‘ひやっ↑’‘ひい↑やっ↓’って感じかな……いや，‘ひ……’声はどうでもええか。倒れ方もこう横に崩れ落ちるような感じで，こけた直後にこう女座りって言うの？ 横座り？ こう，芸者が殿さまに帯を引っ張られてくるくる回されたあとにへたり込むような感じ。こう“なよっ”と。……ほんで，そこに座ってたごっついきれいな娘が‘うわっ，キモ！’って言いよったんです。ほんま小さい声で。とっさに出たんやろな，心の声が。‘うわっ。キモ！’って。ほんまにショックでしたわ」

（以 上）

単に，“ある場所でコケた”という話を無理に膨らませただけなのですが，字数という点で見れば圧倒的に増えたということが分かっていただけたでしょう。全部でおおよそ1,300字ぐらいになりました。

もちろん「すべらない話風に」話し言葉（口語体）にしたので，こういう体裁で論文を組み立てるわけにはいかないので，その点は誤解しないようにしてください。

表現力を磨くための練習

このように類まれなる“表現力”を持つ話術のプロであるお笑い芸人のフリートークも基本は5W1Hだということを理解していただけたと思います。もちろん，お笑い芸人だけでなくアナウンサーや噺家，小説家なんかも同じです。「**いつ，どこどこで……**」というくだりで話が始まることが基本になります。だから，彼らの話には臨場感があり，自然とその世界に引き込まれてしまうのではないでしょうか。皆さんも単に楽しむだけではなく，一度表現力という観点で「すべらない話」や「ニュース」を見てみたらどうでしょうか。小説でも構いません。5W1Hを意識して触れてみると，いろんな気付きがあると思います。

Step5 その他　三つの注意事項

基本的には，Step1からStep4までで大きな課題はクリアできます。しかし，それで大手を振って**“A評価だ！”**，**“合格論文だ！”**というのもまだ早いかもしれません。細かい部分ではあるものの，その中には足下をすくわれる致命的なものもあるかも知れません。合格を確実なものにするために，残りの細かいチェックポイントも整理しておきましょう。

1 別の試験区分の論文にしないこと

その他の一つ目のポイントは，当然のことですが，受験している区分の立場で論文を書かなければならないという点です。プロジェクトマネージャ試験の論文が，システムアーキテクトの立場で書かれていたら，当然ですが合格論文になることはありません。

試験区分	対象者像
ITストラテジスト	高度IT人材として確立した専門分野をもち，企業の経営戦略に基づいて，ビジネスモデルや企業活動における特定のプロセスについて，情報技術（IT）を活用して事業を改革・高度化・最適化するための基本戦略を策定・提案・推進する者。また，組込みシステム・IoTを利用したシステムの企画及び開発を統括し，新たな価値を実現するための基本戦略を策定・提案・推進する者
プロジェクトマネージャ	高度IT人材として確立した専門分野をもち，システム開発プロジェクトの目標の達成に向けて，責任をもって，プロジェクト全体計画（プロジェクト計画及びプロジェクトマネジメント計画）を作成し，必要となる要員や資源を確保し，予算，スケジュール，品質などの計画に基づいてプロジェクトを実行・管理する者
システムアーキテクト	高度IT人材として確立した専門分野をもち，ITストラテジストによる提案を受けて，情報システム又は組込みシステム・IoTを利用したシステムの開発に必要となる要件を定義し，それを実現するためのアーキテクチャを設計し，情報システムについては開発を主導する者
IT サービスマネージャ	高度IT人材として確立した専門分野をもち，情報システム全体について，安定稼働を確保し，障害発生時においては被害の最小化を図るとともに，継続的な改善，品質管理など，安全性と信頼性の高いサービスの提供を行う者
システム監査技術者	高度IT人材として確立した専門分野をもち，監査対象から独立した立場で，情報システムや組込みシステムを総合的に点検・評価・検証して，監査報告の利用者に情報システムのガバナンス，マネジメント，コントロールの適切性などに対する保証を与える，又は改善のための助言を行う者

表3　試験区分の対象者像の違い
（情報処理技術者試験　試験要綱ver4.4（令和元年11月15日）より引用）

◆試験区分ごとの立場と役割を正確に知る！

そこで，他の試験区分の論文にならないように，まずは各試験区分の対象者像について理解しておきましょう（表3参照）。そして，それぞれの違いをシンプルに理解しておくといいでしょう（図16参照）。

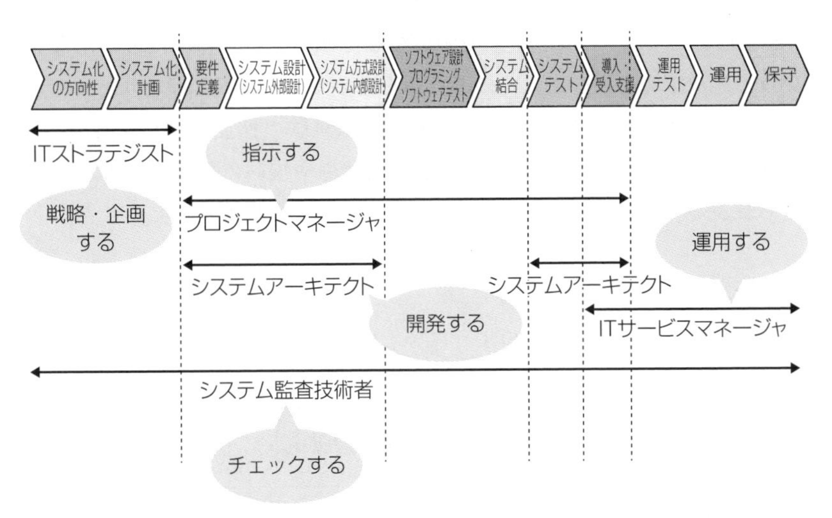

図16　試験区分ごとの立場と役割

◆具体的に注意する場所

論文を書いている時，あるいは事前準備をしている時に「別の試験区分」にならないように注意すべき場所を三つあげておきます。

①テンプレート（論文の最初にある15個前後の質問項目）
②設問アの前半部分（試験区分ごとに問われることが違っている）
③複数の試験区分で問われる開発フェーズ

③の「複数の試験区分で問われる開発フェーズ」というのは，システムテストや移行など，複数の試験区分で問われる開発フェーズをテーマにした問題の時です。そういう時に，ついつい普段の役割で書いてしまいます。プロジェクトマネージャがシステムテストで振る舞う対応が求められているのに，実際にシステムテストを実施していたシステムアーキテクトとして振る舞っている姿が出てしまうようなケースです。十分，注意しましょう。

2 したした論文にはしないこと

その他の二つ目のポイントは“**根拠（理由）**”を書くことです。特にメインの設問イや設問ウでは，単に設問で問われていることに対する回答，すなわち“**実施したこと**”だけでは不十分です。なぜそういう行動に出たのか，なぜそういう意思決定をしたのか，そのあたりを含めて書かなければなりません。

実際，平成29年度のシステムアーキテクト試験の採点講評でも「**一方で，実施事項だけの論述にとどまり，実施した理由や検討の経緯が読み取れない論述も見受けられた。**」という感じで（良くない）と指摘されています。

◆根拠って何？

ただ，根拠といっても，次のようにいろいろあります。

① 前の段落を受けて
（例）「前述の通り，今回は…のような状況だったから…」
② 状況判断，行動根拠（考え）
（例）「私が，このような対策を実施したのは，…だと考えたからだ。」
「私が，そう決断したのは，…だと判断したからだ。」
③ 主義・主張・あるべき姿
（例）「こういうケースでは，通常…が最善の策になる」
「一般的に，こういう場合には…することになる」

上記のうち①に関しては，後述する「**3　論理が破綻しないこと（P.070参照）**」で説明しています。段落間を論理的につなげるために必要な部分です。残りの②③は，そういう観点でいうと，段落間のつながりではなく，その段落内でペアになる「根拠－回答」といえるでしょう。

いずれにせよ，次のように「なぜ？」，「なぜ？」と常に自問自答しながら，必要だと判断した時点で“根拠”を書くようにしていくと良くなります。

「どうして，そんな体制になったの？」
「なぜ，それが問題だと考えたの？」
「どうして，それをリスクだと判断したの？」
「どうして，その対策を選んだの？」
「どうして，評価が高いといえるの？」
「なぜ，それを改善しないといけないの？」

◆“したした論文”―“実施したこと”を羅列しただけの論文―はNG

“根拠”が書かれていない論文の中で，多いのが“したした論文”です。“したした論文”とは，筆者が勝手に付けた呼称なのですが，実施したことをただただ羅列しただけの論文で，「～した」，「～した」という表現が繰り返されている論文のことを言っています。もちろん，大きく評価を下げる論文で，添削中に見つけると必ず指摘をしています。

ちなみに，“したした論文”は，国語力の低い受験生が陥りやすいポイントだと思われるかもしれませんが，実はそうではありません。国語力にはあまり関係ないばかりか，どちらかというと，知識と経験が豊富な受験者が嵌ってしまいます。というのも，知識と経験が豊富な人にとっては，知識の多さをアウトプットする（量で勝負する）ことの方が楽だし，そこが実務で評価されているところでもあるからです。

例えば，セキュリティ対策について問われた時に，知識のある人にとっては，「**あれをして，これをして，次にこれをして，これをして…**」という方が楽ですよね。一つのことについて「**なぜそれが必要なのか，それはいつ必要なのか，どこに必要なのか，詳しく言うとどうなるのか，言い換えればどうなるのか**」など掘り下げて詳しくいろいろな側面から説明する方が難しいということもありますからね。

網羅性や端的に書くことを要求される報告書や仕様書を書くことが多いのも，そっちに流れやすい理由かもしれません。2時間という時間的制約が，どうしても楽な方に向かわせてしまうのかもしれません。いずれにせよ，知識や経験が豊富なベテランほど，注意しておかないといけない部分だと言えるでしょう。

3 論理が破綻しないこと

その他の三つ目のポイントは，段落間のつながり，整合性を考えた内容にすることです。

筆者は，試験対策講座で，何かと「**論文ではなく作文を書くイメージで！**」と言っています。その理由は，論文の肝となっているところ（作文と違うところ，または論理的なつながり）は，設問が担ってくれているからです。普通に，設問の要求通りに回答していけば，結果として，全体構成は論理的につながります。だから，各段落の中は，（後述する根拠や具体性は必要なものの）作文と考えてもいいわけです。

◆設問と設問は論理的につながっている　－だって論文なのだから－

実際，設問には，必ずこう書いています。

設問イ　設問アで述べた・・・において・・・
設問ウ　設問イ（または設問ア）で述べた・・・において・・・

これは，「**前の段落に書いた内容と整合性をとってくださいね。**」と言っているわけです。もちろん，問われている順番は“**論理的につながっている筋道**”になっています。したがって，この設問の指示を順守しさえすれば，各段落間に“論理的なつながり”が出てきます。だから，我々がやるべき事は，その指示を十分意識して，しっかりと書き上げることだけになのです。

そのあたりを，図17を例にみていきましょう。段落タイトルはこうなります。

設問ア
　1-1．プロジェクトの特徴
　1-2．要求の特徴
設問イ
　2-1．要件の膨張を防ぐために計画した対応策
　2-2．対応策の実施状況と評価
設問ウ
　3-1．要件の定義漏れや定義誤りなどの不備を防ぐために計画した対応策
　3-2．対応策の実施状況と評価

これらの設問が，どのようにつながっているのかをまとめたのが，図17にな

ります。

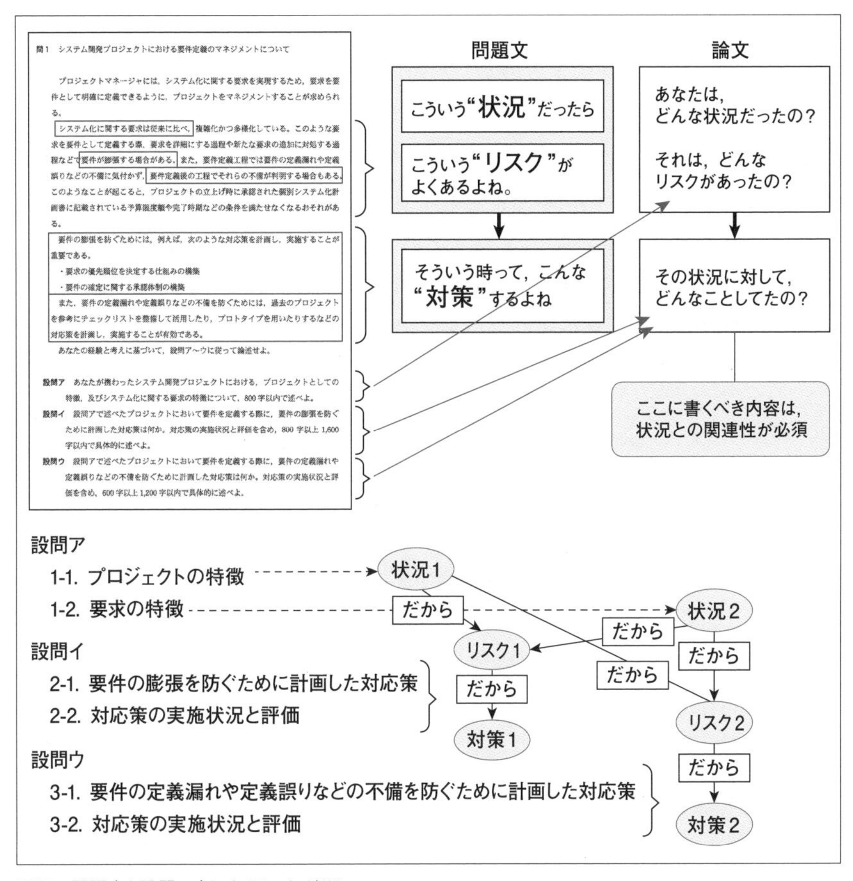
問1　システム開発プロジェクトにおける要件定義のマネジメントについて

プロジェクトマネージャには，システム化に関する要求を実現するため，要求を要件として明確に定義できるように，プロジェクトをマネジメントすることが求められる。

システム化に関する要求は従来に比べ，複雑化かつ多様化している。このような要求を要件として定義する際，要求を詳細にする過程や新たな要求の追加に対処する過程などで要件が膨張する場合がある。また，要件定義工程では要件の定義漏れや定義誤りなどの不備に気付かず，要件定義後の工程でそれらの不備が判明する場合もある。このようなことが起こると，プロジェクトの立上げ時に承認された個別システム化計画書に記載されている予算限度額や完了時期などの条件を満たせなくなるおそれがある。

要件の膨張を防ぐためには，例えば，次のような対応策を計画し，実施することが重要である。

・要求の優先順位を決定する仕組みの構築

・要件の確定に関する承認体制の構築

また，要件の定義漏れや定義誤りなどの不備を防ぐためには，過去のプロジェクトを参考にチェックリストを整備して活用したり，プロトタイプを用いたりするなどの対応策を計画し，実施することが有効である。

あなたの経験と考えに基づいて，設問ア～ウに従って論述せよ。

設問ア　あなたが携わったシステム開発プロジェクトにおける，プロジェクトとしての特徴，及びシステム化に関する要求の特徴について，800字以内で述べよ。

設問イ　設問アで述べたプロジェクトにおいて要件を定義する際に，要件の膨張を防ぐために計画した対応策は何か。対応策の実施状況と評価を含め，800字以上1,600字以内で具体的に述べよ。

設問ウ　設問アで述べたプロジェクトにおいて要件を定義する際に，要件の定義漏れや定義誤りなどの不備を防ぐために計画した対応策は何か。対応策の実施状況と評価を含め、600字以上1,200字以内で具体的に述べよ。

図17　問題文と設問の中にある“つながり”

「・・・という状況（今回聞きたいケース）だと，
・・・・というリスクがあるよね。
だから，それに対して，そんなことをしたんだよね。」

論文を書く時には，上記のようにシンプルにまとめてみて，全体がそうなるように，段落間につながりのある表現を入れて書いていくと良いでしょう。そのあたりの具体的な記述例はサンプル論文で確認してください。

◆段落間の整合性が取れない理由－設問だけしか見ていないから－

段落間の整合性が取れない理由は，おそらく，段落タイトルを付けた段階で安心するのでしょう。あるいは，「**その段落タイトルの内容にしなければいけない**」という思いが強すぎるのか，短時間で気が回らなかったのかもしれません。

前頁の図17の例だと「要件の膨張を防ぐために計画したことってなんだっけ？問題文にはこんな例があるのか。だったらそれに近い，僕が過去に経験したあのケースを持って来よう。」などと考えて，そのまま書き進めてしまうのかもしれません。そんな様々な要因が，おそらく関係しているのでしょう。

そういう意味では，次のような点を意識して書くことで，段落間の整合性は保たれるはずです。

① 個々の段落は，必ず，前の段落のどこかを受けたものになっている。
　→　それを，問題文と設問を読んで明確にしておく
② ある段落を書いているときは，常に，対応している前の段落と対比しながら書き進める。
③ どの文でつながっているのかを再確認する。

時間配分
～なぜみんな2時間で書けるの？～

全区分共通の最後のStep6では，試験本番時に「**2時間で書く**」ための方法についてまとめてみました。これまでチェックしてきたStep1～Step5までに書いてあるノウハウや，準備，改善してきたことを駆使して「**2時間で書く**」ための“**タイムマネジメント**”を，ここで確認しておきましょう。なお，2時間の使い方に関しては，本書のP.002～P.003にもまとめています。併せて確認してください。

1 問題文を読んで，選択する（開始から10分が目安）

　それではここで，図18を使って最初の10分でやるべきことを説明しましょう。まず，設問で問われていることを明確にし，各段落の記述文字数を（ひとまず）確定します（図18の①②③）。そして，問題文と設問の対応付けを行います（同④⑤）。その後，問題文にある状況設定やあるべき姿をピックアップするとともに，例を確認して，自分の書こうと考えているものが適当かどうかを判断します（同⑥⑦）。

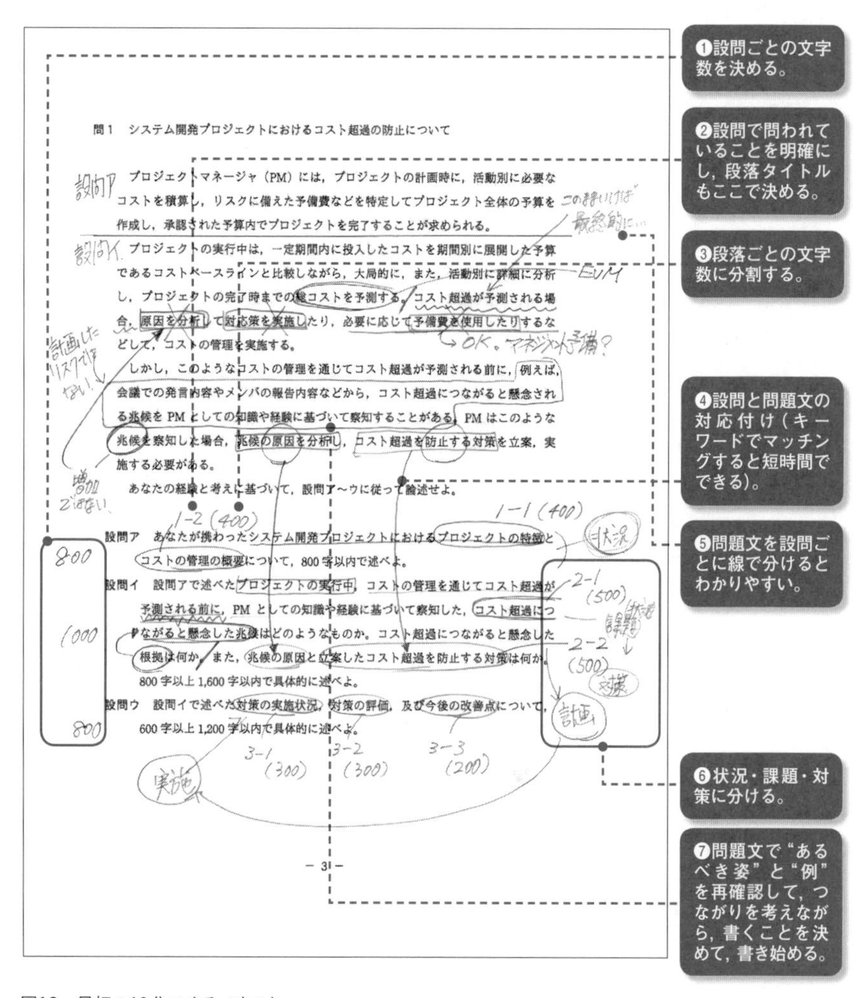
問1　システム開発プロジェクトにおけるコスト超過の防止について

　プロジェクトマネージャ（PM）には，プロジェクトの計画時に，活動別に必要なコストを積算し，リスクに備えた予備費などを特定してプロジェクト全体の予算を作成し，承認された予算内でプロジェクトを完了することが求められる。

　プロジェクトの実行中は，一定期間内に投入したコストを期間別に展開した予算であるコストベースラインと比較しながら，大局的に，また，活動別に詳細に分析し，プロジェクトの完了時までの総コストを予測する。コスト超過が予測される場合，原因を分析して対応策を実施したり，必要に応じて予備費を使用したりするなどして，コストの管理を実施する。

　しかし，このようなコストの管理を通じてコスト超過が予測される前に，例えば，会議での発言内容やメンバの報告内容などから，コスト超過につながると懸念される兆候を PM としての知識や経験に基づいて察知することがある。PM はこのような兆候を察知した場合，兆候の原因を分析し，コスト超過を防止する対策を立案，実施する必要がある。

　あなたの経験と考えに基づいて，設問ア～ウに従って論述せよ。

設問ア　あなたが携わったシステム開発プロジェクトにおけるプロジェクトの特徴とコストの管理の概要について，800 字以内で述べよ。

設問イ　設問アで述べたプロジェクトの実行中，コストの管理を通じてコスト超過が予測される前に，PM としての知識や経験に基づいて察知した，コスト超過につながると懸念した兆候はどのようなものか。コスト超過につながると懸念した根拠は何か。また，兆候の原因と立案したコスト超過を防止する対策は何か。800 字以上 1,600 字以内で具体的に述べよ。

設問ウ　設問イで述べた対策の実施状況，対策の評価，及び今後の改善点について，600 字以上 1,200 字以内で具体的に述べよ。

－ 3 －

図18　最初の10分でやるべきこと

◆書けるかどうかの判断と問題選定

左頁に書いている作業は，**「この問題なら自信を持って書ける！」**場合はその1問にだけ行えばいいと思いますが，そうではない場合には，残りの別の問題も同様に実施し，選択する問題を決定します。

◆書けるかどうかの判断は“具体化”できるかどうかで判断する

書けるかどうかの判断は，結局は“具体的に書けるかどうか”に尽きるので，Step3を十分理解した上で，例えばStep3の「**3 「具体的に書く」ための具体的な方法**」(**P.040参照**）に書いている方法で判断するといいと思います。

◆書けるかどうかの判断は“膨らませられるか”でも判断する

そしてもう一つ，書けるかどうかは“膨らませられるかどうか”でも判断しなければなりません。この点に関してはStep4に書いてあることを思い出しながら，どの方法で膨らませようか？どうすれば初対面の第三者にも伝わる丁寧な表現になるのか？を考えて判断しましょう。

◆問題文を正しく理解する

最初の10分で問題文と設問を読み，書けるかどうかの判断や問題の選定を行いますが，この時に問題文と設問で問われていることを誤って解釈してしまうと元も子もありません。自分で「これなら書ける！」と思っても，実際には違ったことを考えていては，その時点で不合格確定ですからね。そうならないように，Step2をしっかりと理解した上で，「**5 Step2をクリアするための練習方法**」(**P.030参照**）に書いている練習をしておきましょう。

ちなみに，過去問題が頭の中に入っているということは，この上ない“強み”になります。一つは，当然誤解せずに読めるという強みですが，それだけにとどまりません。もう一つ「新規問題か否かという切り分けができる」という強みにもなるのです。過去に類似問題が出題されているようなケースでは，論文の準備をした受験生も多く存在するので，その分，論文全体のレベルが高くなります。しかし，新規問題ではどの受験生も準備することができていないので，論文全体のレベルは低くなります。それを知っているだけでも有利ですよね。「ハイレベルな内容にしないといけない」のか，「多少ぼんやりしていても大丈夫」なのか，戦略を使い分けることができるのですから。

◆何文字書くのかを決めて骨子を組み立てる

解くべき問題が決まったら，改めて論文の骨組み（これを，筆者は“骨子”と言っています）を作っていきます。段落間のつながりを考えて（P.070参照），書けるかどうか判断した時に使った粗いレベルの“書くべきこと”を確定させ，つなげていきます。この時に，2時間で何文字書くのかも決めた上で，各段落にそれぞれ何文字書くのかを割り当てます。

◆さらに細かいレベルで書くことをシミュレーションする

そして最後に，これまでStep1からStep5で把握した知識や教訓を駆使して実際に文章を頭の中で組み立ててシミュレーションします。具体的には，書くべき“要素”を決めたり（P.35～P.042参照），表現方法を決めたり（P.043～P.064参照）していきます。ここで細かくイメージできれば，もう後はそれを吐き出すだけです。

◆どの問題もすべては書けないと判断した時

以上は，いずれかの問題が「書ける」と判断した時の作業や手順ですが，もちろんそういう望むべき状況ばかりではありません。いずれの問題も「**全ての回答を具体化できない**」ケースもあるでしょう。

そういう場合は，最も具体的に書けそうな問題を選定するしかありません。そして，多少合格確率は低くなるでしょうが，だましだまし（時に，抽象的表現を上手に使って）書ききりましょう。合格論文とはいえ，多少のミスはOKであり，点数換算するのは難しいものの他の時間区分同様の水準でいいはずです。したがって“60点”で合格だと考えて，そういう状況下でも，決してあきらめずにベストを尽くしましょう。

以上で，最初の10分でやるべきことは終了です。そこそこ多いと思われるかもしれませんが，準備次第では普通にできるようになります。それに，ここでは一つの目安として10分と言っていますが，試験本番では20分かけても，それ以上でも構いません。できるかどうかの前に，ここに書いている“やった方が良いこと”を覚えておきましょう。

2 論文を書きながらのタイムマネジメント

選択すべき問題を確定させたら，忘れないうちに解答用紙（原稿用紙）の表紙にある問題番号に丸を付けて，テンプレートを漏れなく記入して，設問アから書き始めましょう。

◆設問アの前半部分（400文字）の作成

ここは事前に用意しているものを，そのまま書くことができる可能性の高いところです。従来のパターンと変えてこられたら，それに合わせてアレンジは必要になりますが，そのあたりは，骨子を組み立てるときに「**どうカスタマイズするか**」を考えているはずなので，それにしたがって書き進めましょう。

事前に用意したものを書くだけなら，フルスピードで書けるはずですから，10分で書き上げることも可能です。

◆マイルストーンの設定

P.002～003の「2時間の配分の例」では，順調にいけば，開始20分間で設問アの前半部分の400字が完成したことになります。ここからは，ある程度考えながら（話を膨らませながら），書き進めていかないといけないので，そのマイルストーンを設定します。設問アの完了を何分後を目安にするか，設問イの完了時間を何分後に設定するのかを決めてきます。

この時にも，事前準備として「2時間で論文を何回か書いておく」という練習をしていたら，これまでの練習との微調整をするだけで，瞬時に設定できるでしょう。P.002～003の例では，400字／15分のペース配分で，10分余裕をもって2,800字書ける算段になります。

◆“時間”と“記述量”を意識して書き進める

後は，マイルストーンを意識しながら，各段落の字数にも気を配って書き進めていけばいいです。特に，各段落の“記述量”は終始意識しておかないと，「書き終わったが足りなかった」とか，「字数超えているのに，終われない」とか，せっかくの戦略が無駄になってしまうこともあります。調整は，なかなか難しいので，しっかりと意識しながら書くようにしましょう。

◆話の膨らませ方

各段落に書く分量を意識しながら書き始めたら，改めてP.076の「**◆さらに細かいレベルで書くことをシミュレーションする**」のところでシミュレーションした“**書くべき要素（P.035〜P.042参照）**”や，“**表現方法（P.043〜P.064参照）**”に沿って書き進めていきます。この時，必要に応じて話を膨らませることが必要な場合には，特にP.043〜P.064に書いていることを思い出しましょう。5W1Hに忠実に書いてみるとか，計画的表現をしようとか，結構いくらでも話を膨らませる（字数を稼ぐ）方法がありますからね。フル活用しましょう。

column

自分が2時間で何文字書けるのか?を把握しよう!

なぜ合格者は2時間で2,800字とか3,200字とか書けるのか?という疑問に対して，筆者なら「**自分が2時間で何文字書けるのかを知っているから**」という答えを返します。

ほら，納期の厳しいプロジェクトを成功させるには，スコープ（範囲）を決めた上で，しっかりとタイムマネジメントを行うことが重要ですよね。スコープが決まらなければ，それが納期に間に合うものなのかどうかもわかりません。成り行きに任せるしかなくなります。そのため，スコープを決めることが本当に重要になるわけです。

そのスコープこそ，論述試験では“**自分が2時間で書ける文字数**”になります。筆者が質問されれば「2時間あれば3,600字〜4,000字は書けます。全くの新規問題の場合は，少々考える時間が必要なので3,200字まで落ちます。」と答えます。つまり，2時間で書くことのできる字数を完全に把握しているわけです。まぁ，試験対策をして…合格のお手伝いをしているわけですからね（笑）。当たり前と言えばそれまでですが…。でもこれは，別に筆者の特殊能力というわけでもありません。合格者に聞いてみると，多くの合格者が同じように把握している普通の事なのです。

したがって，“**自分が2時間で何文字書けるのか?**”という情報を得ることは，合格論文を書くための重要成功要因になるので…それがまだ見えていない人は本書のP.012を参照して重要性を改めて理解するとともに，P.014の練習をして会得してしまいましょう。

第2部

試験別対策＆サンプル論文

システムアーキテクト

プロジェクトマネージャ

ＩＴサービスマネージャ

ＩＴストラテジスト

システム監査技術者

SA　システムアーキテクト

論文がA評価の割合（午後II突破率）▶ 41.2%（令和元年度）

システムアーキテクトは，いわゆる“SE（システムエンジニア）”の資格です。プロジェクトマネージャの指示の下で，要件定義や設計を担当します。

◎この資格の基本SPEC！

・昭和46年に“特種”として初回開催。

・平成6年に“アプリケーションエンジニア”となりその後26回開催

・累計合格者数35,060名／平均合格率8.6%

年度	回数	応募者数	受験者数（受験率）	合格者数（合格率）
S46-H05※1	23	314,639	173,438 (55.1)	14,114 (8.1)
H06-H12※2	7	177,785	89,464 (50.3)	5,305 (5.9)
H13-H20※2	8	134,665	75,736 (56.2)	6,170 (8.1)
H21-R01	11	106,086	68,827 (64.9)	9,471 (13.8)
総合計	49	733,175	407,465 (55.6)	35,060 (8.6)

※1 S46-H05　特種

※2 H06-H20　アプリケーションエンジニア

◎最近3年間の得点分布・評価ランク分布

				平成 29 年度	平成 30 年度	令和元年度
応募者数				8,678	9,105	8,341
受験者数（受験率）				5,539 (63.8)	5,832 (64.1)	5,217 (62.5)
合格者数（合格率）				703 (12.7)	736 (12.6)	798 (15.3)
得点分布・評価ランク分布	午前I試験	「得点」ありの人数		2,349	2,512	2,124
		クリアした人数（クリア率）		1,400 (59.6)	1,615 (64.3)	1,259 (59.3)
	午前II試験	「得点」ありの人数		4,431	4,734	4,192
		クリアした人数（クリア率）		3,405 (76.8)	3,139 (66.3)	3,253 (77.6)
	午後I試験	「得点」ありの人数		3,275	3,028	3,163
		クリアした人数（クリア率）		1,952 (59.6)	1,915 (63.2)	1,956 (61.8)
	午後II試験	「評価ランク」ありの人数		1,923	1,872	1,938
		合格	A評価の人数（割合）	703 (36.6)	736 (39.3)	798 (41.2)
		不合格	B評価の人数（割合）	500 (26.0)	516 (27.6)	583 (30.1)
			C評価の人数（割合）	203 (10.6)	255 (13.6)	234 (12.1)
			D評価の人数（割合）	517 (26.9)	365 (19.5)	323 (16.7)

アクセスキー **T**（大文字のティー）

1 試験の特徴

最初に，“受験者の特徴”と“A評価を勝ち取るためのポイント”及び“対策の方針”について説明しておきましょう。

◆受験者の特徴

開発系エンジニアが，最初に受験する“高度区分”もしくは“論文系試験”として位置付けているのが，このシステムアーキテクト試験になります。応用情報技術者試験に合格した直後に受験する人も多く，それゆえ「**論文試験に初挑戦する人が多い**」というのが，この試験の受験者の最大の特徴だと言えるでしょう。

加えて，論文で問われていることが“普段の業務で行っていること”という受験生も多く，「**書く“ネタ”には困らない**」，「**自分の経験したことで論文を書くことができる**」と考えている人が多いという特徴もあります。

◆A評価を勝ち取るためのポイント

論文試験に初挑戦する人が多いことから，A評価（合格論文）のレベルはそれほど高くありません。**論文系試験5区分の中だと最も低いのではないでしょうか。**実際，筆者自身及び筆者の受講生からのフィードバック情報でも，「大きなミスをしたので諦めていたけど，合格していた」という報告が圧倒的に多いのが，この試験区分になります。

でもそれは，**“書くことがない”というわけではありません。単に“上手く表現できていない”だけです。**そのため，第1部に書いている**基本的な表現方法で表現するだけで十分A評価の可能性が出てきます。**

◆論文対策の方針

したがって，対策の基本方針は，とにもかくにも本書の第一部を熟読して，**徹底的に“論文の基礎”を身に着けること**になります。早い段階から2時間手書きで論文を書く練習を始める（P.014参照），その練習を通じて“具体的に書く”ことや“第三者に伝わるように書く”ことを最優先で考えましょう。

〈参考〉 IPAから公表されている対象者像，業務と役割，期待する技術水準

対象者像	高度IT人材として確立した専門分野をもち，ITストラテジストによる提案を受けて，情報システム又は組込みシステム・IoTを利用したシステムの開発に必要となる要件を定義し，それを実現するためのアーキテクチャを設計し，情報システムについては開発を主導する者
業務と役割	〔情報システム〕 情報システム戦略を具体化するための情報システムの構造の設計や，開発に必要となる要件の定義，システム方式の設計及び情報システムを開発する業務に従事し，次の役割を主導的に果たすとともに，下位者を指導する。 ① 情報システム戦略を具体化するために，全体最適の観点から，対象とする情報システムの構造を設計する。 ② 全体システム化計画及び個別システム化構想・計画を具体化するために，対象とする情報システムの開発に必要となる要件を分析，整理し，取りまとめる。 ③ 対象とする情報システムの要件を実現し，情報セキュリティを確保できる，最適なシステム方式を設計する。 ④ 要件及び設計されたシステム方式に基づいて，要求された品質及び情報セキュリティを確保できるソフトウェアの設計・開発，テスト，運用及び保守についての検討を行い，対象とする情報システムを開発する。 なお，ネットワーク，データベース，セキュリティなどの固有技術については，必要に応じて専門家の支援を受ける。 ⑤ 対象とする情報システム及びその効果を評価する。 〔組込みシステム・IoTを利用したシステム〕 組込みシステム・IoTを利用したシステムの要件を調査・分析し，機能仕様を決定し，ハードウェアとソフトウェアの要求仕様を取りまとめる業務に従事し，次の役割を主導的に果たすとともに，下位者を指導する。 ① 組込みシステム・IoTを利用したシステムの企画・開発計画に基づき，対象とするシステムの機能要件，技術的要件，環境条件，品質要件を調査・分析し，機能仕様を決定する。 ② 機能仕様を実現するハードウェアとソフトウェアへの機能分担を検討して，最適なシステムアーキテクチャを設計し，ハードウェアとソフトウェアの要求仕様を取りまとめる。 ③ 汎用的なモジュールの導入の妥当性や開発されたソフトウェア資産の再利用の可能性について方針を策定する。
期待する技術水準	システムアーキテクトの業務と役割を円滑に遂行するため，次の知識・実践能力が要求される。 〔情報システム〕 ① 情報システム戦略を正しく理解し，業務モデル・情報システム全体体系を検討できる。 ② 各種業務プロセスについての専門知識とシステムに関する知識を有し，双方を活用して，適切なシステムを提案できる。 ③ 企業のビジネス活動を抽象化（モデル化）して，情報技術を適用できる形に再構成できる。 ④ 業種ごとのベストプラクティスや主要企業の業務プロセスの状況，同一業種の多くのユーザ企業における業務プロセスの状況，業種ごとの専門知識，業界固有の慣行などに関する知見をもつ。 ⑤ 情報システムのシステム方式，開発手法，ソフトウェアパッケージなどの汎用的なシステムに関する知見をもち，適切な選択と適用ができる。 ⑥ OS，データベース，ネットワーク，セキュリティなどにかかわる基本的要素技術に関する知見をもち，その技術リスクと影響を勘案し，適切な情報システムを構築し，保守できる。 ⑦ 情報システムのシステム運用，業務運用，投資効果及び業務効果について，適切な評価基準を設定し，分析・評価できる。 ⑧ 多数の企業への展開を念頭において，ソフトウェアや，システムサービスの汎用化を検討できる。 〔組込みシステム・IoTを利用したシステム〕 ① 組込みシステム・IoTを利用したシステムが用いられる環境条件や安全性などの品質要件を吟味し，実現すべき機能仕様を決定できる。 ② 対象とするシステムの機能仕様に基づき，ハードウェアとソフトウェアの適切な組合せを設計し，それぞれの要求仕様としてまとめることができる。 ③ リアルタイムOSに関する深い知識と汎用的なモジュールに対する知識を有し，システムアーキテクチャの合理的な設計，ソフトウェア資産の再利用可能性の検討，適切な活用ができる。
レベル対応	共通キャリア・スキルフレームワークの 人材像：システムアーキテクト，テクニカルスペシャリストのレベル4の前提要件

表1 IPA公表のシステムアーキテクト試験の対象者像，業務と役割，期待する技術水準

（情報処理技術者試験 試験要綱 Ver4.4 令和元年11月5日より引用）

2 多くの問題で必要になる“共通の基礎知識”

続いて，論文を書くために必要な最低限の基礎知識のうち，多くの問題で必要になる“共通の基礎知識”を説明します。

◆（強いてあげれば）システム開発に関する知識

システムアーキテクト試験において，多くの問題で必要になる“共通の基礎知識”はありません。強いてあげればシステム開発に関する知識になりますが，求められるのはテーマ毎に異なる知識です。

◆必要なのは，テーマ別の基礎知識

システムアーキテクト試験の過去問題はバラエティに富んでいます。それを本書では，「**5 テーマ別の合格ポイント！（P.091）**」にまとめています。そちらを確認してください。

◆午後Iが解けるレベルの知識

この試験区分は，午後I試験が解けるだけの知識があれば，原則，論文を書くだけの“知識”はあると考えられます。したがって，午後I試験を知識のバロメーターに考えるといいでしょう。午後I試験の問題を解くだけの知識が無い場合には，午後I対策を通じて必要な知識を会得していきます。参考書も午後I対策のものを使って知識を補充します。

3 他の受験生に“差”をつけるポイント！

それではここで，他の受験生に差をつけて合格を確実にするためのポイントを説明しましょう。本書で最も伝えたいところの一つです。しっかりと読んでいただければ幸いです。

1 基本的な部分（第1部）を順守するだけで“差”はつく！

システムアーキテクト試験の論文は，「**1 試験の特徴**」のところでも書いたとおり，論文試験初挑戦の人が多いので，第1部に書いている全ての論文試験に共通の基本的な部分を実現できれば，十分A評価が狙えます。したがって，まずは**第1部を徹底的に読み込んだ上で，具体的に書く点（Step3）と，初対面の第三者に伝わる内容にする点（Step4）を実現できるところまで持っていきましょう。**サンプル論文でそれらの“表現”を確認し，同等レベルで表現できるようになることができれば，それはもう安全圏です。

ある意味，**“基礎をしっかりと固める”**戦法になりますが，受験者の特徴を考えればそれが最も確実な方法になりますし，ここで基礎を固めておけば，2区分目以後を取得する時に有利です。その区分に特化した強化ができるからです。

2 各テーマ別の合格ポイントを順守して“差”をつける！

システムアーキテクト試験の場合は，原則，上記で十分に差をつけることができるのですが，それに加えて，後述する「**5 テーマ別の合格ポイント！**」で説明している個々のポイントを表現できれば，さらに大きな差をつけることができると思います。加えて，問題文で問われていることを誤解して，全然違うことを書いてしまって自滅するのを避けることもできるでしょう。

4 テンプレート

午後Ⅱ論述式試験の解答用紙（原稿用紙）には，表紙のすぐ裏側に，P.088とP.089のような「**論述の対象とする計画策定又はシステム開発の概要**」と「**論述の対象とする製品又はシステムの概要**」という15項目ほどの質問項目があります。これを**テンプレート**※1と呼んでいますが，このテンプレートも論述の一部だという位置付けなので，2時間の中で必ず埋めなければなりません。

1 | 記入方法

この質問項目の記入方法は，問題冊子の表紙の裏に書いています。令和元年の試験では次のようになっています（図1参照）。特にここを読まなくても，常識的に記入していけば問題にはなりませんが，予告なく変更している可能性もあるので，試験開始後，念のため確認しておきましょう。

“論述の対象とする計画策定又はシステム開発の概要”の記入方法（問１又は問２を選択した場合に記入）

論述の対象とする計画策定又はシステム開発の概要と，その計画策定又はシステム開発に，あなたがどのような立場・役割で関わったかについて記入してください。

質問項目①は，計画又はシステムの名称を記入してください。

質問項目②～⑬は，記入項目の中から該当する番号又は記号を○印で囲み，必要な場合は（　　）内にも必要な事項を記入してください。複数ある場合は，該当するものを全て○印で囲んでください。

質問項目⑭及び⑮は，（　　）内に必要な事項を記入してください。

なお，複数のシステムを論述の対象とする場合は，主たるシステムについて記述してください。

“論述の対象とする製品又はシステムの概要”の記入方法（問３を選択した場合に記入）

論述の対象とする製品又はシステムの概要と，その製品又はシステム開発に，あなたがどのような立場・役割で関わったかについて記入してください。

質問項目①は，製品又はシステムの名称を記入してください。

質問項目②～⑫は，記入項目の中から該当する番号を○印で囲み，必要な場合は（　　）内にも必要な事項を記入してください。複数ある場合は，該当するものを全て○印で囲んでください。

質問項目⑬及び⑭は，（　　）内に必要な事項を記入してください。

図1　問題冊子の表紙の裏に書いてあるテンプレートの記入方法

2｜採点講評での指摘事項

テンプレートに関する採点講評での指摘事項は次の通りです。プロジェクトマネージャ試験やITストラテジスト試験ほど多くありませんし，平成24年以後は減少したのか指摘されていませんが「**未記入の場合，評価を下げた**」と明言している点は注目に値するところです。

平成22年度のシステムアーキテクト試験の採点講評より
“論述の対象とする計画又はシステムの概要”，“論述の対象とする製品又はシステムの概要”が適切に記入されていないので，**評価を下げた論述が相当数あった。**

平成23年度のシステムアーキテクト試験の採点講評より
答案用紙の冒頭で記入を求めている“論述の対象とする計画又はシステムの概要”，“論述の対象とする製品又はシステムの概要”が未記入又は記入漏れの項目があるなど適切に記述されていないので，**評価を下げた論述が相当数あった。**

3｜絶対に忘れずに全ての質問項目を記入，本文と矛盾が無いように書く

他の試験区分の採点講評での指摘も踏まえて考えると，**忘れずに全ての質問項目を記入する**とともに，その**内容が“本文”と矛盾しないようにする**必要があります。個々の内容を深く考える必要はありませんが，この2点だけは順守しましょう。本文を書いている間に，当初予定していたことと異なる展開にした場合には，忘れずに質問項目も修正しなければなりません。

また，この質問項目は，特に予告なく変更される可能性はあるものの，これまでは大きく変わることはありませんでした。したがって，事前準備のできるところです。試験当日に考えることのないよう，事前に，質問項目を確認して回答を準備しておきましょう。

※1. **テンプレート**：平成19年2月にIPAが公表した「情報処理技術者試験ガイドブック」の112ページには「**あらかじめ質問項目が書かれており，それに解答する形の定型フォーマットとなっていることから，この用紙のことを「テンプレート」と呼んでいます。**」（一部加工）と書かれているため，本書でもこれをテンプレートと呼ぶことにしました。

論述の対象とする計画策定又はシステム開発の概要（問1又は問2を選択した場合に記入）

質問項目	記入項目
計画又はシステムの名称	
①名称 30字以内で，分かりやすく簡潔に表してください。	A社販売管理システムにおけるリース取引への対応 【例】1. 生産管理システムと販売管理システムとの連携計画 2. セキュリティシステムと連動した勤怠管理システム 3. 商社におけるキャッシュレス化を指向した社内出納業務システム
対象とする企業・機関	
②企業・機関などの種類・業種	1. 建設業 ②製造業 3. 電気・ガス・熱供給・水道業 4. 運輸・通信業 5. 卸売・小売業・飲食店 6. 金融・保険・不動産業 7. サービス業 8. 情報サービス業 9. 調査業・広告業 10. 医療・福祉業 11. 農業・林業・漁業・鉱業 12. 教育（学校・研究機関） 13. 官公庁・公益団体 14. 特定しない 15. その他（　　）
③企業・機関などの規模	1. 100人以下 2. 101～300人 ③301～1,000人 4. 1,001～5,000人 5. 5,001人以上 6. 特定しない 7. 分からない
④対象業務の領域	1. 経営・企画 ②会計・経理 ③営業・販売 4. 生産 5. 物流 6. 人事 7. 管理一般 8. 研究・開発 9. 技術・制御 10. 特定しない 11. その他（　　）
システムの構成	
⑤システムの形態と規模	①クライアントサーバシステム ア.（サーバ約 5 台，クライアント約100台） イ．分からない 2.Webシステム ア.（サーバ約　台，クライアント約　台） イ．分からない 3. メインフレームまたはオフコン（約　台）及び端末（約　台）によるシステム 4. その他（　　）
⑥ネットワークの範囲	1. 他企業・他機関との間 ②同一企業・同一機関の複数事業所間 3. 単一事業所内 4. 単一部門内 5. なし 6. その他（　　）
⑦システムの利用者数	1. 1～10人 2. 11～30人 3. 31～100人 4. 101～300人 ⑤301～1,000人 6. 1,001～3,000人 7. 3,001人以上 8. 特定しない 9. 分からない
計画策定又はシステム開発の規模	
⑧総工数	1.（約 80 人月） 2. 分からない
⑨総額	1.（約 80 ）百万円（ハードウェア費用を ア．含む ①．含まない） 2. 分からない
⑩期間	1.（ 2011 年 5 月）～（ 2012 年 3 月） 2. 分からない
計画策定又はシステム開発におけるあなたの立場	
⑪あなたが所属する企業・機関など	①ソフトウェア業，情報処理・提供サービス業など 2. コンピュータ製品・販売業など 3. 一般企業などのシステム部門 4. 一般企業などのその他の部門 5. その他（　　）
⑫あなたの担当業務	1. 情報システム戦略策定 2. 企画 ③要件定義 ④システム設計 ⑤ソフトウェア開発 ⑥システムテスト・導入 7. 運用・評価 8. 保守 9. その他（　　）
⑬あなたの役割	1. 全体責任者 ②チームリーダ 3. チームサブリーダ 4. 担当者 5. 企画・計画・開発などの技術支援者 6. その他（　　）
⑭あなたが所属するチームの構成人員	（約 5 人～ 12 人）
⑮あなたの担当期間	（ 2011 年～ 5 月）～（ 2012 年 3 月）

名称は大切。論文の本文にも同じ名称で記述する。
1回見ただけで，イメージしやすいもので，かつ記憶できるようなものを考える。

複数記入は全然OK。但し，トレードオフのものを除く。

原則「分からない」はおかしい。

設問ア他，本文と矛盾の無いように注意が必要。
SAであれば，主たる活動領域の「要件定義」から「システムテスト・導入」が一般的だが，論述内容に合わせること。
「構成人数」は，他チームが存在する場合は「期間」と「総工数」との矛盾がおこらないように注意。

※レイアウトの都合で項目や文字の折り返し等は実際のものとは異なります。

図2　システムアーキテクト試験のテンプレート（問1・問2）のサンプルと記入例

論述の対象とする製品又はシステムの概要（問3を選択した場合に記入）

質問項目	記入項目
製品又はシステムの名称	
①名称 30字以内で，分かりやすく簡潔に表してください。	最新プラットフォームを利用したハイエンドモデルオーブンレンジ 【例】1. 自動車制御及びナイトビジョン制御を統合した予測安全システム 2. 料理運搬用エレベータの制御システム 3. 魚釣りに使用されるマイコン内蔵型電動リール
対象とする分野	
②販売対象の分野	1. 工業制御・FA機器　2. 通信機器　3. 運輸機器　4. AV機器 5. PC周辺機器・OA機器　6. 娯楽・教育機器　7. 個人用情報機器 8. 医療・福祉機器　9. 設備機器　⑩家電製品　11. その他業務用機器 12. その他計測機器　13. その他（　　）
③販売計画・実績	1. 1点物　2. 1,000台未満　③1,000～10万台　4. 10万1～100万台 5. 100万1台以上　6. 分からない
④利用者	1. 専門家　②不特定多数　3. その他（　　）
製品又はシステムの構成	
⑤使用OS（複数選択可）	1. ITRON仕様　2. T-Engine仕様　3. ITRON仕様・T-Engine仕様以外のTRON仕様 ④Linux　5. Linux以外のPOSIX/UNIX仕様　6. Windows CE 7. Windows CE以外のWindows　8. DOS系のOS　9. 自社独自のOS 10. その他（　　）　11. 使用していない　12. 分からない
⑥ソフトウェアの行数	①新規開発行数（約 4万 行）　2. 全行数（新規開発と既存の合計）（約　　行） 3. 分からない
⑦使用プロセッサ個数	1. 4ビット（　　個）　2. 8ビット（　　個）　3. 16ビット（　　個） ④32ビット（ 1 個）5. 64ビット以上（　　個）　6. DSP（　　個） 7. その他（　　）（　　個）　8. 分からない
製品又はシステム開発の規模	
⑧開発工数	①（約 40 人月）　2. 分からない
⑨開発費総額	①（約 40 百万円）　2. 分からない
⑩開発期間	①（ 2012 年 10 月）～（ 2013 年 2 月）　2. 分からない
製品又はシステム開発におけるあなたの立場	
⑪あなたが所属する企業・機関などの種類・業種	1. 組込みシステム業　②製造業　3. 情報通信業　4. 運輸業　5. 建設業 6. 医療・福祉業　7. 教育（学校・研究機関）　8. その他（　　）
⑫あなたの役割	1. プロダクトマネージャ　2. プロジェクトマネージャ　3. ドメインスペシャリスト ④システムアーキテクト　5. ソフトウェアエンジニア　6. ブリッジエンジニア 7. サポートエンジニア　8. QAスペシャリスト　9. テストエンジニア 10. その他（　　）
⑬あなたの所属チーム	チーム名（ 制御設計チーム ）　チームの人数（約 7 人）
⑭あなたの担当期間	（ 2012 年 10 月）～（ 2013 年 2 月）

名称は大切。論文の本文にも同じ名称で記述する。

1回見ただけで，イメージしやすいもので，かつ記憶できるようなものを考える。

原則「分からない」はおかしい。

設問ア他，本文と矛盾の無いように注意が必要。

※レイアウトの都合で項目や文字の折り返し等は実際のものとは異なります。

図3　システムアーキテクト試験のテンプレート（問3）のサンプルと記入例

平成19年2月にIPAが公表した「**情報処理技術者試験ガイドブック**」の113ページには，以下のような“**テンプレートに関するコラム**”が書かれています。参考になると思うので引用させてもらいました。目を通しておきましょう。

テンプレート

プロジェクトマネージャ（PM）試験の午後Ⅱの採点は、いわゆるテンプレートの読み込みから始まる。そこには、論述の対象とするプロジェクトの概要が記述されている。プロジェクトの名称、システムが対象とする企業・業種、システムの規模、プロジェクトの規模、プロジェクトにおけるあなたの立場などが定型様式に記述されている。これが興味深い。この読み込みで、論述の良否はほぼ推測できるからだ。受験者が論述しようとしているプロジェクトを受験者自身でどれだけ理解し、客観的に整理できているか、そのことが一目でわかる。

例えば、プロジェクトの名称。30字ほどの自由記述欄が用意されている。ここの記述の仕方で、対象とする企業・業種やその業務、中心とした技術、システムやプロジェクトの難しさなどが表現できる。この書き振りで、受験者のプロジェクトの特徴に関する理解の状況も一目でわかる。中には、訳のわからないプロジェクトの名称が記述されることもある。その様な場合、論述を読み進んでも、結局最後まで良くわからないことも多い。

同様に、システムの対象、規模も興味深い。分類されている項目を選択する方式などで記述するのであるが、それがうまく選べていないし、書けてもいない。自分の仕事は、他とは違う「特殊」な仕事だとの認識があるのだろうか。わざわざ「その他」を選ぶ受験者も多い。「その他」を選べば良いというものではないと思うが…。

最も興味深いのがプロジェクトの規模とプロジェクトにおけるあなたの立場の記述。これらの項目の出来はあまり良くない。PMの受験者でこの項目が適切に書けないということを、どのように解釈すれば良いのだろうか。この記述は、これから論述するプロジェクトの概要を述べる、まさに論述の緒言であるのに…。

例えば、総工数は「2.分からない」、費用総額は「2.分からない」、期間は「2.分からない」と書かれている答案があったとしよう。あなたの役割はと見ると「1.プロジェクトの全体責任者」とある。更に「対象とする企業・機関などの規模」も「7.分からない」と書かれることもある。これを見ただけで、その受験者の日頃の認識や意識の水準が想像される。クライアントは、このようなPMに大切なプロジェクトを任せたいと思うだろうか。

また、高度化傾向をよく見かける。あなたの役割の記述で、本当は「4.チームサブリーダ」だったのに「3.チームリーダ」になったり、「1.プロジェクトの全体責任者」になったりするケースだ。それは、論述を見ると分かる。PM試験なので、「PMの経験を論述したい」という気持ちが分からない訳ではない。しかし、事実を脚色した記述は、マイナス要因にこそなれ、プラス要因として働くことはない。論述を読むとき、「4.チームサブリーダ」だったのならこの視点や判断は適切だったと思うが、「1.プロジェクトの全体責任者」の判断や対応としては不足だということも多い。事実を正しく記述することが良い論述につながり、結果として受験者自身のためになるのではないだろうか。

テンプレートは、論述の緒言である。自分の認識を相手に伝える第一歩である。それゆえ、採点の対象にもしている。正しく、丁寧に記述して欲しいと思う。

図4　テンプレートに関するコラム

5 テーマ別の合格ポイント！

テーマ1　要件定義
テーマ2　システム方式設計，パッケージ導入
テーマ3　設計（特定テーマ）
テーマ4　セキュリティ設計
テーマ5　システム統合，システム間連携
テーマ6　設計内容の説明とレビュー
テーマ7　システムテスト
テーマ8　移行
テーマ9　組込み系
テーマ10　技法・古い問題

テーマ1 ｜ 要件定義

過去問題	問題タイトル	本書掲載ページ
平成15年問2	システム化の範囲の確定	
平成18年問1	システム要件の確定	
平成20年問1	システム要件定義の準備	
平成20年問3	開発工数の見積り	
平成21年問1	要件定義	
平成25年問1	要求を実現する上での問題を解消するための業務部門への提案	
平成26年問1	業務プロセスの見直しにおける情報システムの活用	
平成27年問2	業務の課題に対応するための業務機能の変更又は追加	
平成28年問1	業務要件の優先順位付け	P.124
平成29年問1	非機能要件を定義するプロセス	
平成30年問1	業務からのニーズに応えるためのデータを活用した情報の提供	

まずは，要件定義をテーマにした問題です。システムアーキテクトの主要業務の一つです。

Point1 業務要件とシステム要件，要求と要件を正確に使い分ける

平成28年問1に対する採点講評の中で「**業務要件ではなくシステム要件を評価している論述も多かった。**」と指摘されています（P.131参照）。この指摘に象徴されるように，この試験では“業務要件”と“システム要件”を使い分けています。問題文のタイトルもそうなっていますよね（上記の表参照）。

これらの違いは，平成18年問1の問題文の中の「**システム要件定義において，アプリケーションエンジニアはユーザから提示された業務要件に基づいて，システム要件を確定させる作業を行う。この作業の中で，システム化の規模が明らかに予定を上回っていたり，技術的難易度が高すぎたり，システム化によって得られる効果が目標よりも小さかったりする課題が発生することがある。**」という説明がわかりやすいと思います。要するに，ユーザから「**何かしらの方法でこうしたい**」というのが業務要件＝要求であり，それをエンジニアが「**こういう機能や性能を持たせればいい**」とITで実現する方法を提示するのがシステム要件（機能要件，非機能要件）だと考えればいいでしょう。

ちなみに，システムアーキテクトのシラバス（v5.0）では，**業務要件の定義**

を「新しい業務のあり方や運用をまとめた上で，業務上実現すべき要件を明らかにする。業務要件には，次のような項目を記述する。業務内容（手順，入出力情報，組織，責任，権限など），業務特性（ルール，制約など），業務用語，外部環境と業務の関係，授受する情報」とし，**システム要件の定義**を「開発すべきシステムの意図された具体的用途を分析し，次のようなシステム要件を定義し文書化する。システム化目標，対象範囲，システムの機能及び能力，ライフサイクル，業務，組織及び利用者の要件，信頼性，安全，セキュリティ，人間工学，インタフェース，運用及び保守の要件，システム構成要件，設計制約及び適格性確認の要件，開発環境，品質，コストと期待される効果，システム移行の移行要件，妥当性確認要件，主要データベースの基本的な要件の定義」としています。

Point2 誰の要求，ニーズなのかを明確に

添削をしていてよく指摘するのは「**どこの部署の誰のニーズかわからない**」という点です。要求やニーズの“内容”に関してはしっかりと書かれているのですが，それがどういう理由で，どこから出てきているのかがわからなければ“必要性”を評価できません。「私がユーザに確認したニーズは…」という表現では不十分。問題文や設問で求められている場合は当然のこと，特に求められていなくても，**具体的な部門や人**を明確にして書くように意識しましょう。

Point3 システム開発の特徴やユーザ特性と合わせること

このカテゴリの問題は，個々の問題で微妙にフォーカスする部分が違っています。要求が膨らむ（平成28年問1他），認識がずれる（平成21年問1），ユーザへ提案をする（平成26年問1他），準備する（平成20年問1）などです。

しかし，添削をしていてよく指摘するのが「え？今回の話の進め方だと，そうならないよね」とか，「今回のケースだと，その心配は不要だよね」というツッコミです。「要求が膨らむ」懸念があるのは，例えば「経営者から，予算と納期の範囲内で，現場から要求を吸い上げてできる限り実現してほしいという要求を受けている」というケースです。そこに矛盾があると，その経験に信憑性が無くなってしまいます。必ず整合性を考えておきましょう。

テーマ2 | システム方式設計，パッケージ導入

過去問題	問題タイトル	本書掲載ページ
平成08年問2	ソフトウェアパッケージの導入	
平成12年問2	アプリケーションパッケージの活用	
平成27年問1	システム方式設計	
平成30年問2	業務ソフトウェアパッケージの導入	P.148

システムの最上位の方式を確立するシステム方式設計について問われることもあります。システム方式設計とは，平成27年問1の問題文にも書かれている通り「**ハードウェア，ソフトウェア，手作業**」**の組合せを設計すること**です。そしてソフトウェアを活用する場合に，パッケージを活用するかどうかを検討することもあるので，パッケージ導入関連の3問もここに含めました。

Point1 パッケージの導入目的は詳しく！

パッケージ導入をテーマにした問題の添削をしていると，導入目的のところで，単純に「短納期，低コスト」としか書いていない論述が目立ちます。システムアーキテクトの場合，その程度でも良いかもしれませんが，できればここでも差をつけたいところです。

仮に，短納期や低コストとする場合でも，単純に「独自開発と比較して」ではなく，**定量的数値目標とその根拠**を書いて**強い制約**や，**強い必要性**にしてみたり，ベストプラクティスを導入し業務改善を牽引することを目的にしたり，パッケージが主流になってきた背景を説明したり，もう一段深い説明にするといいでしょう。

Point2 導入方針は記憶できるように書く

システム方式設計やパッケージ導入では，最初に“方針”を決めます。その方針は，導入目的を実現するためのものなので，そこは絶対に同期していなければなりません。そして，その方針は読み手（採点者）に記憶してもらう必要があるので，端的に表現するとともに，必要に応じて繰返し使いましょう。

Point3 ギャップや切り分けた業務を具体的に書く

システム方式設計の場合はシステム（ハードウェア，ソフトウェアにさらに分割することもある）で実現する部分と手作業で実現する部分を，パッケージ導入の場合はギャップ部分を，それぞれ業務や機能で具体的に書く必要があります。

しかし，それらは大小かなりの数になることもあるので，その場合は，①方針を示すこと，②典型的なもの2～3挙げることで説明するといいでしょう。例えば，サンプル論文（平成30年問2）では次のようにまとめています。確認してみてください。

・保守費用削減，業務改善を目的とするので，原則，パッケージの機能をそのまま使い，ギャップがあればパッケージに合わせ業務を変更する方針
・操作性，帳票レイアウト等は，慣れの問題なのでパッケージに合わせる
・現状の機能や属性が無い場合も，本当に必要かを再精査して必要ないものはパッケージに合わせる
・最後に具体的機能を「アドオンの必要な部分」として説明。ギャップが存在しても，自社の強みになっていて，それを無くすと競争力低下，営業力低下につながる部分は，パッケージに合わせて無くすのではなく，業務に合わせてアドオン開発する。但し慎重に判断する

テーマ3 ｜ 設計（特定テーマ）

過去問題	問題タイトル	本書掲載ページ
（1）ソフトウェア方式設計		
平成24年問1	業務の変化を見込んだソフトウェア構造の設計	
平成29年問2	柔軟性をもたせた機能の設計	P.140
（2）操作性		
平成06年問2	ユーザの特性を考慮したヒューマンインタフェース設計	
平成13年問1	Webアプリケーションシステムにおけるユーザインタフェース設計	
平成16年問3	Web アプリケーションシステムの設計	
平成19年問2	優れたユーザビリティ実現のためのWebシステムの設計	P.108
令和元年問1	ユーザビリティを重視したユーザインタフェースの設計	
（3）信頼性		
平成14年問1	24時間連続稼働するシステムの開発	
平成18年問2	障害発生時の影響を最小限に抑えるためのシステム設計	
平成24年問2	障害時にもサービスを継続させる業務ソフトウェアの設計	
（4）性能		
平成10年問3	性能改善	
平成11年問1	処理効率面から見たデータベースの設計	
平成17年問2	性能要件を満たすシステム構成の設計	

システムアーキテクトでは“設計”をテーマにした問題もよく出題されます。ソフトウェアの構造設計，操作性，信頼性，性能などをここで取り上げます。

Point1 非機能要件のトレードオフ

操作性や信頼性，性能は“トレードオフ”になることが少なくありません。操作性を高めようとしたらレスポンスが遅くなったり，その逆であったり。実際，平成13問1や平成16年問3では，問題文で，操作性設計の時に（トレードオフになりがちな）信頼性や性能（応答性）を考慮することを要求しています。したがって，操作性や信頼性，性能をテーマにした問題が出題された場合，問題文で他の非機能要件とのトレードオフについて言及していないかを確認し，必要に応じて，バランスをどうとったのかを書くようにしましょう。

Point2 利用者の顔がイメージできるくらい詳細に

設計の問題では“絶対的な正解”を求めているのではありません。採点者は，**論文の中に書かれている“（想定している）利用者”のニーズや要件に合致しているかどうかで，その設計の善し悪しを判断します。**したがって，重要なのは，どういう人が使うのか，どういう人がニーズを持っているのかです。そこを具体的かつ詳細に書かないと，いくら「こんな素晴らしい設計をした」と書いていても，残念ながら評価ができません。**想定している利用者こそ具体的かつ詳細に書くように意識しておかなければなりません。**

また，この場合，想定している利用者が**“既存の社員”**なのか**“今後入社する新入社員たち”**も考慮するのか，あるいはECサイトのように**“不特定多数”**なのか，問題文で問われているケースを正しく理解しましょう。その上で，自分の書こうとしている経験を書いても問題ないかをどうかを必ず確認しましょう。

Point3 信頼性や性能の確保はハードウェア？ソフトウェア？

信頼性や性能をテーマにした論述をする時には，信頼性や性能を確保するための方法として，ハードウェアの設計を求められているのか，ソフトウェアの設計を求められているのか，はたまたその両方（システム方式設計）を求められているのかを，問題文から正確に読み取りましょう。

平成10年問3のように「リソースの追加」や「サーバの分割・統合」などをハードウェア構成を含めて考える問題もあれば，平成18年問2や平成24年問2のように，明確に「アプリケーションの設計」もしくは「ソフトウェアの設計」だと明記されているものもあります。問題文がどちらを問うているのかを正確に読み取って，そこに合わせて書くようにしましょう。

テーマ4 | セキュリティ設計

過去問題	問題タイトル	本書掲載ページ
平成07年問1	情報セキュリティ対策	
平成13年問2	セキュリティ対策としてのアクセスコントロール設計	
平成15年問1	システム設計における総合的なセキュリティ対策	
平成19年問1	業務システムのセキュリティ対策の設計	

平成26年，令和2年と最近でも二度，全試験区分で“セキュリティ”の重要度が格上げされました。それ以来，**午後IIの論述試験でも“セキュリティ”をテーマにした問題が出題される可能性がとても高くなっています。**

Point1 あくまでも“開発対象システム”に組み込むセキュリティ機能の設計

情報セキュリティ対策をテーマにした問題とはいえ，システムアーキテクトの場合，あくまでも**“開発対象のシステム”に組み込むセキュリティ設計**が問われます。企業全体のセキュリティを考えたり，ハードウェアやアライアンス製品を用いたセキュリティ確保が問われているわけではない点に注意しましょう。もちろん問題文に書かれている状況に合わせる必要はありますが，通常なら，特定システムを明確にして，それを開発するタイミングでセキュリティ機能を組み込むことになります。具体的には，**利用者認証，本人確認，ログの取得等が中心になるでしょう。**

Point2 セキュリティポリシに準拠する内容

企業では，セキュリティポリシを策定しISMSを運用しているケースが増えています。そのため，問題文でセキュリティポリシに準拠していることを求められるケースがあります。そういう想定のもと，（可能であれば）事前準備として，**“セキュリティポリシ”に記載されている“情報システムに求められるセキュリティ要件”や“秘密管理のルール”を明確にしておきましょう。**

そして，問題文でセキュリティポリシに触れられている場合は当然，仮にそうでなくても「我が社はそういうルールだから…」というように書くようにし，それに応じて具体的にどう設計したのかを書けば万全です。

テーマ5 | システム統合，システム間連携

過去問題	問題タイトル	本書掲載ページ
平成08年問3	システム間連携の見直し	
平成11年問2	ネットワークを介した企業間でのデータ受渡し	
平成12年問3	システム統合	
平成16年問2	システム間連携の設計	
平成17年問3	アプリケーションパッケージなどを利用したシステム構築	
平成22年問1	複数の業務にまたがった統一コードの整備方針の策定	
平成22年問2	システム間連携方式	
平成23年問1	複数のシステムにまたがったシステム構造の見直し	
平成26年問2	データ交換を利用する情報システムの設計	

システム統合やシステム間連携，データの受け渡しなど“複数のシステム”を対象にしたシステム構築の問題も定期的に出題されています。

Point1 背景は問題文に合わせておくのが無難

過去問題を見ていると，システムの統合や連携が必要になった**背景（その統合等が必要になった理由）**が，問題によって限定されていることがわかります。多くの場合，問題文の最初の数行に書かれているので，そこをしっかりと確認して，(連携等が必要になった）背景のレベルを合わせておくのが無難です。

Point2 制約を明確にする

統合や連携をする場合，通常は個々のシステムに**“制約”**が存在します。その“制約”を明確にして確実に読み手の記憶に残すことも重要です。**システムの違い，処理時間，データの収集や反映のタイミング，開発期間や費用**など問題文に書かれている制約から，書くことのできる制約を確認して，具体的かつ定量的に書くようにしましょう。

Point3 異常処理

平成26年問2では異常処理に関する論述を求めています。異常処理は，当然考えておかなければならない処理なので，特に問題文や設問で求められていなくても“工夫した点”として書くことも考えてみてください。

テーマ6 | 設計内容の説明とレビュー

過去問題	問題タイトル	本書掲載ページ
平成06年問3	デザインレビューによるユーザニーズの確認	
平成14年問3	外部設計におけるデザインレビュー	
平成25年問2	設計内容の説明責任	

設計完了後をテーマにした設計内容の説明やレビューの問題も出題されています。それぞれ，主張すべきポイントが異なっているので注意が必要です。

Point1 “誰？”を明確にする

平成06年問3や平成14年問3では，レビューの必要性に言及している割には“誰が実施するレビュー”なのか？を，問題文でも設問でも明確には求めていません。しかし，「**指摘された誤り**」などは書かないといけないため，レビュー対象者を書かないと説明できないのは明白です。そのため，誰に，どういう理由（目的や必然性）でレビューをするのかを，しっかりと書いて採点者に伝えるようにしましょう。もちろん一人もしくは一つの部門でなく，複数でも構いません。

Point2 “効率的”の表現

これら3問の問題文中には，いずれも“**効率的**”という表現が出てきています。これは，レビューにはその効果を得るために，最小限の時間で実施することが求められているからです。そしてそれは過去の経験より“時間的制約”となっているため，効率的に実施したことを表現する場合，“**確認しなければならないこと**”と“**制約（時間の制約や要員の制約）**”を書いた上で，そのギャップを埋めるために“実施したレビュー”について書くようにしましょう。単に「…ということを実施して効率よくした」という主観的表現ではなく，客観性が出る表現が必要です。

テーマ7 | システムテスト

過去問題	問題タイトル	本書掲載ページ
平成09年問3	システムテスト計画	
平成13年問3	稼動中のシステムの保守作業	
平成15年問3	システムテストの計画立案	
平成19年問3	大規模システムの一部を改造した場合の全体テストの方法	
平成23年問2	システムテスト計画の策定	
令和元年問2	システム適格性確認テストの計画	P.156

下流工程では“テスト”をテーマにした問題も出題されます。基本は，要件定義に対応しているシステムテストです。

Point1 “システムテスト”である必然性

システムテストをテーマにした問題の場合，添削していてよく指摘するのが「**これ，単体テスト（もしくは結合テスト）で確認しなかったんですか？**」という点です。単体テストでも実施するテスト（機能面や性能面の確認など）をシステムテストで実施する場合には，その必要性を添えて書かないと，効率的なテストにならないと判断されます。

Point2 “効率的”の表現

令和元年の問2では“**効率的に実施**”したことが求められています。これは，他のシステムテストの問題文に書いているように“**テスト環境の制約**”や“**テスト期間の制約**”があるからです。したがって，効率的である点を表現するには，単に「…ということを実施して効率よくした」という主観的表現ではなく，“**確認しなければならないこと**”と“**制約**”を書いた上で，そのギャップを埋めるために“実施したこと”として書くようにしましょう。

Point3 状況が絞り込まれているケースに注意

平成13年問3や平成19年問3の問題は，「稼働中」とか「大規模システム」とか，ある特定の状況に絞り込まれています。その場合は，必ずその状況に合う内容でなければいけません。

テーマ8 | 移行

過去問題	問題タイトル	本書掲載ページ
平成07年問2	システムの移行	
平成11年問3	データ移行	
平成18年問3	移行計画におけるタイムチャートの事前確認	
平成21年問2	システムの段階移行	
平成28年問2	情報システムの移行方法	P.132

移行の問題はこれまで5問出題されています。個々の問題は微妙に視点が変わっていますが，本質は変わりません。次のような点に留意しましょう。

Point1 長時間停止できない基幹系システムの再構築

問題文の最初の数行を見れば明らかですが，これまでは全て，**旧システムから新システムへの移行作業**です。また明に暗に“**基幹システム**”に限定しています。これは“長時間停止できない中での移行作業の経験”を見たいからだと思われます。したがって，「**(長時間停止できない）基幹系システムの再構築**」の事例を用意しておきましょう（但し，受験時に選択する問題では変わっている可能性もあるので，必ず問題文で確認して，問題文に合わせるようにすることは忘れないようにしてください)。

Point2 移行作業の制約条件と実施しなければならない作業

過去問題を見る限り，システムアーキテクトの“移行”をテーマにした問題では，**①移行作業の制約条件**（**時間，投入可能資源，コストなど**）の中で，**②必要な移行作業を完遂する**ためにどうしたのかが問われています。
それを，問題文や設問で直接的に問うてくれていればいいのですが，そうでない場合には，制約条件や必要な作業を書くべきか，書くならどこに書けばいいのかを**問題文から読み取らなければいけません**。

そして，必要だと判断して書く場合には，**①制約条件に関しては記憶させる**ように工夫をし，**②作業内容に関しては箇条書きを使ってわかりやすくする**など，表現を工夫して，しっかりと採点者に伝えるようにしましょう。

Point3 段階的移行と一括移行

移行は“**段階移行**”と“**一括移行**”に大別されます。そのため，移行の問題が出題された場合には，どちらのケースが問われているのかを問題文の例などから読み取って，それに合わせなければなりません。この時，「**Point2　移行作業の制約条件と実施しなければならない作業**」を根拠にして関連性を説明します。①制約条件と②実施しなければならない作業からどちらがベストか決まるからです。

なお，特にどちらでもいいケースや，どちらとも書いてないようなケースはいいのですが，平成21年問2のように“段階移行”に限定しているケースもあるので，準備する場合には両方を視野に入れておきましょう。

Point4 移行計画における工夫点

また，移行を確実にするための工夫点も「**Point2　移行作業の制約条件と実施しなければならない作業**」を根拠にして関連性を説明します。“**制約条件**”下で“**実施しなければならない作業**”を遂行するにはリスクがあるから，“**工夫**”が必要になるという感じです。具体的には，段階移行の場合の並行稼働時の工夫，時間的制約がある場合には一部を先行して移行したり，移行ツールを使ったり開発したり，移行リハーサルを実施したりします。過去問題の問題文にも例示されているので，目を通しておき，必要に応じて具体的かつ詳細に書くことができるように準備しておきましょう。

Point5 ITサービスマネージャの“移行”の問題

移行は，ITサービスマネージャとの共同作業になります。そのため，**ITサービスマネージャでも移行の問題が出題されます**（P.264参照）。問題文で問われていることに忠実に対応すれば何の問題もありませんが，念のため，ITサービスマネージャの移行をテーマにした過去問題にも目を通して，立場の違いを確認しておけば万全ですね。

テーマ9　組込み系

過去問題	問題タイトル	参考にする他のテーマ	本書掲載ページ
平成21年問3	組込みシステムにおける適切な外部調達	— —	
平成22年問3	組込みシステム開発におけるハードウェアとソフトウェアとの機能分担	テーマ2 P.094	
平成23年問3	組込みシステムの開発におけるプラットフォームの導入	— —	P.116
平成24年問3	組込みシステムの開発プロセスモデル	— —	
平成25年問3	組込みシステムの開発における信頼性設計	テーマ3 P.096	
平成26年問3	組込みシステムの開発における機能分割	テーマ2 P.094	
平成27年問3	組込みシステム製品を構築する際のモジュール間インタフェースの仕様決定	テーマ5 P.099	
平成28年問3	組込みシステムにおけるオープンソースソフトウェアの導入	テーマ2 P.094	
平成29年問3	IoTの進展と組込みシステムのセキュリティ対応	テーマ4 P.098	
平成30年問3	組込みシステムのAI利用，IoT化などに伴うデータ量増加への対応	テーマ3 P.096	
令和元年問3	組込みシステムのデバッグモニタ機能	— —	

平成21年以後，問3が組込み系の問題になっています。これまでに11問，様々なテーマで出題されています。

Point1 基本的なポイントはエンタープライズ系（問1，問2）と同じ

論文を書く上でのポイントは，エンタープライズ系（問1，問2）と変わりはありません。平成22年問3は，エンタープライズ系の“システム方式設計”と同じですし，平成25年問3の信頼性設計も同“信頼性”と同じです。

したがって，まずはその部分の基本的なポイントを確認しておくといいでしょう。左頁の表の中に「**参考にする他のテーマ**」を書いているので，そちらを参照して基本的な論述ポイントを押えてください（“—”としているところは，参考にする他のテーマが無いという意味です）。

また，過去問題に限らず，テーマ1～テーマ9に目を通しておくことで，組込み系ではまだ出題されていない新規問題に対しても，少しは準備したことになると思います。

Point2 組込み系特有部分

上記のPoint-1に，問題文で求められている“組込み系ならではの部分”を読み取って，それに即して書くことができれば合格にグッと近づくでしょう。

テーマ10 ｜ 技法・古い問題

過去問題	問題タイトル	本書掲載ページ
（1）技法		
平成08年問1	システム分析技法	
平成09年問1	業務システムの分析・設計	
平成10年問2	プロトタイピングの活用	
平成12年問1	データ中心アプローチ技法によるシステム設計	
平成14年問2	新技術の導入	
平成16年問1	パイロット開発	
平成20年問2	フレームワークの利用	
（2）古い問題		
平成06年問1	データ分析によるファイル設計	×
平成07年問3	クライアントサーバシステムの構築	×
平成09年問2	分散システムの設計	×
平成10年問1	CASEツールの適用	×
平成17年問1	データウェアハウスの設計	×

システムアーキテクトに必要な技法も以前は問われていました。これらの問題は古いこともありますが，基本的に論文を準備しておくほどのものではないと考えています。少なくとも優先順位は下げてもいいでしょう。

ただ，他のテーマ（テーマ1～テーマ7）の問題の一部に使えることもあるので，問題文を熟読して，問題文の中に書かれていることやその手順等は覚えておくのは無駄にならないかもしれません。特に，**平成14年問2の「新技術の導入」は別です**。昨今のAI，IoT，ビッグデータの導入などは“新技術の導入”に他ならないので，同じような切り口で出題されることは十分考えられます。問題文を熟読して，できればAI等の事例に読み替えて準備をしておきましょう。

なお，技術が普及し「もう，このテーマは古いから出題されないだろう」という問題は上記の表の「本書掲載ページ」に“×”をしています。これらは無視してもいいでしょう。

6 サンプル論文

平成19年度 問2 優れたユーザビリティ実現のためのWebシステムの設計
平成23年度 問3 組込みシステムの開発におけるプラットフォームの導入
平成28年度 問1 業務要件の優先順位付け
平成28年度 問2 情報システムの移行方法
平成29年度 問2 柔軟性をもたせた機能の設計
平成30年度 問2 業務ソフトウェアパッケージの導入
令和元年度 問2 システム適格性確認テストの計画

平成19年度

問2　優れたユーザビリティ実現のためのWebシステムの設計について

顧客サービスの向上や事務作業の効率向上などを目的に，企業内で利用されてきた基幹系システムを拡張して，企業外の多くのユーザに利用してもらうためのWebシステムを開発するケースが増えている。例えば，基幹システムに取り込む注文をインターネットで受け付けたり，基幹システムのデータを使って，注文の配送状況をインターネットで確認したりするようなWebシステムがそれに当たる。

このようなシステムでは，ユーザに入力・表示方法やレスポンスなどで不快な思いをさせないよう，優れたユーザビリティを提供することが重要である。そのためには，アプリケーションエンジニアは，アクセスの集中度やユーザの習熟度などの観点から，システムが提供するサービスとユーザの特性を分析し，その結果をシステムの設計に反映させなければならない。具体的には，ユーザインタフェース及びクライアントやサーバで稼働するアプリケーションの設計について，例えば，次に挙げるような工夫を行わなければならない。

・入力仕様が複雑で，入力項目が多く，複数ページにわたるような注文処理では，入力支援のための参照機能を充実させるとともに，入力途中での中断・再開に対応するために，入力内容をサーバに適宜保存する。
・習熟度が低いユーザが多く，誤入力の発生頻度が高いと予想される処理では，クライアントの側で入力チェックを十分に行い，サーバへのアクセスを極力抑制する。

あなたの経験に基づいて，設問ア～ウに従って論述せよ。

設問ア　あなたが開発に携わったWebシステムの概要と，開発の背景について，800字以内で述べよ。

設問イ　設問アで述べたWebシステムが提供するサービスとユーザの特性について，どのように分析したか，簡潔に述べよ。また，分析結果を踏まえ，優れたユーザビリティを実現するために，Webシステムのユーザインタフェース及びクライアントやサーバで稼働するアプリケーションをどのように設計したか。特に重要と考え，工夫した点を中心に，具体的に述べよ。

設問ウ　設問イで述べた設計上の工夫について，あなたはどのように評価しているか。また，今後，改善したい点は何か。それぞれ簡潔に述べよ。

サンプル論文 (1/4)

設問ア

1．システム概要

1.1.私が開発に携わったWeb システムの概要

　N市は豊かな自然と綺麗な海に囲まれ、観光業を主要産業としている。A社はN市とその周辺都市に7つのホテルを営業しており、この度、各ホテルのホームページから利用者が直接宿泊予約できる、Web 予約システムを構築することとなった。

　これまでA社のホームページの作成などを受注してきたソフトウェアハウスB社は、本システム開発を受注し、B社に所属する私はシステムアーキテクトとして参画した。

　Web 予約システムは、利用者がインターネットを利用して、ウェブブラウザから宿泊予約ができるシステムであり、カレンダ形式で日付と空き部屋、選択可能な宿泊プランを提示し、利用者に選択させる。その後、代表者氏名や住所、宿泊人数、支払方法等の情報を入力し、料金などを表示した最終確認画面で予約確定ボタンを押すと、予約が取れるシステムである。

1.2.予約システムを開発することになった背景

　これまでA社のホテル予約は、ホームページ等に記載されている電話によるものか、旅行代理店からの予約に限られていた。しかし、電話で空き部屋やプランを伝えるのには時間がかかり、正確に伝わらないこともあった。また、予約を受け付けた際にすぐにシステム入力されない場合があり、規定数以上の予約を受け付けてしまうなどのトラブルも発生していた。

　そこで、予約業務の効率化と、利用者の利便性向上による予約数の増加、予約数の適切な管理を目的として、これまで社内システムとして利用していた予約管理システムの機能を拡張し、利用者が直接Webから予約を可能とするWeb 予約システムの構築が決定された。

①
ア，イ，ウに対応する第1レベルの見出しは，全角2文字で「1.」とした例。2マス使っている。

②
設問の中では複数のことが問われているので，それを第2レベルにしている。その場合，全て半角で「1.1.」という4文字で書くようにしている例。ここも2マス使っている。

③
フルスペルなので（略称ではないので）半角にしている。3文字なので2マス使っている。

④
本文よりも濃い鉛筆で“太字”にして目立つようにした。これで，より採点者は採点しやすくなる。Good！

⑤
この問題では，問題文の「企業内で利用されてきた基幹系システムを拡張して，企業外の多くのユーザに利用してもらうためのWebシステムを開発するケース」という記述から，対象システムが限定されていることがわかる。ここが異なると出題趣旨から逸脱する可能性が高くなるので，ここは合わせる必要がある。

設問イ

2．私が実施したWeb システムの設計

2.1.Web 予約システムが提供するサービスの特性とユーザの特性

Web 予約システムでは機会損失を防ぐために、入力・表示方法やレスポンスなどで不快な思いをさせない、優れたユーザビリティが必要になる。それを実現するには、サービス特性を十分理解したうえで、それを利用するユーザの特性をも加味して設計しなければならない。そう考えた私は、要件定義の最初に、サービス特性の確認とユーザ特性の分析を実施することにした。

(1) サービス特性の確認

今回システム化する予約業務は、予約時の選択項目が多い。日程、部屋タイプ、価格、料理の有無、その他サービスの有無等である。しかも、それぞれに宿泊客の嗜好が入るので、それぞれに細かい条件が加わる。例えば、海側か山側か、部屋の大きさ、バスルームに窓があるかどうかなどだ。

事前にそのあたりも、これまでの電話予約ではどのような点に対して不満の声が出ているのかを、宿泊客に対するアンケート調査で確認しているが、その結果でも、やはり電話の応対時間が長くなった時に、不満の声が増えていることを確認した。

(2) ユーザ特性の分析

また、ユーザのパソコン操作に関する習熟度について想定するために、ホテル利用者の年齢層を確認したところ、自然の中に建つリゾートホテルについては特に50代以上の利用者が多く、A社全体で見ても50代以上の利用者が約半数以上を占めるという状況であることが分かった。

このことから、習熟度はかなり低いことが予想されたため、予約操作や情報を表示する操作は、出来る限り簡単にして、誤入力や機会損失を防ぐ必要があると判断し

⑥ 設問アが途中で終わっていても，設問イの始まりは「設問イ」の原稿用紙に書くようにしなければならない。これ必須。また，設問アを800字を超えて「設問イ」のところにまで書いてはいけない。文字数オーバーは絶対にNG。話を途中で切り上げても，設問アを「設問イ」のページにまでオーバーしないように注意しよう。

⑦ 禁則処理をしている。禁則処理は，このように欄外でも構わないし，最後のマス内でも構わない。

⑧ 設問の「Webシステムが提供するサービスの特性について，どのように分析したか，簡潔に述べよ」に対応しているところ。

⑨ 設問の「ユーザの特性について，どのように分析したか，簡潔に述べよ」に対応しているところ。操作性の設計の妥当性を説明するために50代以上の利用者が多いというところまで絞り込んでいる。

た。

2.2.Web予約システムの設計について

こうした分析結果を受けて要件を詰めていった結果、かなり入力項目が多くなってしまった。しかも、部屋タイプや料理など、入力項目の中にはシステム側から提供する情報も多くなる。それらを考慮してユーザインタフェースを設計する必要があった。

(1) Ajaxの採用

まず、ユーザの習熟度が低いことから、可能な限りマウス操作で入力できるように考えた。そのため、選択項目は、リストボックスを使用したり、1画面内で選択を進めていくに連れて表示を変える操作など、クライアントサーバ同等の処理が必要になる。料金計算もサーバ側ではなく、その都度クライアント側で実施させる必要がある。そこで私は、それを可能にするために、Ajaxを採用して設計することにした。これにより、クライアントサーバとほぼ同等の操作が、クライアント側で実施できるので、操作性もレスポンスもユーザに満足してもらえると考えた。

⑩
ユーザ特性の分析結果を踏まえている部分。この連携は必須。必ず2.1.の内容を受けたものにしないといけない。

(2) 入力内容保存機能

次に(情報量が多いので)入力時間が長くなるという問題に対しては、途中で中断できるボタンを配置して、そのボタンを利用者がクリックしたタイミングで、その時点での入力済項目を保存できるように設計した。こうすることで、従来の電話予約時には実現できなかった"複数回に分けての予約"も可能になる。これにより、予約時の機会損失も減少できると期待した。但し、個人を特定できる情報も保存することになるので、漏えいリスクを考えて、保存期間は1週間限定にすることにした。

⑪
サービス特性の分析結果を踏まえている部分。この連携は必須。必ず2.1.の内容を受けたものにしないといけない。

設問ウ

3. 評価と改善点

3.1. 設計上の工夫に対する評価

当初は年齢が高い層の人たちはWeb予約システムを利用せず、結局電話予約ばかり利用されてしまうのではないかという懸念もあった。しかし、システム化するまでの既存顧客の電話予約とシステムからの予約の割合を比較すると、順調にシステム予約の割合が増えている。インターネットを利用していない人もいるので、電話予約をなくすことはしないが、当初目標だった70%(既存顧客のシステム予約利用者の割合)は、6か月で超えた。ランダムに依頼したアンケート結果を見ても、おおむね好評である。いずれも、ユーザインタフェース設計において、利用者の顔を見て、彼らにとっての使いやすさとは何かを追求したことが良かったと考えている。

また、個人情報をサーバ側で保存することになったが、1週間経過した段階で自動的に削除できるほか、セキュリティ面も考慮した設計にしたので、今のところ特に問題は発生していない。ここも設計段階で工夫した点がよかったと評価している。

3.2. 今後の改善点

とはいうものの、手放しで喜んでもいられない。今回は可能な限りマウス操作で入力を完了させる設計にしたが、これが逆に面倒だという意見も上がっている。それはキーボード入力に長けた、いわゆる(パソコン操作やキーボード入力の)習熟度の高いユーザからの意見である。確かに、日付の入力などはカレンダから選択するよりも、キーボードから直接数字を入力したほうが早いのは早い。

そのような意見に対して、今後は、利用者がキーボード入力かマウス操作かを選択できるようにして、習熟度によってインタフェースが切り替えられるような設計にしたい。　(以上)

⑫
設問イが途中で終わっていても，設問ウの始まりは「設問ウ」の原稿用紙に書くようにしなければならない。これ必須。また，設問イを1,600字を超えて「設問ウ」のところにまで書いてはいけない。文字数オーバーは絶対にNG。話を途中で切り上げても，設問イを「設問ウ」のページにまでオーバーしないように注意しよう。

⑬
評価の部分には客観的評価を含めている。評価の根拠になる。Good!

⑭
この問題の本質について評価している。これが基本になる。

⑮
設問イの設計に対する改善点になっている。題意に合っている。

⑯
最後は，これで全部終わりなんだということをアピールするために，(以上)と結ぶのが一般的。最後まで書ききれていなくても合格している人はいるぐらいなので，“以上”を書き忘れるぐらいは大きな問題ではないが，避けられるリスクは避けよう。筆者自身も，書き忘れた時も普通に合格できているので，そんなに気にすることも無いが，覚えていたら書くようにしよう。

〈参考〉悪い記述例

参考までに，悪い記述例を添付しておきましょう。過去に採点講評で指摘されているような点を実際に表現するとこのような感じになります。注意しましょう。

1. 開発に携わったWebシステムの概要

　N市は豊かな自然と綺麗な海に囲まれ、観光業を主要産業としています。A社はN市とその周辺都市に7つのホテルを営業しており、この度、各ホテルのホームページから利用者が直接宿泊予約できる、Web予約システムを構築することとなった。

　これまでA社ホームページの作成など受注してきたソフトウェアハウスB社は、本システム開発を受注し、B社に所属する私はシステムアーキテクトとして参画しました。

　Web予約システムは、利用者がインターネットを利用して、ウェブブラウザから宿泊予約ができるシステムであり、カレンダ形式で日付と空き部屋、選択可能な宿泊プランを提示し、利用者に選択させる。その後、代表者氏名や住所、宿泊人数、支払方法等の情報を入力し、料金などを表示した最終確認画面で予約確定ボタンを押すと、予約が取れるシステムです。これまでA社のホテル予約は、ホームページ等に記載されている電話によるものか、旅行代理店からの予約に限られていた。しかし、電話で空き部屋やプランを伝えるのには時間がかかり、正確に伝わらないこともあった。また、予約を受け付けた際にすぐにシステム入力されない場合があり、規定数以上の予約を受け付けてしまうなどのトラブルも発生していました。そこで、予約業務の効率化と、利用者の利便性向上による予約数の増加、予約数の適切な管理を目的として、これまで社内システムとして利用していた予約管理システムの機能を拡張し、利用者が直接Webから予約を可能とするWeb予約システムの構築が決定された。

Bad!

今回の問題のように，設問の中で複数のことが問われている場合，段落タイトルも，もう一段ブレイクダウンして，1.1，1.2と分けたほうがいい。

大きな問題ではないが，単語や数字をフルスペルで書く際は，半角で一升に二文字，略字で書く際は，一升一文字で書くなど，何かしらルールを設けて統一した方がいい。

Bad!

全体を通じて，敬体（ですます調）と常体（だ・である調）が混在するのはよくない。全体的に敬体でも構わないが，常体が一般的なので，常体に統一した方がいい。

Bad!

全体を通じて，1文字下げているのは止めた方がいい。情報量が少なくなるし，仮にぎりぎりの文字数だった場合，わざと字数を稼いでいるように見えて，採点者の印象を悪くする可能性もある。

Bad!

全体を通じて，適度な改行が無いため読み辛い。意味の区切りや，記述内容が大きく変わる部分では，改行を入れるようにしよう。

◆評価Aの理由（ポイント）

このサンプル論文は，特に，**第1部の「Step1論文の体裁で2200字以上書く」**（P.005〜P.016）という点を確認することができるように作成しました。そのため，このサンプル論文にだけ原稿用紙同様の**マス目**を付けています。脚注には，段落タイトルの付け方（P.024〜027参照），常体で書いている点，禁則処理（以上P.013参照）など，**形式面で順守した方がいいポイント**をまとめています。さらに，P.113には比較するために，よく見かける**“形式面での悪い例”**も紹介しています。形式面に関しては（毎回指摘する必要もないので）他のサンプル論文では指摘していないので，形式面が気になる人は，このサンプル論文で確認しておきましょう。

なお，内容に関しては，下の表に記載しているように全く問題ありません。問題文と設問で問われていることに正確に反応している点，具体的に書いている点，初対面の第三者に対しても通じるように丁寧に説明している点，根拠に溢れている点などで，十分な合格論文だと言えます。

チェックポイント			評価と脚注番号
第1部	Step1	規定字数	**約3,100字**。問題なし（③④⑥⑦⑫⑯）。
	Step2	題意に沿う	問題なし。段落番号・タイトルの付け方（①②），状況が合っている点（⑤），問われていることに忠実に回答している（⑧⑨）。
	Step3	具体的	問題なし。全体的に具体的に書けている（⑧⑨）。
	Step4	第三者へ	問題なし。
	Step5	その他	設問イの設計が，システム特性とユーザ特性を受けたものになっている点（⑩⑪），設問ウの評価と改善点が設問イの設計に対するものになっている点（⑬⑭⑮）で，論旨の一貫性はGood。
第2部	SA共通		−
	テーマ別		**「テーマ3 設計（特定テーマ）のPoint2　利用者の顔がイメージできるくらい詳細に」**という点について，⑨で対応。簡潔にという指示があるのでこれぐらいにしている。

表2　この問題のチェックポイント別評価と対応する脚注番号

◆事前準備しておくこと

誰が使うのか？特に，非機能要件に関してどういうニーズがあるのか？その理由と共に，最低でもこのサンプル論文程度の具体化レベルで準備しておくといいでしょう。

◆IPA公表の出題趣旨と採点講評

出題趣旨

最近，顧客サービスの向上や事務作業の効率向上などを目的に，企業内で利用されてきた基幹系システムを拡張して，企業外の多くのユーザに利用してもらうためのWebシステムを開発するケースが増えている。

このようなWebシステムでは，より多くのユーザに利用してもらったり，より確実に利用してもらったりすることが，そのWebシステムの提供目的達成のために重要であり，そのために，優れたユーザビリティを提供することが重要な開発目標となる。

本問では，まず，このようなWebシステムが提供するサービスとユーザの特性についてどのように分析したかを論述することを求めている。次に，その結果を踏まえ，優れたユーザビリティを実現するために，ユーザインタフェースとクライアントやサーバで稼働するアプリケーションの設計においてどのような工夫を行ったかを，具体的に論述することを求めている。論述を通じて，アプリケーションエンジニアに必要な設計についての経験・見識を評価する。

採点講評

全問に共通して，記述の乱雑なものや誤字脱字が目立つもの，論述内容が理解しづらいものがあった。このような論述では，受験者の能力や経験を正しく読み取れない場合もあり得るので，是非留意してもらいたい。

問2（優れたユーザビリティ実現のためのWebシステムの設計について）は，選択率が最も高く，多くの受験者がWebシステムの設計を経験していることがうかがえた。サービスとユーザの特性については，よく書けていた。しかし，ユーザインタフェースの設計における工夫では，サービスとユーザの特性に関連付けた工夫についての論述を期待したが，関連のない工夫を列挙した論述が多かった。また，クライアントやサーバで稼働するアプリケーションの設計における工夫については，具体性の不十分な論述が多かった。

平成23年度

問3　組込みシステムの開発におけるプラットフォームの導入について

近年，組込みシステムの高機能化，多機能化とともにその開発規模が大きくなり，リアルタイム OS などのプラットフォームが導入されるようになった。この状況に対応するために，組込みシステムのアーキテクトには，プラットフォームの性能，機能，特徴などに関する十分な見識，及び開発対象の組込みシステムに最適なプラットフォームを選択する能力が求められている。

プラットフォームの選択では，まず，機能の実現，品質の確保，開発期間の短縮，開発コストの削減など，プラットフォームの導入目的を明確にする。次に，導入目的に適合した複数のプラットフォームを候補とし，それらを比較して最適なものを選択する。この際，上記に示した導入目的以外に，開発環境，採用実績，ライセンス，開発要員のスキル，再利用性などについても評価することが重要である。

プラットフォームを導入した組込みシステムの開発が終了したときには，導入目的の達成度，導入による副次的な利点及び導入したことによって発生した問題点について評価し，将来の開発に備えることが重要である。

あなたの経験と考えに基づいて，設問ア～ウに従って論述せよ。

設問ア　あなたが開発に携わったプラットフォームを導入した組込みシステムについて，その機能の概要及びプラットフォームの導入目的を，800 字以内で述べよ。

設問イ　設問アで述べたプラットフォームの導入に当たって，比較した複数のプラットフォームについて，最適なものを選択するための重要な要素となった比較項目と比較結果を，導入目的を踏まえて，800 字以上 1,600 字以内で具体的に述べよ。

設問ウ　設問イで述べた比較結果に基づいて選択したプラットフォームの導入目的の達成度，導入による副次的な利点及び導入したことによって発生した問題点について，あなたの評価も含めて 600 字以上 1,200 字以内で具体的に述べよ。

サンプル論文 (1/5)

設問ア

1.1. プラットフォームを導入した組込みシステムの機能の概要

国内大手家電メーカであるＺ社は、約50年間、家電製品を全国で製造、販売してきた実績があり、製品の種類も多岐に及ぶ。私はＺ社に所属しているシステムアーキテクトであり、今回、オーブンレンジの新製品の開発プロジェクトに参画した。

開発することとなったのは、オーブンレンジの中でもハイエンド機にあたる機種であり、庫内温度管理は食品の表面の温度を細かく感知し、適切に熱量を調整する必要がある。また最近流行りの自動調理機能や、非接触型ＩＣチップの技術を利用したスマートフォンからの調理メニュー取り込み機能等も備えており、Ｚ社の目玉となる製品であった。

1.2. プラットフォームの導入目的

このような中、開発にあたっては一つ問題があった。それは、これまで利用してきた開発プラットフォームは、古いタイプのもので、ＵＳＢインタフェースを搭載していなかった。今回の機能アップでは、ＵＳＢインタフェースは必須になるので、新たなプラットフォームを選定しなければならなかった。

但し、オーブンレンジは、同業他社から数ヶ月おきに次々と新製品が発売される状況であり、ハイエンド機であっても、機能面だけでなく、価格面でも激しい競争に晒されている。そのため、今回の導入目的は次の２点になる。

・ＵＳＢインタフェース搭載プラットフォームへの切り替え
・開発生産性を高め，開発期間及び開発工数を削減する

①
組込みステムの場合，最終製品は何か，その製品のどんな機能（の制御を行うのか）を中心に書いていく。

②
設問イや設問ウでも，ここで書いたことに対する記述にしなければならないため，何とかして記憶に残したかった。そのため多少強引にはなったが，「次の2点」と2つあることを強調するとともに，箇条書きで表現することにした。

設問イ

2.1. 導入にあたり比較したプラットフォームについて

プラットフォームの導入にあたり、まず最低限備えている機能として、今回必要なＵＳＢインタフェースに加えて、旧プラットフォームの条件（リアルタイムＯＳ 、RS-232Cポート、温度センサを取り付けるためのＡＤ／ＤＡコンバータ）は必須であった。旧プラットフォームは数年前のものなので、ＣＰＵやメモリ等の基本スペックに関しては、現在の製品であれば、ほとんどすべてクリアしているので考えなくても構わない。

上記の条件を基本路線に、次の３社のプラットフォームを比較した。

③
まずは，設問で問われている「比較した複数のプラットフォーム」について論じている。この後の本文の①～③

①A社のプラットフォーム製品

自動車や航空機用のプラットフォームも作成しており、特にハードリアルタイムに関する高い制御技術を持っているのがA社の売りである。ＣＰＵクロック数は 500 ＭHz 。ＡＤ／ＤＡコンバータはカスタマイズで取り付け。

採用実績数は３社製品で最も多く、当該シリーズも第５期目にあたる（バージョン５）。信頼度は十分だ。ただし、A社のサポートは弱く、非公式のユーザコミュニティに頼るしかなかった。

④
個々の内容は，設問アの1.2で導入目的とした「開発生産性」に関連のありそうな属性を加えた。まだ，ここでは比較していないので，どう関連するかは，この後2.2で明確にする予定。

②B社のプラットフォーム製品

赤外線センサ（温度センサ）を取り付けて製品化した実績が多数有り。ＣＰＵクロック数は 450 ＭHz 。分解能16ビットのＡＤ／ＤＡコンバータが付いている。

採用実績数はちょうど真ん中、当該シリーズは第２期目にあたる（バージョン２）。その分、B社のサポート体制はしっかりしており、公式なサポートセンタに質問すれば、(時間はかかるものの）確実に回答を返してくれることになっている。

③C社のプラットフォーム製品

ＡＤ／ＤＡコンバータ、RS-232C ポートともにカスタマイズで付ける必要がある。ＣＰＵクロック数は500 Ｍ

Hz 。

本シリーズは新製品になる。そのため、採用実績はかなり少ないが、その分価格が安い。C社のサポート体制はしっかりしており、公式なサーポートセンタを持っているが、そのレベルは不明。

2.2. 比較検討結果

今回比較を行う上で最も重視されるポイントは、導入目的である開発生産性である。しかし、いずれも弊社では使用実績がないので、実際のところの開発生産性はわからない。ただ、いずれの製品でも開発そのものの生産性は変わらない。差が出てくるとしたら、予期しない不具合が発生した時だ。具体的には、プラットフォームにある潜在的なバグの存在や、不明な点が発生した時の支援体制である。そこが最終的に決定要素になる。

(1) 採用実績数、及びバージョン

最重視した比較項目は、採用実績数の多さおよびバージョン数である。潜在的な不具合の有無は、採用実績数やバージョンに反比例していると考えられる。採用実績数が多ければ、あるいはバージョンが進んでいれば、それだけ過去に不具合が改修済みで、潜在的な不具合は少ないはずだ。この点ではA社の製品が最有力候補になる。

(2) サポート体制

次に重視したのはサポート体制だ。不具合があった時にサポートを受けられないのは致命的になるからだ。その点、A社のサポート体制は弱い。B社、C社のように公式な支援体制はあるものの、少人数で原則、対応できないとのことである。そこをどう判断するかが、ポイントになる。そこで、非公式のコミュニティサイトの充実ぶりと、(1) で潜在的不具合が少ないだろうという想定のもと、最終的に許容範囲だと考えて、A社製品に決定した。

⑤ ここで設問アの1.2の導入目的との関連性に言及している。こうすることで，設問アと設問イを関連付けることが出来る。

⑥ 比較項目を問題文の例に合わせた。具体的に書いているため問題はない。なお，今回は，定量的数値で表現していないが，項目数が4つ程度になってくると，項目の重み付けや，点数化も含めて論述しても構わない。その場合，箇条書きで表現してわかりやすくするのもいい。

設問ウ

3.1. プラットフォーム導入目的の達成度

Ａ社のプラットフォームに決定し、そのまま開発に入っていった。

今回の導入目的自体は、ＵＳＢインタフェースを持っているプラットフォームであったが、それと同時に、開発生産性を高め、開発期間及び開発工数を削減することも導入目的の一つであった。

結果からいうと、旧プラットフォーム使用を想定した開発期間及び開発工数とほぼ同じだった。ただ、新プラットフォームに関する仕様の確認や、マニュアル等を読む時間、勉強会等の工数を含んだもので、それを除けば、約10%削減された形になる。次回開発時には十分達成できるだろう。

今回、このような結果になったのは、プラットフォーム選択の判断基準を決めるにあたり、予期せぬ不具合の発生頻度、及びメーカへの問い合わせ回数等を用いたことがよかったと考えている。

3.2. 副次的な利点

今回、導入目的を達成すると共に、いくつかの副次的な利点を得ることができた。

まず、最も大きな利点は再利用性の面にあり、今回開発した成果物は、ハイエンド機以外のモデルへの再利用がそのまま可能となる部分がかなりある。よって、今後の同じモデルの開発費用が抑えられることはもちろんのこと、他のモデルも同じプラットフォームを利用した開発にスムーズに移行し、価格を抑えることができる。

また、プログラムの複雑さが改善されたことから、保守性が向上するという効果が得られた。これまでの製品の仕様書は 100ページほどであったが、今回は40ページほどに収まったことからも、その効果は明白だ。

3.3.発生した問題点

しかし、問題点も残った。それは、今回はＢ社の派遣

⑦
設問アの1.2で書いた導入目的に対しての達成度を書くだけでいい。

⑧
設問アの1.2で書いた導入目的を，再度読み返すようなことをしてもらわなくてもいいように，ここで再掲している。こういう配慮はGood！

⑨
全ての導入目的を達成できなくても，事実を正直に書けばいい。最低限の条件はクリアしている事と，次回に期待が十分できる事，他の目的を達成できていることを強調できれば，トータルでOKだと評価できる。

⑩
問題文の「開発環境，採用実績，ライセンス，開発要員のスキル，再利用性などについても評価することが重要である。」という記述の中に“再利用性”があるので，この内容で問題ないと判断できる。加えて，再利用性を具体的に掘り下げるのが難しいため，保守性を追加した。

⑪
内容はプロジェクト管理的な視点になっているが，問題文の「開発環境～評価することが重要である。」という記述の中に“開発要員のスキル”があるので，このような内容でも問題ないと判断できる。

を受け入れて常駐させたが、頼りきってしまったこともあって、開発要員のスキル向上や技術の蓄積といった面は思っていたよりも進まなかった。よって、完全に新規機能を開発するのには不安が残り、これまでのように社内メンバだけでの開発計画を立てるのは現段階では難しく、計画の柔軟性が損なわれた。

今後はスキル向上や技術の蓄積も重点的に取り組んで、社内メンバのみで開発できるようにしていきたい。

(以上)

◆評価Aの理由（ポイント）

このサンプル論文は「**テーマ9　組込み系**」に関するものです。全体的には，下記の表に記している通り，特に第2部に書いているポイントではなく，**第1部の論文共通部分を守っていれば合格論文になる**問題だと言えるでしょう。

中でも特に，採点講評にも書いているように“一貫性”（設問アの後半（論文では1.2としている）で述べた「導入の目的」について，設問イで比較及び評価をし，設問ウで目的の達成度を述べること）が重要になります。その点，この論文は，設問アの後半1.2では記憶に残しやすくする工夫をしたうえで，設問イや設問ウでは，読み手が1.2に戻って読み返す必要もないように再掲する形でつながりを明確にしています。非常に読みやすく，かつ記憶に残りやすい論文になります。高評価は間違いないでしょう。

チェックポイント			評価と脚注番号
第1部	Step1	規定字数	**約3,400字**。問題ないが，全体的にもう少し簡潔に書いて字数を減らしてもいい。
	Step2	題意に沿う	問題なし。問題文と設問で問われていることに丁寧に対応している点（③），問題文の例を掘り下げて詳しく書いている点（⑥⑩⑪）で，題意から乖離しない内容になっている。
	Step3	具体的	問題なし。設問イで比較した3つのプラットフォームが具体的に書けている点など，全体的に問題はない。
	Step4	第三者へ	問題なし。丁寧な説明で問題はない。
	Step5	その他	設問イの設計が，1-2のプラットフォーム導入の目的に合致している点（②④⑤），設問ウの評価と改善点も1-2や，設問イの設計に対するものになっている点（⑦⑧）で，論旨の一貫性はGood。
第2部	SA共通		−
	テーマ別		−

表3　この問題のチェックポイント別評価と対応する脚注番号

◆事前準備しておくこと

この問題に対して準備をしておく場合は，多様なプットフォームとその使用例を整理しておくといいでしょう。

◆IPA公表の出題趣旨と採点講評

出題趣旨

組込みシステム開発において，システムアーキテクトは，製品企画などの要求仕様に基づき，システムの要件を分析し機能仕様を決定する。さらに，リアルタイムOSや各種ミドルウェアなどのプラットフォームの導入に際しては，最適なプラットフォームを選択する能力が求められる。

本問は，プラットフォームを導入してシステム開発を実施することを題材として，導入の目的を明確にし，複数のプラットフォームについて，開発工程設計，コスト設計，性能設計，再利用性などに対する影響を評価するための比較項目の設定と比較結果及び導入後の評価について，具体的に論述することを求めている。論述を通じて，組込みシステムのシステムアーキテクトとしての実施能力を評価する。

採点講評

全問に共通して，具体性があり，経験に基づいていることをうかがわせる論述が多かった。一方で，答案用紙の冒頭で記入を求めている“論述の対象とする計画又はシステムの概要”，“論述の対象とする製品又はシステムの概要”が未記入又は記入漏れの項目があるなど適切に記述されていないので，評価を下げた論述が相当数あった。問題文の引用で文字数を費やし内容が薄い論述や，問題文に例示した項目と一般論の組合せから成る具体性に欠ける論述，設問で問うている内容に対応しない論述も散見された。このような論述では，受験者の能力や経験を正しく評価できない場合があるので，実際の経験に基づき設問に沿って具体的に論述してほしい。

また，論述は第三者に読ませるものであることを意識してほしい。例えば，業界特有の用語や略語には説明をつける，段落を分けたり見出しを入れたりすることで何について述べているのかを明確にするなど，自分の考えを第三者に的確に伝えるための工夫をしてほしい。

問3（組込みシステムの開発におけるプラットフォームの導入について）では，具体的で経験をうかがわせる論述が多かった。また，論述の対象となったプラットフォームは多種多様であったが，その多くは，システムアーキテクトとしての視点から，適切に論述されていた。比較項目については具体的だが，比較結果については分析が浅く論述が不十分なもの，プラットフォームに対する知識不足と思われるものが見受けられた。また，導入目的とその達成度との関係に一貫性がないものが散見された。

平成28年度

問1　業務要件の優先順位付けについて

情報システムの開発における要件定義において，システムアーキテクトは利用者などとともに，提示された業務要件を精査する。その際，提示された業務要件の全てをシステム化すると，コストが増大したり，開発期間が延びたりするおそれがある。そのため，システムアーキテクトは，業務要件のシステム化によって得られる効果と必要なコストや開発期間などから，例えば次のような手順で，提示された業務要件に優先順位を付ける。

1. 業務の特性や情報システムの開発の目的などを踏まえて，組織の整備や教育訓練などの準備の負荷，業務コスト削減の効果及び業務スピードアップの度合いといった業務面での評価項目を設定する。また，適用する技術の検証の必要性，影響する他の情報システムの修正を含む開発コスト及び開発期間といったシステム面での評価項目を設定する。
2. 業務の特性や情報システムの開発の目的などを踏まえて，評価項目ごとに重み付けをする。
3. 業務面，システム面でのそれぞれの評価項目について，業務要件ごとに定量的に評価する。このとき，定性的な評価項目についても，定量化した上で評価する。
4. 評価項目ごとに付与された重みを加味して総合的に評価し，実現すべき業務要件の優先順位を付ける。

あなたの経験と考えに基づいて，設問ア～ウに従って論述せよ。

設問ア　あなたが要件定義に携わった情報システムについて，その概要を，情報システムの開発の目的，対象の業務の概要を含めて，800字以内で述べよ。

設問イ　設問アで述べた情報システムの要件定義で，業務要件をどのような手順で評価したか。その際，どのような評価項目を設定し，どのような考えで重み付けをしたか。800字以上1,600字以内で具体的に述べよ。

設問ウ　設問イで述べた評価手順に沿って，どのような業務要件をどのように評価したか。また，その結果それらの業務要件にどのような優先順位を付けたか。幾つかの業務要件について，600字以上1,200字以内で具体的に述べよ。

サンプル論文 (1/5)

設問ア

1．要件定義に携わった情報システムの概要

1－1．情報システムの概要

私は，フォークリフト（以下，Ｆ／Ｌという）製造業の本社情報システム部に勤務するＳＥである。私は昨年，全国のＦ／Ｌ販売代理店（以下，代理店という）向けの「アフターサービス部品（以下，ＡＳ部品という）注文システム」の開発に携わった。この開発は，全国の代理店から本社に，ＡＳ部品の引合いや注文を効率良く行わせる為のＷＥＢシステムの新規開発であった。

1－2．対象とする業務の概要

顧客に販売したＦ／Ｌの定期点検や修理は全国各地域の代理店が行う。代理店は本社サービス営業部（以下，サ営部という）へ，必要なＡＳ部品について，先ず納期・価格の引合いを行い，サ営部から引合いの回答を得た後，サ営部へ正式注文するという業務フローである。

1－3．情報システム開発の目的

これまで，ＡＳ部品の引合いから正式注文，手配完了まで，ほぼ手作業で行っていたため平均３営業日を要しており、代理店が必ずしも迅速に顧客に対応出来ていなかった。その為、今回新規にシステムを開発し、平均３営業日かかっているところを，平均１営業日以内に所要時間を短縮させる事が最大の目的だった。

そうした幾つかの必達目標（業務要件）はあったものの，経営層からは，今回の新規開発をチャンスと捉え「顧客が満足する質の高いアフターサービス」を実現すべく，現場と一体となって新システムを開発してほしいと言われている。もちろん現場の要求を無条件に全て実現することはしないが，予算及び納期とシステム化の効果などを総合的に考えて判断したいということだった。そのため私は，現場の持っている要求を一旦全てヒアリングすることにした。

①
定量的な数値目標（KPI）が書かれているのはGood！

②
業務要件に優先順位付けをする必要性のある状況になっている。ここが合っていないと「そもそもなぜヒアリングしているの？優先順位を付けるの？」ということになるので注意が必要。

設問イ

2．業務要件の評価手順

2－1．業務要件の評価手順

今回，経営戦略にマッチする新システムの構築という事で，Y部長のみならずサ営部員や代理店の期待が非常に大きい事を私は感じていた。サ営部員や代理店から多くの業務要件が出てくる事が十分予想された。私が事前にサ営部のZ課長に新システムに関する要望を軽くヒアリングしたところ，必要性の高い要望ばかりではなく必要性の低いものや開発コストがかかりすぎるものも混在していると感じた。そこで私は，これから出てくる多くの業務要件を何らかの方法で評価し，優先順位を付けてシステム化の対象を決める必要があると判断し，事前にその「評価手順」を決めておくべく検討を開始した。

③
今回の問題に合致している状況。この予想が無いと，特に優先順位付けは不要になる。このような感じで問題文に状況を合せるのは大事。

私は，ユーザ視点を重視する為に，サ営部のA係長と代理店のサービス担当者B氏・C氏に，「評価手順」を一緒に検討してもらうよう依頼した。私は案として，予め複数の評価項目を設定し，業務要件毎に各評価項目について点数（5点～0点）を付けて，その合計点で優先順位を判断する方法を提案し，A係長，B氏・C氏ともその方法に合意してもらった。

④
具体的に人物が出てきている点は臨場感があってGood。しかも開発者側の独りよがりではなく，「ユーザ視点」で決めて行くのは非常にいい。他の問題では「ユーザと協力して」と書いているがこの問題には特にそこまでヒントが無いので，他の問題文を十分読み込んで「あるべき姿」を知っていたのだろう。かなりいい内容。

2－2．設定した評価項目

業務要件を評価する際は，「業務面」と「システム面」の両面からバランス良く評価する事が重要である。私とA係長，B氏・C氏は，「業務面」と「システム面」のそれぞれから評価項目を出して検討し，次の通り決めた。

■業務面の評価項目

＜評価項目①＞その業務をシステム化する事による代理店サービス担当者及びサ営部担当者の作業時間の削減度合い（削減時間で評価）

＜評価項目②＞代理店サービス担当者の満足度が高いこと（満足度予想で評価）

■システム面の評価項目

＜評価項目③＞開発及び改造コストがかからない，他の既存業務システムへの影響等がないこと（開発予想金額で評価）
＜評価項目④＞共通基盤での実装が可能であること（可能なら５点，不可能なら０点）

２－３．評価項目に対する重み付け

点数付けを実施して出した「結果」を，先に述べたシステム開発の目的により適合させる為に，私は次のような重み付け（係数掛け）を行う事にした。

＜評価項目①＞作業時間削減度合い・・・×0.4
⇒今回システム開発の最大の目的が作業時間短縮化なので最重視した。
＜評価項目②＞代理店サービス担当者の満足度・・・×0.3
⇒主たるユーザが代理店サービス担当者であり重視した。
＜評価項目③＞開発コスト・・・× 0.2
＜評価項目④＞共通基盤での実装・・・× 0.1

⑤
重みづけの数値（0.4等）の根拠（なぜ0.5ではなく，0.4なのか等）についてもう少し説明が欲しかったが，SAの論文であれば十分である。

設問ウ

3．出された業務要件と評価結果
3－1．提示された業務要件と評価

いよいよ業務要件を収集するフェーズとなった。私はＡ係長，Ｂ氏・Ｃ氏と相談し，業務要件の収集方法として，各代理店へのアンケート実施と，本社会議室でサ営部員と代理店サービス担当者を対象としたヒアリング会を開催して収集する事とした。

その結果，出された一次要望・意見は合計件数が約50件と多かったが，私とＡ係長，Ｂ氏・Ｃ氏で同類要望を整理し，まず10件の業務要件にまとめる事が出来た。

予想通り，これら10件を全てシステム化すると，予算オーバ，目標開発期間に収まらない事は明白であった。私は早速準備していた評価手順に沿って10件を点数評価した。その具体的手順として以下に２件紹介する。

≪業務要件１≫今，時間のかかっている引合回答書（価格・納期回答）の作成を自動化して、タイムリに回答できるようにしたい

＜評価項目①＞作業時間削減度合い：5点×0.4

＜評価項目②＞代理店サービス担当の満足度：4点×0.3

＜評価項目③＞価格・納期を自動照会し、引合回答書フォームを自動作成し代理店に自動送付する方法で実現可能なので開発コストはそんなにかからない：5点×0.2

＜評価項目④＞共通基盤での実装：5点×0.1

合計＝4.7点

≪業務要件２≫顧客がＡＳ部品を注文する時に，様々な情報を確認しながら注文出来るようにしてほしい

＜評価項目①＞作業時間削減度合い：2点×0.4

＜評価項目②＞代理店サービス担当の満足度：5点×0.3

＜評価項目③＞注文する際、車歴情報を画面等に表示させ、過去の修理履歴や部品交換履歴を表示させる場合，一定のレスポンスを確保しようとするとコストがかかる：2点×0.2

⑥ ここもできれば数値が欲しい。あればベスト。

⑦ 設問の「幾つかの業務要件について」という点を受けて，特徴のある2つを書くことにした。一つは採用，一つは見送り。

⑧ 業務要件である点，具体的に書いている点でGood！

⑨ システム化要件

⑩ 点数も書いているのでGood！

＜評価項目④＞共通基盤での実装：5点×0.1
合計＝3.2点

3－2．業務要件の優先順位付け

私は10件の業務要件について，合計点の高い順に並べ，どこまでシステム化出来そうか検討してみた。

上記の≪業務要件１≫の順位は１番目でありシステム化に異論はないが，≪業務要件２≫の順位は６番目であり，予算や開発期間の観点からは今回システム化出来るかどうかは非常に微妙であり，Ａ係長の要望により改めてサ営部内で検討する事となった。

今回の優先順位付けのプロセスと結果については，他のサ営部の部員と代理店に報告し，納得してもらえる事が出来た。こうしてシステム化する業務要件をほぼ固める事が出来た。　（以上）

◆評価Aの理由（ポイント）

このサンプル論文は，出題頻度の高い「**テーマ1　要件定義**」に関するものです。表内に記載している通り，要件定義をテーマにした問題で意識すべき3つのポイントを全て含んでいるため，A評価の中でも安全圏（高評価）の1本です。

チェックポイント			評価と脚注番号
第1部	Step1	規定字数	**約3,200字**。問題なし。
	Step2	題意に沿う	問題なし（⑦）。
	Step3	具体的	問題なし。設問イも説もウも具体的に表現できている。
	Step4	第三者へ	問題なし。
	Step5	その他	定量的に表現（数値）されている点（①⑤⑩）はGood。
第2部	SA共通		－
	テーマ別		**「テーマ1 要件定義のPoint1　業務要件とシステム要件，要求と要件を正確に使い分ける」**という点について正確に使い分けている（⑦⑧⑨）。Good！ **「同 Point2 誰の要求，ニーズなのかを明確に」**という点も具体的にイメージしやすい（④）。 **「同 Point3　システム開発の特徴やユーザ特性と合わせること」**という点についても，しっかりとキープできている（②③）。

表4　この問題のチェックポイント別評価と対応する脚注番号

◆事前準備しておくこと

要件定義を実施した時に，どのような課題が発生するのか？を過去問題を通じて把握し，その経験の有無を確認します。その上で，具体的かつ詳細に書けるかどうかを考え，困難であれば次のような資料を参考にして備えておきましょう。

IPA 2019年12月20日
ユーザのための要件定義ガイド 第2版 要件定義を成功に導く128の勘どころ
https://www.ipa.go.jp/ikc/publish/tn19-002.html

◆IPA公表の出題趣旨と採点講評

出題趣旨

情報システムの開発における要件定義において，システムアーキテクトは利用者などとともに，提示された業務要件を精査する。その際，業務要件のシステム化によって得られる効果とコストや開発期間などを総合的に評価し，業務要件の優先順位を付ける。

本問では，業務要件の優先順位付けをするための手順と評価の方法について，具体的に論述することを求めている。論述を通じて，システムアーキテクトに必要な，業務要件を分析して評価する能力と経験を評価する。

採点講評

全問に共通して，自らの体験に基づき設問に素直に答えている論述が多かった。一方で，問題文に記載してあるプロセスや観点などを抜き出し，一般論と組み合わせただけの表面的な論述も引き続き見られた。問題文に記載したプロセスや観点は例示である。自らが実際にシステムアーキテクトとして，検討し取り組んだことを具体的に論述してほしい。

問1（業務要件の優先順位付けについて）では，どのような評価のプロセスと評価項目で業務要件の優先度を評価したか，また情報システム開発の目的に沿った重み付けをしたか，を具体的に論述することを期待した。評価のプロセスと評価項目については，多くの受験者が論述できていた。一方で，情報システムの開発の目的と評価項目・重み付けの間の関連が分からない論述や，業務要件ではなくシステム要件を評価している論述も多かった。システムアーキテクトには，情報システムの開発目的を理解した上で，業務要件と情報システムの両面から分析することが求められる。情報システムだけでなく，業務要件と情報システムの両面からの分析能力を高めてほしい。

平成28年度

問2　情報システムの移行方法について

情報システムの機能強化のために，新たに開発した情報システム（以下，新システムという）を稼働させる場合，現在稼働している情報システム（以下，現システムという）から新システムへの移行作業が必要になる。

システムアーキテクトは，移行方法の検討において，対象業務の特性による制約条件を踏まえ，例えば，次のような情報システムの移行方法を選択する。

・多数の利用部門があり，教育に時間が掛かるので，利用部門ごとに新システムに切り替える。
・移行当日までに発生したデータを当日中に全て処理しなければ，データの整合性を維持できないので，全部門で現システムから新システムに一斉に切り替える。
・障害が発生すると社会的な影響が大きいので，現システムと新システムを並行稼働させる期間を設けた上で，障害のリスクを最小限にして移行する。

また，移行作業後の業務に支障が出ないようにするために，例えば，次のような工夫をすることも重要である。

・移行作業が正確に完了したことを確認するために，現システムのデータと新システムのデータを比較する仕組みを準備しておく。
・移行作業中に遅延や障害が発生した場合に移行作業を継続するかどうかを判断できるように，切戻しのリハーサルを実施し，所要時間を計測しておく。

あなたの経験と考えに基づいて，設問ア〜ウに従って論述せよ。

設問ア　あなたが移行に携わった情報システムについて，対象業務の概要，現システムの概要，及び現システムから新システムへの変更の概要について，800 字以内で述べよ。

設問イ　設問アで述べた情報システムにおいて，対象業務の特性によるどのような制約条件を踏まえ，どのような移行方法を選択したか。選択した理由とともに，800 字以上 1,600 字以内で具体的に述べよ。

設問ウ　設問イで述べた情報システムの移行において，移行作業後の業務に支障が出ないようにするために，どのような工夫をしたか。想定した支障の内容とともに，600 字以上 1,200 字以内で具体的に述べよ。

サンプル論文 (1/5)

設問ア

1．対象業務の概要、情報システムの概要、変更の概要

1－1．対象業務の概要と現システムの概要

今回、論文の対象とするシステムは、産業用セラミック製品などを製造・販売しているA社における販売管理システムである。対象となる業務は，言うまでもなくA社の販売管理業務である。

本システムを利用しているのは，営業部，仕入部，経理部，物流部から経営陣まで５部門にわたる。顧客から毎日入る注文を本システムに入力し，顧客の希望納期に間に合うように物流部から出荷する。仕入部では，毎日在庫の動きをチェックしながら必要に応じて仕入先に注文を出す。経理部では顧客の締日に合わせて請求書を発行している。経営陣は本システムで作成される日次レポートをチェックし，経営の舵取りをしている。

システムのオンライン処理の利用可能時間は，午前8時から午後8時まで，それ以後はオンライン処理を止めて24時まで日次バッチ処理を実行している。

1－2．新システムへの変更の概要

現行システムは，７年前にA社から受注し私の所属する会社（ＳＩベンダ）で構築したものである。その時に私もシステムの一部を担当した。そして今回，ハードウェアの老朽化によるリプレイスのタイミングで，次のような機能強化を目的に，今回再構築することになった。

・財務会計システムとのシームレスな連携
・生産管理システムとのシームレスな連携
・リアルタイムに損益計算を実施する

要するに，他システムとの連携を強化することを目的としている。私は，今回は，本システムの開発プロジェクトのシステムアーキテクトとして参画する。担当フェーズは、要件定義工程からシステムテスト、移行完了までである。開発工数は150 人月，期間１年のプロジェクトである。

①
業務とシステムで400字程度書くことを求められているので，正確に業務とシステムに関しての概要を書いている。販売管理業務などわかりやすい業務の場合，案外，業務のことが書かれていなかったりするので，そこは注意が必要。

②
ここで説明する「業務」は，移行する時の制約（今回は時間的制約）に関連する内容。なので，システム利用時間帯を書いた。

③
ここも「なぜここで，変更の概要が問われているのか」を考える。すると，1-1の業務の特徴ほどではないにせよ，設問イで書く制約条件に関連していると判断できるだろう。それを意識して書くことを決めなければならない。

④
題意に合わせて，基幹系システムの再構築にしている。

⑤
プロジェクトの規模感を伝えるために，工数と期間ぐらいは定量的に示しておくとベスト。

設問イ

2．情報システムの移行について

本プロジェクトにおいて，プロジェクトマネージャから，プロジェクト計画を立案するタイミングで，システムの移行方法について検討するように指示が出た。

2－1．移行の制約条件

私はまず，改めて移行方法を検討する上で，制約条件を確認することにした。

システムの利用時間は前述のとおり，オンライン処理とバッチ処理で8時から24時の間なので，移行に使える時間は24時から8時までの8時間だ。

取引先に迷惑がかかるため，受注業務（受注時の在庫確認や，在庫引当などを含む）や出荷業務は毎日行われ，1日でもシステムを止めることはできないので，8時間の間に移行作業を実施しなければならない。

そしてもう一つの今回の特徴は，他システムとの連携強化が目的になる。これも移行時に考慮しないといけない制約条件の一つになる。

2－2．移行方法の決定

このような制約だったため，結論から言うと，私は1週間かけて段階的に切り替える方式を採用することにした。具体的には，5日間かけて次の1部門ずつ切り替えていく方法である。

- 1日目：営業部（受注処理）
- 2日目：物流部（出荷・売上処理）
- 3日目：仕入部（生産管理システムとの連携）
- 4日目：経理部（会計システムとの連携）
- 5日目：経営陣（既存のＢＩツールとの連携）

(1) データ連携が多いので

一斉切替ではなく段階的切替にした最大の理由は，他システムとの連携強化がメインなので，その部分を順番に確認したかったからである。正確に連携できているかどうかの確認は現場の人に行ってもらうが，何かトラブ

⑥ 2.2の移行方式は，結局一括切替か段階切替かになる。そうなると，そこはどの受験生でも同じになる。したがって本当に重要なのはここになる。オリジナリティを出せるところだ。したがって，問題文を熟読して制約条件の例をイメージとして受け取った上で，設問アに書くことと同期を取る形で，ここに書くようにしよう。ここは決して抽象的にはなってはならないところになる。

⑦ 移行作業（最終切替日の作業）の制約条件の代表的なものが時間的制約。

⑧ 段階的切替にするなら，このようにどれくらいの期間で，どう区分けするのかぐらいは具体的に書かないといけないだろう。

⑨ 箇条書きを使って記憶させようと考えたところ。

ルがあった時には，開発元の弊社で対応しなければならない。後述するように，翌日の業務を止めることもできないので安全を見込んでのことである。

(2) 1日8時間しか移行に使えないので

また，1日に使える時間が24時から8時までの8時間しか移行に使えないという制約も，段階的な切替に決定した大きな理由の一つである。

移行作業に必要な時間を見積もってみると，個々の部門ごとに，おおよそ次のようになった。

①旧システムより移行データを抽出する（約1時間）
②新システムにデータを移行する（約2時間）
③連携システムがある場合は，相手システムを新システムに切り替えてバッチ処理を実行する（約2時間）
④正常に移行できたかどうかをチェックする（要検討）
⑤問題がある場合，相手システムの連携データの部分を元に戻す（2時間）

データのチェックをする時間を1時間以内にして，ようやく1箇所あたりの移行が1日の8時間以内に完了する。これを一斉に切り替えた場合，到底8時間以内に作業を完了することはできない。しかも，トラブルがあった場合に⑤が，複数システムになり，かなりリスクが大きい。

(3) 移行に使える期間が1日ではなく複数日取れるため

また，今回開発している販売管理システムは多くの社員が毎日のように業務で利用しているシステムだが，弊社の要員を増員すれば，一斉に切り替えることは問題ではない。しかし，今回は，1日8時間の制約はあるものの，プロジェクト計画が順調に行けば，移行作業に使える期間は最大2週間あった。これも段階的切替に決定した大きな理由の一つになる。利用人数が多いからこそ安全を考えて，一部門ごと確実に切り替える方法を選択した。

⑩
移行の問題で論文を書く場合，制約条件ともうひとつ，移行作業として何をどれくらいの時間かけて実施しなければならないのかも書くことを考えよう。制約条件と，その制約の中でやらなければならない作業の二つを書いておけば，読み手にはイメージが伝わりやすくなる。例えば「8時間以内に，9時間の作業をしなければならない。」と説明した上で，9時間を8時間にするための工夫を書かせるような問題もあるので，この癖をつけておくといいだろう。

⑪
箇条書きを使って記憶させようと考えたところ。

⑫
あえて問題文の例とは真逆の考えを書いた。今回の例は「どっちでも可能な例」だと自信をもっているものだったから，あえて逆をいった。

設問ウ

3．移行作業後の業務に支障が出ないようにするための工夫

移行方法は段階的切替に決定したが，ただ移行作業を確実に成功させるためには，いくつか検討しなければならないこともあった。そこをしっかりと考えておかないと，移行作業後の業務に支障が出る可能性があったからだ。

(1) 段階的移行のための工夫

まず，5日間の段階的移行期間は，旧システムと新システムが混在することになるため，その部分の考慮（両システムのデータ入力やデータ連携）が必要になるが，その点については，受注処理の部分を初日に，出荷と売上部分を2日目に新システムに切り替えることで，最小の労力で対応できる。データの発生源から順次切り替えていく方式を採用した。

(2) ベリファイチェックプログラムの作成

日々の移行作業に関しては，正常に移行できたかどうかをチェックする時間を，何とか少なくとも1時間以内に抑える必要があった。その点については，ベリファイチェックプログラムを作成して，正常に移行できたかどうかの確認を自動化することで1時間以内に抑える。

(3) マスタデータを先行して移行しておくこと

ただ，それでも5日間は，8時間という制約に対して時間的余裕が無かった。そこで，マスタデータだけは，この移行作業の2週間前に旧システムから抽出し，新システムへ移行しておくことにした。こうすることで，段階移行時の対象データの数を絞り込むことができるため，毎日約2時間の時間的余裕が確保できる。

但し，この場合，マスタデータ移行後にマスタが変更された時点で，旧システムと新システムの両方に反映させないといけないため，その手続きを徹底し，管理を強化することにした。

⑬
移行作業における工夫（制約時間内に作業を収めるための工夫）として，典型的な3つのもの（2）(3)(4）を挙げてみた。

⑭
システム特性等によっては，この並行稼働時の配慮が工夫しないといけない点の中心になる。今回は独立性の高い部分で分けることができた点，1日8時間の制約の中でどうするのかが課題だった点で（2）（3）（4）を書きたかったので，この程度の分量でとどめるしかなかった。

(4) 移行リハーサル

毎日８時間の制約の中，６時間にまで時間を短縮することができ，２時間の余裕ができたが，まだまだリスクはある。それは，見積り時間が正確か，練習は必要ないかという点である。

そこで，マスタデータを移行した後，１週前の週に，リハーサルを行って，そのあたりを確認することにした。夜間に一旦作業を通してみて，どれくらいの時間がかかるのかを確認し，問題があれば軌道修正を試みる。

こうした工夫をすることで，移行作業を段階的に切り替えて実施する計画を確実に成功させ，日常の業務に支障が出ないように安全に新システムに切り替える計画とした。

以上

◆評価Aの理由（ポイント）

このサンプル論文は「**テーマ8　移行**」に関するものです。表内に記載している通り，移行をテーマにした問題で意識すべきポイントをしっかりと押えているため，A評価の中でも安全圏（高評価）の1本です。

特に，制約条件を時間的制約に絞り込んで，冗長さを感じさせないように繰返し"記憶させている"点，実施する作業の部分を，設問ウで書く予定の工夫した点で関連付けやすいように箇条書きにしている点で，採点者に正確に伝えることが出来ていると考えられます。

チェックポイント			評価と脚注番号
第1部	Step1	規定字数	**約3,500字**。問題なし。
	Step2	題意に沿う	問題なし。
	Step3	具体的	問題なし（⑦⑧⑩⑪）。
	Step4	第三者へ	問題なし（⑨⑪⑬他，全体的にわかりやすい）。
	Step5	その他	定量的に表現（数値）されている点（②⑤⑦⑪）はGood。特に，今回は時間的制約なので，制約と実施時間の両方は必須になる。
第2部	SA共通		－
	テーマ別		**「テーマ8 移行のPoint1　長時間停止できない基幹系システムの再構築」**という点もＯＫ（④）。Good！ **「同 Point2　移行作業の制約条件と実施しなければならない作業」**という点では，制約条件は時間に限定し，随所で繰返し「8時間以内」と使うことで記憶に定着させようとしている。また，実施しなければならない作業に関しては，箇条書きでわかりやすくしている（⑥⑦⑧⑨⑩⑪）。 **「同 Point3　段階的移行と一括移行」**という点については，この問題の例には両方のケースが含まれているので，どちらでも書くことができる。 **「同 Point4　移行計画における工夫点」**も基本的なものは入っている。量的にも十分（⑬⑭）。

表5　この問題のチェックポイント別評価と対応する脚注番号

◆事前準備しておくこと

「テーマ8 移行」の問題に対しては，**段階的移行**，**一括移行**，**それらの制約条件**，**実施すべき作業**，**そのための工夫点**などを，このサンプル論文程度のレベルで良いので，事前に準備しておきましょう。

◆IPA公表の出題趣旨と採点講評

出題趣旨

情報システムの機能強化のために，新たに開発した情報システムを稼働させる場合，移行作業が必要になる。システムアーキテクトは，対象業務の特性による制約条件から，情報システムの移行方法を検討する。

本問では，対象業務の特性による制約条件を踏まえて選択した移行方法と，移行作業後の業務に支障が出ないようにするための工夫について，具体的に論述することを求めている。論述を通じて，システムアーキテクトに必要な，情報システムの移行に関わる設計能力と経験を評価する。

採点講評

全問に共通して，自らの体験に基づき設問に素直に答えている論述が多かった。一方で，問題文に記載してあるプロセスや観点などを抜き出し，一般論と組み合わせただけの表面的な論述も引き続き見られた。問題文に記載したプロセスや観点は例示である。自らが実際にシステムアーキテクトとして，検討し取り組んだことを具体的に論述してほしい。

問2（情報システムの移行方法について）では，対象業務の特性による制約条件を踏まえ，どのような移行方法を選択したか，移行作業後の業務に支障が出ないようにするためにどのような工夫をしたか，を具体的に論述することを期待した。多くの受験者が業務特性を明確に論述していた。一方で，業務特性の記述がなくシステム上の制約条件を考慮しただけの論述や，対象業務の特性ではなく情報システムの開発プロジェクトの制約を業務特性としていた論述も見られた。システムアーキテクトには，情報システムが業務でどのように使われているのかを正しく理解することが求められる。情報システムの設計，開発に当たっては常に業務を意識してほしい。

平成29年度

問2　柔軟性をもたせた機能の設計について

販売管理システムにおける販売方法の追加，生産管理システムにおける生産方式の変更など，業務ルールが度々変化する情報システムや業務ソフトウェアパッケージの開発では，様々な変化や要望に対して，迅速かつ低コストでの対応を可能にする設計，言い換えると柔軟性をもたせた機能の設計が求められる。

システムアーキテクトは，情報システムの機能に柔軟性をもたせるために，例えば，次のような設計をする。

- “商品ごとに保管する倉庫が一つ決まっている”という多対1の業務ルールを，“商品はどの倉庫でも保管できる”という多対多の業務ルールに変更できるように，商品と倉庫の対応を関係テーブルにしておく。
- 多様な見積ロジックに対応できるように，複数の見積ロジックをあらかじめ用意しておき，外部パラメタの設定で選択できるようにしておく。

また，このような柔軟性をもたせた機能の設計では，処理が複雑化する傾向があり，開発コストが増加してしまうことが多い。開発コストの増加を抑えるためには，例えば，次のように対象とする機能や項目を絞り込むことも重要である。

- 過去の実績，事業環境の変化，今後の計画などから変更の可能性を見極め，柔軟性をもたせる機能を絞り込む。
- 業務の特性などから，変更可能な項目を絞り込むことで，ロジックを簡略化する。

あなたの経験と考えに基づいて，設問ア～ウに従って論述せよ。

設問ア　あなたが設計に携わった情報システムについて，対象業務の概要，情報システムの概要，柔軟性をもたせた機能の設計が必要になった背景を，800 字以内で述べよ。

設問イ　設問アで述べた情報システムで，機能に柔軟性をもたせるために，どのような機能に，どのような設計をしたか。柔軟性の対象にした業務ルールを含めて，800 字以上 1,600 字以内で具体的に述べよ。

設問ウ　設問イで述べた設計において，開発コストの増加を抑えるために実施した機能や項目の絞り込みについて，その絞り込みが適切であると考えた理由を，600 字以上 1,200 字以内で具体的に述べよ。

サンプル論文　(1/5)

設問ア

第１章　対象業務と対象システムの概要及び期間や費用などの制約

1-1. 対象業務と対象システムの概要

私は、システムインテグレータＣ社に所属する、システムアーキテクトである。今回、私は食品卸業Ａ社の受発注システム再構築プロジェクトに、システムアーキテクトとして参画することとなった。

受発注システムが対象とする業務は、受注業務と発注業務である。

対象システムの概要は、毎日夜間に得意先より、約１００万件の受注データをＥＤＩで受信する。翌朝９時から１１時にかけて、Ａ社の各拠点（約３０拠点）の営業担当者が、受注照会画面を利用して、受注データの確認を行う。受注データに問題がなければ、確定登録を行うが、問題がある場合は、得意先に電話や電子メールで確認を行う。そして、受注訂正入力画面を利用して、営業担当者が受注データを訂正し、確定登録を行う。

発注担当者は、発注データ作成＆送信処理を用いて、発注メーカ毎に発注データを作成し、発注メーカ毎に設定された発注締切時間までにＥＤＩで送信する。

1-2. 柔軟性をもたせた機能の設計が必要になった背景

今回，受発注システムを開発するにあたって，経営者からは，次のような話があった。「今後，仕入先も販売先もどんどん増やしていく方向にある。そのためには，取引形態や取引手順に対して，できるだけ相手の要望に添えるようにしたい。したがって，本システムも今のルールだけを想定するのではなく，今後発生し得ることを十分想定して，柔軟に対応できるような設計にしておいてほしい。」

この話を受けた私は，既存の取引形態を実現するのはもちろんのこと，今後発生する取引形態をも想定して，柔軟な設計をするように考えた。

①
業務概要やシステム概要を説明する場合，どんな“利用者”が，いつ，何をしているのかという視点で書くのはわかりやすい。読み手にイメージが伝わりやすいのでGood！

②
ここで書く理由が，設問イの「機能に柔軟性をもたせる」という点と，設問ウの「機能や項目の絞り込み」という点につながる。そのつながりを考えた内容にしなければならない。

設問イ

第2章　柔軟性をもたせた機能の設計について

最初に私が考えたのは，どのようなパターンがあるのかを知ることだった。単に想像で，今の自分の知識の中だけで変化の方向性を推測したら，結局は漏れが出てくると考えたからだ。

そこで，販売管理システムのパッケージ製品を可能な範囲で調査した。系列企業の場合，事情を説明して情報開示を求め，他社の場合はホームページ上から公開情報を入手した。

そうした調査の結果，次のような柔軟性をもたせる設計をすることにした。

(1) 受注企業，納品先，請求先を分けた設計

現状は，受注企業と納品先，請求先は同じなので，これらを“得意先”ということで保持している。

しかし，チェーン展開している企業からの受注が今後増えることを想定し，これらを別々に持たせる設計にした。受注段階で，顧客からその情報を受け取ることで，顧客の意向に沿うようにする。

また，顧客企業の発注時の手間を軽減するために，定番品等で顧客が希望する場合には，予め納品先と各納品先に対する配分割合登録しておくことで，自動配分を可能にする機能を持たせることにした。こうすることで，顧客企業は「商品Aを120個」や，「商品Aを基準納品先に各1個」という発注も可能になるため，発注時の手間を軽減できるし，発注ミスも無くすことができる。

(2) 単価計算の多様化への対応

現状，単価の決定パターンは，標準単価の使用，取引先ランク別の掛率など，6パターンの単価決定方法で運用している。そして既存システムでは，それをサブルーチンで計算して，受注入力プログラムで呼び出して利用している。そのため，単価決定パターンを増やす場合，サブルーチンを作成し，受注入力プログラムを改造し，

③

これは特に問題文でも設問でも求められていない部分であるが，1-2に書いた内容（背景）から必要だと判断した。ユーザからの要求でもなく，既存の業務分析からでもないので，それらの情報がどこからでてきたのかを明らかにして，これから説明する柔軟性が理に適っているということを証明したいという思いからだ。

④

設問では「どのような機能に，どのような設計をしたか。柔軟性の対象にした業務ルールを含めて」という指定がある。そこで，それらを全て使うとともに，1-2に書いた内容（背景）に絡めて説明している。ちなみに，問題文の例が，かなり突っ込んだ設計内容になっているため，それをさらに詳しく説明する形で書いた。おおよそ一つの機能で300文字程度書けばいいので，数としては3～4ぐらいになる。

⑤

柔軟性をテーマにしているので，現状必要はないことを説明するといいだろう。

単価マスタも変更するなど大掛かりな作業になっていた。

しかし，前述の調査の結果，単価設定パターンは，納入先別単価や前回納入単価など12パターンぐらい必要になる可能性がある。そこで，少なくとも，その12パターンには対応できるように，単価マスタを持たせられるようにし，可能であれば事前にロジックをサブルーチンに持たせておくように設計することを考えた。

(3) 倉庫と商品の関係

そしてもうひとつ柔軟性をもたせなければならないと考えたのは，今後の物流倉庫と商品の関係性の変化に対応させる点である。

顧客から受注した後，何時間で出荷し，何時間後に客先に納品できるかは，競争優位性を確保するための大きな決定要因になる。競合他社も，そうした納品リードタイムの短縮を考えているため，A社も今後，物流倉庫と商品に関する部分をタイムリに変化させる可能性は凄く高い。

現在は，関東の本社近辺に2か所ある自社倉庫で運用しており，商品ごとに倉庫は1つ決まる形にしているが，今後は，全国に倉庫を増やす可能性は十分にある。そうなると，ある商品が複数倉庫に存在することになる。加えて，物流会社に在庫管理や入出荷作業などの倉庫業務を業務委託する可能性もある。そうなると，顧客と納期，物流コストなどを総合的に判断して，最適な倉庫から出荷する必要も出てくるだろう。

そこで，倉庫と商品の関係を多対多にするのは当然のこと，顧客企業と倉庫，平均納品リードタイムの関係を優先順位と共に“顧客別倉庫マスタ”に持たせておくように設計した。これにより，将来そうした複雑な在庫引当の要求が発生しても対応可能である。

⑥
問題文の例と同じ事例なので，意図的に詳しく書いた。同じ例でも，これぐらい具体的に書けば何の問題もない。

設問ウ

第3章　開発コストの増加を抑制するために実施した絞り込みが適切だと考えた理由

今回私は，設問イで述べた3点に柔軟性をもたせた設計を絞り込んだわけだが，その3点に絞り込みが適切だと判断している理由をここで述べておく。

(1) 使う可能性が高い機能に絞り込んだ

経営者から柔軟性をもたせた設計をするように言われて，いろいろな販売管理システムの調査を行ってみたが，実際には設問イで述べた柔軟性を考慮した設計以外にも，いろいろなものがあった。受発注部分だけでも，発注先と商品の関係性や，与信管理の部分なども多様なパターンをもたせている製品もあった。

しかし，それらを全部持たせようとしたら，結局は使わないものになってしまい，処理が複雑になるばかりか，A社にとっては無駄な投資になりかねない。A社の利益を考えて持たせる柔軟性なのに，そうなると本末転倒である。そこで，設問イで述べた機能に絞り込んだ。

(2) 経営戦略との整合性を取ったから

今回，柔軟性をもたせる部分を絞り込むために経営戦略と整合性のある部分を優先した。

A社では，ちょうどシステムを導入するタイミングで5か年計画を開始する。その5か年計画を，守秘義務契約書を締結した上で開示してもらい，その戦略に合致する部分を最優先事項にした。

具体的には，営業力強化による新規顧客開拓に力を入れるということだったので，顧客から提示される可能性の高い"多様な取引条件"に対応できる部分に柔軟性をもたせるようにした。単価決定パターンの多様化や，納品場所のパターンの多様化だ。

この部分を優先するのは，言うまでもなく実現可能性の高い部分だからだ。

(3) 経営者と合意形成し，考慮しておく部分を絞り込む

⑦ ここは，設問イで既に絞り込んでいるわけだが，それが適切だと考えた理由について書くところ。問われていることを間違えないように注意しよう。

⑧ 問題文に「今後の計画などから変更の可能性を見極め」と言う例が出ていることから，素直にこれで行けると判断。

⑨ 設問イで絞り込んだ機能の2つ（1）（2）を対応付けている。

さらに，経営者に確認し，どの部分に柔軟性をもたせておくべきかを話し合って決めた。経営者に，多くのパッケージ製品が持っている機能を紹介し，それらの機能の必要性から，逆に経営面での変化の可能性を探るためである。実際，倉庫と商品の関係性に柔軟性をもたせるのは，ここから確定した機能になる。

⑩
設問イで絞り込んだ機能の1つ（3）を対応付けている。

経営戦略は毎年，その進捗に応じて見直される。最終的に計画段階で行う絞り込みが適切だったかどうかは，経営者の判断になる。そのため，自分たちだけで勝手な判断をするのは絶対に避けなければならない。そう言う意味では，今回はじっくりと話し合い，議論を重ねて顧客と共に柔軟性をもたせる機能を確定できたのは，非常に良かったと考えている。

－以上－

◆評価Aの理由（ポイント）

このサンプル論文は「**テーマ3（1） ソフトウェア方式設計**」に関するものです。全体的には，下記の表に記している通り，特に第2部に書いているポイントではなく，**第1部の論文共通部分を守っていれば合格論文になる問題**だと言えるでしょう。

というのも，この問題では，設問イで「**絞り込んだ後の設計**」について書き，設問ウでは「**設問イの絞り込みが適切であると考えた理由**」について書くことが求められているのですが，添削していると，設問イで「設計したこと」を書いて，設問ウで「そこから絞り込んだこと」について書いていたりするものが目立ちます。そこを間違わないようにしなければなりません。その点，この論文は，そこはしっかりと書けています。

チェックポイント			評価と脚注番号
第1部	Step1	規定字数	**約3,600字**。問題ないが，字数が多いので，設問イで設計を2つにして，設問ウも(2)(3)だけにするぐらいでも十分である。
	Step2	題意に沿う	問題なし。特に設問イで「どのような機能に，どのような設計をしたか。柔軟性の対象にした業務ルールを含めて」と書いているため，業務ルールと機能を中心に，必要とする根拠と共に書いている点はGood！（④）。また，問題文の例を巧みに使っているので題意からは外れない（⑥⑧）。
	Step3	具体的	問題なし。全体的に，かなり突っ込んだ具体的な内容になっている。特に（⑥⑧）は，問題文の例を使っているので，意図的に詳しく書いている。
	Step4	第三者へ	問題なし（①他，全体的にわかりやすい）
	Step5	その他	問題なし。設問ア，イ，ウの整合性や一貫性が，柔軟性が必要な理由（1-2）に沿った内容になっている。Good！（②④⑤⑨⑩）
第2部	SA共通		―
	テーマ別		―

表6　この問題のチェックポイント別評価と対応する脚注番号

◆事前準備しておくこと

この問題に対して準備をしておく場合は，①**今必要となっていない機能**で，②**将来必要となりそうな機能**を事前に組み込んで設計した部分が無かったかどうかを思い出し，事前に3つぐらいの機能を用意できていればいいでしょう。そして，③**それをどうやって絞り込んだのか**（設問ウ），④**その源泉は何か**（1-2と設問イの最初の部分）までイメージできていれば万全です。

◆IPA公表の出題趣旨と採点講評

出題趣旨

情報システムの開発では，柔軟性をもたせた設計をすることがある。システムアーキテクトは，このような場合，機能の構造やデータの構造などによって柔軟性をもたせるための設計をする。

本問は，情報システムの機能に柔軟性をもたせるための設計と，設計の結果，開発コストの増加を抑えるために実施した機能や項目の絞り込みとその理由を，具体的に論述することを求めている。論述を通じて，システムアーキテクトに必要な情報システムの設計能力，業務や情報システムの分析能力，経験を評価する。

採点講評

全問に共通して，自らの体験に基づき設問に素直に答えている論述が多く，問題文に記載してあるプロセスや観点などを抜き出し，一般論と組み合わせただけの表面的な論述は少なかった。一方で，実施事項だけの論述にとどまり，実施した理由や検討の経緯が読み取れない論述も見受けられた。自らが実際にシステムアーキテクトとして，検討し取り組んだことを具体的に論述してほしい。

問2（柔軟性をもたせた機能の設計）では，柔軟性をもたせるための設計と，対象にした業務ルールについての具体的な論述を期待した。多くの論述は，柔軟性をもたせるための機能の設計内容を具体的に論述していた。一方で，要求事項又は設計方針だけにとどまり，具体的な設計内容が不明な論述も見受けられた。また，その設計に当たって，開発コストを抑えるために実施した機能や項目の絞り込みについての論述を期待したが，設計内容と絞り込みとの関連が薄い論述も見受けられた。システムアーキテクトには，様々な変化や要望に対して，迅速かつ低コストで対応できる情報システムを設計する能力が求められる。現在の要望だけでなく，将来の変化も意識した設計を心掛けてほしい。

平成30年度

問2　業務ソフトウェアパッケージの導入について

近年，情報システムの構築に，業務ソフトウェアパッケージ（以下，パッケージという）を導入するケースが増えている。パッケージを導入する目的には，情報システム構築期間の短縮，業務の標準化による業務品質の向上などがある。

パッケージは標準的な機能を備えているが，企業などが実現したい業務機能には足りない又は適合しないなどのギャップが存在することがある。そこで，システムアーキテクトは，パッケージが提供する機能と実現したい業務機能のギャップを識別した上で，例えば次のように，検討する上での方針を決めてギャップに対する解決策を利用部門と協議する。

・"原則として，業務のやり方をパッケージに合わせる"という方針から，まず，パッケージが提供する機能に合わせて業務を変更することを検討する。ただし，"企業の競争力に寄与する業務は従来のやり方を踏襲する"という方針から，特に必要な業務については追加の開発を行う。

・"投資効果を最大化する"という方針から，システム化の効果が少ない業務については，システム化せずに運用マニュアルを整備して人手で対応することを検討する。

あなたの経験と考えに基づいて，設問ア～ウに従って論述せよ。

設問ア　あなたがパッケージの導入に携わった情報システムについて，対象とした業務と情報システムの概要，及びパッケージを導入した目的を，800 字以内で述べよ。

設問イ　設問アで述べたパッケージの導入において，パッケージの機能と実現したい業務機能にはどのようなギャップがあったか。また，そのギャップに対してどのような解決策を検討したか。検討する上での方針を含めて，800 字以上 1,600 字以内で具体的に述べよ。

設問ウ　設問イで述べたギャップに対する解決策について，どのように評価したか。適切だった点，改善の余地があると考えた点，それぞれについて，理由とともに，600 字以上 1,200 字以内で具体的に述べよ。

サンプル論文 (1/5)

設問ア

1．対象業務の概要、情報システムの概要、パッケージを導入した目的

1－1．対象業務の概要

私は、システムインテグレータＳ社に所属するシステムアーキテクトである。今回、論述するのは，テレビやＢＤレコーダーなどのＡＶ製品を製造する電機メーカーのＢ社での販売管理システムの再構築の案件である。

Ｂ社は大阪に本社を置き，国内市場の顧客への販売活動（見積り、受注、出荷指示，在庫管理，債権管理等）を行っている。製品の生産は海外工場（中国、タイ及びメキシコ）で行っている。

1－2．情報システムの概要

今回，再構築の対象としたのは本社で使用する販売管理システムである。現行のシステムは，10年前に弊社とは別のソフトウェア開発会社が，一から開発した独自システムである。

導入後（10 年前），利用部門からの改善要望に合わせて個別の改修を繰り返してきたが，そろそろ限界に達している。ハードウェアは老朽化してきているにもかかわらず，システムの保守費用は高く、業務改善もシステムの機能に縛られてできなかった。

1－3．パッケージを導入した目的

そこで、Ｂ社経営陣は，システムの保守費用の抑制と業務改善を目的に，10年ぶりに販売管理システムを刷新することにした。

私は，10年前と違い基幹業務を担う販売管理システムもパッケージが主流になってきていることや，高機能化していること，運用保守費用も抑制できることを説明し，パッケージを導入する方向で提案した。

Ｂ社経営陣からは，パッケージのメリットが十分享受できて，デメリットが回避できることを条件に合意を得た。

①
パッケージを導入した目的として，10年前と今現在とのソフトウェア市場の変化をベースに書いている。しかも，これはSI企業の方が掴んでいる情報なので「提案」という形にしている。いずれも，単に「短納期，低コスト」にとどまらず，それなりに現実味のある目的になっている。

設問イ

2．パッケージの機能と実現したい業務機能のギャップ、解決策の検討方針とギャップの解決策

2－1．パッケージの機能と実現したい業務機能のギャップ

B社経営陣からの合意を得たので，まずは守秘義務契約を締結してB社の既存システムの機能の仕様書を入手するとともに，業務時間外に最新かどうかを実際に既存システムを操作して確認した。加えて，これまでに利用部門から出されていた要望を議事録で確認し，それをベースに，弊社のパッケージの機能とフィットギャップ分析を行った。

フィットギャップ分析の結果、大小合わせて約20%（ギャップの機能数／全機能数）のギャップがあった。80%の機能に関してはパッケージの標準機能及びオプションの機能で実現できるため，十分，パッケージ導入のメリット（短納期，低コスト，保守費用の抑制など）を享受できると判断し，原則，このままパッケージを導入する方向で検討することになった。

2－2．解決策の検討方針とギャップの解決策

ギャップ部分に関しては，今回の導入目的（システムの保守費用の抑制と，業務改善の推進）を実現すべく，可能な限りパッケージの機能に業務を合わせる方針である。但し，それによってB社の競争力低下が懸念される部分に関しては，パッケージ機能を使わずにアドオンで開発してインタフェースを通じてパッケージに連携する方針である。

このような方針の元，大小合わせて20%あったギャップ部分のうち，ほとんどの部分を業務改善でパッケージに合わせて，業務を変更することになった。

まず，全体的なギャップに該当する「操作性と帳票のレイアウト」に関するギャップは，今回の導入目的及び導入方針よりパッケージに合わせてもらうことにした。

②
設問イでは，フィットギャップ分析のギャップ部分から話を開始すればいい。しかし，設問アの内容と"ギャップの検知"の間をつなげる文言を簡潔に書きたかったのでこう書いた。あまり本論を圧迫すると問題だが，これぐらい密度濃く簡潔に書いたら大丈夫。加えてほぼ作業としては網羅しているので，良い内容である。

③
パッケージのギャップをテーマにした問題では，全てのギャップについて説明することはできないし，ギャップが2つ3つのわけもない。そこで，こういう書き方にした。

④
パッケージ導入の目的に合致するギャップの解決方針を最初に書く。導入目的を達成するための基本方針になる。ここは記憶してもらうところなので，この後も随所に書くことになる。

⑤
ここからギャップをどう解決したのかを，導入目的と導入方針に従って書いていく。具体的に書いていくところだが，それは具体的な"機能"ではなく，このように全体で共通のギャップを具体的に書いても良い。これも具体的に書いていることになる。

一部利用者から反対意見も出たが，そこは今回の導入目的を根気よく説明して納得してもらった。具体的には，「業務遂行には影響がない」，「慣れればこっちの方が使いやすくなる」，「3か月だけ戸惑うかもしれないが頑張ってほしい」という内容だった。

次に，機能の一部，属性の一部が無いギャップに関しても，多くはパッケージに合わせてもらうことにした。業務が簡素化するメリットがある点を伝えるとともに，営業担当者からも競争力が低下しないし，顧客からのクレームにもならないことを説明してもらった。

但し，現行システムの見積もり承認・修正指示機能に関しては，パッケージの標準機能に合わせずに（ゆえにパッケージの機能は使わずに），新たにアドオンで開発して既存機能を継承することにした。

具体的には，申請された見積もりの修正内容を、あらかじめ設定したパターンから選択して入力できるようにする機能である。これが実現できない場合、見積もり修正指示があると、毎回一から入力しなければならないため、見積もり修正指示の入力に時間がかかり，それに営業担当者が難色を示した。

そこで営業担当者を集めて，過去の営業活動において，この機能を使った営業活動が，競合他社に比べて競争力を持っているかどうかという点について話し合ってもらった。その結果，B社の営業担当者は，顧客からの問合せや要求，変更依頼等どのような要望に対しても柔軟で迅速に対応できると評判になっているとのことだった。つまり，この強みが弱体化するのは本末転倒になる。そこで，この部分に関しては，多少保守費用（年額50万円増）が上がっても，開発コスト（2千万円増）がかかっても，この機能は残さないといけないという判断になった。

⑥
解決策に対する工夫。これを，設問ウの評価につなげる。工夫と言っても，この程度でいい。

⑦
2つ目のギャップ。これも全体的に発生するギャップを具体的に書いている例。「〜に関しても」という表現で，導入目的及び導入方針に合致しているという点を省略していることを暗に示している。

⑧
解決策に対する工夫。アドオン等でパッケージを業務に合わせるという解決策は，自社の強みになっているところ。そのため，その判断は営業部門が適している。

⑨
最後にアドオンで解決した例を出している。全体を通じてアドオンの必然性（自社の強みになっていて，それをパッケージに合わせると営業力が低下する部分）について説明している。今回の導入目的からすると，例外中の例外で，最小限にとどめたいところになるので，慎重に検討したことを表現している。

設問ウ

3. 解決策の評価、適切だった点、改善の余地があると考えた点

3－1．解決策の評価

今回のパッケージ導入に切り替えたことは，B社の経営者からも高い評価を得た。

まず，前回のシステム構築費（独自開発）に比べて5分の1で実現でき，保守費用も5分の1で収まった点でパッケージを選択して正解だった。10年前に比べると弊社のパッケージも数多くの機能を盛り込んで高機能化しているためフィット部分の割合が80%と高かったからである。経営者の中には「前の価格は何だったんだ？」という人もいて，満足度は非常に高かった。

しかし私は，今回そう評価していただけたのは，パッケージの導入手順をきちんと踏んだ点と，ギャップ部分の解消方法の判断を間違わなかった点が成功要因だと考えている。利用部門の声の大きさを判断基準にするわけではなく，B社にとって“強み”になっているかどうかの1点に絞って判断し，利用部門の方々を説得できたところが大きかったと自負している。

3－2．改善の余地があると考えた点

今回，現場の利用部門の方々に「3か月苦労して慣れて欲しい。いったん慣れれば，こちらの方が操作しやすい，見やすいことがわかる。」という説得を，ほとんどの人が快く受け入れてくれたことも成功要因のひとつである。

しかしこの点は，今後，どの企業においても受け入れられる保証はない。仮に今回，利用部門の方々に「絶対に無理だ」と言われていたらどうしていただろうか？方法として考えていたのは，現場利用者に「独自開発とパッケージ導入の違い」の講座を開いて理解を求めるという方法や，経営者に少し手間賃ではないが，利用部門の方々の慣れるまでの努力に対して，特別手当を出しても

⑩ 本来の導入目的を実現できたことを最初に評価。

⑪ 顧客満足度を使った高評価の演出

⑫ 設問で問われている“適切性”を表現。

⑬ 設問イの本論を評価。教科書通りの答えだが，パッケージ導入の場合はこれに尽きる。

⑭ ちょっと弱い気もするが，ここまでの内容がほぼパーフェクトな進め方なので，外部要因（自分たちではどうしようもない要因）しかなくなってしまった。ただ，過去の筆者の経験から全く問題は無い。

らうことを進言する方法である。しかも，これらが功を奏するかはわからない。そこで，今後も「現場の抵抗」に対して，どう説得しているのか？という点で，他のプロジェクトの完了報告を調べたり，他のＳＥに聞いたりして情報を集めたい。

以上

◆評価Aの理由（ポイント）

このサンプル論文は「**テーマ2　システム方式設計，パッケージ導入**」に関するものです。表内に記載している通り，パッケージ導入をテーマにした問題で意識すべきポイントをしっかりと押えている点，パッケージを導入する場合に考えなければならない部分が全て入っている点より，A評価の中でも安全圏（高評価）の1本だと言えるでしょう。パッケージ導入の問題では，問われるところはだいたい決まっていますからね。

チェックポイント			評価と脚注番号
第1部	Step1	規定字数	**約3,300字**。問題なし。
	Step2	題意に沿う	問題なし。設問で問われていることを段落タイトルにし，段落タイトルと内容も乖離していない。
	Step3	具体的	設問イは，ギャップを具体的な機能で書く必要がある。しかし，通常は大小多くのギャップが発生するので，それを全部書くことはできない。そこで（③）のように数値を使って具体的に表現した。ギャップに関しても，3つの具体的な機能を書くのではなく，（⑤⑦）のように多くのPGに共通のギャップを具体的に書いた。もちろん具体的な機能も書いている（⑨）。良い内容である。
	Step4	第三者へ	問題なし。導入目的，導入方針，3つのギャップ，個々のギャップの解消と，きれいにつながっているため読みやすくもなっている。
	Step5	その他	定量的に表現（数値）している点は少ないものの，可能な部分では出すようにしている（③⑩）。また，設問アの導入目的（①）から，設問イでもそれを受けた導入方針にし（④），導入方針に基づいてギャップを処理している。設問ウも工夫した点について評価しているため，きれいにつながった良い内容になっている（⑩⑬）。
第2部	SA共通		－
	テーマ別		**「テーマ2のPoint1　パッケージの導入目的は詳しく！」**という点については，現実的な内容でGood！（①）。 **「同 Point2　導入方針は記憶できるように書く」**という点では，導入目的と導入方針を根拠としている表現を多用することで，記憶を呼び起こすようにしている（⑤⑥）。 **「同 Point3　ギャップや切り分けた業務を具体的に書く」**という点についてもクリアしている（⑤⑦⑨）。

表7　この問題のチェックポイント別評価と対応する脚注番号

◆事前準備しておくこと

パッケージの問題に対しては，このサンプル論文のフレームを活用して，対象システムを変えて準備しておくだけで対応できるでしょう。導入目的，導入方針，具体的なギャップ，その解消方法（典型的なものをいくつか）などを準備しておきましょう。

◆IPA公表の出題趣旨と採点講評

出題趣旨

近年，情報システム開発期間の短縮，業務品質の向上などのために，情報システムの構築に，業務ソフトウェアパッケージ（以下，パッケージという）を導入するケースが増えている。システムアーキテクトは，実現したい業務機能を達成するために，パッケージが提供する機能と実現したい業務機能とのギャップをどのように解決するか検討し，利用部門に選択してもらう必要がある。

本問は，パッケージ導入の際に生じる実現したい業務機能とのギャップ，及び解決策について，具体的に論述することを求めている。論述を通じて，システムアーキテクトに必要なパッケージ導入に関連した能力と経験を評価する。

採点講評

全問に共通して，自らの体験に基づき設問に素直に答えている論述が多く，問題文に記載してあるプロセスや観点などを抜き出し，一般論と組み合わせただけの表面的な論述は少なかった。また，実施事項だけにとどまり，実施した理由や検討の経緯が読み取れない論述も少なかった。

問2（業務ソフトウェアパッケージの導入について）では，業務ソフトウェアパッケージ（以下，パッケージという）の導入において発生する業務とパッケージ機能のギャップの解決策について，ギャップの内容，検討方針，解決策についての具体的な論述を期待した。多くの受験者は，ギャップの解決策を具体的に論述しており，実際の経験に基づいて論述していることがうかがわれた。一方で，検討方針がなく解決策だけの論述，その解決策で業務が円滑に遂行できるかが不明な論述など，業務への踏み込みが不足しているものも見受けられた。システムアーキテクトには，対象業務の遂行に最適な解決策を選択する能力が求められる。システムの知識だけでなく業務を理解することを心掛けてほしい。

令和元年度

問２　システム適格性確認テストの計画について

情報システムの開発では，定義された機能要件及び非機能要件を満たしているか，実際の業務として運用が可能であるかを確認する，システム適格性確認テスト（以下，システムテストという）が重要である。システムアーキテクトは，システムテストの適切な計画を立案しなければならない。

システムテストの計画を立案する際，テストを効率的に実施するために，例えば次のような区分けや配慮を行う。

・テストを，販売・生産管理・会計などの業務システム単位，商品・サービスなどの事業の範囲，日次・月次などの業務サイクルで区分けする。
・他の関連プロジェクトと同期をとるなどの制約について配慮する。
・処理負荷に応じた性能が出ているかなどの非機能要件を確認するタイミングについて配慮する。

さらに，テスト結果を効率的に確認する方法についても検討しておくことが重要である。例えば，次のような確認方法が考えられる。

・結果を検証するためのツールを開発し，テスト結果が要件どおりであることを確認する。
・本番のデータを投入して，出力帳票を本番のものと比較する。
・ピーク時の負荷を擬似的にテスト環境で実現して，処理能力の妥当性を確認する。

あなたの経験と考えに基づいて，設問ア～ウに従って論述せよ。

設問ア　あなたがシステムテストの計画に携わった情報システムについて，対象業務と情報システムの概要を800字以内で述べよ。

設問イ　設問アで述べた情報システムのシステムテストの計画で，テストを効率的に実施するために，どのような区分けや配慮を行ったか。そのような区分けや配慮を行うことで，テストが効率的に実施できると考えた理由とともに，800字以上1,600字以内で具体的に述べよ。

設問ウ　設問アで述べた情報システムのシステムテストの計画で，テスト結果を効率的に確認するために，どのような確認方法を検討し採用したか。採用した理由とともに，600字以上1,200字以内で具体的に述べよ。

サンプル論文 (1/5)

設問ア

1．対象業務と情報システムの概要

1.1 対象業務の概要

①
採点講評でも指摘されているが，ここには「業務」の話を書く。「プロジェクト」や「システム」の話になってはいけない。

A社は，輸入食料品を中心に取り扱っているスーパーマーケットである。全国に約300 店舗を展開し，日本に住む外国人だけではなく，日本人にも人気で業績を伸ばしている。

店舗の業務は一般的なスーパーマーケットと変わらない。バーコードの付いた商品はそのまま店舗に陳列し，バーコードが付いていない商品（調理した惣菜や，野菜，生鮮品など）は，店舗側でラベルを発行して付与し，それをレジで読み取って精算している。

本部では，店舗からの補充要求に対して，国内外に発注処理を行っている。その他，店舗の売上を集計して会計処理や情報分析を行ったり，店舗のＰＯＳレジで扱う情報のメンテナンスを行っている。

1.2 情報システムの概要

約300 ある店舗では，レジの精算業務にスーパーマーケット向けＰＯＳシステムを利用している。１店舗あたり２～５台（平均３台）稼働しており，それを束ねるストアコントローラで本部のサーバと各種データ交換をしている。

本部側では，中型汎用機を用いて輸入システム，及び財務会計システム，店舗管理システムを稼働させている。運用は，情報システム部員３名が行い，開発は外部ベンダに委託している。

そうした現行システムも６年前に導入されたものなので、そろそろリプレイスの時期を迎えた。当時の店舗数は100 店舗未満であったことから、現状はシステムの性能的にも業務適合度としても限界を迎えている。そこでこれを機に，性能向上と新たな業務のシステム化を目的に、再構築を行うことになった。私は，ベンダ側（B社）のシステムアーキテクトとして参画することになった。

設問イ

2．システム適格性確認テストの計画

(1) システムテストにおける制約

本プロジェクトで実施するＰＯＳシステムの再構築は、本年６月から開始し，来年４月の稼働を予定している。“来年４月”という納期は，第１にＡ社にとっては新年度の開始であり，次期５か年計画のスタートの年であるため区切りがいい点，そして第２に既存システムのハードウェアのリースが３月に切れる点でタイミング的にはベストになる。そこで，その納期を守ることを条件に本プロジェクトは立ち上がった。そのため，システムテストの期間は１ヶ月間（２月中旬から３月中旬）になる。

(2) システムテストでの重点確認項目

こうした制約の中、システムテストでは、信頼性を中心にテストを行う予定である。機能面や性能も重要だが，店舗運営に影響をもたらす障害は顧客に多大な迷惑をかけるため，しっかりと品質を確保しなければらないからだ。

しかも，機能面や性能面は，単体テストと結合テストで実施済みで，ある程度確認できている。そのため，データの連携部分やサイクルテストに加えて，様々な状況を再現し，そこで疑似的に障害を発生させても，問題なく要件どおりに復旧できることを，システムテストで確認する必要があった。

(3) システムテストを効率的に実施するために私が行った区分けや配慮

約１か月という制約の中，障害テストを効率よく実施するために，私は次のような計画を立案した。

①日次，月次，年次のサイクルテストを実施する。その中で，様々な処理をしている時に障害を意図的に発生させ，システム要件である信頼性関連のＳＬＡ（もしくはＯＬＡやアプリケーションに要求されている処理時間等）を確認する

②
設問で問われているシステムテストを「効率的に実施する」という効率性を説明するために，そうしなければならない根拠の一つとして，システムテストの制約について書くことにした。

③
(1) の制約の中で確認しなければならないことについて書く。この2つが揃うことで，効率よく実施しなければならない根拠になる。

④
単体テストや結合テストではなく，システムテストで行う意味（根拠）を書いている。

⑤
効率性を表現するために，“制約”と“確認しなければならないこと”を書いた上で区分けや配慮しなければならないことを書いている。この部分の整合性が取れると「効率性」をアピールすることができる。

②システムテストは本番環境で実施する

まず，システムテストでは，日次処理，月次処理，年次処理のサイクルテストを実施する必要があったので，その単位で区分けをすることにした。

具体的には，システムテストの最初の８日間は，そのままの日付でシステムテストを実施し日次処理の試験を行う。小売業は曜日特性があるので，全ての曜日について試験を行いたかったからだ。全ての曜日で日次処理中にも障害を発生させることができる。そこから12日間を利用して，１日を１月に見立てて１か月分のデータを整備した上で，４月から翌３月までの月次処理と年次処理を実施する。最後の１日はそのまま年次処理を実施する。

このように業務サイクルではっきりと区分けすることで，要件定義の項目とも突き合せて確認しやすくなると考えたからだ。

また，この期間で、それらのシステムテストケースを効率よく全部こなすには、本番環境とほぼ同じ環境をシステムテスト環境とすることが絶対条件だった。加えて，できる限り単体テストと結合テストの間に不具合を除去したかったこともあり，通常はシステムテスト時に合わせたり，システムテストの途中から本番環境を使って試験をするところ，開発期間も短いということで，単体試験が開始される９月から本番環境が使用できるようにしてもらった。早めの導入は，契約上保守費用も早くからかかってしまうが，プロジェクトマネージャと営業担当者にその必要性を訴え，顧客に了承を得てもらった。

⑥
サイクルテストはシステムテストでよく実施されるものになるが，その分一言で終わらないように，具体的かつ詳細に説明する必要がある。

⑦
システムテストをテーマにした問題では，テスト環境でのテストと本番環境でのテストのどちらかに制限されていないかを確認することも重要である。この問題では，特に指定が無かったので，本番環境を使えるケースにしたが，問題によっては「本番環境を用意できないですよね」という感じで制限してくることもあるので，そのあたりは問題文を熟読して合わせるようにしよう。

設問ウ

3．テスト結果を効率的に確認するための方法

今回のシステムテストは、1か月間しかないという強い制約がある。必須条件として、システムテスト環境を本番環境と同等にできたので、後は、この環境下でテスト結果の確認を効率よく実施できれば，この期間内に十分な試験ができると考えた。

(1) 実データの利用

まずは実データの利用を検討して採用した。今回の重点確認項目は障害テストになる。したがって，後述するサイクルテストの中で，意図的に障害を発生させた上で復旧し，データが消失していないか，復旧時に不具合が発生しないかを確認する。

単体テストでは，部分的にテストデータで実施したが，テストデータを使用した場合，テスト結果の確認に膨大な時間がかかるため，どうしても件数を絞り込んでしかテストができなかった。

システムテストでは本番環境と同レベルのデータ件数で行う必要があるが，実データを使えば，データ件数的にも，テスト結果の確認という観点でも都合がいい。復旧後に本番データと突合せチェックができるし，その突合せ処理をプログラムで行えば，確認時間は大幅に短縮できる。

なお，試験そのものは業務終了後の夜間に実施する予定である。

(2) サイクルテストのテスト結果確認

今回のシステムテストでは、重点確認項目は信頼性確認のための障害テストになる。しかし，当然それだけではなく，他にも単体テストや結合テストで実施できなかったことや再確認をするために，機能テストや性能テスト等をサイクルテストとして20日間かけて実施する。

その最初の8日間の日次試験の時は，本番で発生している同日の実データを業務終了後に移行して使用するた

⑧
設問イと設問ウの違いを完全に把握したうえで，それに対応する。設問イは何を実施する計画にしたかであり，設問ウはテスト結果を確認する方法になる。

⑨
繰返し表現しているが，この程度の分量だと冗長と言うよりも，読み手を前に戻さない配慮だと言える。Good！

め，そのまま本番環境のデータやアウトプットとプログラムで比較して短時間で効率よく確認できるが，月次処理，年次処理に関してはそれができない。

そこで，９日目からの月次処理及び年次処理の試験期間中は，毎日，システム日付を前々年度の試験月（４月から開始）に戻すとともに，本番環境（アーカイブ）から，その前々年度分の試験月の１か月分のデータのうち，月次更新前のデータと月次更新後のデータをリストアして使用する。前々年のデータを使うのは，前年４月からのデータだと，最後の月次更新と年次更新前後のデータが無いからだ。

月次更新前後のデータを両方戻すことで，プログラムを使って突合せチェックができる。これにより，テスト結果の確認も自動化できて効率よく実施できる。

以　上

◆評価Aの理由（ポイント）

この問題は，「**テーマ7 システムテスト**」の問題です。過去のシステムテストと同様のものですが，“**制約条件**”と“**確認すべき項目**”が明確には問われていません。一見すると必要なさそうに見えますが，それらを包含する“**効率的**”という表現を使っている点や，設問イで“**区分けや配慮**”を説明する時に，**テスト内容を書かないといけない**点から，両方とも必要だと判断できます。したがって，このサンプル論文では設問イの（1）と（2）でそのあたりを伝えています。

また，このサンプル論文では，そのシステム特性上“**信頼性**”確保のための障害テストを中心にもってきましたが，後述する午後Ⅰの平成21年問3の問題のようにサイクルテストをメインに持ってきても全く問題なく書けるでしょう。

<table>
<tr><th colspan="3">チェックポイント</th><th>評価と脚注番号</th></tr>
<tr><td rowspan="5">第1部</td><td>Step1</td><td>規定字数</td><td>約3,500字。問題なし。</td></tr>
<tr><td>Step2</td><td>題意に沿う</td><td>問題なし。本番環境を使えるケースだと判断した点も題意に沿っている（⑦）。</td></tr>
<tr><td>Step3</td><td>具体的</td><td>全く問題なし。制約条件（②），確認しなければならないこと（③），計画した区分けや配慮（⑤），効率よく確認するために行ったこと（⑧）など，全てが具体的に書けている。特に，サイクルテストで，日次処理，月次処理，年次処理を実施する場合を丁寧に書いている点（⑥）はGood！</td></tr>
<tr><td>Step4</td><td>第三者へ</td><td>問題なし。わかりやすい。制約条件や確認しなければならないことは絞り込まれていたり，繰返し説明されていたり，記憶に残る工夫がなされている（⑨）。</td></tr>
<tr><td>Step5</td><td>その他</td><td>問題なし。</td></tr>
<tr><td rowspan="2">第2部</td><td colspan="2">SA共通</td><td>－</td></tr>
<tr><td colspan="2">テーマ別</td><td>「テーマ7 システムテストのPoint1　“システムテスト”である必然性」という点について，きちんと言及している（④）。
「同 Point2　“効率的”の表現」という点に関しても，制約条件（②）と確認すべきこと（③），それに対する計画（⑤⑧）の説明になっている。Good！</td></tr>
</table>

表8　この問題のチェックポイント別評価と対応する脚注番号

◆事前準備しておくこと

システムテストの期間，制約条件，確認すべきこと，工夫した点などは事前に準備しておきたいところです。ちなみに，システム適格性確認テストをテーマにした問題の参考になるものとして，少ないながらも午後Ⅰの問題にもあります。平成21年の問3がシステムテストをテーマにした問題で，その問題ではサイクルテストを取り上げています。

◆IPA公表の出題趣旨と採点講評

出題趣旨

情報システムの開発では，定義された機能要件及び非機能要件を満たしているか，実際の業務として運用が可能であるかを確認する，システム適格性確認テスト（以下，システムテストという）が重要である。システムアーキテクトは，システムテストの適切な計画を立案しなければならない。

本問は，システムテストの計画について，テストを効率的に実施するための区分けや配慮とテスト結果を効率的に確認する方法を具体的に論述することを求めている。論述を通じて，システムアーキテクトに必要なシステムテストの計画立案能力とその経験を評価する。

採点講評

全問に共通して，自らの体験に基づき設問に素直に答えている論述が多く，問題文に記載してあるプロセスや観点などを抜き出し，一般論と組み合わせただけの表面的な論述は少なかった。一方で，実施した事項をただ論述しただけにとどまり，実施した理由や検討の経緯が読み取れない論述も見受けられた。受験者自らが実際にシステムアーキテクトとして，検討し取り組んだことを具体的に論述してほしい。

立案したシステム適格性確認テストの計画を，業務の視点を交えて具体的に論述することを期待した。テストを効率的に実施するために，業務の視点からテストを区分けしたり，実行に際しての様々な配慮をしたりすることが想定される。多くの受験者が，商品・サービス・利用者・業務サイクルなどの業務の観点での区分けと，その理由について具体的に論述していた。一方で，一部の受験者は，単体テストや結合テストなどのシステム適格性確認テストとは異なるテストの計画や，システム適格性確認テストの一部の実施だけを論述しており，システム適格性確認テストの理解と経験が不足していることがうかがわれた。システム適格性確認テストは，業務運用が可能かどうかを確認する重要なものである。システムアーキテクトは，情報システムと対象の業務の双方について正しく理解し，適切なテスト計画の立案を心掛けてほしい。

PM　プロジェクトマネージャ

論文がA評価の割合（午後II突破率）▶ 39.9%（平成31年度）

プロジェクトマネージャ試験は「プロジェクトマネージャ」の資格です。メンバや顧客が幸せになれるかどうかは，プロジェクトマネージャの腕次第と言っても過言ではありません。管理も技術，信頼を得るには腕を磨かなければなりません。

◎この資格の基本SPEC！

・平成7年に初回開催。過去25回開催

・累計合格者数24,832名／平均合格率11.1%

年度	回数	応募者数	受験者数（受験率）	合格者数（合格率）
H07-H12	6	67,528	33,822 (50.1)	2,462 (7.3)
H13-H20	8	113,963	64,638 (56.7)	5,901 (9.1)
H21-H31	11	200,036	124,566 (62.3)	16,469 (13.2)
総合計	25	381,527	223,026 (58.5)	24,832 (11.1)

◎最近3年間の得点分布・評価ランク分布

				平成 29 年度	平成 30 年度	平成 31 年度
応募者数				18,291	18,212	17,588
受験者数（受験率）				11,596 (63.4)	11,338 (62.3)	10,909 (62.0)
合格者数（合格率）				1,521 (13.1)	1,496 (13.2)	1,541 (14.1)
得点分布・評価ランク分布	午前I試験	「得点」ありの人数		5,288	5,257	4,733
		クリアした人数（クリア率）		2,989 (56.5)	3,310 (63.0)	2,564 (54.2)
	午前II試験	「得点」ありの人数		9,049	9,067	8,440
		クリアした人数（クリア率）		7,289 (80.6)	7,146 (78.8)	7,119 (84.3)
	午後I試験	「得点」ありの人数		7,064	6,979	6,938
		クリアした人数（クリア率）		3,447 (48.8)	3,750 (53.7)	3,917 (56.5)
	午後II試験	「評価ランク」ありの人数		3,416	3,723	3,863
		合格	A評価の人数（割合）	1,521 (44.5)	1,496 (40.2)	1,541 (39.9)
		不合格	B評価の人数（割合）	892 (26.1)	848 (22.8)	689 (17.8)
			C評価の人数（割合）	481 (14.1)	710 (19.1)	1,028 (26.6)
			D評価の人数（割合）	522 (15.3)	669 (18.0)	605 (15.7)

1 試験の特徴

最初に，“受験者の特徴”と“A評価を勝ち取るためのポイント”及び“対策の方針”について説明しておきましょう。

◆受験者の特徴

この試験の最大の特徴は，原則，**プロジェクトマネジメント経験者が受験するところ**だと思います。他の試験区分は，システムアーキテクトを除き（当該受験区分の経験に対して）未経験者が受験するケースも多いのですが，この試験は違います。しかも，常に企業の“取らせたい資格”の上位に位置づけられている人気資格であるため，**「合格したい」という想いを強く持っている受験生が多い**と思います。また，秋に他の論文系試験（特にシステムアーキテクト）に合格した受験生がたくさん受験するという特徴もあります。

◆A評価を勝ち取るためのポイント

このような特徴より，誰もが（どの問題でも）何かしらのことを“無難”に書き上げるところまではできているのでしょう。実際，添削をしていても**“的外れな論文”はほとんどありません**。したがって，A評価を勝ち取るためには，自分の表現をさらに洗練して，**他の受験生と差をつけていく“表現の武器”を会得していくこと**がポイントになるでしょう。

◆論文対策の方針

以上より，そこそこの内容を書くことができても，そこで満足しないというのが基本方針になります。イメージとしては，自分の表現を見つめ直して**「ちょっとした“差”を積み重ねて，大きな“差”にする」**という感じです。これは正にプロジェクトマネジメントそのものです。

具体的には，第1部に書いている論文共通の基本的な部分を再チェックして，何が出来ていて何が出来ていないのかを押えた上で，後述している**「3 他の受験生に“差”をつけるポイント！（P.169）」**や**「5 テーマ別の合格ポイント！（P.177）」**を熟読して，そこに書いている“ちょっとした差”を積み重ねていきましょう。

〈参考〉 IPAから公表されている対象者像，業務と役割，期待する技術水準

対象者像	高度IT人材として確立した専門分野をもち，システム開発プロジェクトの目標の達成に向けて，責任をもって，プロジェクト全体計画（プロジェクト計画及びプロジェクトマネジメント計画）を作成し，必要となる要員や資源を確保し，予算，スケジュール，品質などの計画に基づいてプロジェクトを実行・管理する者
業務と役割	情報システム又は組込みシステムのシステム開発プロジェクトの目標を達成するために，責任者として当該プロジェクトを計画，実行，管理する業務に従事し，次の役割を主導的に果たすとともに，下位者を指導する。 ① 必要に応じて，個別システム化構想・計画の策定を支援し，策定された個別システム化構想・計画に基づいて，当該プロジェクトをマネジメントする方法をプロジェクト全体計画として作成する。 ② 必要となる要員や資源を確保し，プロジェクト組織を定義する。 ③ スコープ・予算・スケジュール・品質・リスクなどを管理して，プロジェクトを円滑にマネジメントする。進捗状況を把握し，問題や将来見込まれる課題を早期に把握・認識し，適切な対策・対応を実施する。 ④ プロジェクトのステークホルダに，適宜，プロジェクト全体計画，進捗状況，課題と対応策などを報告し，支援・協力を得て，プロジェクトを円滑にマネジメントする。 ⑤ プロジェクトフェーズの区切り及び全体の終了時，又は必要に応じて適宜，プロジェクトの計画と実績を分析・評価し，プロジェクトのその後のマネジメントに反映するとともに，ほかのプロジェクトの参考に資する。
期待する技術水準	プロジェクトマネージャの業務と役割を円滑に遂行するため，次の知識・実践能力が要求される。 ① 組織戦略及びシステム全般に関する基本的な事項を理解している。 ② 個別システム化構想・計画及びステークホルダの期待を正しく認識し，実行可能なプロジェクト全体計画を作成できる。 ③ 前提・制約の中で，変化に適応して，プロジェクトの目標を確実に達成できる。 ④ スコープ・要員・資源・予算・スケジュール・品質・リスクなどを管理し，プロジェクトチームの全体意識を統一して，プロジェクトをマネジメントできる。 ⑤ プロジェクトの進捗状況や将来見込まれるリスクを早期に把握し，変更を管理して，適切に対応できる。 ⑥ プロジェクトの計画・実績を適切に分析・評価できる。また，その結果をプロジェクトのその後のマネジメントに活用できるとともに，ほかのプロジェクトの参考に資することができる。
レベル対応	共通キャリア・スキルフレームワークの 人材像：プロジェクトマネージャのレベル4の前提要件

表9 IPA公表のプロジェクトマネージャ試験の対象者像，業務と役割，期待する技術水準
（情報処理技術者試験 試験要綱 Ver4.4 令和元年11月5日より引用）

2 多くの問題で必要になる“共通の基礎知識”

続いて，論文を書くために必要な最低限の基礎知識のうち，多くの問題で必要になる“共通の基礎知識”を説明します。

◆PMBOKに関する知識

強いてあげるとすればPMBOKの知識です。PMBOKが普及しているというだけではなく，試験でもPMBOKがベースになっているからです。とはいえ，論文を書くために必要な最低限の基礎知識のうち，多くの問題で必要になる“共通の基礎知識”自体はほとんどありません。PMBOKもそうですが，**テーマ毎に異なる知識が必要になります。**

◆必要なのは，テーマ別の基礎知識

実際に論文を書く上で必要になる知識は，品質管理や進捗管理，リスクマネジメントなど個々の管理単位の知識になります。それを本書では，「**5 テーマ別の合格ポイント！（P.177）**」にまとめています。そちらを確認してください。

◆午後Ⅰが解けるレベルの知識

この試験区分は，午後Ⅰ試験が解けるだけの知識があれば，原則，論文を書くだけの“知識”はあると考えられます。したがって，午後Ⅰ試験を知識のバロメーターに考えるといいでしょう。午後Ⅰ試験の問題を解くだけの知識が無い場合には，午後Ⅰ対策を通じて必要な知識を会得していきます。参考書も午後Ⅰ対策のものを使って知識を補充します。

3 他の受験生に“差”をつけるポイント！

それではここで，他の受験生に差をつけて合格を確実にするためのポイントを説明しましょう。本書で最も伝えたいところの一つです。しっかりと読んでいただければ幸いです。

1 ちょっとした“差”を甘くみていたら，いつまで経っても“差”はつかない！

プロジェクトマネージャ試験の論文は，良くも悪くも，何もしなくてもある程度までは普通に書けます。前述のとおり**“的外れな論文”はほとんどありませんから**ね。そのため，何も意識せずに普通に書いた論文が“A評価相当”であればいいのですが，そうでなかった場合が問題です。そこにあるのは**“ちょっとした差”なので，なかなか見つからない**可能性があるからです。

そういう事態を避けたいなら，“ちょっとした差”を甘くみないことです。「これぐらいならいいんじゃないの？」と妥協しないことが大切です。自分の表現力の一つ一つを細かく見つめ直すつもりで試験対策をすることこそ，結果的に他の受験生に差をつけることに通じます。

2 “テーラリング”を意識して，ちょっとした“差”をつける！

プロジェクトマネージャ試験では「**PMBOK等の標準をカスタマイズするスキル**」が試されています。要するに**テーラリング**ですね。そこを見るために，設問アで「プロジェクトの特徴」が問われ，設問イ・ウで「(その特徴を加味して)，どう工夫したのか？」が問われているわけです。

したがって論文では，設問アの「**プロジェクトの特徴**」をしっかりと書ききり，設問イでは単に「…した」という表現ではなく，「**その特徴ゆえに，本来…というところを，今回は…した**」というような感じで「**俺は，テーラリングしたんだ！**」ということがわかる表現を使って“差”をつけましょう。

3 | “指示を出す”という点を意識して，ちょっとした“差”をつける！

プロジェクトマネージャの仕事は“マネジメント”なので，仕事を与える，指示することが仕事になります。しかし，論文を読んでいると，指示を出したかどうかわかりにくいものや，何もかも自分自身でやってしまっているものが少なくありません。問題文では「**あなたはどのような指示を出したのか？**」という聞き方ではなく，指示を出すという行為も含めて「**あなたは何をしたのか？**」という聞き方になっているので，ついつい「自分が○○した」と書いてしまうのでしょう。そうならないように，表11で個々の原則的行動を理解した上で，うまく使い分けて他の受験生に“差”をつけましょう。なお，「問題発生時の原因分析」のように，どちらでもおかしくないものもありますが，迷ったら「指示を出した」としておけば安全です。

PMの行動	作業内容
自ら行う	意思決定，ユーザ側のステークホルダとの交渉，計画の変更，体制の見直しなど
指示を出す	設計，プログラミング，レビューやテスト，原因分析
どちらもある	原因分析（但し，プロジェクト管理上のもの）

表10　PMの原則的行動

4 | “計画的表現”を使って，ちょっとした“差”をつける！

プロジェクトマネージャ試験では“**計画**”や“**計画変更**”について書く機会が多いので，そこを正確に伝えることで“**ちょっとした差**”をつけることができます。添削でも，この指摘をすることが一番多くて，そこを改善すればすごくわかりやすくなりますからね。

そのあたりのことは，本書の第1部に書いています（P.049参照）。そこに書いていることを十分理解した上で，サンプル論文でどんな表現なのかを確認してみてください。2時間で書く論文にあった適量やレベル感（あ，その程度でいいのかという感じ）がわかるでしょう。それで，他の受験生に差をつけましょう。

5 “定量的表現”を使って，ちょっとした“差”をつける！

現代のプロジェクトマネジメントでは，進捗や品質を定量的数値管理することで“見える化”するとともに，客観性をもたせてステークホルダ間で認識のズレが発生しないようにすることが基本になっています。そのため，論文でも定量的表現をした方がいいところが結構あります。

そういうところを無視して，“大きい”，“小さい”，“速い”，“遅い”など主観でしかない表現を無造作に使ってしまうと「**いや，あなたの“大きい”と私の“大きい”は，必ずしも一致しませんよね。**」というツッコミが入り，ちょっとした“差”になってしまいます。

そうならないようにするためにも，定量的な数値を使った表現を意識して使っていきましょう。そのあたりも第1部（P.045参照）に書いているので，改めてチェックしてみてください。

6 教育と訓練の表現でちょっとした“差”をつける！

論文に，要員に対する“教育”や“訓練”を書くことは少なくありません。要員の育成や改善，問題管理をテーマにした問題での対応策になるからです。実際，問題文中にも対応策の例として要員の“教育”や“訓練”を挙げている過去問題は少なくありません。

しかし，要員に対する“教育”や“訓練”を書くときには細心の注意が必要です。というのも，「教育を実施した」とか「訓練を実施した」というところまでは**誰でも書けるので，それだけだと他の受験生との差にはならない**からです。メインの対策を別に書いていて，それに加えて簡潔に書くのならそれでもいいのですが，そうでない場合には，**それなりの要素を含めて，それなりの字数を書かないと埋もれてしまう**ので注意しましょう。

具体的にどう書けばいいのかは，サンプル論文に記した教育や訓練のところを参考にしてください。そして，それらを参考にしながら，同じような分量や粒度で説明できるように，事前に準備しておくことをお勧めします。それで，他の受験生に“差”をつけましょう。

4 テンプレート

解答用紙（原稿用紙）には，表紙のすぐ裏側に，P.175のような「**論述の対象とするプロジェクトの概要**」という15項目ほどの質問項目があります。これをテンプレートと呼んでいますが（P.087，090参照），このテンプレートも論述の一部だという位置付けなので，2時間の中で必ず埋めなければなりません。

1 記入方法

この質問項目の記入方法は，問題冊子の表紙の裏に書いています。平成31年の試験では次のようになっています（図5参照）。特にここを読まなくても，常識的に記入していけば問題にはなりませんが，予告なく変更している可能性もあるので，試験開始後，念のため確認しておきましょう。

<u>“論述の対象とするプロジェクトの概要”の記入方法</u>

論述の対象とするプロジェクトの概要と，そのプロジェクトに，あなたがどのような立場・役割で関わったかについて記入してください。

質問項目①は，プロジェクトの名称を記入してください。

質問項目②～⑦，⑪～⑬は，記入項目の中から該当する番号又は記号を○印で囲み，必要な場合は（　　）内にも必要な事項を記入してください。複数ある場合は，該当するものを全て○印で囲んでください。

質問項目⑧，⑩，⑭及び⑮は，（　　）内に必要な事項を記入してください。

質問項目⑨は，（　　）内に必要な事項を記入し，記入項目の中から該当する記号を○印で囲んでください。

図5　問題冊子の表紙の裏に書いてあるテンプレートの記入方法

2 採点講評での指摘事項

この部分に関しての採点講評での指摘事項は次の通りです。回数も多く，直近でも指摘されているので注意しましょう。

平成21年度のプロジェクトマネージャ試験の採点講評より

本年度は，“論述の対象とするプロジェクトの概要”の記述内容の不備が目立った。解答を理解するための重要な情報であり，また，プロジェクトマネージャとしての経験が表現されるので，的確に記述してほしい。

平成22年度のプロジェクトマネージャ試験の採点講評より

“論述の対象とするプロジェクトの概要”での記述内容と論述との不整合など，本年度も，“論述の対象とするプロジェクトの概要”の記述内容の不備が目立った。解答を理解するための重要な情報であり，また，プロジェクトマネージャ（PM）としての経験が表現されるので，的確に記述の上，論述してほしい。

平成23年度のプロジェクトマネージャ試験の採点講評より

“論述の対象とするプロジェクトの概要”において，“プロジェクトの規模”や“プロジェクトにおけるあなたの立場”の質問項目で記入した内容が論述とは整合がとれていないなど，本年度も記述内容の不備が目立った。解答を理解するための重要な情報であり，プロジェクトマネージャとしての経験が表現されるので，的確に記述の上，論述してほしい。

平成25年度のプロジェクトマネージャ試験の採点講評より

“論述の対象とするプロジェクトの概要”において，記述した内容に整合がとれていないなど，記述内容の不備が目立った。対象とするプロジェクトを整理して，的確に記述の上，論述してほしい。

平成29年度のプロジェクトマネージャ試験の採点講評より

全問に共通して，“論述の対象とするプロジェクトの概要”で質問項目に対して記入がない，又は記入項目間に不整合があるものが見られた。これらは解答の一部であり，評価の対象であるので，適切に論述してほしい。

平成30年プロジェクトマネージャ試験の採点講評より

全問に共通して，“論述の対象とするプロジェクトの概要”で記入項目間に不整合がある。又はプロジェクトにおける立場・役割や担当した工程，期間が論述内容と整合しないものが見られた。これらは論述の一部であり，評価の対象となるので，適切に記述してほしい。

平成31年プロジェクトマネージャ試験の採点講評より

“論述の対象とするプロジェクトの概要”については，各項目に要求されている記入方法に適合していなかったり，論述内容と整合していなかったりするものが散見された。要求されている記入方法及び設問で問われている内容を正しく理解して，正確で分かりやすい論述を心掛けてほしい。

3 絶対に忘れずに全ての質問項目を記入，本文と矛盾が無いように書く

他の試験区分の採点講評での指摘も踏まえて考えると，**忘れずに全ての質問項目を記入する**とともに，その**内容が“本文”と矛盾しないようにする**必要があります。個々の内容を深く考える必要はありませんが，この2点だけは順守しましょう。本文を書いている間に，当初予定していたことと異なる展開にした場合には，忘れずに質問項目も修正しましょう。

また，この質問項目は，特に予告なく変更される可能性はあるものの，これまでは大きく変わることはありませんでした。したがって，事前準備のできるところです。試験当日に考えることのないよう，事前に，質問項目を確認して回答を準備しておきましょう。

論述の対象とするプロジェクトの概要

質問項目	記入項目
プロジェクトの名称	
①名称 30字以内で，分かりやすく簡潔に表してください。	玩具卸売業を営むA社の販売管理システム再構築プロジェクト 【例】1. 小売業販売管理システムにおける売上統計サブシステムの開発 2. ソフトウェアパッケージ適用による分散型生産管理システムの構築 3. クライアントサーバシステム向け運用支援システムの開発
システムが対象とする企業・機関	
②企業・機関などの種類・業種	1. 建設業 2. 製造業 3. 電気・ガス・熱供給・水道業 4. 運輸・通信業 ⑤卸売・小売業・飲食店 6. 金融・保険・不動産業 7. サービス業 8. 情報サービス業 9. 調査業・広告業 10. 医療・福祉業 11. 農業・林業・漁業・鉱業 12. 教育（学校・研究機関） 13. 官公庁・公益団体 14. 特定業種なし 15. その他（　）
③企業・機関などの規模	1. 100人以下 2. 101～300人 ③301～1,000人 4. 1,001～5,000人 5. 5,001人以上 6. 特定しない 7. 分からない
④対象業務の領域	1. 経営・企画 ②会計・経理 ③営業・販売 4. 生産 ⑤物流 6. 人事 7. 管理一般 8. 研究・開発 9. 技術・制御 10. その他（　）
システム構成	
⑤システムの形態と規模	①クライアントサーバシステム ア.（サーバ約 5 台，クライアント約 200 台） イ. 分からない 2. Webシステム ア.（サーバ約　台，クライアント約　台） イ. 分からない 3. メインフレーム又はオフコン（約　台）及び端末（約　台）によるシステム 4. 組込みシステム（　） 5. その他（　）
⑥ネットワークの範囲	1. 他企業・他機関との間 ②同一企業・同一機関などの複数事業所間 3. 単一事業所内 4. 単一部署内 5. なし 6. その他（　）
⑦システムの利用者数	1. 1～10人 2. 11～30人 3. 31～100人 4. 101～300人 ⑤301～1,000人 6. 1,001～3,000人 7. 3,001人以上 8. 分からない
プロジェクトの規模	
⑧総工数	1.（約 100 人月）
⑨費用総額	1.（約 100 ）百万円（ハードウェア費用を ア. 含む ㋑. 含まない）
⑩期間	1.（ 平成 18 年 4 月）～（ 平成 19 年 3 月） 2. 分からない
プロジェクトにおけるあなたの立場	
⑪あなたが所属する企業・機関など	①ソフトウェア業，情報処理・提供サービス業など 2. コンピュータ製造・販売業など 3. 一般企業などのシステム部門 4. 一般企業などのその他の部門 5. その他（　）
⑫あなたの担当したフェーズ	①システム企画・計画 ②システム設計 ③プログラム開発 ④システムテスト ⑤移行・運用 6. その他（　）
⑬あなたの役割	①プロジェクトの全体責任者 2. プロジェクト管理スタッフ 3. チームリーダ 4. チームサブリーダ 5. その他（　）
⑭あなたの管理対象人数	（約 5 ～ 30 人）
⑮あなたの担当期間	（ 平成 18 年 4 月）～（ 平成 19 年 3 月）

名称は大切。論文の本文にも同じ名称で記述する。1回見ただけで，イメージしやすいもので，かつ記憶できるようなものを考える。

複数記入は全然OK。但し，トレードオフのものを除く。

設問アの「プロジェクトの特徴」他，本文と矛盾の無いように注意が必要。この例のように，担当したフェーズが，開発全体のPMであれば，設計段階の管理人数は少なく，PGの時に最大になるはず。

※レイアウトの都合で項目や文字の折り返し等は実際のものとは異なります。

図6　プロジェクトマネージャ試験のテンプレートのサンプルと記入例

column

プロジェクトマネージャ試験の設問アで，プロジェクトの特徴が問われる理由

プロジェクトマネージャ試験の午後II論述式試験では，平成21年度以来，設問アでほぼ必ず「**プロジェクトの特徴**」が問われています。これは，その後に続く“**その特徴に応じて工夫をした点**”について論述させることを目的に設けられている設問で，いわゆる“前フリ”に当たる部分です。

そして，その“特徴”や“工夫”というのが，**会社標準や一般的なプロジェクト標準を，（特徴を加味して）カスタマイズ（取捨選択）した点**のことを指しているのです。いわゆる“**テーラリング**”です。

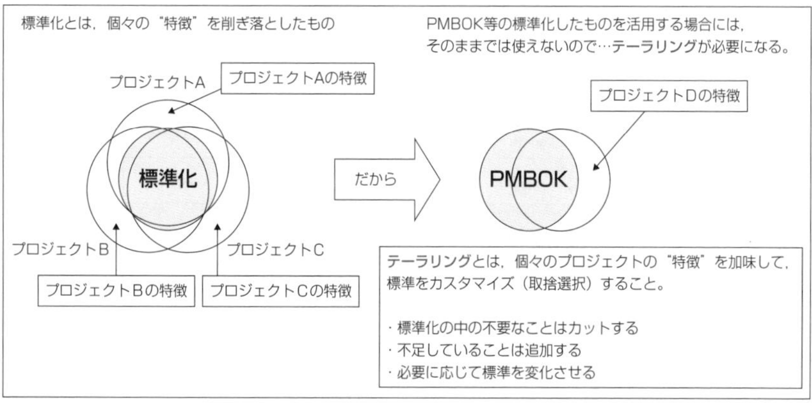

図　標準化と標準化を活用するということ

そもそも“**標準化**”するということは，多くの事例の中の共通項だけを抽出して作り上げたものになります。別の言い方をすると，個々の事例にしかない部分（これを特徴という）を削ぎ落としたものです（図の左側）。

だから“**標準化したもの**”を利用する時には，必ず“**固有の事情**”＝“**特徴**”を加味して，カスタマイズ（取捨選択）が必須になるわけです。これを“**テーラリング**”といいます。通常は，PMBOK等の標準をテーラリングして会社標準を作成し，その会社標準をテーラリングして個別のプロジェクトに適用します。

プロジェクトマネージャ試験では，いわばそうした“**テーラリングするスキル**”が試されているのでしょう。そのために設問アでは「**プロジェクトの特徴**」や「**特徴に応じた対策，工夫**」などが問われているのです。そこを見れば，プロジェクトマネージャの力量がわかりますからね。

5 テーマ別の合格ポイント！

テーマ1　ステークホルダ
テーマ2　リスク
テーマ3　進捗
テーマ4　予算
テーマ5　品質
テーマ6　調達
テーマ7　変更管理と完了評価

テーマ1 | ステークホルダ

過去問題	問題タイトル	本書掲載ページ
(1) チーム編成と運営		
平成07年問1	プロジェクトチームの編成とその運営	
平成13年問2	要員交代	P.188
平成14年問3	問題発生プロジェクトへの新たな参画	
平成17年問3	プロジェクト遂行中のチームの再編成	
平成23年問3	システム開発プロジェクトにおける組織要員管理	
平成26年問2	システム開発プロジェクトにおける要員のマネジメント	
(2) チーム育成（教育）		
平成12年問2	チームリーダの養成	
平成15年問2	開発支援ソフトウェアの効果的な使用	
平成22年問2	システム開発プロジェクトにおける業務の分担	
(3) ステークホルダや利用者との関係		
平成09年問3	システムの業務仕様の確定	
平成17年問1	プロジェクトにおける重要な関係者とのコミュニケーション	
平成20年問1	情報システム開発プロジェクトにおける利用部門の参加	
平成21年問3	業務パッケージを採用した情報システム開発プロジェクト	
平成24年問1	システム開発プロジェクトにおける要件定義のマネジメント	
平成30年問1	システム開発プロジェクトにおける非機能要件に関する関係部門との連携	
(4) 機密管理		
平成16年問1	プロジェクトの機密管理	
平成25年問1	システム開発業務における情報セキュリティの確保	P.212
(5) 人間関係のスキル		
平成18年問1	情報システム開発におけるプロジェクト内の連帯意識の形成	
平成19年問1	情報システム開発プロジェクトにおける交渉による問題解決	
平成21年問1	システム開発プロジェクトにおける動機付け	
平成24年問3	システム開発プロジェクトにおける利害の調整	
平成29年問1	システム開発プロジェクトにおける信頼関係の構築・維持	
平成31年問2	システム開発プロジェクトにおける，助言や他のプロジェクトの知見などを活用した問題の迅速な解決（→テーマ7）	

まず押えておきたいのは“人”をテーマにしたステークホルダの問題です。納期遅延等の問題への対策として部分的に活用できるケースも多いため，問題文を熟読しておくだけでも効果があります。

第1部
Step 1
Step 2
Step 3
Step 4
Step 5
Step 6
第2部
SA
PM
SM
ST
AU

Point1 ヒューマンドラマにならないように注意

“人”について書く時に注意しないといけないのが，感情表現に終始したヒューマンドラマにならないようにすることです。多少の感情表現ならいいのですが，それに終始して計画性や，役割変更，作業内容の変更，権限移譲など本来求められている部分が疎かになってしまうとアウトです。特に，左頁の**「(5) 人間関係のスキル」**に分類している問題は注意が必要です。実際の現場では“情熱”が有効かもしれませんが，論文ではそれよりも**“プロジェクトの仕掛け（段取り）”**をどうしたのかが問われます。そこを中心に書くようにしましょう。

Point2 交渉や説得が必要な場合は“責任の有無”に合致させること

ユーザと合意していた機能をベンダ側が忘れていたのに**「それを今から実現するなら追加費用が欲しい」**という主張をしたり，逆に，完全に範囲外でユーザ側からの追加要求なのに**「費用も納期もそのままで実現してほしい」**という主張を無条件に受け入れたりしていると，**「契約や法律に関する知識が無く，いつもこんな適当な仕事をしているのか？」**と思われかねません。必ず責任の所在を明確にし，それに基づく主張を持って交渉や説得を行うようにしましょう。もちろんその場合，契約に関する知識は必須です。

Point3 セキュリティの問題の外せないポイント

セキュリティをテーマにした問題では，次のようなことを書くことが求められるはずなので，論述できるように準備しておきましょう。

①守るべき情報資産を題意に合わせて具体的に書くこと
②そこに対する脅威や脆弱性を書くこと
③取扱期間がある場合には必ず書くこと
④ISMS（セキュリティポリシ）やリスク分析との関係性を書くこと

テーマ2 ｜ リスク

過去問題	問題タイトル	本書掲載ページ
(1) リスク分析を中心にした問題		
平成22年問1	システム開発プロジェクトのリスク対応計画	
平成28年問2	情報システム開発プロジェクトの実行中におけるリスクのコントロール	P.220
(2) リスク分析を求めていないが“リスク”という表現が出てくる問題		
平成09年問1	システム開発プロジェクトにおける技術にかかわるリスク	
平成12年問1	開発規模の見積りにかかわるリスク（→テーマ4）	
平成14年問1	クリティカルパス上の工程における進捗管理（→テーマ3）	
平成14年問2	業務仕様の変更を考慮したプロジェクトの運営方法（→テーマ7）	
平成15年問3	プロジェクト全体に波及する問題の早期発見（→テーマ3）	

テーマ2はリスクマネジメントの問題です。ただ，上記の（1）のようにリスクを特定しないリスクマネジメントの問題は少なく，上記の（2）のように進捗管理やコスト管理などと絡めて，部分的に使うことになります。

なお，古い問題ですが平成9年問1の「**技術に係るリスク**」の問題に関しては，**AIやIoTなどが重点分野に指定されている**ことから，出題の可能性は高いと思います。準備しておいた方がいいでしょう。

Point1 リスク対応計画はリスク分析の結果に基づいたものにする

リスク分析を中心にした問題（上記の（1））では，「**リスク分析をどうしたのか？**」という点が問われます。その場合，後者の“**リスク対応計画**”は，**リスク分析の結果を受けたものになっていなければなりません**。しかし，添削をしていると，リスクに対するリスク対応計画にしかなっていなくて，**リスク分析の意味や存在価値が読み取れないものをよく目にします**。そういう論文は，評価が低くなるので注意しましょう。

Point2 計画の話か，実行中の話かを問題文に合わせる

リスクは，計画段階にわかっているものもあれば，プロジェクト実行中に新たに認識するものもあります。問題文から，どちらのケースを要求しているのかを読み取って，そのケースに合致する内容にしましょう。

テーマ3 ｜ 進捗

過去問題	問題タイトル	本書掲載ページ
(1) スケジュールの作成		
平成07年問2	進捗状況と問題の正確な把握	
平成17年問2	稼働開始時期を満足させるためのスケジュールの作成	P.204
(2) 兆候の把握と対応		
平成14年問1	クリティカルパス上の工程における進捗管理	
平成15年問3	プロジェクト全体に波及する問題の早期発見	
平成20年問2	情報システム開発における問題解決	
平成22年問3	システム開発プロジェクトにおける進捗管理	
平成28年問2	情報システム開発プロジェクトの実行中におけるリスクのコントロール（→テーマ2）	P.220
(3) 工程の完了評価		
平成25年問3	システム開発プロジェクトにおける工程の完了評価	
(4) 進捗遅れへの対応		
平成12年問3	開発システムの本稼働移行	
平成19年問2	情報システムの本稼働開始	
平成25年問2	システム開発プロジェクトにおけるトレードオフの解消	
平成30年問2	システム開発プロジェクトにおける本稼働間近で発見された問題への対応	P.228

テーマ3はタイムマネジメント（進捗管理）の問題です。

Point1 “いつ？”を明確に

進捗をテーマにした問題なので，特に“いつ？”なのかを明確にしながら進めていきましょう。時間が進んだ場合，最初にそれを表現しないと，読んでいる人の時間は止まったままです。

Point2 “兆候”と“問題（遅延）”等を明確に使い分ける

問題文と設問では**「絶対に遅れてはいけない日」，「遅れてはいない，ゆえに問題になっていないこと＝兆候」，「一時的に遅れている状況（挽回できる状況）」，「もう挽回できない状況」**などを使い分けて問いかけています。それを正確に読み取って，問われていることに対して正確に答えるようにしましょう。

テーマ4 ｜ 予算

過去問題	問題タイトル	本書掲載ページ
(1) 見積り		
平成12年問1	開発規模の見積りにかかわるリスク	
平成23年問1	システム開発プロジェクトにおけるコストのマネジメント	
平成26年問1	システム開発プロジェクトにおける工数の見積りとコントロール	
(2) 兆候の把握と対応		
平成08年問1	費用管理	
平成18年問2	情報システム開発におけるプロジェクト予算の超過の防止	
平成31年問1	システム開発プロジェクトにおけるコスト超過の防止	P.236
(3) 予算超過への対応		
平成11年問1	プロジェクトの費用管理	
(4) 生産性		
平成07年問3	システム開発プロジェクトにおける生産性	
平成11年問2	アプリケーションプログラムの再利用	
平成28年問1	他の情報システムの成果物を再利用した情報システムの構築	

テーマ4はコストマネジメントの問題です。

Point1 “兆候”ではなく，予算が超過した時の挽回策は慎重に！

予算超過時の挽回策は慎重に考えましょう。安易な回答は“**運が良かっただけ**”とか“**元々の見積りを水増ししていた**”とか思われてしまいます。原則は，**①原因を除去し，それ以上の超過を防ぐ対策を実施し，②バッファの利用を検討する**というものになります。それを前提に問題文をチェックしましょう。

Point2 予備費用（バッファ）の扱いは慎重に

超過した予算を補てんする時に“**予備費用（バッファ）**”を使う場合（Point1の②）も慎重にチェックしましょう。**何でもかんでも「バッファで対応した」と書いてしまうと，それだけで話が終わるからです。何の工夫もありません。**

バッファに関してはPMBOK等で正しい知識を会得した上で，問題文の例を見てバッファの使用が可能かどうかを確認しましょう。そこにバッファ以外の対応方法が書いていれば，それを優先した方が安全です。また，開発者側に起因する場合は**上司やPMOに追加予算を申請できるか**も確認しましょう。

テーマ5 ｜ 品質

過去問題	問題タイトル	本書掲載ページ
(1) 品質の作り込み・確認		
平成08年問3	ソフトウェアの品質管理	
平成19年問3	情報システム開発における品質を確保するための活動計画	
平成21年問2	設計工程における品質目標達成のための施策と活動	
平成23年問2	システム開発プロジェクトにおける品質確保策	
平成27年問2	情報システム開発プロジェクトにおける品質の評価，分析	
平成29年問2	システム開発プロジェクトにおける品質管理	
(2) レビュー		
平成10年問3	第三者による設計レビュー	
平成11年問3	設計レビュー	
(3) テスト		
平成10年問1	システムテスト工程の進め方	
平成13年問3	テスト段階における品質管理	
(4) 品質不良への対応		
平成14年問3	問題発生プロジェクトへの新たな参画（→テーマ1）	
平成15年問3	プロジェクト全体に波及する問題の早期発見（→テーマ3）	
(5) 請負契約と品質確認		
平成10年問2	請負契約に関わる協力会社の作業管理（→テーマ6）	
平成16年問3	請負契約における品質の確認（→テーマ6）	P.196
平成27年問1	情報システム開発プロジェクトにおけるサプライヤの管理（→テーマ6）	

テーマ5は品質マネジメントの問題です。

Point1 与えられた品質目標

“品質目標” が問われている場合，それがプロジェクトに“**与えられた**”目標なのか（実現を期待されている目標なのか），それともプロジェクトマネージャが**自ら設定した目標**なのか？どちらのことを問題文が要求しているのかを読み取って，問題文に合致する方を書かなければなりません。

Point2 “目標”も“管理”も定量的に

品質管理の要は，定量的な数値管理です。目標，テストやレビューの終了判定条件等，**定量的で，主観が入らない**ように表現しましょう。

テーマ6 ｜ 調達

過去問題	問題タイトル	本書掲載ページ
（1）請負契約時のマネジメント		
平成10年問2	請負契約に関わる協力会社の作業管理	
平成16年問3	請負契約における品質の確認	P.196
平成27年問1	情報システム開発プロジェクトにおけるサプライヤの管理	
（2）オフショア開発		
平成16年問2	オフショア開発で発生する問題	
（3）調達のプロセス		
平成13年問1	新たな協力会社の選定	
平成15年問1	社外からのチームリーダの採用	

要員の調達や，契約をテーマにした問題も出題されています。契約に関しては法律を正確に理解した上で，法律に見合ったマネジメントを実施しなければなりません。

Point1 中間成果物

請負契約における品質の確認をテーマにした問題では，予め契約の中で，どのように中間成果物を設定したのかが問われます。この時に，計画的表現を意識して，いつ，何を提出してもらう契約にしたのかを明確にするようにしましょう。

Point2 調達プロセスは正確に

平成13年問1や平成15年問1の問題のように，調達のプロセスが問われている場合には，その手順を正確に書くようにしなければなりません。特に，**評価項目と評価基準，重み付けなどの定量的な数値による比較部分**は，そうすることの目的を十分理解した上で，具体的に例示して書くようにしましょう。

Point3 契約に関する知識は正確に！

これは特に“調達”をテーマにした問題だけではありませんが，法律や契約に関する知識は正確に使えるようにしなければなりません。そこを間違えると，それだけで不合格になる可能性もあるので注意しましょう。

テーマ7 ｜ 変更管理と完了評価

過去問題	問題タイトル	本書掲載ページ
(1) 業務仕様の変更を考慮したプロジェクト計画立案		
平成14年問2	業務仕様の変更を考慮したプロジェクトの運営方法	
(2) 仕様変更への対応		
平成08年問2	システム開発における仕様変更の管理	
平成18年問3	業務の開始日を変更できないプロジェクトでの変更要求への対応	
平成24年問2	システム開発プロジェクトにおけるスコープのマネジメント	
(3) プロジェクトの知見を活用		
平成31年問2	システム開発プロジェクトにおける，助言や他のプロジェクトの知見などを活用した問題の迅速な解決	
(4) プロジェクトの完了評価		
平成09年問2	プロジェクトの評価	
平成20年問3	情報システム開発プロジェクトの完了時の評価	

最後は，統合マネジメントとスコープマネジメントに関する部分です。具体的には，完了評価や変更管理の問題です。

Point1 変更管理手順は正確に

プロジェクトで実施した“変更管理手順”が求められている場合には，その手順にも正解に近い王道があるので，その手順を知識として正確に把握した上で，その手順に沿ってプロジェクトの特徴を加味してアレンジした内容を書くようにしましょう。**ITILの変更手順（P.263参照）**も参考になります。

Point2 完了評価の問題は定量的に

完了評価の問題は，ある意味，**プロジェクトの“データ収集”**が目的になります。したがって，自ずと論文も定量的な数値が多くなります。問題文から，**どの部分を定量的に表現すべきかを読み取って，“数値”で説明すること**を心掛けましょう。

6 サンプル論文

平成13年度 問2 要員交代
平成16年度 問3 請負契約における品質の確認
平成17年度 問2 稼働開始時期を満足させるためのスケジュールの作成
平成25年度 問1 システム開発業務における情報セキュリティの確保
平成28年度 問2 情報システム開発プロジェクトの実行中におけるリスクのコントロール
平成30年度 問2 システム開発プロジェクトにおける本稼働間近で発見された問題への対応
平成31年度 問1 システム開発プロジェクトにおけるコスト超過の防止

平成13年度

問2　要員交代について

システム開発プロジェクトの途中で，特定の要員が体調不良や能力不足などによって交代を余儀なくされることがある。そのような場合，プロジェクトマネージャは，まずプロジェクトの問題を正確に把握し，問題に応じて適切な対応策を検討，実施する必要がある。

問題の把握に当たっては，工程や品質などのプロジェクト状況について，計画とその時点での差異を明確にするとともに，既存の体制のままで推進した場合に，将来，プロジェクトへどのような影響を与えるかを予測することも大切である。さらに，同じことを繰り返さないためには，必ずしも当人に起因するとはいえないプロジェクト運営上の問題，例えば，度重なる業務仕様の変更や，無理なスケジュールによる過負荷などの要因がなかったかどうかを見直すことも重要である。

対応策の検討に当たっては，新規要員を確保する方法以外に，ほかの要員による一時的な兼務や応援などの対応策も併せて検討すべきである。その際，それらの対応策がもたらす新たなリスク，例えば，新規要員の立ち上がりに予想以上の時間がかかる，兼務者の作業が過負荷になるなどへの対応も忘れてはならない。

これらの検討結果を総合的に判断して，プロジェクトの問題を解決するために最も有効な対応策を選択し，迅速に実施する必要がある。

なお，要員交代直後は，プロジェクトの進捗状況や対応策を検討した時点で予測した新たなリスクなどを注意して観察し，状況に応じて臨機応変に対処しなければならない。

あなたの経験と考えに基づいて，設問ア～ウに従って論述せよ。

設問ア　あなたが携わったプロジェクトの概要と，交代となった要員の担当作業を，800字以内で述べよ。

設問イ　要員交代を余儀なくされた際に把握したプロジェクトの問題は何か。それらの問題を解決するために，どのような対応策を検討したか。また，要員の交代をどのように行ったか。プロジェクトマネージャとして工夫した点を中心に述べよ。

設問ウ　設問イで述べた活動をどのように評価しているか。また，今後どのような改善を考えているか。それぞれ簡潔に述べよ。

サンプル論文 (1/5)

設問ア

1－1．プロジェクトの概要

私は，システム開発会社Ｓ社のプロジェクトマネージャである。今回論述するプロジェクトは，日用品卸売業Ａ社の販売管理システム再構築プロジェクトである。

既存システムは10年前に導入したシステムで，その後必要に応じて追加・改造を繰り返してきたため，今では複雑になってしまった。そのため，既存システムを全面再構築することになり，弊社が受注して，私がプロジェクトマネージャを担当することになった。

プロジェクトはシステムチームとＤＢチームの２チーム制をとっており，それぞれ８名，５名の体制としている。

プロジェクトは４月１日から開始し，本稼働予定日は翌年３月１日。その後，３月の１か月は本番立会い期間としている。旧システムのハードウェア保守が翌年２月末で切れてしまうことから，稼働時期を延期することができない。

1－2．交代となった要員の担当作業

プロジェクトは予定通り開始され，しばらくは順調に進んでいたが，約３分の１が経過した７月末，内部設計が３分の１近く終了した時点で問題が発生した。ＤＢチームのサブリーダであったX君が体調不良となり長期離脱を余儀なくされた。

X君はこのプロジェクトでは内部設計と結合テストを担当予定で，要件定義からプロジェクトに加わっている。ＤＢチーム内では仕様を一番理解している要員でもあった。そのため，他要員からの仕様や実現方法に関する質問に答えたり，内部設計に参画している比較的経験年数の浅い要員への指導も行っていたりと，ＤＢチームの中で重要な役割を果たしていた。X君の予定していた具体的な作業は，内部設計では今回重要なプログラムの設計，結合テストでは結合テスト仕様書の作成であった。

①
昔の問題なので「プロジェクトの概要」になっているが，今は「プロジェクトの特徴」になる。ちなみに，当時から　内容は“特徴”を含めなければならなかった。

②
設問で「交代となった」と書いているので，PJが開始して進んでいき交代になったところまでを1-2の最初に書くことにした。時期を明確にし「体調不良や能力不足」という問題文で指定されている状況にも合致するようにした。

③
ここからが本題。要員の担当作業や役割を可能な限り詳しく書く。ここの作業をどうするのか？が設問イで書くことになるためだ。

設問イ

2－1．要員交代を余儀なくされた際に把握したプロジェクトの問題

X君の体調不良による離脱に伴い，まず現時点でのプロジェクトの状況を正確に把握することにした。X君は，この数週間前から休みがちで病院に通っていた。その間，X君本人の作業がやや遅れ気味だったが，まだまだ十分挽回できるレベルだったため様子見をしていた矢先だった。会社を休みがちだったため，予算と品質には問題はなく，進捗が会社を休んだ日数の累積分で1週間ほど遅れている状況だった。

④
問題文の「工程や品質などのプロジェクト状況について，計画とその時点での差異を明確にする」に対応する部分。体調不良の場合の様子見や進捗以外に影響がないことを説明。

X君は要件定義からプロジェクトに関わっていたこともあり，スケジュールの遅れが許されないことを強く感じていた。その中で必須機能の業務仕様の変更にも対応しなければならず，過負荷となったため体調不良になってしまった。プロジェクトの遂行に対して責任をもつ私が，そんな状況下で彼を頼り過ぎて任せてしまったことも原因の1つである。

⑤
問題文の「プロジェクト運営上の問題，…がなかったかどうかを見直すことも重要である。」に対応する部分。

2－2．プロジェクトの問題の対応策の検討と要員の交代

上記の問題を踏まえ，私は以下の対応策を検討した。

①既存の体制のままで進める案の検討

最初に私が考えたのは，X君の作業を既存メンバに割り振って，既存の要員でプロジェクトを推進することである。しかし，その場合，約3週間の遅れが発生する。したがって他の対策を模索することにした。

②要員を追加する案の検討

次に，内部設計工程の遅れを取り戻すことも含めて，X君の交代要員を探して追加することを検討した。

交代要員は，X君のスキルと同等かそれ以上のスキルが必要になる。そういう要員が確保できれば，他の要員の作業には影響なく進めることができる

しかし，上司であるM部長に相談したが，他プロジェクトも含めて，そんなに都合のいいことはなかった。結

⑥
問題文の「対応策の検討に当たっては，新規要員を確保する方法以外に，ほかの要員による一時的な兼務や応援などの対応策も併せて検討すべきである。」に対応するため，幾つかの案を検討した経緯を書く必要がある。その場合，「あ，運が良かっただけだよね」というツッコミが入らないように，こうするのがベストだと考える。

果，X君の代わりになる要員は確保できなかった。

③標準スキルをもつ新規要員の確保

後は，X君と同等のスキルや経験のあるメンバを外部の派遣会社や協力会社に求めるか，社内で探すとすれば，X君と同等以上のスキルでなくでも，標準スキルをもつ新規要員の追加で遅れを取り戻すか，この両方向を並行して検討することにした。

その結果，協力会社からは推薦できるメンバがいることを確認した。一方，社内だと２名の若手メンバなら確保できることがわかった。

今回は想定外の費用が発生するが，顧客に請求することはできないので，私の上司を通じて会社側に追加予算（X氏と交代要員との差額分の原価等）を承認してもらう必要がある。そこで，上司と話し合った結果，社内の２名の若手メンバにいい経験をさせ教育をする前提で，追加予算を認めてくれることになった。

ただ，その場合，X君の作業を既存のメンバに割り振ったうえで，既存メンバの元々の作業のうち，比較的簡単な帳票や更新部分の設計と結合テストを若手２名に割り当てるようにしなければならない。管理する立場からすると，既存メンバの作業も高度になる部分があるため，生産性はX君の80%で見積もった。

④新たなリスクに対する重点管理

今回，これだけ大きく作業分担を変更し，生産性も低く見積もったとはいえ，それが適切だったかだどうかは注視する必要がある。そこで，引き継ぎ期間の１週間と，その後開発に入ってからの１ヶ月間は，毎日生産性と進捗をチェックすることにした。

⑦
「この対策しかない」という消去法的選択ではなく，可能な複数案を比較して選択する部分も盛り込んだ方がいいと判断。

⑧
シンプルな対応ではなく，再編成を選択。それを簡潔に書いている。

⑨
設問イの最後の重要な部分。問題文の「それらの対応策がもたらす新たなリスク，…などへの対応も忘れてはならない。」に対する記述。

設問ウ

3－1．対応策の評価

このような対応策を行い，内部設計作業を進めていったところ，内部設計作業は予定通り9月末に完了することができた。また，その後の工程もスケジュール通り完了し，予定通り稼働することができた。とにもかくにも，絶対に遅れることができなかった3月1日からの本番稼働を順守できたことは大きい。今後，このような不測の事態が発生しても，何とかできるという自信にはつながったと思う。

急きょプロジェクトに加わってもらった2名の若手エンジニアも，高いモチベーションをもってプロジェクトに参画してもうことができた。このプロジェクトの開発標準を理解してもらうため，3日間にわたり既存メンバが順番に入れ替わりながら説明をするように計画したが，特定メンバにしなかったことで，既存メンバとのコミュニケーション機会も増え，スムーズにプロジェクトに溶け込むことができたのも大きかった。

3－2．今後の改善点

ただし，反省し改善しなければならない点は少なくない。まずは，X君のように体調不良でプロジェクトから離脱することになってしまう事態は絶対に避けなければならない。悪意がなくても，安全配慮義務違反に問われる可能性もあるからだ。メンバの体調チェックに敏感になることと，運営上の改善点としては，変更管理の取り決めをプロジェクト開始時にきちんと決定しておくようにしたいと思う。加えて，特定メンバが（いくらスキルが突出していると言っても），仕事が集中して過負荷にならないように，負荷分散を考えながら作業分担を決めるようにしたい。

一方，X君が離脱してからの対策に関する反省点及び改善点もある。大きな問題にはなっていないが，急きょ参画してくれた若手エンジニアに，本プロジェクトの特

⑩ 設問イで「運営側の不備」があったため，それを書いたらそれに対する改善もあった方がいいと判断した。

⑪ この問題が，「運営側の不備」に対する改善なのか「対策」に対する改善なのかが不明瞭だが，設問には「設問イで述べた活動を」対象にしているため，こちらがメインだと考えた方がいい。必須の部分になる。

徴やルールを説明する際に，ドキュメントがあまり使えなかった。

開発標準やプロジェクト標準は計画段階では作っていたのだが，それ以後のメンテナンスは行っていなかった。言い訳になるが，既存メンバが考えたことで，共有もできていたし，時間的に余裕もなかったからである。

そのため，事前に渡しておいて読み込んでもらうこともできず，資料を配布した時から，それらの資料を片手にその場で修正を加えながら説明するしかなかった。

今後は，今回のように急きょ追加メンバに頼ることもあることを想定し，変更があれば遅滞なくメンテナンスして，常時最新の状態を保つようにしたい。

（以上）

◆評価Aの理由（ポイント）

このサンプル論文は，「**テーマ1　ステークホルダ**」に関するものです。古い問題ですが，このサンプル論文に書かれている内容（**“要員の交代”**や**“チームの再編成”**）は，**“問題発生時の対策”**として様々な問題で部分的に使われます。したがって，これくらいの分量で準備できていれば役に立つでしょう。

このサンプル論文の評価は下記の表にまとめていますが，全体的に具体的でわかりやすく，問題文で細かく指定されている“要員交代”時に行われる様々な取り組みに対してもすべてしっかりと書ききれているため，十分ハイレベルな合格論文（A評価の論文）だと言えるでしょう。

チェックポイント			評価と脚注番号
第1部	Step1	規定字数	**約3,400字**。問題なし。2,500字くらいでも大丈夫。
	Step2	題意に沿う	問題なし。段落タイトル（太字）が設問と対応付けられている。問題文で細かく問われていることにも，丁寧に全部回答している（③④⑤⑥⑨）。
	Step3	具体的	問題なし。設問イ，設問ウともにしっかりと書けている。
	Step4	第三者へ	問題なし。設問イ，設問ウともにしっかりと書けている。特に，体制の変更（⑧）は丁寧に説明している。
	Step5	その他	全体的につながりがある内容になっている（②⑩⑪）。全く問題はない。
第2部	PM共通		―
	テーマ別		**「テーマ3　進捗のPoint1　“いつ?”を明確に」**に対して，プロジェクトの実行中に発生したトラブルがテーマなので，“いつ”という時間軸が定量的にしっかりと表現（数値）できている（②）。Good。

表11　この問題のチェックポイント別評価と対応する脚注番号

◆事前準備しておくこと

ステークホルダをテーマにした問題はよく出題されます。問題が発生した時のプロジェクトマネージャの取り得る対策としても，よく使われます。そのため，**①プロジェクト体制**（**プロジェクトメンバ**）や**②重要なステークホルダ**は，**“経理部のX部長”**のように採点者（読み手）もイメージできるぐらい具体的に表現しなければならないので，しっかりと事前準備しておきましょう。

◆IPA公表の出題趣旨と採点講評

出題趣旨

平成15年以前の年なのでありません。

採点講評

平成17年以前の年なのでありません。

第1部 Step 1 Step 2 Step 3 Step 4 Step 5 Step 6 第2部 SA PM SM ST AU

平成16年度

問3　請負契約における品質の確認について

情報システム開発において，業務知識や開発実績のある会社に業務アプリケーションの開発を請負契約で発注することがある。請負契約では，作業の管理を発注先が行うので，発注元が発注先の作業状況を直接管理することはない。しかし，発注元が期待どおりの品質の成果物を発注先から得るためには，発注先との契約の中で，請負契約作業の期間中に品質を確認する機会を設けることが重要である。

そのためには，プロジェクトマネージャは，業務アプリケーションの特性，システム要件などを考慮して，品質面での確認事項を設定し，確認時期，中間成果物，確認方法に関して発注先と合意し，取り決めることが肝要である。例えば，設計工程から発注する場合，業務特有の複雑な処理が正しく設計されているか確認するために，次のようなことを取り決める。

・設計工程の重要な局面で，双方の中核メンバが参加して設計書のレビューを実施する。

・テスト工程の着手前に，チェックリストのレビューを実施する。

そして，プロジェクトマネージャは，期待どおりの品質かどうかを確認する機会において，発注先と相互に確認し合うことが肝要である。

あなたの経験と考えに基づいて，設問ア～ウに従って論述せよ。

設問ア　あなたが携わった請負契約型のプロジェクトの概要と，業務アプリケーションの開発で発注した工程の範囲について，800字以内で述べよ。

設問イ　設問アで述べた業務アプリケーションの開発において，期待どおりの品質の成果物を発注先から得るために，請負契約作業の期間中に，あなたは品質に関してどのような確認を行ったか。あなたが特に重視し，工夫した点を中心に，具体的に述べよ。

設問ウ　設問イで述べた活動について，あなたはどのように評価しているか。また，今後どのような改善を考えているか。それぞれ簡潔に述べよ。

サンプル論文 (1/5)

設問ア

1．私が携わったプロジェクトの概要

①
昔の問題なので「プロジェクトの概要」になっているが，今は「プロジェクトの特徴」になる。ちなみに，当時から内容は“特徴”を含めなければならなかった。

1.1 プロジェクト概要

今回私が担当したのは，医療機器の卸売業を営むA社の販売管理システム再構築プロジェクトである。本プロジェクトは，これまで個別にシステム化されてきた受注業務，納品書発行，債権債務管理業務等を一本化することが目的で，システム全体を見直して，必要に応じて業務改革を行いながら再構築を行う。

開発は2月1日から開始し，翌年3月末に切り替えて翌期開始の4月1日から，新システムで全ての業務が行えるように進めていく。4月いっぱいは本番立会いを行うため，プロジェクトそのものは4月末まで稼働する。したがって期間は1年と3か月，総開発工数は150人月だった。

このプロジェクトに，私はプロジェクトマネージャとして参画した。

1.2 発注した工程の範囲

今回のプロジェクトでは，プログラミング工程と単体テストの部分を請負契約で外部の協力会社のX社に依頼する。開発期間が短いからだ。

開発期間が短いと，どうしても要件定義や外部設計工程とプログラミング工程で，エンジニアの人数差が大きくかい離してしまう。今回も，要件定義工程と外部設計工程は3人のエンジニアで進めていく予定だが，プログラミング・単体テスト工程では，この3人を除いて15人は必要になる。一時的に15人を弊社内部の要員で確保することはできない。

そこで，6月1日から11月末までの6か月間，プログラミング・単体テスト工程をX社に依頼することにしたわけだ。この間，弊社の担当3名はその管理に回ってもらうため，全てのプログラムを対象とする。発注の総工数は90人月だった。

②
設問イにつなげるために，ここで「いつから，いつまで，何を，どれだけの工数で委託したのか？」を明確にしておくことを心掛けた。読み手に記憶させたい部分になるからだ。なので最初と最後で言及している。

設問イ

2．請負契約における品質の確認について

2.1 期待する品質

今回，請負契約を締結したのは，弊社から発行する仕様書に基づいてプログラミングを行い，単体テストをした上で，プログラムモジュール（そのソース含む）を納品してもらうというものである。

プログラム仕様書は，5月末までに全てX社に提供する。その仕様書に基づき，十分に単体テストを実施してバグを除去した上で，12月1日の時点で全てのプログラムと単体テスト結果報告書が揃っていなければならない。12月1日には，そのまま結合テストを開始する。そこで単体テストで除去できなかった残存バグが多過ぎると，その後のスケジュールに大きく影響する。場合によっては，4月1日の稼働も間に合わなくなる可能性がある。そこで私は，そうならないように最善を尽くさねばならなかった。

③ これが期待する品質。請負契約なので，基本は納期に全ての最終成果物が揃っていることになる。ここから話を展開する。

2.2 請負契約作業中に実施した品質に対する確認

請負契約では，A社に直接指示を出したり，作業管理をしたりすることができない。そこで，A社と話し合って，プログラムの納品スケジュールを細かく設定し，契約内容に盛り込んだ。

(1) 性能に関する要求が厳しいプログラム

④ 後述する（2）のように単に中間成果物を定期的に納品してもらうだけでは，当たり前すぎて工夫がない。そこで，重要な部分，複雑な部分を早い段階に設定するという工夫を入れた。

まずは，最優先で入力系の主要なプログラムから着手してもらい，その納品日を6月末に設定した。特に，性能面での要求が厳しいプログラム（レスポンスが3秒以内の受注入力など）の納品日を最初に設定したことになる。

それらのプログラムに関しては，単体テストの条件を指定して必ずそのテストに合格した上で納品することを徹底し，6月末に納品された後，弊社のエンジニア3名で，単体ベースの受入れテストを実施する。この部分を最初に設定しておけば，受入れテストで問題が発生した

としても，そこからまだ5か月という期間があるので，X社に何度か修正の依頼もできる。

(2) 2週間に一度のタイミングで，完成したプログラムを納品してもらう

7月からは，2週間に一度の頻度で，それまでに完成したプログラムを納品してもらう契約にした。

発注するプログラムの難易度を三段階に分け，それぞれの標準生産性を算出する。その生産性に基づき，2週間に一度，個々の担当者ごとに納品する成果物（プログラムと単体テスト結果報告書）を確定させる。

そうして，請負契約で依頼するプログラミング工程では，要件定義工程から参画している弊社の3名の要員は，受入れテストに専念し，プログラムの開発は行わず，7月から3人で中間成果物の受入れテストを随時実施して，12月1日に完成していないプログラムがないように持って行けるように考えた。

(3) 単体テスト結果報告書の納品

⑤
問題文の「発注先と相互に確認しあうことが肝要である。」という点を踏まえ，発注先と契約内容についてコミュニケーションを取って決めている点を示している。

前述のとおり，納品してもらう中間成果物は，プログラムモジュールだけではなく，単体テスト結果報告書を添えてもらうようにしている。加えて，その単体テスト結果報告書には，X社の担当がチェックを入れた後，今回の契約責任者に該当するX社のPMもチェックした上で承認印を押印してもらうように取り決めた。多少コストがかかってもいいので，X社のPMもしっかりと単体テストが行われていることを確認して，承認してほしい旨を伝え合意した。

こうしておけば，単体テストを適当に実施したり，虚偽の報告をしたりすることを抑制できるはずだ。弊社に2週間ごとに納品された時に，まずは承認印を確認するようにもした。

設問ウ

3．評価と改善点

3.1 私の評価

今回のプロジェクトは，計画通り4月1日から新システムで全ての業務が行えるようになった。プロジェクト期間中も，特にバタバタすることもなく順調に進めていくことができた。そして1年経過した今，特に大きな問題は発生していないため，大成功だったと考えている。

今回のプロジェクトが成功した理由は，やはり，外部の協力会社に請負契約で依頼したプログラミング工程の進め方が良かったと自負している。

本来，請負契約では納期と成果物について契約すると，その成果物が納品されてはじめて品質チェックができる。直接指揮命令することもできないため，その部分をどういう契約にするのかが重要になる。

開発期間に余裕があって，納品後に何度も不具合の修正依頼を出して品質を高めていくことができるプロジェクトであれば，納期を決めて，その日まで待つだけでも構わないが，今回のように開発期間に余裕がない場合には，中間成果物とその納品日を細かく設定するなど，契約内容を工夫して，品質の確保と納期の順守の両立を考える必要がある。契約上，完成責任を負っているわけなので，十分な品質がない場合，修正を依頼することはできるが，納期は遵守できない可能性があるからだ。

そういう意味では，今回は発注先と話し合いながら契約内容を細かく決めていったことが，成功につながったと考えている。

⑥ ここで，請負契約に関する知識を再度アピールしている。

3.2 今後の改善点

ただし，改善点もいくつかある。やはり品質を重視するとどうしても管理工数や事前チェックの工数など工数が増加してしまう。

⑦ 残り時間が少ない時のために準備していた「品質重視のときの典型的パターン（費用と品質のトレードオフ)」を持ってきた。

いくら品質重視といっても，際限なくコストがかけられるわけではない。今回のプロジェクトでは，何とか予算内に費用を抑えることはできたものの，レビューのときに少しでも問題が発生していたら，予算内に収まっていたかどうかは疑問である。

そこで，今後は，顧客に対して費用提示する段階でどれくらいの品質を期待するのかを確認し，予め予算化できるように考えたい。

—以上—

◆評価Aの理由（ポイント）

このサンプル論文は，「**テーマ6　調達**」と「**テーマ5　品質**」との複合問題になります。情報処理教科書プロジェクトマネージャに掲載しているサンプル論文をアレンジして作成しました。元のそのサンプル論文も合格レベルの論文だと考えられますが，それをさらに2時間の枠を超えて熟考しレベルアップしました（個々の評価は下表参照）。

具体的には，請負契約で協力会社に依頼する作業範囲を変えています。元のサンプル論文は，サブシステムの全部を，要件定義工程からシステムテストまでを一貫で発注したケースにしていましたが，このサンプル論文は，よくあるプログラム・単体テスト工程だけのプロジェクトを題材に書いてみました。全ての工程を対象にした場合，中間成果物も設計書であったり，プログラムであったり，テスト仕様書であったりとバラエティに富んでいるので書きやすいのですが，プログラミング工程だけの場合，「2週間に一度定期的に納品してもらう」ぐらいしか思いつかないかもしれません。しかし，そこに重要プログラムを優先したり，納品物の記載内容だったりを付け加えることで，工夫点を多く見せることに成功しています。

チェックポイント			評価と脚注番号
第1部	Step1	規定字数	**約3,300字**。問題なし。良い分量だが2,500字くらいでも大丈夫。
	Step2	題意に沿う	問題なし。段落タイトル（太字）が設問と対応付けられている。問題文で細かく問われていることにも，丁寧に全部回答している（⑤）。
	Step3	具体的	問題なし。設問イ，設問ウともにしっかりと書けている。
	Step4	第三者へ	問題なし。設問イ，設問ウともにしっかりと書けている。
	Step5	その他	問題なし。全体的につながりがある内容になっている。
第2部	PM共通		―
	テーマ別		**「テーマ3　進捗のPoint1　“いつ?”を明確に」**に対して，全体的に時間が定量的にしっかりと表現（数値）できている（②）。Good。 **「テーマ6　調達のPoint1　中間成果物」**に関して，この問題ではメインテーマになるが，具体的に”いつ”，”何を”が設問イでしっかり書けている。しかも，単に分割納品してもらうだけではなく，重要部分を優先して納品する契約にしたり（④），発注先と相互に確認しあったりしている（⑤）。非常にいい。 **「テーマ6　調達のPoint3　契約に関する知識は正確に!」**という点に対しては，随所にその知識を盛り込んでいる（⑥）。Good!

表12　この問題のチェックポイント別評価と対応する脚注番号

◆事前準備しておくこと

調達をテーマにした問題で準備する場合は，とにもかくにも**“契約”に関する知識を獲得する**ところから始めます。そして，このサンプル論文のように，具体的に中間成果物を設定した契約内容を整理しておきましょう。おそらく，経験者（オフショアや協力会社に外注している人）は，普段当たり前に実施していることだと思います。その当たり前に実施していることの意味を再度見つめなおしたうえで，正しく伝えるための丁寧な表現を準備しておくといいでしょう。

◆IPA公表の出題趣旨

出題趣旨

請負契約型の情報システム開発プロジェクトにおいて，発注元が期待どおりの品質の成果物を発注先から得るためには，作業途中での品質の確認が重要となる。

本問は，発注元のプロジェクトマネージャが請負契約作業の期間中に行う，品質の確認方法に焦点を当てている。すなわち，作業状況を直接管理できない請負契約において，契約に盛り込んだ適切な品質の確認方法について，具体的に論述することを求めている。

本問では，論述を通じて，プロジェクトマネージャに求められる請負契約に関する知識，調達管理・品質管理の能力や経験などを評価する。

採点講評

平成17年以前の年なのでありません。

平成17年度

問2　稼働開始時期を満足させるためのスケジュールの作成について

情報システム開発プロジェクトでは，設計・開発・テストなどの各工程で必要となるタスクを定義し，タスクの実施順序を設定してからスケジュールを作成する。プロジェクトは個々に対象範囲や制約条件が異なるので，システム開発標準や過去の類似プロジェクトなどを参考にして，そのプロジェクト固有のスケジュールを作成する。

特に，システム全体の稼働開始前に一部のサブシステムの稼働開始時期が決められている場合や，利用部門から開発期間の短縮を要求されている場合などは，プロジェクト全体のスケジュールの作成に様々な調整が必要となる。このような場合，システム開発標準で定められたタスクや，類似プロジェクトで実績のあるタスクとそれらの実施順序を参考にしながら，タスクの内容や構成，タスクの実施順序を調整して，スケジュールを作成しなければならない。

その際，全体レビューや利用部門の承認などのように，日程を変更できないイベントやタスクに着目するとともに，次のような観点でスケジュールを作成することが重要である。

・タスクを並行させて実施することが可能な場合には，タスク間の整合性をとるための新しいタスクを定義する。

・長期間かかるタスクの場合は，サブタスクに分割し，並行させて実施したり，実施順序を調整したりする。

あなたの経験と考えに基づいて，設問ア～ウに従って論述せよ。

設問ア　あなたが携わったプロジェクトの概要と，稼働開始時期が決定された背景を，800字以内で述べよ。

設問イ　設問アで述べたプロジェクトで，日程を変更できないイベントやタスクには何があったかについて述べよ。その上で，稼働開始時期を満足させるための調整をどのように行ったか。あなたがスケジュールを作成する上で，特に重要と考え工夫した点を中心に，具体的に述べよ。

設問ウ　設問イで述べたスケジュール作成について，あなたはどのように評価しているか。また，今後どのように改善したいと考えているか。それぞれ簡潔に述べよ。

サンプル論文 (1/5)

設問ア

1．私が携わったプロジェクトの概要

1.1 プロジェクトの概要

私の勤務する会社は，従業員1000人のＳＩ（システムインテグレータ）企業である。事業の８割が顧客企業からの受託開発である。私は卸・小売業向けのシステムを開発する部署に所属し，プロジェクト管理を行っている。

今回，私が担当したのは「ペット販売業Ａ社の多店舗販売管理システム」である。開発要員は10名，私はプロジェクトマネージャとして参画した。開発期間は最終的に 5.5 か月，総開発工数は50人月である。

1.2 稼働開始時期が決定された背景

今回のプロジェクトは，ユーザのたっての希望で７か月後の開店記念日（６月１日）に実施するオープン10周年記念セール迄に，確実にリリースしなければならない。

その話を受け，私が見積りのためのヒアリングをしたうえで，いったん６月１日の１週間前に弊社からＡ社に納品するスケジュールを立案した。中々余裕のないスケジュールだが，なんとか客先希望に沿える計画を立案することができた。

しかし，その後，ユーザ側のプロジェクト責任者とユーザ側の作業の打ち合わせをしていると，人手不足から，データの投入や受入れテストに時間がかかるとのことで，４月末の納期にしてほしいという要望が上がった。

納品日を５月の第３週にすることも難しかったのに，ここからさらに３週間も納期を前倒しにしなければならない。どこか一部を後に回す段階的納品も考えたが，後に回せる月次処理や年次処理などは，最初の計画から６月末までに納品する予定にしている。したがって，今，調整しているのは全て４月末には必要になる部分になる。

①
昔の問題なので「プロジェクトの概要」になっているが，今は「プロジェクトの特徴」になる。ちなみに，当時から内容は“特徴”を含めなければならなかった。

②
問題文では「プロジェクト全体のスケジュールの作成に様々な調整が必要となる」ケースについて，①システム全体の稼働開始前に一部のサブシステムの稼働開始時期が決められている場合，②利用部門から開発期間の短縮を要求されている場合の例を挙げている。これら以外の理由でも問題はないが，状況を詳しく書くことを前提に今回は②を採用した。

③
問題文から「部分稼働」という選択肢は使い果たしたケースだと判断した。そのため，このような形で，後はファスト・トラッキングやクラッシングしかない状況で話を展開することにした。

設問イ

2．稼働開始時期を満足させるためのスケジュールについて

2.1 日程を変更できないタスク

スケジュール作成にあたり私が考慮したのは，まずプロジェクト内で日程を変更できないイベントやタスクがあるかという点だ。スケジュールを調整するにあたり，それらの日程が制約になるからだ。

納期を早める話が出たのは11月中旬で納品が４月末になる。開発期間は５か月半になる。この間，概要設計終了時点での役員レビューは，既に役員に日程調整の上，予定してもらっているため変更はできない。それが１月末である。したがって，スケジュールを短縮するには役員レビューが終わった２月の内部設計以後で調整する必要があった。

2.2 スケジュール作成上で重要と考え工夫した点

内部設計以後（２月～４月末までの３か月間），どこで３週間短縮するのかを検討することにした。

まず，５月に稼働を予定していた工数分が不要になるので，その工数（費用）６人月分の３人月分だけ使って，４月の１か月だけ３人の要員を増員する。

そして計画を次のように変更する。

(1)変更前の計画

２月 1日～２月末日：内部設計
３月 1日～４月20日：プログラム開発・単体テスト
４月21日～５月10日：結合テスト
５月11日～５月20日：総合テスト

(2)変更後の計画

２月 1日～２月末日：内部設計
３月 1日～４月20日：プログラム開発・単体テスト
４月 5日～４月25日：結合テスト
４月21日～４月末日：総合テスト

結合テストと総合テストに必要な工数や期間は変更し

④ スケジュール調整をどこでするのかを決めるために，まずは制約条件を確認した部分になる。

⑤ 問題文の趣旨を正確にとらえたいい内容である。

⑥ ファスト・トラッキングを使う場合は，追加予算無しでスケジュール短縮できる可能性がある。そのあたりを丁寧に説明している。

⑦ 計画的表現を分かりやすく箇条書きにするとともに，新旧比較で変更点を分かりやすく示している。加えて，その後丁寧に説明している点は非常にいい。

ない。品質が落ちる可能性があるからだ。しっかりと品質確認をしなければならないと考えた。

そのため，スケジュールを短縮しなければならない期間分だけ，結合テストを前に持ってきた。４月21日開始のところを，そのまま約２週間前倒しで，４月５日から開始する。加えて総合テストも前倒しにする。

しかし，そうすると３月１日から開始するプログラム開発・単体テストが完了していない中，結合テストを行わなければならない。

その点に関しては，４月に１か月だけ（５月に予定していた工数を使って）増員する３名のプログラマにプログラム制作を任せ，元々，プログラムを作成する予定だったメンバのうち３名に，５日間で増員メンバに引き継ぎを行ってもらって４月５日から結合テストを開始してもらうように変更した。

但し，この方法だと常に手戻りのリスクが存在する。プログラミング中に見つけた不具合が，結合テスト完了部分にも影響することがあれば，その部分の修正をして再度結合テストをしなければならないからだ。

そこで私は，独立性の高い３つのサブシステムに分解して，個々のサブシステム内では，全てのプログラミング・単体テスト完了後に結合テストを開始するようにした。

加えて，サブシステム間で整合性を取らないといけない部分の有無を，毎週の進捗会議で検討し，プロジェクト全体で共有することにした。

⑧
ポイントになる部分や理由を添えて，「したした論文」にならないように注意しよう。

⑨
ファスト・トラッキングを行う場合に発生する“新たなリスク”について言及し，その対応策を工夫した点にしている。ここをしっかりと書ききらないと，採点者から「それができるのなら，なぜ最初からそうしなかったのか？」と突っ込まれることになる。ここが肝心な部分。

設問ウ

3．評価と改善点

3.1 私の評価

今回私が行ったスケジュール変更に対する対応については，評価できるものであると考えている。

最終的に，ユーザ希望の納期内でプロジェクトを完了することができ，その後，人員不足のユーザ側の受入れテストも十分時間をかけることができ，万全の状態で開店記念日（6月1日）に実施したオープン10周年記念セールを迎えることができたからだ。当日も，大きな混乱もなく大盛況で終わり，ユーザからも高い評価を得ることができたからだ。

⑩ 評価の典型例。プロジェクト目標の達成が最大の評価になる。

これもひとえに，プログラミング・単体テスト工程と結合テスト工程を4月の1日から25日にわたって並行して進めるファスト・トラッキングを採用した時に，そこで発生する新たなリスクを完全にコントロールしたからだと考えている。

独立性の高い部分を見極め，しかも，個々のサブシステムの担当者が密にコミュニケーションを取って，手戻りしないように開発順序を考えたからである。

⑪ これも評価の典型例。プロジェクト目標を達成できたのは，今回設問イで実施したことが功を奏したからだというもの。

3.2 今後の改善点

今回の件では，プロジェクト開始までに時間がかかってしまい，約2週間開始が遅れた。わずか6か月しかない中での2週間なので，3週間短縮しなければならない点と合わせると1か月以上の短縮を余儀なくされ，かなり大変だった。

それもこれも，ユーザ側の作業見積りを軽く考えていたからである。ユーザには協力義務があるとはいえ，我々が作業量を見積もって提示しなければ，ユーザ側の負荷すらわからない。次回からは，事前にユーザ側の取り得ることのできる体制を確認し，ユーザ側のスケジュールもある程度提示していき，今回のようにスケジュール調整をしなくても良いようにしていきたい。

⑫ 改善点の典型例。そもそも今回の問題が発生しなければ順調だったということで，今回の問題の原因を潰すという方向で書いている。

そして最後に余談だが，今回スケジュール作成の際に，類似プロジェクトを参考にして思ったことだが，社内ではまだそのようなプロジェクト事例が豊富に揃っていないという点は改善したい部分になる。

弊社では，常時どのプロジェクトも多忙でバタバタしており，完了後に事例として残す余力がなかったのだろう。

しかし，これまで多くの失敗事例や成功事例があるのに，そうした情報を活用できないのはもったいない。そこで，今回のプロジェクトはもちろん，今後担当するプロジェクトについても，私自身事例として記録しておくとともに，部門内にもそのように促進する活動をしようと考えている。

—以上—

⑬
改善点の典型例。**最悪の場合はこっちだけでいい。汎用的な表現で，どのようなケースでも使える表現である。**

◆評価Aの理由（ポイント）

このサンプル論文は，情報処理教科書プロジェクトマネージャに掲載しているサンプル論文をアレンジして作成したものです。元のサンプル論文は，筆者の受講生が書いて添削した論文で，他の年度と違って**「不合格論文」をそのまま掲載したものでした。筆者の添削では“C評価”**にしています。

そこで，その論文を（2時間という制約を考えずに）A評価に改善しました。C評価をA評価にするために，かなりの手を加えなければなりませんでしたが，その過程で次のような点を意識して手を加えました。

- **全体的に問題文に忠実に問われている事への回答にした**
- **“いつ”という情報をかなり詳しく盛り込んだ（P.181参照）**
- **計画的表現を入れてみた（P.170参照）**
- **テスト期間など，特に変えない部分はその理由とともに明記した**
- **工数の増加もなくやりくりしている点を説明した**

進捗や納期をテーマにした問題は，読み手（採点者）に，“時間”をいかに正確に伝えるかが鍵を握っているからです。

チェックポイント			評価と脚注番号
第1部	Step1	規定字数	**約3,300字**。問題なし。良い分量だが，2,500字くらいでも良い。
	Step2	題意に沿う	問題なし。段落タイトル（太字）が設問と対応付けられている。問題文で細かく問われていることにも，丁寧に全部回答している（②）。特に「2.1 日程を変更できたないタスク」を勘違いしていることが多いが，これは問題ない（④⑤）。
	Step3	具体的	問題なし。設問イ，設問ウともにしっかりと書けている。
	Step4	第三者へ	問題なし。設問イ，設問ウともにしっかりと書けている。特に，日程調整をテーマにした問題なので「いつ何をするのか」を，かなり丁寧に，定量的に説明している点で，非常に分かりやすい。
	Step5	その他	問題なし。全体的につながりがある内容になっている。特に設問ウの評価と改善点は典型的なパターンで設問イと整合性の取れた内容になっている（⑩⑪⑫⑬）。
第2部	PM共通		計画変更を，元々の計画と変更後の計画が分かりやすいように表現しているし，その前段でも丁寧に説明している。非常に分かりやすい（⑥⑦⑧）。Good。
	テーマ別		**「テーマ3 進捗のPoint1　“いつ?”を明確に」**に関しては，日程調整をテーマにした問題なので，かなり丁寧に定量的に説明している。非常に分かりやすくなっている。計画的表現の部分もGood（⑦）。

表13　この問題のチェックポイント別評価と対応する脚注番号

◆事前準備しておくこと

タイムマネジメントをテーマにした問題はよく出題されます。また，スケジュール短縮技法（ファストトラッキング，クラッシング）は，問題発生時の対応で様々な問題で部分的に使う可能性もあります。準備しておいて損はないでしょう。

なお，このサンプル論文では「**スケジュール短縮を求められた**」としていますが，出題趣旨に書いているように，普通に「**稼働開始時期が決まっている。いったん見積りを作成したが，2か月短縮しなければならなかった。**」というケースでも構いません。

◆IPA公表の出題趣旨

出題趣旨

プロジェクト計画では，スコープ定義段階で作成されるタスク構成（WBS）を基に資源や要員の計画を行いながらスケジュールを作成し，稼働開始時期を定める。しかし，現実には，プロジェクトの開始段階でビジネス上の理由から既に稼働開始時期が決まっている場合も多く，プロジェクトマネージャは，このような場合，種々の調整を行って稼働開始時期を満足させなければならない。

本問は，稼働開始時期を満足させるためのスケジュールの作成にあたって，タスクの内容や構成，タスク実施順序の調整などによって実施した経験と，その中で工夫した点を具体的に論述することを求めている。

本問では，論述を通じて，スケジュールの作成におけるプロジェクトマネージャとしての経験や見識，調整能力などを評価する。

採点講評

平成17年以前の年なのでありません。

平成25年度

問1　システム開発業務における情報セキュリティの確保について

プロジェクトマネージャ（PM）は，システム開発プロジェクトの遂行段階における情報セキュリティの確保のために，個人情報，営業や財務に関する情報などに対する情報漏えい，改ざん，不正アクセスなどのリスクに対応しなければならない。

PM は，プロジェクト開始に当たって，次に示すような，開発業務における情報セキュリティ上のリスクを特定する。

- データ移行の際に，個人情報を開発環境に取り込んで加工してから新システムに移行する場合，情報漏えいや改ざんのリスクがある
- 接続確認テストの際に，稼働中のシステムの財務情報を参照する場合，不正アクセスのリスクがある

PM は，特定したリスクを分析し評価した上で，リスクに対応するために，技術面の予防策だけでなく運営面の予防策も立案する。運営面の予防策では，個人情報の取扱時の役割分担や管理ルールを定めたり，財務情報の参照時の承認手続や作業手順を定めたりする。立案した予防策は，メンバに周知する。

PM は，プロジェクトのメンバが，プロジェクトの遂行中に予防策を遵守していることを確認するためのモニタリングの仕組みを設ける。問題が発見された場合には，原因を究明して対処しなければならない。

あなたの経験と考えに基づいて，設問ア～ウに従って論述せよ。

設問ア　あなたが携わったシステム開発プロジェクトのプロジェクトとしての特徴，情報セキュリティ上のリスクが特定された開発業務及び特定されたリスクについて，800字以内で述べよ。

設問イ　設問アで述べたリスクに対してどのような運営面の予防策をどのように立案したか。また，立案した予防策をどのようにメンバに周知したか。重要と考えた点を中心に，800字以上1,600字以内で具体的に述べよ。

設問ウ　設問イで述べた予防策をメンバが遵守していることを確認するためのモニタリングの仕組み，及び発見された問題とその対処について，600字以上1,200字以内で具体的に述べよ。

サンプル論文　(1/5)

設問ア

1. プロジェクトとしての特徴とリスク

1.1. プロジェクトとしての特徴

私が担当したプロジェクトは，A証券会社（以降，A社）の印刷ジョブ保存システムの開発プロジェクトである。

このシステムは，A社の社員が利用する各端末から，ネットワーク上の共有プリンタに対して印刷をしようとしたときに，その履歴をとることを目的にしたもので，ネットワーク上に配備される専用ログサーバで稼働させることを予定している。

今回のプロジェクトは，組み込みチームとサーバチームの 2チームに分けてそれぞれリーダーを設け，分かれて作業する。サーバチームは，自社の要員だけでは足りなかったため５名の派遣社員が加わっている。また，開発期間はかなり短く2009年11月初旬から2010年６月末までの８か月間しかない。総工数は100 人月である。

1.2. リスクが特定された開発業務とそのリスク

A社は証券会社であり，今回開発するシステムでは，A社で保持している様々な顧客企業の機密情報を取り扱う。そのため開発期間中に考慮しなければならないセキュリティ上のリスクがあった。

(1) テスト工程での実データの利用

開発期間が短いため，単体テスト（２月～４月）と結合テスト（５月）では，テストデータだけではなく実データも活用する。しかし，その実データには，顧客企業の機密情報が含まれる可能性があり，それがプロジェクト外部に漏えいすると大問題になる。

(2) システムテスト時に機密情報にアクセスする

６月に実施するシステムテストでは，A社のサーバにアクセスするテストを実施する。この際，A社のサーバには機密情報が含まれているため，そこに不正アクセスされるリスクがある。

①
この「プロジェクトの特徴」は，採点講評で指摘されていることと同様に，若干システムの説明が長いが，それも“前フリ”になっている点，その後がプロジェクトの話になっていて，それも“前フリ”になっている点で問題ない内容だと言える。ここは，この後につながる“前フリ”にできれば一安心のところ。

②
システムの説明を加えている。通常よりも少し長いが，この説明によって「重要な情報を扱う」ことを示しており“前フリ”になっている。分量的には「終始している」わけでは無いので，その点でも大丈夫。

③
開発期間が短いから「実データで試験する」というつながりになっている。これも“前フリ”になっている。

④
リスクについて言及しているところ。そのリスクが「いつからいつまで存在するのか？」リスクの存在期間を書いている点はGood！

⑤
問題文の例に類似する2つのリスクを書いているが，1つでも十分。

設問イ

2.運営面の予防策とメンバへの周知方法

2.1.運営面の予防策

A社では，ＩＳＭＳ認証を受けているためセキュリティポリシを運用している。まずは，今回のケースに対し，どのような運用ルールがあるのかを確認した。結果，次のルールに沿って対応する義務があることが分かった。

・リスク分析

・秘密管理規定に沿った対策

(1) リスク分析

セキュリティポリシに従って，今回のケースでリスク分析を実施した。その結果，取り扱う情報は重要度が最大のものもある。また，取り扱う期間も長く，派遣社員もいるため内部不正の発生確率も高い。したがって，十分な予防策を実施して発生確率を下げるとともに，漏えい時の影響を小さくする対策が必須になる。

(2) テスト工程での実データの利用

今回，開発期間が短いため，単体テスト（２月～４月）と結合テスト（５月）で実データを利用して実施するというのは前述のとおりである。この期間，本番環境から実データをＵＳＢメモリに抽出して，それをテスト環境のクライアント端末に順次移行して利用する。その作業は私が，私の上司と部下立会いの下２月の単体テスト開始時に実施するので問題はないが，その後５月までの期間のリスク対策が必要になる。

まずは抽出する段階で，一般社員のクライアントのみを対象にすることにした。一般社員の場合，社外秘の情報しか取り扱えないため，それよりも機密度の高い“極秘”や“秘”の情報漏えいのリスクは回避することができ，万が一漏えいした場合にも影響を最小限にすることができる。

また，その期間，実データを保存した開発用のクライアントパソコンから，毎回帰宅前に完全消去することは

⑥ 今回のように重要な機密情報を多数扱っているようなケースでは，通常，企業全体のセキュリティポリシがあるはず。そのため，特に求められていないが，それに準拠するという点を書くことにした。

⑦ 問題文に「特定したリスクを分析し評価した上で」という一文があるため，本論を圧迫しない分量で簡潔に書こうと考えた。

⑧ 1.2の内容を簡潔かつ少し詳しく再掲すると，記憶に残りやすくなるし，採点者を前に戻さなくてもいい。

⑨ リスクの存在期間を意識していることが伺える良い表現。

⑩ リスク対策は，発生確率を下げることと，リスクが顕在化した時の影響度を小さくすること。そのため，そのどっちの対策なのかを明確にすることで，発生確率＝大，影響度＝大を発生確率=小，影響度＝小になったことをアピールできる。

現実的でないため，使用していない時には弊社の鍵付きの棚に実データの入ったクライアントＰＣを格納するルールとした。鍵の管理は私の上司にしてもらい，クライアントＰＣを使用する際は必ず私の上司の承認をもらうルールとした。

また，5月末に全てのテストが完了した後は，必ず弊社指定のデータ消去プログラムを使用して，復元不可能なように完全消去することにし，完全消去後は私と私の上司とがチェックするルールとした。こうすることで，漏えいそのものの発生確率も下げることができる。

⑪ リスクの存在している期間を意識した良い内容。

(3) システムテスト時に機密情報にアクセスする

6月に実施するA社の機密情報にアクセスするテストは3週間である。A社の10部門（その部門が管轄するサーバ）に対してアクセスすることになるが，それらのサーバ内には“極秘”や“秘”情報も存在する。

⑫ ここも，リスクの存在期間を明確にしている。Good！

そこで，各部門サーバへの接続テストを行う際には，A社のB主任の許可を必須とすることにした。

具体的には，サーバへの接続申請書にテスト時間を記入して提出すると，B主任がアカウントを発行する。そしてテスト終了時には，またB主任に接続アカウントを削除してもらうルールとした。こうすることで，リスクの発生確率を下げることができると考えた。

2.2. メンバへの周知方法

まず，派遣社員に関しては，別途弊社のセキュリティ教育も受講してもらうことにした。そして，全メンバに対しては，今回策定したルールや手続きを，プロジェクト開始前と，週1回のミーティングの際にメンバへ周知することにした。しっかりと対策を立て，監視していることを知らせることで，内部不正を抑止するとともに，繰返し話をすることで，これが重要なことだという認識を持ってもらいたかったからである。

⑬ 内部不正対策の基本になる抑止効果をもってきた。この他，不正のトライアングルについて言及してもいいだろう。

設問ウ

3. モニタリングの仕組み，問題と対処

3.1. モニタリングの仕組み

まず，今回の対策を，内部不正を抑止するために毎週のミーティングで伝えるという点に関しては，週の終わりにメンバ全員にチェックシートを使って，その意識の有無を再確認してもらうことにした。私は，それを見てメンバの意識を毎週確認する。

次に，A社の実データを使用する単体テスト，結合テスト期間中は，帰宅前に鍵付きの棚にクライアントPCが入っていることを目視して確認を行い，確認した日時，台数を記録することにした。

そして，システムテスト期間中は，接続テストの開始時と終了時にB主任に連絡が行くので，その利用期間中には，B主任か，もしくはB主任の代理の人が必ず，サーバの利用状況を常時モニタリングして，不正アクセスがないように確認してもらうことにした。こうすることで抑止効果が狙えるからだ。

3.2. 発見された問題とその対処

その後，プロジェクトが開始され，ずっと順調に進んでいたが，6月に入り，システムテスト開始から2週間経過した頃に，A社のB主任が承認していないにもかかわらずテストを開始し，A社の人が誰もモニタリングできていない状況でシステムテストを実施していたことが発覚した。

こうした事態が発生したのは，当初想定していなかった複数日にまたがるアクセス試験の存在だった。当初，システムテスト期間中は，毎日，アカウントの発行と削除を行うことを想定していたが，実際には，2日や3日にまたがってのテストが存在した。そして，その場合，1日の試験開始と終了時にB主任に連絡することで，一度発行したアカウントを2日ないしは3日使い続けることができる運用ルールにしていた。

⑭ ここに，それぞれの施策のモニタリングについて記述した。論文の骨子を作成する段階で，設問イにモニタリング以外の施策を書いて，モニタリングについては設問ウに書くという切り分けをしておくことが重要になる。また，ここでの記述のように，設問イの対策をモニタリングする形で書いていくといいだろう。

⑮ 2.2.に対するモニタリング

⑯ 2.1.（2）に対するモニタリング

⑰ 2.1.（3）に対するモニタリング

⑱ 今回はモニタリングできていなかったことを，モニタリングしていたから問題が発見できたというケースにしているが，もちろん，シンプルに「モニタリングをしていたから問題が発見できた」としても構わない。

しかし，ある日，A社のB主任の打ち合わせが長引き，本来なら連絡を入れてテスト開始を伝えなければならなかったが，慣れてきたこともあって「後で伝えたらいいか」と勝手に判断して，担当者がシステムテストを開始してしまったというわけだ。これを担当者が意図的に行えば不正に情報が持ち出されてしまう。

このような状況に対して私は，全メンバを集めて，今回発生した問題と，慣れがミスを誘発することもあるということを伝え，再度気を引き締めるように伝えた。そして，再発防止策として，複数日にまたがるテストを実施する場合，A社のB主任には，毎日アカウントのパスワードを変更してもらう運用に変更してもらうことで，承認及びアカウントがないとテストできない運用ルールにしてもらった。その結果，情報セキュリティ事故がなく，ＰＪを完了することができた。

—以上—

◆評価Aの理由（ポイント）

このサンプル論文は，情報処理教科書プロジェクトマネージャに掲載しているサンプル論文をアレンジして作成したものです。元のサンプル論文は，実際にその年にその論文を書いて**A評価を取って合格した読者に再現してもらった再現論文**ですが，それを**「もっとここはこうした方がさらに良くなる」**と思ったところを付け足して，（2時間の枠を超えて）ハイレベルなA評価にしています。

具体的には次の3点を改善しました。

- **セキュリティポリシの存在，**
- **リスク分析し評価した結果を対策につなげている，**
- **リスクの存在時期と期間を明確にする**

ただ，さらに2点ほど根本的に修正したい点が残っています。一つは，設問イの2.1と2.2のバランスが悪いし，字数いっぱいまで使い切っているところです。書くのが遅い人だと書ききれないと思います。特定されたリスクは1つでも良かったと思います。そしてもう一つはサーバへ接続してテストする必要性です。元々の論文からそこが読み取れなかったため，そこは触れずにそのまま書いています。

チェックポイント			評価と脚注番号
第1部	Step1	規定字数	**約3,600字**。もちろん問題はないが，1.2.のリスクを一つにして2,800字ぐらいにまとめてもいい。
	Step2	題意に沿う	問題なし。段落タイトル（太字）が設問と対応付けられている。問題文で問われていることも，丁寧に全部回答している。設問イの対策も，「運営面の対策」になっている。
	Step3	具体的	問題なし。設問イ，設問ウともにしっかりと書けている。
	Step4	第三者へ	問題なし。設問イ，設問ウともにしっかりと書けている。
	Step5	その他	全体的につながりがある内容になっている（②③⑧⑭⑮⑯⑰）。全く問題はない。また，この問題文にも出てきていないISMSとの関係に触れている点も臨場感が出てきてGood!（⑥）
第2部	PM共通		―
	テーマ別		**「テーマ3　進捗のPoint1　“いつ?”を明確に」**に関して，時間軸が定量的に表現（数値）されている点（④⑨⑪⑫他全体的に）はGood。リスクの存在する期間を含め，非常に分かりやすい。 **「テーマ1　ステークホルダのPoint3　セキュリティの問題の外せないポイント」**に書いているように，①情報資産と脅威，その取扱期間を明確にしている点（④⑨⑪⑫），ISMSとの関係を書いている点（⑥），リスク分析について書いている点（⑦）で，非常にいい。

表14　この問題のチェックポイント別評価と対応する脚注番号

◆事前準備しておくこと

プロジェクトマネージャが意識するセキュリティ対策は，多くの場合，このサンプル論文に出てくる要素になります。2時間でこのレベルに持って行くのは難しいので，事前に，この問題とサンプル論文を参考にして，このレベルかさらに上のレベルで準備を進めておくといいでしょう。

◆IPA公表の出題趣旨と採点講評

出題趣旨

プロジェクトマネージャ（PM）は，システム開発プロジェクトの遂行段階における情報セキュリティの確保のために，個人情報，営業や財務に関する情報などに対する情報漏えい，改ざん，不正アクセスなどのリスクに対応しなければならない。

本問は，システム開発業務において特定された情報セキュリティ上のリスクに対して，運営面の予防策をどのように立案し，どのようにメンバに周知したか。また，予防策の遵守確認のためのモニタリングの仕組み，及び発見された問題とその対処について，具体的に論述することを求めている。論述を通じて，PMとして有すべき情報セキュリティ及びリスクマネジメントに関する知識，経験，実践能力などを評価する。

採点講評

“論述の対象とするプロジェクトの概要”において，記述した内容に整合がとれていないなど，記述内容の不備が目立った。対象とするプロジェクトを整理して，的確に記述の上，論述してほしい。

設問アについては，システムの機能概要，受注の経緯，自分の経歴などの論述に終始し，問われていた“プロジェクトとしての特徴又はプロジェクトの概要”についての論述が適切でないものが散見された。

問1（システム開発業務における情報セキュリティの確保について）では，予防策の周知，予防策の遵守確認のためのモニタリングの仕組み，発見された問題とその対処については具体的な論述が多かった。一方，特定されたリスクに対する運営面の予防策が不明確な論述や運営面とは関係のない予防策の論述も見られた。

平成28年度

問2　情報システム開発プロジェクトの実行中におけるリスクのコントロールについて

プロジェクトマネージャ（PM）には，情報システム開発プロジェクトの実行中，プロジェクト目標の達成を阻害するリスクにつながる兆候を早期に察知し，適切に対応することによってプロジェクト目標を達成することが求められる。

プロジェクトの実行中に察知する兆候としては，例えば，メンバの稼働時間が計画以上に増加している状況や，メンバが仕様書の記述に対して分かりにくさを表明している状況などが挙げられる。これらの兆候をそのままにしておくと，開発生産性が目標に達しないリスクや成果物の品質を確保できないリスクなどが顕在化し，プロジェクト目標の達成を阻害するおそれがある。

PM は，このようなリスクの顕在化に備えて，察知した兆候の原因を分析するとともに，リスクの発生確率や影響度などのリスク分析を実施する。その結果，リスクへの対応が必要と判断した場合は，リスクを顕在化させないための予防処置を策定し，実施する。併せて，リスクの顕在化に備え，その影響を最小限にとどめるための対応計画を策定することが必要である。

あなたの経験と考えに基づいて，設問ア～ウに従って論述せよ。

設問ア　あなたが携わった情報システム開発プロジェクトにおけるプロジェクトの特徴，及びプロジェクトの実行中に察知したプロジェクト目標の達成を阻害するリスクにつながる兆候について，800 字以内で述べよ。

設問イ　設問アで述べた兆候をそのままにした場合に顕在化すると考えたリスクとそのように考えた理由，対応が必要と判断したリスクへの予防処置，及びリスクの顕在化に備えて策定した対応計画について，800 字以上 1,600 字以内で具体的に述べよ。

設問ウ　設問イで述べたリスクへの予防処置の実施状況と評価，及び今後の改善点について，600 字以上 1,200 字以内で具体的に述べよ。

サンプル論文　(1/5)

設問ア

1－1．プロジェクトの特徴

私は神奈川県にあるシステムインテグレータN社で製造業を担当し，生産管理システムを専門にしているプロジェクトマネージャである。

今回私が論述するのは，T製作所の工場に生産管理システムを導入した時のプロジェクトである。パッケージを使うことで納期を短縮し，コストを抑えて導入する予定である。構築期間は2015年４月から2015年12月末。生産管理システム開発チーム５名と，ネットワーク構築チーム５名の10人体制でプロジェクトを推進する。

本プロジェクトの特徴は，リースアップを迎えるネットワーク機器を，新技術であるＳＤＮ（Software-Defined-Networking）を採用したネットワーク機器にリプレースする部隊との共同プロジェクトになっている点だ。そのネットワークの構築が2015年12月末なので，システム開発も絶対にそれまでに終えなければならない。というのも両方の構築が完了した2016年１月から１か月間システムテストを行うからだ。そして２月から本番稼働を開始する。そのため，プロジェクトそのものは２月末（本番立会いが１か月）までになる。

1－2．リスクにつながる兆候

プロジェクトは予定通り４月に始まり，しばらくは順調に進んでいた。しかし，2015年10月のテスト環境構築中に，生産管理システム開発チームのメンバの残業時間が予定よりも大幅に増加しているのを確認した。

直ちにメンバに確認したが「大丈夫」とのことなのでしばらく様子を見ていたが，翌週も残業時間が減少しなかったため，少し早いとも考えたが，本番直前で残りの期間も少ないため，このまま様子見を続けるのは危険だと判断した。いずれ残業ではカバーしきれなくなって１月からのシステムテストが行えず，ひいては２月からの稼働に間に合わなくなってしまうからだ。

①
残業時間の増加だけだと一時的な変動の可能性もある。そこで，あまり過敏に反応することは現実的ではないが，本番間近は別なので，そのあたりの説明を含めた。

②
「兆候」という言葉は使っていないが，これで同意になる。

設問イ

2－1．顕在化すると考えたリスク

まず私は，原因を再度確認することにした。ネットワーク構築メンバにヒアリングを行ったところ，新しく採用した開発ツールに不慣れなメンバが数人いて，そのメンバに教育をしながら進めているため，それで計画通りの生産性で作業ができていなかったとわかった。スケジュールを遅らせることはできないため，残業時間でリカバリしていた。

ネットワーク構築メンバにさらに話を聞いた。この状態がいつまで続くのか，終息は見えているのかを確認したかったからだ。しかし，その点に関しては彼らもやってみないとわからないという。

そこで私は，開発ツールの納入元であるH社の技術担当のA氏に話を聞くことにした。当該ツールを習得するのに一般的にどのくらい時間がかかるかを確認するためである。A氏が言うには，従来の開発ツールの知識だけではなく，オブジェクト指向に対する基本的な考え方が必要になるらしい。

その後もA氏の話を聞く限り，このまま現場に任せていては残業時間は減らない可能性が高いと感じた。加えて，これまでのように残業時間でカバーできる問題ばかりだといいが，A氏の話ではそれもできなくなる可能性もあるとのことだった。残り2か月となった今，ここからのスケジュール遅延は致命的だ。その結果として2016年2月のサービスインに間に合わなければ大問題になってしまう。私は，この兆候の段階で芽を摘んでおかなければならないと判断した。

2－2．リスクへの予防処置

まず私が考えたのは，急がば回れではないが，ここはひとつ一旦立ち止まって，オブジェクト指向の基礎を含めたH社（開発ツールの会社）のトレーニングコースを受けて仕切り直しすることにした。

③
問題文の「察知した兆候の原因を分析する」に対応する部分。

④
ここから，問題文の「リスク分析」に関して説明する。PJ実行中に発生した特定リスクなので，発生確率と影響度を明確にして，それぞれを小さくする対策を書けばいい。決して「発生確率も高く，影響度も大きいので，対策をする必要があった」というわかりきったことを書かないように。不自然になるので。

⑤
リスク分析の「発生確率」の高さを「可能性が高い」というように表現している。

⑥
リスク分析の「影響の大きさ」を表している。「影響度は“大”になる」のように書くとリアリティが無くなるので，「大問題」だという表現で影響の大きさを伝えた。

⑦
「教育」による施策は，誰もが書きやすく誰もが書くから差をつけにくい。そこで，ここに記述したように，①期間，②総費用，③その間の計画中断，④③の挽回策などを具体的かつ詳細に書くといいだろう。

A氏の推奨するH社のトレーニングコースは1週間。平日の日中に7時間かけて行われる35時間のコースになる。それを今（10月中旬）から1週間作業を止めてネットワーク構築チーム全員で受講してもらう。受講費用は1人30万円，5人で150万円になる。

1週間作業を止めるが，今後の残業と休日出勤でスケジュールは挽回できる。計画通りの生産性を確保できれば，1月からのシステムテストにも十分に間に合う。代休はプロジェクトが終結した後に取ってもらう方向だ。

予算を抑えるために1人だけ受講して，それを他の4人で共有するということも考えたが，残りの時間を考えて全員で受講することにした。不測の事態だということで，上司に話をしてプロジェクト外の教育関連予算を使えるようにしてもらった。このノウハウを自社に蓄積できれば，別のプロジェクトやビジネスでも有効利用できるからだ。

⑧ いろいろなパターンを考えて，最適な選択をしたことを強調している表現。

2－3．リスクの顕在化に備えて策定した対応計画

このトレーニングコースを受ければ，これまでの疑問も解消されるので，その後は計画通りにいくはずだが，万が一，また何かに詰まった場合にも備えておく必要がある。

そこで私は，H社のA氏にトレーニングコースの受講生から2か月間限定で，問合せがある場合には対応してくれるように頼んでおいた。特に契約は交わさないが，対応窓口は私だけに限定することと，即答できない内容や頻度次第では，費用を支払うこと，いざとなったらプロジェクトにA氏も参画してもらえることなどを条件に快諾してもらった。

⑨ 新たな施策を行う場合，論文に書くのは簡単である。しかし，実際のプロジェクトでは「予算が無い」，「スケジュールが遅れる」など，どんな対策でも一苦労だ。そのあたりを踏まえて現実的な内容にする。この時に，ゴリ押しや優越的地位の濫用にならないように注意しなければならない。

今回のリスクは，メンバが取り扱う技術に不慣れな点に尽きるので，この万が一に備えてもらえるというのは，非常に心強かった。

設問ウ

３－１．予防処置の実施状況と評価

今回の兆候を把握した後の対策を確定させたのが10月中旬だった。そこから大至急，トレーニングコースを開催してもらい，メンバ５人に受講させた。

１週間後，それまで出てきていた個々の具体的な問題に関してもＡ氏との質疑応答で解決した。結果，トレーニングを受講したメンバは「講座を受講しなければ気付かなかった視点がわかって良かった。雲が晴れたような気分」という意見が出た。私は手ごたえを感じて，その後の生産性の推移を見守った。

その後，ネットワーク構築チームの作業は，計画通り残業時間と休日出勤によって１週間の遅延を挽回し，最終的に１月からのシステムテストも，２月のリリースも当初の計画通りにプロジェクト目標を達成することができた。

以上より，早い段階で残業時間が増えていることに気付き，原因を分析して早めに軌道修正，すなわち予防処置ができて良かった。この早期発見については，高く評価している。

結果的に，リスクは顕在化しなかったので，Ａ氏のプロジェクトへの参画という最後の一手を発動させる必要はなかった点も，予防処置が効果的だったことを示している。

３－２．今後の改善点

本プロジェクトでは対策が後手に回ったが，今後は，新たな開発ツールを使用する場合は，簡単に考えてはいけないことを強く意識した。

具体的には，まずは独学や独自で判断することはせず，その技術に精通している人（開発企業の担当者や，よく利用している者）の話を聞く。そして，入念に調査をしたうえで，トレーニングコースのある技術の場合，そのトレーニングコースが開催されている意味を含めて考え

⑩ 設問イでは，あくまでも予防処理としての計画なので，その実施状況をここで説明する。ただ，計画したことを実施したと書けばいいだけなので難しくないはず。

⑪ 評価の典型例。プロジェクト目標の達成が最大の評価になる。

⑫ これも評価の典型例。プロジェクト目標を達成できたのは，今回設問イで実施したことが功を奏したからだというもの。

⑬ 改善点の典型例。そもそも今回の問題が発生しなければ順調だったということで，今回の問題の原因（兆候の原因）を潰すという方向で書いている。

て，トレーニングコースを受けることを大前提にしなければならないと反省した。
　また，最初から生産性を低めに設定して計画を立案することも重要だろう。もちろん，適正な価格にすることは大前提だが，だからと言って無理して高い生産性を見込んで計画するのも，結果的にユーザに迷惑をかけることになる。したがって，今回のケースを教訓にして，新技術を使うプロジェクトでは，生産性を落とす係数を用いて計画するようにするといいだろう。
　後は，トレーニングコースの受講後に，個々のメンバの習熟度によって，プログラムの割り当てを考えることも必要だろう。

—以上—

◆評価Aの理由（ポイント）

このサンプル論文は，情報処理教科書プロジェクトマネージャに掲載しているサンプル論文をアレンジして作成したものです。元のサンプル論文は，実際にその年にその論文を書いて**A評価を取って合格した読者に再現してもらった再現論文**ですが，それを「**もっとここはこうした方がさらに良くなる**」と思ったところを付け足して，（2時間の枠を超えて）ハイレベルなA評価にしています。

具体的には，**①兆候の原因分析を設問イにもってきてそこそこの分量で書いた，②リスク分析に関してもしっかりと書いた，③予防処置のトレーニングコースを具体的かつ詳細に書いた**（金額他），**④事後対策をリスクに合わせて内容を変更**などの点です。

ただ，そのために設問イも設問ウも，字数を上限いっぱいまで使う勢いの分量になっているため，試験本番時には，書くのが遅い人だと書ききれないので，もっとシンプルにしても良いでしょう。

チェックポイント			評価と脚注番号
第1部	Step1	規定字数	**約3,500字**。問題ないが,字数が多いのでもっとシンプルにしても大丈夫。
	Step2	題意に沿う	問題なし。設問に対するタイトルを付けている。問題文で問われている点に忠実に回答している。特に，原因分析（③），リスク分析（④⑤⑥）などにも丁寧に書いている点はGood!採点講評の指摘に対しても十分クリアしている。
	Step3	具体的	問題なし。「2-2.リスクへの予防処置」では，差の付きにくい"教育"について書いているが，すごく具体的に書かれている（⑦），また，十分検討を重ねたことも具体的に書いている（⑧）。
	Step4	第三者へ	問題なし。実際に経験しないと出てこない表現も随所にみられ，臨場感がある（①②⑤⑥⑨）。
	Step5	その他	全体的に定量的に書けているのが見受けられる。"時間軸"，"教育"の部分など。加えて，設問ア，イ，ウの整合性が綺麗に取れている。Good!（③④⑩⑪⑫）。
第2部	PM共通		予防処理の"教育"の部分で，計画を詳しくアピールできていて，定量的にも書けている。Good!（⑦）。
	テーマ別		**「テーマ2 リスクのPoint1　リスク対応計画はリスク分析の結果に基づいたものにする」**という点については，予防処理で発生確率を下げ，事後に備えておくことで影響度を下げている。十分に書けている（**2-2，2-3**）。 **「同 Point2　計画の話か，実行中の話かを問題文に合わせる」**という点も，実行中の話になっている。

表15　この問題のチェックポイント別評価と対応する脚注番号

◆事前準備しておくこと

リスクマネジメントをテーマにした問題は，多くの場合，このサンプル論文に出てくる要素になります。2時間でこのレベルに持って行くのは難しいので，事前に，この問題とサンプル論文を参考にして，このレベルかさらに上のレベルで準備を進めておくといいでしょう。また，少し応用すれば“**新技術導入プロジェクト**”などの問題にも対応できる内容になっているので，応用できるようにしておきましょう。

◆IPA公表の出題趣旨と採点講評

出題趣旨

プロジェクトマネージャ（PM）には，情報システム開発プロジェクトの実行中に発生するプロジェクト目標の達成を阻害するリスクにつながる兆候を早期に察知し，適切に対応することによって，プロジェクト目標を達成することが求められる。

本問は，プロジェクトの実行中に察知したプロジェクト目標の達成を阻害するリスクにつながる兆候，兆候をそのままにした場合に顕在化すると考えたリスクとその理由，リスクへの予防処置，リスクの顕在化に備えて策定した対応計画，予防処置の実施状況と評価などについて具体的に論述することを求めている。論述を通じて，PMとして有すべきリスクマネジメントに関する知識，経験，実践能力などを評価する。

採点講評

プロジェクトマネージャ試験では，論述の対象とする“プロジェクト”を，各設問で問われている事項に対応して，経験と考えに基づいて説明することが重要である。設問アでは，“プロジェクトの特徴”の論述を求めたが，プロジェクトマネージャ（PM）としてプロジェクトをどのように認識したかを示し，以後の論述の起点となるものである。論述全体の趣旨に沿って，特徴を適切に論述してほしい。

問2（情報システム開発プロジェクトの実行中におけるリスクのコントロールについて）では，プロジェクトの実行中に察知したプロジェクト目標の達成を阻害するリスクにつながる兆候，兆候をそのままにしたときに顕在化するリスク，リスクの予防処置，リスクが顕在化したときの対応計画について具体的に論述できているものが多かった。一方，設問が求めたのはプロジェクトの実行中の兆候であったが，プロジェクトの計画中に察知した兆候に関する論述や，すぐに対応が必要な，顕在化している問題を兆候と表現している論述も見られた。

平成30年度

問2　システム開発プロジェクトにおける本稼働間近で発見された問題への対応について

プロジェクトマネージャ（PM）には，システム開発プロジェクトで発生する問題を迅速に把握し，適切な解決策を立案，実施することによって，システムを本稼働に導くことが求められる。しかし，問題の状況によっては暫定的な稼働とせざるを得ないこともある。

システムの本稼働間近では，開発者によるシステム適格性確認テストや発注者によるシステム受入れテストなどが実施される。この段階で，機能面，性能面，業務運用面などについての問題が発見され，予定された稼働日までに解決が困難なことがある。しかし，経営上や業務上の制約から，予定された稼働日の延期が難しい場合，暫定的な稼働で対応することになる。

このように，本稼働間近で問題が発見され，予定された稼働日までに解決が困難な場合，PM は，まずは，利用部門や運用部門などの関係部門とともに問題の状況を把握し，影響などを分析する。次に，システム機能の代替手段，システム利用時の制限，運用ルールの一時的な変更などを含めて，問題に対する当面の対応策を関係部門と調整し，合意を得ながら立案，実施して暫定的な稼働を迎える。

あなたの経験と考えに基づいて，設問ア～ウに従って論述せよ。

設問ア　あなたが携わったシステム開発プロジェクトにおけるプロジェクトの特徴，本稼働間近で発見され，予定された稼働日までに解決することが困難であった問題，及び困難と判断した理由について，800 字以内で述べよ。

設問イ　設問アで述べた問題の状況をどのように把握し，影響などをどのように分析したか。また，暫定的な稼働を迎えるために立案した問題に対する当面の対応策は何か。関係部門との調整や合意の内容を含めて，800 字以上 1,600 字以内で具体的に述べよ。

設問ウ　設問イで述べた対応策の実施状況と評価，及び今後の改善点について，600 字以上 1,200 字以内で具体的に述べよ。

サンプル論文 (1/5)

設問ア

1. ＰＪの特徴と本番間近で発見した問題

1.1 ＰＪの特徴

私はＳＩベンダーに勤務しているITエンジニアである。今回ここで論述するプロジェクトは，私がプロジェクトマネージャを担当したＡ市役所のシステム構成情報管理システム開発プロジェクトである。

開発対象のシステムは，Ａ市役所で稼働する約300のシステム構成情報を管理するもので，全国の自治体で開始されるセキュリティ強化の一環として，Ａ市役所が独自に開発して使用するシステムである。

本プロジェクトは，10月から開始して翌年の３月末納期で，その納期は必達となっている。というのも，今回開発するシステムは，全国800自治体との連携処理が４月から開始されることが決定されているからだ。連携処理の開始時期をＡ市役所だけ遅れることは許されない。

1.2 稼働間近で発見した問題について

プロジェクト開発は予定通り10月に開始され，１月から開始された結合テストまでは順調に完了した。しかし，２月中旬から開始した総合テストの最中に問題が発生した。３月末の納期まで残り３週間の時点である。これまで順調だったが，ここにきての問題発覚は，正直かなり焦った。

その問題とは，性能テストとして大量の検索結果を表示するという“構成情報検索機能”で，レスポンスが著しく遅いというものだ。本来，複雑な複合条件を指定したとしても，遅くとも１分以内には表示させないといけないところ，１時間も要してしまった。

問題発覚後，原因を追究し対応策を確定させたのは１週間後。納品まで残り２週間で，対応には再テストを含めると１か月はかかる見込みである。当初予定の納期に間に合わないことは明白であり，私は対応を検討しなければならなくなった。

①
この問題は「本稼働間近」という状況がテーマになっているので，時間遷移（特に，本稼働間近の時間遷移）を正確に伝えないといけない。それをこういう表現にした。

②
問題文では「機能面，性能面，業務運用面などについての問題」だと限定している。これは単なるバグではなく，納期に近いシステムテストや総合テストで初めて発覚される問題だからだ。“問題”だと何でもいいわけではないので，注意深く問題文を読んで判断しよう。

③
問題の表現は「～が問題だ」ではなく，「本来～，実際には～」という表現を使う。

④
設問では「困難と判断した理由」まで問われている。この設問に対して「どう考えても間に合わない」としてもいいが，原因が判明して対応策に対する見積りも完了して初めてわかったとしてもいい。今回は後者にした。

設問イ

2. 問題の状況把握と影響及び当面対応策について

2.1 問題の状況把握について

問題が発覚したのは早かった。というのも，総合テストでの問題は納期まで期限が短いうえに，修正対応で相応の時間を要するため週次報告を待っていては遅いと考え，総合テストにおける問題は速やかに私に報告することとしていたためだ。その点に関しては問題はなかった。

私はすぐに，チームリーダと担当者に原因の調査を指示した。再現テストでは，どうやらシステムに関連するIPアドレスを全て表示する場合に遅延が発生していることが判明した。それ以上の原因になると，A市役所の連携部門の協力も必要になるとのことだったため，私が各部門長に協力を依頼した。

その結果，ようやく原因となる“ある条件”にたどり着いた。その条件下だとリソースを必要以上に使用してしまっていたことが判明した。その原因による他のプログラムでの同一問題の有無なども含めて検討した結果，プログラムを修正して根本的に解決するまでに，最低1か月，長ければ1.5か月かかるという見積りになり，2週間から1か月遅れることが判明した。

2.2 影響の分析について

続いて私は，この問題の影響についての検討に入った。この機能を2週間から1か月の間，使用しなければ何の問題もないからだ。

そこで，情報システム部門や情報セキュリティ委員会の委員と話し合い，この問題を抱えたまま2週間から1か月の間我慢してもらえないかを相談した。しかし，この機能は，情報システム部門が，現在接続されている端末や，稼働している端末を随時確認するために用いる機能なので，毎日，何度となく利用する機能である点と，万が一，この間に，ウィルス感染や不正アクセス，内部不正などが行われると，その発覚が遅れたり，調査に時

⑤
1-2で「原因が判明して対応策に対する見積りも完了して初めてわかった」ことにしているが，設問イで「状況の把握」が問われている。そのため，ここでいったん問題発覚時点まで戻している。

⑥
プロジェクトマネージャは，こういう時でも現場に適切な指示を出すのが本来の役割。原因分析ぐらいは自分で行っても問題はないが，原則「指示を出す」立場であることを覚えておこう。

⑦
ここが重要な部分である。納期に間に合わない機能が，その期間必要無ければ大きな問題にはならないからだ。事前準備する場合は，こういう部分をよく考えて，矛盾がないようにしておこう。

⑧
設問の「関係部門との調整や合意の内容を含めて」という部分に対応しているところ。具体的な部門や担当者を書いて，彼らのニーズや意見を明確にすることが重要になる。

間がかかったりして，大きな問題になる。経営層から追及されるだけではなく，経済的損失や社会的制裁を受けることも考えられる。したがって，たかが2週間，されど2週間ということで，何かしらの方法で対応できるようにはしてほしいと言われた。

2.3 当面対応策について

そこで私は，2週間から余裕を見て最大1か月の間，暫定対応策として，A市役所の主担当である情報システム部門と情報セキュリティ委員会の委員に対して，次のような提案を行った。

今回の問題の状況と原因，今後の解決見込みと影響を説明した。特定のプロセスがサーバのリソースを占有してしまいレスポンスが遅くなってしまうため，手動でプロセスを終了させてリソースを解放すればレスポンスは元に戻る状況であった。そこで，完全に問題が解消するまでの間，弊社にて専用のヘルプデスクを設けて対応することを提案した。レスポンスが遅くなる問題が生じた場合にヘルプデスクへ電話してもらい，オペレータがサーバを操作して手動でプロセス終了操作を行う流れとなっている。スケジュールとしては，予定通り納品を行い4月にシステムを稼働させ，その後で問題解消対応作業を行い5月までには解消版で稼働する段取りの合意を得ることができた。

⑨ できれば，そのコストをどうするのかという点にも言及した方がいい。

⑩ 計画的表現で，いつまで何をどうするのか？を書くことを意識した。

設問ウ

3. 対応策の実施状況と評価，今後の改善点について

3.1 対応策の実施状況

⑪
設問イでは，あくまでも対応策としての計画なので，その実施状況をここで説明する。ただ，計画したことを実施したと書けばいいだけなので難しくないはず。

レスポンスが遅くなる問題は抱えたままであるが予定通り4月にシステムは稼働を開始した。時折レスポンスが遅くなる問題は発生したが，その場合も，ヘルプデスクへ問合せをしてもらい，その都度，オペレータが速やかに作業することで，レスポンスを確保することができた。その問合せは，全部で7回行われたが，全て速やかに対応でき，特にクレームもなかった。レスポンス以外の問題は発生せず，解消版も予定通り5月に納品でき，今回のプロジェクトは無事完了した。

3.2 私の評価

今回の対応策については，情報システム部門や情報セキュリティ委員会でも異議なく受け入れられ，利用者も不満がなかったことから正しい対応であったと評価できると考えている。

⑫
評価の典型例。今回はPJ目標の達成ではないため，顧客満足度を評価の根拠としている。これも評価の典型例の一つ。

納期間近で内心焦ったが，関係部門である情報システム部や情報セキュリティ委員会に隠すことなく即座に事実を全て報告し，一緒になって原因と影響を分析できた点も円満な解決につながったことだと評価してもらえている。もちろん，総合テストに入って問題発覚後，タイムリに対応できるように毎日チェックしていたことも，最小限のトラブルで切り抜けられた要因のひとつである。

3.3 今後の改善点について

今回は顧客の理解もあり，当面対応の了承とその後の対応も円滑に進んだが，手放しで喜んではいられない。

ひとつは予定外のコストが発生してしまった点である。原因分析の工数，大幅な手戻りに要した工数，ヘルプデスク設置の費用，納期遅延の対応工数などである。今回の責任は我々にあるので，当然ながら顧客に請求はできないので，予め上司に確保してもらっていたマネジメント予備費用に該当する予備費用を，私の上司の承認のも

⑬
設問イで書ききれなかったコストの問題をこっちに持ってきた。想定外のトラブル対応では，よくある反省点である。

と取り崩して利用した。今後は許されない事態である。

そしてもうひとつは，重要な機能にもかかわらず，この性能の問題が単体テストでは発覚しなかったという点である。重要な機能の場合，単体テストの段階で，総合テストで実施する本番データを用いてのテストや，本番環境に接続してのテストを実施することも考えなければならない。少なくとも，性能テストについては総合テストより早めに実施できるよう本番環境の早期利用開始を含めて調整すること，テスト工程は余裕を持ったスケジュールを組むことが今後の対応策として考えている。

—以上—

◆評価Aの理由（ポイント）

このサンプル論文は，情報処理教科書プロジェクトマネージャに掲載しているサンプル論文をアレンジして作成したものです。元のサンプル論文は，実際にその年にその論文を書いて**A評価を取って合格した読者に再現してもらった再現論文**ですが，元々ハイレベルで合格しているはずの出来のいい論文だったため，改善するところは多くはありませんでした。**ⓐ当該システムの重要性（納期遅延が許されない機能である点），ⓑ上記を設問イの「影響」として書いた点，ⓒ追加費用の捻出方法（設問ウ）**ぐらいになります。後はコメントにも書きましたが，設問ウで書いた「コスト面」を，検討している設問イに書けるようにしておくと強いでしょう。論文ではコストを無視してどんな対策でも自由に書けるのですが，実際にはコスト面の制約は強いですからね。

チェックポイント			評価と脚注番号
第1部	Step1	規定字数	**約3,200字**。問題なし。ちょうどいい分量。
	Step2	題意に沿う	問題なし。設問に対するタイトルを付けている。問題文で問われている点に忠実に回答している。
	Step3	具体的	問題なし。PMでは，PJへの影響や関係部門との調整，合意内容が重要になる。そこを具体的かつ詳細に書けている点は高評価（④⑧）。
	Step4	第三者へ	問題なし。問題点を2つの差で表現している点も分かりやすい（③）。
	Step5	その他	全体的に定量的に書けているのが見受けられる。特にこの問題では，本稼働間近なので“時間”がシビアになる。そこを，丁寧に説明する必要があるができている（④⑦⑩）。設問ウも設問イとの関連性について言及できている（⑪）。
第2部	PM共通		調整は自ら行い（⑧），原因調査は指示を出している（⑥）。Good!
	テーマ別		**「テーマ3 進捗のPoint1 “いつ?”を明確に」**という点について，丁寧に説明できている（①④⑦⑩）。

表16　この問題のチェックポイント別評価と対応する脚注番号

◆事前準備しておくこと

タイムマネジメントをテーマにした問題はよく出題されます。この問題のように納期間近で一部間に合わなかった事例もイメージしておきましょう。2時間でこのレベルに持って行くのは難しいので，事前に，この問題とサンプル論文を参考にして，このレベルか，さらに上のレベルで準備を進めておくといいでしょう。

◆IPA公表の出題趣旨と採点講評

出題趣旨

プロジェクトマネージャ（PM）には，システム開発プロジェクトで発生する問題を迅速に把握し，適切な解決策を立案，実施することによって，システムを本稼働に導くことが求められる。しかし，問題の状況によっては暫定的な稼働とせざるを得ないこともある。

本問は，稼働日の延期が難しい状況にあるときに，本稼働間近で稼働日までに解決が困難な問題が発見された場合，利用部門や運用部門などの関係部門と調整し，合意を得ながら，暫定的な稼働に至るために立案，実施した当面の対応策について具体的に論述することを求めている。論述を通じて，PMとして有すべき問題解決に関する知識，経験，実践能力などを評価する。

採点講評

全問に共通して，"論述の対象とするプロジェクトの概要" で記入項目間に不整合がある，又はプロジェクトにおける立場・役割や担当した工程，期間が論述内容と整合しないものが見られた。これらは論述の一部であり，評価の対象となるので，適切に記述してほしい。記述したプロジェクトの特徴を踏まえ，設問で問われている事項に対応してプロジェクトマネージャ（PM）としての経験と考えに基づいて論述してほしい。

問2（システム開発プロジェクトにおける本稼働間近で発見された問題への対応について）では，予定されたシステムの稼働日の延期が難しい状況のときに，本稼働間近で予定された稼働日までに解決が困難な問題が発見された場合，暫定的な稼働を迎えるために立案，実施した当面の対応策について具体的に論述できているものが多かった。一方，PMとしてやるべきことを怠っていたと推察される論述，例えば，本稼働間近より前の工程で当然発見され，解決されなければならない問題を本稼働間近で発見したような論述も見られた。

平成31年度

問1　システム開発プロジェクトにおけるコスト超過の防止について

プロジェクトマネージャ（PM）には，プロジェクトの計画時に，活動別に必要なコストを積算し，リスクに備えた予備費などを特定してプロジェクト全体の予算を作成し，承認された予算内でプロジェクトを完了することが求められる。

プロジェクトの実行中は，一定期間内に投入したコストを期間別に展開した予算であるコストベースラインと比較しながら，大局的に，また，活動別に詳細に分析し，プロジェクトの完了時までの総コストを予測する。コスト超過が予測される場合，原因を分析して対応策を実施したり，必要に応じて予備費を使用したりするなどして，コストの管理を実施する。

しかし，このようなコストの管理を通じてコスト超過が予測される前に，例えば，会議での発言内容やメンバの報告内容などから，コスト超過につながると懸念される兆候をPMとしての知識や経験に基づいて察知することがある。PMはこのような兆候を察知した場合，兆候の原因を分析し，コスト超過を防止する対策を立案，実施する必要がある。

あなたの経験と考えに基づいて，設問ア～ウに従って論述せよ。

設問ア　あなたが携わったシステム開発プロジェクトにおけるプロジェクトの特徴とコストの管理の概要について，800字以内で述べよ。

設問イ　設問アで述べたプロジェクトの実行中，コストの管理を通じてコスト超過が予測される前に，PMとしての知識や経験に基づいて察知した，コスト超過につながると懸念した兆候はどのようなものか。コスト超過につながると懸念した根拠は何か。また，兆候の原因と立案したコスト超過を防止する対策は何か。800字以上1,600字以内で具体的に述べよ。

設問ウ　設問イで述べた対策の実施状況，対策の評価，及び今後の改善点について，600字以上1,200字以内で具体的に述べよ。

サンプル論文 (1/5)

設問ア

1．私が携わったプロジェクトの特徴とコスト管理の概要

1.1. プロジェクトの概要

私は，建設会社Ｓ社の情報システム部に所属している。そこで私は，５年ほど前からプロジェクト管理を主な業務としている。

今回私が担当したのは，現場検査業務を支援する生産管理システムの構築プロジェクトである。従来，紙面の建設図面などを用いて行っていた検査業務を，タブレット端末で行えるようにすることで生産性を向上させることを目的としている。

私が，プロジェクトマネージャを担当する。開発期間は2017年４月１日から2018年４月１日までの12か月間で，開発規模は120人月になるが，ここ数年，海外に新たな工場を建設していて，今回のシステムに回せる予算が限られている。パッケージをベースに開発することで予算をギリギリまで押さえており，何かあっても追加予算は一切認められないと釘を刺されていた。

1.2. コスト管理の特徴

キックオフの時に，S社社長からも「競合他社のＴ社では，類似のプロジェクトでコストが計画値の倍近くに膨張したようである。Ｓ社はこのようにならないように」と強く念を押された。

そこで私は，コスト超過につながるリスクを徹底的に管理するとともに，その兆候をいち早く察知できるようにコスト管理を徹底する計画を立てた。

コスト管理には，弊社標準のＥＶＭを採用する。ＥＶＭを活用すれば，進捗とコストのバランスを見ながら対応できるし，常時，プロジェクト完了時の総コストを睨んだマネジメントができる。後は，リスクを特定し，コスト超過の兆候を早期に発見して，コスト超過の手前で芽を摘んでいくように考えた。

①
この問題に合致するように，納期・予算・品質の中で，予算内に収めることを最優先とするシステムを取り上げた。

②
コスト超過の兆候が問われている問題なので，リスクマネジメントの部分に力を入れることを匂わせている。

③
1-2は，コスト管理の特徴なのでEVMを採用する点を説明している。特に問題文に「大局的に，また，活動別に詳細に分析し，プロジェクトの完了時までの総コストを予測する」という記述もあるため，EVMが適していると考えられる。

設問イ

2．コスト超過につながる兆候の管理とコスト超過の防止策

2.1. コスト超過につながる兆候の管理指標

コスト管理はＥＶＭで行うものの，これは，コストの実績値が計画値を超過していないかを検知する仕組みである。しかし，一般的に，コストの実績値が一旦計画値を超過すると，それを挽回するのは非常に難しい。そのため私は，コスト超過が発生する前の段階で，その兆候を把握することが，今回のプロジェクトを成功させるための必須条件だと考えた。

(1) 兆候を検知するための管理指標の設定

そのためには，品質不良や品質の組込みの進捗状況を管理できる指標を設定した。ＥＶＭにおける出来高の計上方法よりも，さらに詳細にチェックしたかったからだ。具体的には，例えば要件定義フェーズにおいては以下のような管理指標を設定した。

・利用部門からの要求項目数が，計画時に見積もった数に対して余裕がない（割合が 0.9 以下であるか）
・開発メンバの残業時間が適切か（週当たり10時間以内か）
・レビューの指摘密度は適切か（４件±30%／ページ）

(2) 兆候かどうかの判断

これらの管理指標と合わせて，メンバの健康状態やメンバ同士のコミュニケーション，コンフリクトの発生や会議への参画状況及び発言内容なども日々チェックする。

品質に関する管理指標が計画値から逸脱する場合には当然のこと，計画の範囲内で一見すると順調そうに見えていても気になる所があれば，随時介入しようと考えていた。

2.2. コスト超過につながる兆候の把握と原因分析

そのような計画のもと，１年間のプロジェクトを開始した。プロジェクトが開始してから１か月が経過したこ

④
兆候の把握には，過去問題を見る限り，事前に管理指標として組み込んでいる場合や，実行中に見つけたちょっとした違和感の両方がある。問題文でどちらのケースを要求しているのかを明確にして，基本はそれに合わせるようにするのがベスト。今回は，コスト超過厳禁ということで，両側面からのアプローチを書いた。

⑤
この問題文の例からだと，予め組み込んでおいた管理指標ではないことを想定していると考えられるが，今回の設問アからの流れだと，こうしたコスト超過の先行指標を組み込んでいるはずなので，先に書いた。

⑥
定量的な数値目標もあるのでGood！

⑦
こちらが題意に沿った兆候になるポイント。

ろ，早くも予算超過につながる品質に関する管理指標が異常値を示した。2か月間で計画していた要件定義フェーズの，ちょうど中間レビューの時だった。異常値を示した管理指標は，レビューの指摘密度である。6.2件／ページとなり目標範囲から1件／ページ程度逸脱したのである。

ただ，レビューでの指摘事項が計画値よりも多いということは，レビューの精度が高く品質が良くなっているケースもある。そこで，もう1週間だけ様子を見ながら，併せてメンバに話を聞いてみた。

すると，担当者別，要求の種類や複雑度で偏りは見られなかったが，作成時のリーダーの関与度合いが低い部分にレビューの指摘事項が集中していることを掴んだ。

2.3. コスト超過を防止する対策

原因ははっきりしたが，まだ要件定義工程は半分の1か月残っている。これから要件定義を確定させていく作業もあるし，レビューも実施しなければならない。そうした残り作業でも，同じように指摘事項が逸脱する可能性は十分ある。そして，経験上，ここで潜在的に不具合が残ってしまえば，後の工程で発見された時に大きな手戻りが発生する。そうなるとコスト超過は避けられなくなる。

そこで私は，今回のこの件がコスト超過の兆候に該当するとして，次のような対応策を実施することにした。

- 要件定義工程を半月延長し，これまでの成果物を再度レビューすること
- 要件定義の作成時に，必ずリーダーが事前に留意点を助言すること。
- リーダーの作業負荷を軽減し，メンバからの質問にタイムリに回答できるように計画変更する

⑧
ここからが設問イで問われていること。予め組み込んでおいた管理指標超過の兆候になるが，「これだけをもってして問題だとは言えない」点，「様子を見ている」点で，まだ問題は発生していない。題意に沿っている。採点講評の最後の指摘にも当てはまらないからGood！

⑨
設問イの「兆候の原因」に対応する部分。

⑩
設問イの「コスト超過につながると懸念した根拠」に対応する部分。

設問ウ

3．対策の実施状況と対策の評価，また今後の改善点

3.1. 対策の実施状況

この対策を実施するにあたって，要件定義工程を半月延長することで，この上流工程で品質を確保できれば，後々スケジュール遅延は挽回できると考えた。最悪，半月納期が遅れても問題はないと現場から許可をもらっている。その場合，残業時間や休日出勤も減り，手戻りによる作業もなくなることで予算の超過も防ぐことができる。

実際，このように計画を変更したことで，要件定義工程は半月遅れで完了した。そして，その後の工程での手戻りも防止できた。結果，納期も予算も計画の範囲内に収めることができた。

3.2. 評価

今回は，予算超過になると大きな問題になることを十分念頭に置いていたため，本来であればもう少し様子を見てもいい所を，早め早めに対応した点が良かったと考えている。

加えて，事前に品質管理の指標を進捗と合わせて注視していた点は大いに評価できる。というのも，メンバが特に問題意識を持っていなかったことを，原因分析で発見できたからである。通常なら，メンバが先に異常に気付くが，それは多くの場合，個々のメンバの自分の作業範囲内でのもので，今回のように全体的見地から見ないと早期に発見できないものもあるからだ。

3.3. 今後の改善点

しかし逆に，メンバがプロジェクト全体に波及する恐れのあるプロジェクト目標を達成できないリスクが発生する兆候に気付かなかった点は問題である。

それがプロジェクトマネージャの役割だと言えばそれまでだが，彼らもいずれプロジェクトマネージャになる。徐々に，自分の作業だけではなく，周囲の状況にも目を

⑪ 実施状況に関しては，このように計画したことがどうだったのか？功を奏したのか？を粛々と事実に基づいて書いていけばいい。

⑫ 評価に関しては，設問イで実施したことを一つ一つ丁寧に評価していけばいい。

⑬ 改善点に関しては，ここに書いたように，工夫した点に対する裏返しで，そもそもなぜ工夫しないといけなくなったのかを考えれば，そこを改善とすることもできる。

配れるようにならないといけない。そうして連帯意識を形成して，お互いに助け合う文化を作り上げていかないといけない。

そこで，これを機会に，プロジェクトメンバにプロジェクト全体を俯瞰する目線を持つように指導するとともに，全体会議で集まる時には，その観点からも問題意識を持たせ，メンバ側からも気付いて報告できる体制にもっていきたい。

—以上—

◆評価Aの理由（ポイント）

このサンプル論文は，情報処理教科書プロジェクトマネージャに掲載しているサンプル論文をアレンジして作成したものです。元のサンプル論文は，実際にその年にその論文を書いて**A評価を取って合格した読者に再現してもらった再現論文**ですが，それを「**もっとここはこうした方がさらに良くなる**」と思ったところを付け足しています。

具体的には，「特定メンバの生産性が悪い」という原因から，**メンバも気付かないレベルの兆候に変更しました**。これにより，原因分析が必要になりPMの役割の重要性を説明できるようになったと思います。また，コスト超過につながると懸念した根拠の説明が弱かったので「**上流工程で早めに対応した**」点を強調しました。ただ，安全策を取るのなら，この問題は予め組み込んだ管理指標を兆候の検知指標とするのではなく，問題文の例のように**プロジェクト実行中に発見したものを兆候とした方がいいでしょう**。後，設問イの対策も，計画変更の部分を具体的に書いていれば，さらに良かった。

チェックポイント			評価と脚注番号
第1部	Step1	規定字数	**約3,400字**。問題なし。2.1.は問題文でも問われていない部分なので,ここが若干長かった。カット可能。
	Step2	題意に沿う	問題なし。設問に対するタイトルを付けている。問題文で問われている点に忠実に回答している。コスト超過に関する管理指標を予め組み込んでおいた点に関しても，品質管理の指標であり，それだけでは問題とは言えないとしている点で問題はなかった（④⑧）。
	Step3	具体的	問題なし。全体的に具体的に書けている。
	Step4	第三者へ	問題なし。分かりやすい内容になっている。
	Step5	その他	管理指標の定量的数値目標を書いている点はGood!（⑥）。また，プロジェクトの特徴から設問ウに至るまで，一貫性がある（①②③⑤⑪⑫）。
第2部	PM共通		対策が“計画的表現”になっていない点はもったいなかった。2.1.を短くして（あるいは無くして），この対策部分を計画的表現（元々の計画，変更後の計画）で表現した方が良かった。
	テーマ別		**「テーマ4 予算のPoint1“兆候”ではなく，予算が超過した時の挽回策は慎重に！」**という点については明確な記述はなかった。予算超過が発生していない設定だが，それなら要件定義工程の0.5人月／人増をどう挽回したのかは必要だった。マイナス。

表17　この問題のチェックポイント別評価と対応する脚注番号

◆事前準備しておくこと

この問題のように“**兆候**”**をテーマにした問題**はよく出題されます。シンプルなところでは“残業時間”だけでも兆候に設定できますが，できれば，この問題の設問にも書いている通り**「PMとしての知識や経験に基づいて察知した」点をアピールできる“兆候”**を準備しておきたいですよね。その場合，採点講評にも書いている通り，あくまでも兆候で，**「問題が発生している」**わけではない点に注意しましょう。

◆IPA公表の出題趣旨と採点講評

出題趣旨

プロジェクトマネージャ（PM）には，プロジェクトの計画時に，活動別に必要なコストを積算し，リスクに備えた予備費などを特定してプロジェクト全体の予算を作成し，承認された予算内でプロジェクトを完了することが求められる。

本問は，プロジェクトの実行中に，コストの管理を通じてコスト超過を予測する前に，コスト超過につながると懸念される兆候をPMとしての知識や経験に基づいて察知した場合において，その兆候の原因と立案したコスト超過を防止する対策などについて具体的に論述することを求めている。論述を通じて，PMとして有すべきコストの管理に関する知識，経験，実践能力などを評価する。

採点講評

プロジェクトマネージャ試験では，“あなたの経験と考えに基づいて”論述することを求めているが，問題文の記述内容をまねしたり，一般論的な内容に終始したりする論述が見受けられた。また，誤字が多く分かりにくかったり，字数が少なくて経験や考えを十分に表現できていなかったりする論述も目立った。

“論述の対象とするプロジェクトの概要”については，各項目に要求されている記入方法に適合していなかったり，論述内容と整合していなかったりするものが散見された。

要求されている記入方法及び設問で問われている内容を正しく理解して，正確で分かりやすい論述を心掛けてほしい。

問1（システム開発プロジェクトにおけるコスト超過の防止について）では，コストの管理を通じてコスト超過が予測される前に，PMとしての知識や経験に基づいて察知した，コスト超過につながると懸念した兆候，懸念した根拠，兆候の原因と立案したコスト超過を防止する対策について具体的に論述できているものが多かった。一方，兆候とは問題の起こる前触れや気配などのことであるが，PMとして対処が必要な既に発生している問題を兆候としている論述も見られた。

SM

ITサービスマネージャ

論文がA評価の割合（午後II突破率）▶ 37.4%（令和元年度）

ITサービスマネージャ試験は，運用保守に携わるエンジニアのための資格です。受験者数は少ないですが，運用を担当しているエンジニアにとっての専門領域はこの試験区分だけ。挑戦する価値はあると思います。

◎この資格の基本SPEC！

・平成7年に初回開催。過去25回開催
・累計合格者数10,129名／平均合格率10.0%

年度	回数	応募者数	受験者数（受験率）	合格者数（合格率）
H07-H12※1	6	25,413	13,793 (54.3)	940 (6.8)
H13-H20※2	8	86,436	44,867 (51.9)	3,451 (7.7)
H21-R01	11	63,668	42,633 (67.0)	5,738 (13.5)
総合計	25	175,517	101,293 (57.7)	10,129 (10.0)

※1 H07-H12　システム運用管理エンジニア
※2 H13-H20　テクニカルエンジニア（システム管理）

◎最近3年間の得点分布・評価ランク分布

				平成29年度	平成30年度	令和元年度
応募者数				5,779	5,605	5,121
受験者数（受験率）				3,932 (68.0)	3,715 (66.3)	3,388 (66.2)
合格者数（合格率）				535 (13.6)	530 (14.3)	497 (14.7)
得点分布・評価ランク分布	午前I試験	「得点」ありの人数		1,811	1,627	1,463
		クリアした人数（クリア率）		890 (49.1)	785 (48.2)	800 (54.7)
	午前II試験	「得点」ありの人数		2,947	2,768	2,622
		クリアした人数（クリア率）		2,133 (72.4)	2,167 (78.3)	2,199 (83.9)
	午後I試験	「得点」ありの人数		2,085	2,103	2,105
		クリアした人数（クリア率）		1,204 (57.7)	1,226 (58.3)	1,349 (64.1)
	午後II試験	「評価ランク」ありの人数		1,195	1,217	1,329
		合格	A評価の人数（割合）	535 (44.8)	530 (43.5)	497 (37.4)
		不合格	B評価の人数（割合）	364 (30.5)	394 (32.4)	367 (27.6)
			C評価の人数（割合）	96 (8.0)	120 (9.9)	225 (16.9)
			D評価の人数（割合）	200 (16.7)	173 (14.2)	240 (18.1)

アクセスキー n（小文字のエヌ）

1 試験の特徴

最初に，“受験者の特徴”と“A評価を勝ち取るためのポイント”及び“対策の方針”について説明しておきましょう。

◆受験者の特徴

この試験は，毎回，運用・保守業務の経験者と未経験者が混在しています。その割合は半々ぐらいで，**経験者は論文試験に初挑戦の人が多く，未経験者は他の論文系試験の合格者が多い**という特徴があります。

経験者にとっては，（論文系5区分のうちだと）この試験こそメインになるから，当然，論文系試験は初挑戦になることが多くなると思います。一方，未経験者の受験生には，開発系エンジニアが多いと思います。その場合，例えば「昨年，システムアーキテクトに合格したから，その次に…」という理由で（受験することが多いから），他の論文系試験の合格者が多くなるのだと思います。

◆A評価を勝ち取るためのポイント

上記のような受験者の特徴から，この試験は「**論文試験に初挑戦する経験者　VS　他の論文系試験に合格している未経験者**」の構図を持つ試験だと考えておけばいいでしょう。それゆえ，A評価を勝ち取るためのポイントは**“実務経験もしくは相応の知識”と“論文の書き方”の両方を身に着けること**になります。どちらか一方に長けた受験者は多いのですが，両方を持ち合わせた受験者は絶対的に少ないからです。

◆論文対策の方針

以上より，論文対策については，自分自身がどちらに属するのかによって変わってきます。経験者で論文初挑戦の場合は，本書の第一部を熟読して，**徹底的に“論文の基礎”を身に着けること**になります。これは，システムアーキテクトの方針（P.082）と同じですね。一方，他の論文試験には合格しているものの，運用・保守の経験が無い場合は，**具体的かつ詳細に書くことができないという点を，知識でカバーする**という方向で考えましょう。

〈参考〉 IPAから公表されている対象者像，業務と役割，期待する技術水準

対象者像	高度IT人材として確立した専門分野をもち，情報システム全体について，安定稼働を確保し，障害発生時においては被害の最小化を図るとともに，継続的な改善，品質管理など，安全性と信頼性の高いサービスの提供を行う者
業務と役割	ITサービスの品質とコスト効率の継続的な向上を目的としてITサービスをマネジメントする業務に従事し，次の役割を主導的に果たすとともに，下位者を指導する。 ① 運用管理チーム，オペレーションチーム，サービスデスクチームなどのリーダとして，サービスマネジメントプロセスを整備・実行し，最適なコストと品質で顧客にITサービスを提供する。 ② アプリケーションに関するライフサイクル管理のうち，システムの受入れ，運用などを行う。また，開発環境を含めて安定した情報システム基盤を提供し，効率的なシステムの運用管理を行う。 ③ ITサービスとマネジメントプロセスの継続的改善を行う。ITサービスの実施状況を顧客に報告するとともに，顧客満足度向上を図る。 ④ 情報セキュリティポリシの運用と管理，情報セキュリティインシデント管理を行い，ITサービス活動の中で情報セキュリティを効果的に管理する。 ⑤ 顧客の設備要件に合致したハードウェアの導入，ソフトウェアの導入，カスタマイズ，保守及び修理を実施する。また，データセンタ施設のファシリティマネジメントを行う。
期待する技術水準	ITサービスマネージャの業務と役割を円滑に遂行するため，次の知識・実践能力が要求される。 ① サービスマネジメントの意義と目的を理解し，サービスマネジメントシステムを確立及び改善することによって，ITサービスを提供できる。 ② システムの運行管理，障害時運用方式，性能管理，構成管理を実施することができる。システムの運用管理に必要な障害管理，構成管理，課金管理，パフォーマンス管理などの管理技術をもち，情報システム基盤の品質を維持できる。 ③ ITサービスの改善策を立案・実施し，評価するとともに，品質の高いサービスレポートを顧客に報告できる。 ④ 実効性の高い情報セキュリティ対策を実施するために必要な知識・技術をもち，情報セキュリティの運用・管理ができる。 ⑤ 導入済み又は導入予定のハードウェア，ソフトウェアについて，安定稼働を目的に，導入，セットアップ，機能の維持・拡張，障害修復ができる。また，データセンタ施設の安全管理関連知識をもち，ファシリティマネジメントを遂行できる。
レベル対応	共通キャリア・スキルフレームワークの 人材像：サービスマネージャのレベル4の前提要件

表18 IPA公表のITサービスマネージャ試験の対象者像，業務と役割，期待する技術水準
(情報処理技術者試験　試験要綱 Ver4.4 令和元年11月5日より引用)

2 多くの問題で必要になる“共通の基礎知識”

続いて，論文を書くために必要な最低限の基礎知識のうち，多くの問題で必要になる“共通の基礎知識”を説明します。

◆ITILに関する知識

強いてあげるとすればITILに関する知識です。ITILが普及しているというだけではなく，試験でもITILがベースになっているからです。とはいえ，論文を書くために必要な最低限の基礎知識のうち，多くの問題で必要になる“共通の基礎知識”自体はほとんどありません。ITILもそうですが，テーマ毎に異なる知識が必要になります。

◆必要なのは，テーマ別の基礎知識

実際に論文を書く上で必要になる知識は，インシデント対応や改善など個々の管理単位の知識になります。それを本書では，「**5 テーマ別の合格ポイント！（P.257）**」にまとめています。そちらを確認してください。

◆午後Ⅰが解けるレベルの知識

この試験区分は，午後Ⅰ試験が解けるだけの知識があれば，原則，論文を書くだけの“知識”はあると考えられます。したがって，午後Ⅰ試験を知識のバロメーターに考えるといいでしょう。午後Ⅰ試験の問題を解くだけの知識が無い場合には，午後Ⅰ対策を通じて必要な知識を会得していきます。参考書も午後Ⅰ対策のものを使って知識を補充します。

column

守破離と午後II論述式試験
～知識に基づく経験が問われる～

“守破離”という言葉をご存じですか。筆者の好きな言葉です。この言葉は，昔から伝わる有名なもので，茶道や華道，武道など（元々は能の世界？）の学び方や師弟関係のあるべき姿を現したものです。個々の文字には次のような意味があり，学びが進むにつれ，守→破→離の順で成長していきなさいという教えになっています。

守：既存の型を「守る」。真似する。
破：その後造詣を深め，その型を自分にあったものに合わせて「破る」。
離：最終的には型から「離れて」自由になる。

筆者は，この考えは，ITILやPMBOKなど標準化することや，標準化を学んで使えるようになることに通ずるところがあると思っています。こういう感じで。

守＝ITILやPMBOK
破＝会社標準
離＝自分自身のオリジナリティ

そしてそれが，情報処理技術者試験でも問われているような気がするのです。

守＝ITILやPMBOKの知識
　午前問題で試される
破＝それをどう使っているか？
　午後II試験で経験が問われる
離＝仕事で成果を発揮する

ITILもPMBOKもそうですが，標準化とは，あらゆるものから共通項を見出して定義したものなので，個別の特徴は含んでいません（P.176のcolumn「プロジェクトマネージャ試験の設問アで，プロジェクトの特徴が問われる理由」参照）。

したがって，会社標準にしても，その会社標準を個々のインシデント対応時に活用するのも，そのままでは使えないケースが多いわけです。個別の特徴を加味して，それに適用すべく“工夫”しなければなりません。

そして，その個別事象への適用能力をみれば，そのITエンジニアのスキルも正しく評価できるので，それが論述式試験で問われているのでしょう。

・知識と経験に基づいて…
・工夫した点
・マニュアル通りにいかなかった時のことが問われている点

いずれも，守破離の考え方と重ねて考えると，なぜ，論述式試験が今のような問題，設問になっているのかもわかりますよね。

昔のIT業界は，いわば“我流”で進めるしかありませんでした。しかし，我流はあくまでも我流で，集合知ではありません。多くの我流を集めて集合知とし洗練したものが，ITILやPMBOKです。今は，そうした集合知があるのです。もちろん，そのままでは使えないですが，だからと言って必要ないわけではありません。そこを十分理解した上で，論文でもアピールしてみましょう。

3 他の受験生に“差”をつけるポイント！

それではここで，他の受験生に差をつけて合格を確実にするためのポイントを説明しましょう。本書で最も伝えたいところの一つです。しっかりと読んでいただければ幸いです。

1 ITサービスの概要の表現で“差”をつける！

この試験は，平成21年から“システム管理者”を**“ITサービスの提供者”**という位置付けに変えました。ちょうど“システム管理”ではなく**“ITサービスマネージャ”**という名称に変わったタイミングです。それに伴い，設問アで問われる最初の設問も，平成20年度までの「システムの概要」から「ITサービスの概要」に変わりました。したがって，そこに書くのは（当たり前ですが）**“ITサービスの概要”**になります。

しかし，これまでの採点講評を見ると，この部分が正確に論述できている人は少ないようです（下記参照）。

平成23年のITサービスマネージャ試験の採点講評より

設問アの“あなたが携わったITサービスの概要”で，システムの機能や構成などの記述にとどまるものが少なからず見受けられた。ITサービスマネージャとして顧客や利用者などに提供するITサービスについて記述する必要があり，システムの機能や構成を記述するとしてもあくまでも補足的であるべきことを注意しておきたい。

平成26年のITサービスマネージャ試験の採点講評より

“ITサービスの概要”について，十分な内容を記述していないものが相変わらず見受けられた。JISではサービスを“顧客に価値を提供する手段”としている。この観点から，自ら携わっている業務について整理しておいてほしい。

採点講評での同様の指摘は，平成23年以後平成28年まで毎年のように見受けられました。平成25年の採点講評では，（それだけでとどまると良くない例として）システムの機能や構成に加えて**“アプリケーション機能”**，**“顧客ビジネス”**なども加えられていました。

この点に関しては，実際に，筆者が添削していてもよく指摘しているところです。タイトルでは「1.1.ITサービスの概要」と書いているのに，その内容が

ITサービスではなく，従来の「システム概要」になっていたり，「会社概要」や「自己紹介」になっていたりすることが少なくありません。最初の数回は特に多く，添削による改善指導はこの部分の改善から始めていると言っても過言ではないでしょう。

もちろん，「ITサービスの概要」の段落がシステムの話に終始していただけで，即不合格論文になることまではないと思います。しかし，設問アでは必ず「ITサービスの概要」が問われることがわかっています。準備しないというのは得策ではありえません。事前にいくらでも事前準備ができるので，何はさておき，ここを綺麗にして，他の受験生に“差”をつけることを考えましょう。

具体的には，「ITサービスの概要」の表現を“サンプル論文”や“午後Iの問題文”で十分理解した上で，自分なりの「ITサービスの概要」を作りあげておきます。

なお，本書のサンプル論文を参考にする場合には，**令和元年の2問をお勧めします**。その他のサンプル論文では，それぞれの論文のコメントにも書いていますが「**…という点は良くないけれど，これぐらいなら許容範囲かな**」ということを伝えるために，いわば60点の内容にしています。したがって，真似る対象には適しません。

2 “マネージャ”の立場で書いて“差”をつける！

初期の頃の採点講評には，次のような指摘がありました。

平成21年度のITサービスマネージャ試験の採点講評より

ITサービスマネージャとしての能力を問うことに重点を置いた。作業を確実に実施したということに終始し，大局的な考察や評価などマネジメントの視点に欠ける論述が少なからずあったのは，従前のテクニカルエンジニア（システム管理）試験と同様であった。ITサービスマネージャにはマネジメントは重要なスキルである。マネジメントの視点をもって業務を遂行してもらいたい。

平成22年度のITサービスマネージャ試験の採点講評より

本年度も自らの担当業務について作業を確実に行ったことに終始している論述が少なからず見受けられた。マネジメントの視点をもって業務の遂行に当たることを改めて期待したい。

ITサービスマネージャは“マネージャ”です。情報システム部の部長が近いと考えてもらえればいいでしょう。ある程度，意思決定権を持ち，部下に“**指示をする**”立場だということを意識して表現しましょう。

3｜どの問題にも適した題材で“差”をつける！

ITサービスマネージャの論文では，原則「このシステムでないといけない」というものはないのですが，問題によって合わない（書けない）システムというのはあります。重大なインシデントが発生したという問題では，業務上重要な基幹システムなら合っていますが，数日間止めても問題ないような周辺システムだと合いませんよね。

試験では，重要なシステムを対象にしている場合が多いので，どの問題にも適している“重要なシステム”を一つは準備しておきましょう。具体的には，**許容停止時間が1～3時間程度の（つまり，それ以上停止できないほど重要な）情報システム**になります。それ以上停止した場合，大きな損失が出るとか，多くの社員もしくは多くの取引先に迷惑がかかるとか，影響の大きい情報システムです。

4｜SLAを定量的に表現して“差”をつける！

ITサービスマネージャの論文で，他の受験生に差をつけるための四つ目のポイントは，SLAを定量的に表現することです。表現する場所は，特に他の段落に書くような指定がなければ，**設問アの「ITサービスの概要」**の部分に含めましょう。

SLAの要素としては，サンプル論文や午後Ｉの問題文を参考にしてください。**利用者に対するサービス提供時間，RTO，RLO，RPOなど**が，本編に関連してつながりやすいものになります。対して稼働率は，（書くことにはまったく問題ありませんが）直接的制御が難しい指標なので，その点は注意しましょう。

5｜ITILやITSMSの知識を入れて“差”をつける！

他の受験生に“差”をつける五つ目のポイントは，論文に，ITILやITSMSの知識を入れていくことです。具体的には「**4 テーマ別ポイント**」のところで説明しているので，そちらでチェックしてください。

6｜教育と訓練の表現で“差”をつける！

論文に，要員に対する“教育”や“訓練”を書くことは少なくありません。要員の育成や改善，問題管理をテーマにした問題での対応策になるからです。実際，問題文中にも対応策の例として要員の“教育”や“訓練”を挙げている過去問題は少なくありません。

しかし，要員に対する“教育”や“訓練”を書くときには細心の注意が必要です。というのも，「教育を実施した」とか「訓練を実施した」というところまでは**誰でも書けるので，それだけだと他の受験生との差にはならない**からです。メインの対策を別に書いていて，それに加えて簡潔に書くのならそれでもいいのですが，そうでない場合には，**それなりの要素を含めて，それなりの字数を書かないと埋もれてしまう**ので注意しましょう。

7｜原因分析で“差”をつける！

原因分析を要求されている場合には注意が必要である。というのも，添削をしていると「**いや，それただのヒアリングだし。原因追及だよね**」とか，「**え？そんなのパレート分析しなくてもわかるよね**」とか，そういう指摘をすることがとても多いからです。必要性が無ければ非現実的に見えてしまいます。“原因分析”はあくまでも“分析”。すぐにはわからないもので“分析”が必要な状況で初めて行うものです。そういう展開になっているかどうかを間違えないようにしましょう。

4 テンプレート

解答用紙（原稿用紙）には，表紙のすぐ裏側に，P.256のような「**論述の対象とするITサービスの概要**」という15項目ほどの質問項目があります。これをテンプレートと呼んでいますが（P.087，090参照），このテンプレートも論述の一部だという位置付けなので，2時間の中で必ず埋めなければなりません。

1 記入方法

この質問項目の記入方法は，問題冊子の表紙の裏に書いています。令和元年の試験では次のようになっています（図7参照）。特にここを読まなくても，常識的に記入していけば問題にはなりませんが，予告なく変更している可能性もあるので，試験開始後，念のため確認しておきましょう。

“論述の対象とする IT サービスの概要”の記入方法

論述の対象とする IT サービスの概要と，その IT サービスマネジメントに，あなたがどのような立場・役割で関わったかについて記入してください。

質問項目①は，ITサービスの名称を記入してください。

質問項目②～⑪，⑬は，記入項目の中から該当する番号又は記号を○印で囲み，必要な場合は（　　）内にも必要な事項を記入してください。複数ある場合は，該当するものを全て○印で囲んでください。

質問項目⑫，⑭及び⑮は，（　　）内に必要な事項を記入してください。

図7　問題冊子の表紙の裏に書いてあるテンプレートの記入方法

2 | 採点講評での指摘事項

この部分に関しての採点講評での指摘事項は次の通りです。過去3回でそれほど多くなく，平成23年には終息宣言のようになっていますが，そこに書かれている通り，引き続き注意は必要です。

平成21年のITサービスマネージャ試験の採点講評より
答案用紙の“あなたが携わったITサービスマネジメントの概要”の記入漏れも見受けられた。問題文はもとより，問題冊子の注意事項についてもよく理解した上で論述に当たってもらいたい。

平成22年のITサービスマネージャ試験の採点講評より
答案用紙の“あなたが携わったITサービスマネジメントの概要”では，すべての項目に記入することが求められているにもかかわらず，本年度も記入漏れが散見された。改めて注意を促したい。

平成23年のITサービスマネージャ試験の採点講評より
昨年度の講評で指摘した“論述の対象とするITサービスの概要”の記入漏れが，本年度は激減した。皆無となるよう，引き続き注意を促したい。

3 | 絶対に忘れずに全ての質問項目を記入，本文と矛盾が無いように書く

他の試験区分の採点講評での指摘も踏まえて考えると，**忘れずに全ての質問項目を記入する**とともに，その**内容が“本文”と矛盾しないようにする**必要があります。個々の内容を深く考える必要はありませんが，この2点だけは順守しましょう。本文を書いている間に，当初予定していたことと異なる展開にした場合には，忘れずに質問項目も修正しましょう。

また，この質問項目は，特に予告なく変更される可能性はあるものの，これまでは大きく変わることはありませんでした。したがって，事前準備のできるところです。試験当日に考えることのないよう，事前に，質問項目を確認して回答を準備しておきましょう。

論述の対象とするITサービスの概要

質問項目	記入項目
サービスの名称	
①名称 30字以内で，分かりやすく簡潔に表してください。	販売業における基幹系販売管理システムの維持管理サービス 【例】1. インターネットを利用したオンラインショッピングサービス 2. 金融業におけるお客様コールセンターサービス 3. 製造業におけるITインフラストラクチャの維持管理サービス
サービスの対象とする企業・機関	
②企業・機関などの種類・業種	1. 建設業 2. 製造業 3. 電気・ガス・熱供給・水道業 4. 運輸・通信業 ⑤卸売・小売業・飲食店 6. 金融・保険・不動産業 7. サービス業 8. 情報サービス業 9. 調査業・広告業 10. 医療・福祉業 11. 農業・林業・漁業・鉱業 12. 教育（学校・研究機関） 13. 官公庁・公益団体 14. 特定しない 15. その他（ ）
③企業・機関などの規模	1. 100人以下 2. 101～300人 ③301～1,000人 4. 1,001～5,000人 5. 5,001人以上 6. 特定しない 7. 分からない
④対象業務の領域	1. 経営・企画 2. 会計・経理 ③営業・販売 4. 生産 5. 物流 6. 人事 7. 管理一般 8. 研究・開発 9. 技術・制御 10. 特定しない 11. その他（ ）
システムの構成	
⑤システムの形態と規模	①クライアントサーバシステム ㋐.（サーバ約 4 台，クライアント約400台） イ．分からない 2. Webシステム ア．（サーバ約 台，クライアント約 台） イ．分からない 3. メインフレームまたはオフコン（約 台）及び端末（約 台）によるシステム 4. 特定しない 5. その他（ ）
⑥ネットワークの範囲	1. 他企業・他機関との間 ②同一企業・同一機関の複数事業所間 3. 単一事業所内 4. 単一部門内 5. なし 6. その他（ ）
ITサービスの規模・形態など	
⑦ITサービスの利用者	①同一企業内 2. 他企業 3. 個人 4. その他（ ）
⑧ITサービスの利用者数	①（約500 人） 2. 分からない
⑨ITサービス提供に携わる要員数	①（約 6 人） 2. 分からない
ITサービスマネジメントにおけるあなたの立場	
⑩あなたが所属する企業・機関など	1. ソフトウェア業，情報処理・提供サービスなど 2. コンピュータ製造・販売業など ③一般企業など 4. その他（ ）
⑪あなたの担当業務	1. 企画 2. 設計 3. 構築・導入 ④運用・保守 5. その他（ ）
⑫あなたが所属する部門又はチームの名称	（ 情報システム部 ）
⑬あなたの役割	①部門マネージャ 2. チームリーダ 3. チームサブリーダ 4. 担当者 5. 技術支援者 6. その他（ ）
⑭部門又はチームの構成人数	（約 6 人） （注）⑬のあなたの役割が1の場合は部門の構成人数を，2～5の場合はチームの構成人数を，6の場合は部門又はチームの構成人数を記入する。
⑮あなたの担当期間	（ 2010 年 4 月）～（ 2013 年 10 月）

名称は大切。論文の本文にも同じ名称で記述する。
1回見ただけで，イメージしやすいもので，かつ記憶できるようなものを考える。

複数記入は全然OK。但し，トレードオフのものを除く。

原則「分からない」はおかしい。

設問ア他，本文と矛盾の無いように注意が必要。

※レイアウトの都合で項目や文字の折り返し等は実際のものとは異なります。

図8 ITサービスマネージャ試験のテンプレートのサンプルと記入例

5 テーマ別の合格ポイント！

テーマ1 ｜ 管理対象（資源管理）

過去問題	問題タイトル	本書掲載ページ
平成09年問2	システム運用におけるキャパシティ管理	
平成10年問2	分散システムの構成管理	
平成13年問1	ネットワークの変更	
平成14年問2	パソコンの管理	
平成15年問3	コンピュータ室の施設管理	
平成22年問1	ITサービスの構成品目に関する情報の管理	
平成23年問2	キャパシティ管理	

最初に，管理対象にフォーカスを当てた問題からチェックしていきましょう。管理対象は，他のテーマのベースにもなるため，多かれ少なかれ部分的には書く必要があるところになるからです。

Point1 CMDBの活用

平成22年問1はCMDBの活用をテーマにした問題になります。今後，管理対象をテーマにした資源管理の問題は，CMDBを活用することがデフォルトになっていくと考えられます。したがって，平成22年問1の問題を熟読するとともに，午後Ⅰの問題もチェックして**CMDBのベストな活用方法や活用時の課題を押えていきましょう。**

Point2 定量的表現で差をつける

この部分を経験に基づいて書くことのできる人は，可能な限り定量的数値を用いて表現し，未経験者に差をつけることを考えましょう。**機器の台数などはもちろんのこと，監視している閾値，電力，面積など，**問題文で例示されているものを管理対象として書く場合には，それを定量的に表現すれば十分安全圏に行けると思います。

テーマ2 | 運用体制

過去問題	問題タイトル	本書掲載ページ
(1) 運用体制，情報システム部門		
平成07年問3	分散システムの運用管理	
平成08年問3	システム運用要員の育成	
平成14年問3	24時間連続サービスを提供するオンラインシステムの運用	
平成18年問3	分散配置されたシステムの運用管理	
平成25年問2	外部委託業務の品質の確保	
平成27年問2	外部サービス利用における供給者管理	
平成28年問1	ITサービスを提供する要員の育成	
平成30年問2	ITサービスの運用チームにおける改善の取組み	P.302
(2) 開発プロジェクトとの関係		
平成12年問2	開発環境の運用管理	
平成12年問3	開発プロジェクトへの運用部門の参画	
平成19年問1	サービス開始に向けて開発部門と連携して実施した準備作業	

次にチェックするのは，運用体制をテーマにした問題です。これも，他のテーマのベースになるためです。設問の中で部分的に活用する場合には，問題文に書かれていることがそのまま使えます。したがって，ここも問題文をしっかりと熟読しておくべきところだと思います。

Point1 何人で何をしているのかを明確にする

運用チームについて問われている場合，人数はもちろんのこと，何人で（誰が）どういうことをしているのかがわかるように書くことをお勧めします。その場合，**チームや役割ごとに人数を箇条書きにすると，読み手が記憶しやすくなります。**

午後Ｉの問題だと図が使えるため“体制図”が書かれていたりしますよね。それを論文では文章で伝えるというイメージです。それには箇条書きが最適です。また，24時間体制の場合，どのようにローテーションを組んでいるのかも書いておきましょう。

テーマ3 | サービス利用者対応

過去問題	問題タイトル	本書掲載ページ
(1) SLA		
平成07年問2	システム運用のサービス基準	
平成16年問1	情報システムにおけるサービスレベル	
平成20年問1	SLA に基づく情報システムの運用	
(2) ヘルプデスク		
平成10年問3	システム運用におけるユーザ対応	
平成11年問3	ヘルプデスクの運営	
平成14年問1	ヘルプデスクの運営	
平成17年問2	ヘルプデスクのサービスの拡大	
(3) 顧客への報告		
平成23年問1	ITサービスに関する顧客への報告	
平成29年問1	ITサービスの提供における顧客満足の向上を図る活動	

利用者対応の問題も定期的に出題されています。顧客と合意したサービスレベル，顧客対応窓口となるサービスデスク，顧客とのコミュニケーションなどです。いずれも，多くの問題で使われます。

Point1 サービスデスクの規模の妥当性

サービスデスク（旧ヘルプデスク）をテーマにした問題では，サービスデスクの体制（人数やローテーション）とともに，専任のオペレータがいるのか，別作業をしている担当者が兼任で電話を受けているだけなのか（サービスデスクの機能を果たしているだけ），それともアウトソーシングしているのか，そのあたりを明確にしておかなければなりません。そしてそれが，会社及び情報システムの規模や，問い合わせ件数と比較して妥当な範囲にしておく必要があります。

Point2 顧客への報告内容を準備しておく

顧客への報告事項も事前準備しておきましょう。標準的なもので構いません。報告すべき内容，その根拠，その改善点などです。求められている場合には箇条書きで書いて記憶させることも必要です。

テーマ4 | インシデント

過去問題	問題タイトル	本書掲載ページ
(1) 障害の未然防止		
平成12年問1	障害の未然防止	
平成19年問3	作業ミスによる障害発生の防止	
平成20年問3	システム障害の長時間化の防止策	
平成21年問3	事前予防的な問題管理	
平成25年問1	サービスレベルが未達となる兆候への対応	P.286
(2) 障害等への対応計画		
平成08年問2	障害回復に備えた運用上の方策	
平成09年問1	システムの障害対応	
平成10年問1	分散システムの障害対応	
平成18年問1	システム障害への対応訓練	
平成19年問2	情報システムの管理・運用上の課題への暫定的対策及び本対策	
平成22年問3	インシデント発生時に想定される問題への対策	P.270
平成24年問2	ITサービスの継続性管理	
平成28年問2	プロセスの不備への対応	
(3) 情報セキュリティインシデントへの対応計画		
平成07年問1	システムの運用におけるセキュリティ対策	
平成15年問2	セキュリティ侵害への対応策	
平成17年問3	情報漏えいに関する対策	
(4) 障害発生時の対応		
平成16年問3	情報システム障害の切分け	
平成24年問1	重大なインシデントに対するサービス回復時の対応	P.278
令和元年問2	重大なインシデント発生時のコミュニケーション	P.318
(5) 再発防止策		
平成17年問1	システム障害の再発防止策	
平成26年問2	ITサービスの障害による業務への影響拡大の再発防止	

ITサービスマネージャの役割が**ITサービスの安定供給**にあるため，インシンデント関連の問題は毎年のように出題されています。したがって，避けては通れない最重要テーマになります。

Point1 インシデントのレベルを問題文に合わせること

インシデントの問題は毎年のように出題されているのですが，毎回，問われている“インシデント”は微妙に異なっています。重大なインシデントからヒヤリハットまで様々です。また，想定しているインシデントと発生してしたインシデントの違いがあったり，**SLAを守れなかったケースとSLAの範囲内で収まったケースの違い**があったり。そのため，問題文で要求しているインシデントのレベルを正確に読み取って，そのレベルに合った事例で書くようにしなければなりません。

また，業務に影響があった場合と，業務には影響が無かった場合も，どちらの事例の経験を要求しているのかを読み取って，問題文の要求に合わせなければなりません。**“重大なインシデント”は基本的には業務に影響があったり，SLAを順守できなかったりするもの**です。その点を間違えないようにしましょう。

Point2 インシデント対応時のミスやトラブル

過去問題を見る限り，単純なインシデント対応が求められていることはほとんどありません。案外よく問われているのが，**インシデント対応時にミスやトラブルが発生し，それをどうやって乗り切ったのか**というものです。

問題文を読む時は，そういう先入観のもと，問題文で問われている状況に合わせた経験や事例を論述するように注意しましょう。

第1部 Step1 Step2 Step3 Step4 Step5 Step6 第2部 SA PM SM ST AU

Point3 インシデント対応手順

インシデント対応手順について論じる場合は，過去の午後Ｉの問題やITILを参考に標準的な手順を覚えておくのがベストです。それを自社標準としてもいいし，それをアレンジしたものを用いて自社標準と異なる部分について言及してもいいでしょう。それでしっかりとした知識があることをアピールできます。

また，問題文でどのように問われているのかにもよりますが，自社標準をそのまま使うのではなく，“今回の特徴”を加味して“自社標準をアレンジした”ことをアピールできればなお良いですね。その場合は，アレンジ前の自社標準とアレンジ後の手順を書くことで表現することになります。

手順	内容
記録	・サービスデスクは，サービス利用者からインシデント発生の通知を受け付け，受付内容をインシデント管理簿[1]に記録する。
優先度の割当て	・インシデントに，対応の優先度（“高”，“中”，“低”のいずれか）を割り当てる。 ・優先度によって解決目標時間[2]が定められている。 （優先度“高”：2時間，優先度“中”：4時間，優先度“低”：8時間）
分類	・インシデントを，あらかじめ決められたカテゴリ（ストレージの障害など）に分類する。
記録の更新	・インシデントの内容，割り当てた優先度，分類したカテゴリの内容などで，インシデント管理簿を更新する。
段階的取扱い	・インシデントがタイプ1に該当する場合は，サービスデスクが解決するので，段階的取扱い（以下，エスカレーションという）は行わない。 ・インシデントがタイプ2又はタイプ3に該当する場合は，サービスデスクが回答期限[3]を定めて技術課に解決を依頼する。これを，機能的エスカレーションという。
解決	・タイプ1の場合，サービスデスクはノウハウDBに登録されている文書化されたインシデントの解決手順に従って解決する。 ・タイプ2の場合，割り当てられた技術課の技術者がサービスデスクに解決手順を指示し，サービスデスクが指示された解決手順に従って解決する。 ・タイプ3の場合，割り当てられた技術課の技術者が専門知識に基づいて解決する。解決後，サービスデスクに解決の結果の回答を行う。
終了	・サービスデスクは，サービス利用者に解決の連絡をする。 ・サービスデスクは，サービス利用者がサービスを利用できるかどうかを確認する。 ・サービスデスクは，インシデント管理簿に必要な内容[4]を記録・更新する。

注[1] サービスデスクは，全てのインシデントについて，サービス利用者とのやり取りの内容，インシデントの内容などをインシデント管理簿に記録する。
[2] 解決目標時間は，インシデント発生の通知を受け付けてからインシデントの最終的な解決の連絡をするまでの目標とする経過時間である。ただし，サービスデスクの受付時間帯以外は経過時間として加算しない。
[3] サービスデスクは，手順“優先度の割当て”で設定された解決目標時間を超過しないように，前もって技術課の回答期限を定める。
[4] 技術課の技術者からの解決手順の指示内容及び対応結果，並びにサービス利用者とのやり取りの内容を記録・更新する。タイプ3の場合は，技術課の技術者にインシデント対応の内容をヒアリングする。

図9　インシデント対応手順の例（平成30年度午後I問3より）

テーマ5 ｜ 移行及び変更管理

過去問題	問題タイトル	本書掲載ページ
（1）移行		
平成13年問2	システム移行のリハーサル	
平成16年問2	運用業務のアウトソーシングに向けた移行計画の立案	
平成22年問2	リリース管理におけるリリースの検証及び受入れ	
平成26年問1	ITサービスの移行	
（2）変更管理，リリース及び展開		
平成18年問2	緊急を要する変更要求に対する変更管理プロセス	
平成21年問1	変更管理プロセスの確実な実施	
令和元年問1	環境変化に応じた変更プロセスの改善	P.310

“移行”及び“変更管理”の問題も定期的に出題されています。これらの分野は，午後Ⅰと午後Ⅱで問われるポイントが同じなので，午後Ⅰの問題が参考になる部分です。どのように表現をしたらいいのか悩んだ場合には，午後Ⅰの過去問題を参考にしましょう。

Point1 移行手順

移行手順は，採点者にわかりやすく伝わるように表現しなければなりません。そのあたりの基本的な部分は，**システムアーキテクトの移行のところ「テーマ8　移行」（P.102）**を参照ください。システムアーキテクトとITサービスマネージャでは役割が違うので，その点には注意する必要はありますが移行計画の説明（表現）はほぼ同じです。

Point2 変更管理手順

変更管理手順について論じる場合は，過去の午後Ⅰの問題やITILを参考に標準的な手順を覚えておくのがベストです。それをそのまま自社標準としてもいいし，多少アレンジしたものを自社標準としてもいいでしょう。そうすることでしっかりとした知識があることをアピールできます。

また，問題文でどのように問われているのかにもよりますが，自社標準をそのまま使うのではなく，**“今回の特徴”**を加味して**“自社標準をアレンジした”**ことをアピールできればなお良いですね。その場合は，アレンジ前の自社標準とアレンジ後の手順を書くことで表現することになります。

なお，過去の午後Ⅰ試験の問題（平成29年度問2）で，図10のような変更管理プロセスの手順が使われています。こういうのを参考にしましょう。

手順	内容
(1)RFC の記録と分類	・変更管理マネージャがRFCを受け付け，RFCの登録・分類を行う。 ・変更管理マネージャは，E 氏が務める。
(2)RFC の評価	指名された代表で組織する変更諮問委員会（以下，CAB という）が，変更の影響について助言する。CAB の詳細は次のとおりである。 ・CAB の構成メンバ（以下，CAB 要員という）は，サービス及び事業環境への影響の範囲に応じて選定され，登録される。 ・情報システム部の場合は，技術的専門分野の要員から CAB 要員の候補者を選定する。 ・CAB は毎週火曜日[1]に定期的に開催するが，RFC の優先度が緊急の場合は RFC の受付から 2 日以内に臨時開催する。 ・CAB の議長は，E 氏が務める。E 氏は<u>（ア）CAB 要員に RFC の内容を事前に送付し，CAB の開催を通知する。</u>
(3)RFC の受入れ決定	RFC の受入れ及び承認に関する決定権限をもつ変更決定者を定める。変更種別が重要又は重大の変更決定は情報システム部の部長が行い，それ以外の変更種別の変更決定は E 氏が行う。変更決定者の役割は次のとおりである。 ・変更決定者は CAB に出席し，CAB 要員による評価を考慮して，RFC の受入れを決定する。 ・意思決定では，リスク，サービス及び顧客への潜在的影響，サービスの要求事項，事業利益，技術的実現可能性並びに財務的な影響を考慮する。
(4)変更の実施	承認された RFC をリリース及び展開管理プロセスに提供する。変更の展開が成功した後に，［ c ］する。 （以下，省略）
（省略）	

例[1]　本年 10 月は，3 日，10 日，17 日，24 日及び 31 日に開催する。

図10　変更管理プロセスの手順例（平成29年度午後Ⅰ問2より）

テーマ6 | 改善

過去問題	問題タイトル	本書掲載ページ
平成08年問1	システム運用におけるコスト管理	
平成09年問3	運用支援システムの効果的利用	
平成11年問1	システム運用のアウトソーシング	
平成11年問2	システム運用にかかわるコスト削減	
平成13年問3	システム管理業務の見直し	
平成15年問1	情報システムの運用効率向上	
平成20年問2	システム運用管理ツールの導入準備	
平成21年問2	ITサービスの改善計画の立案におけるサービスデスクの活用	
平成23年問3	ITサービスの改善活動	
平成24年問3	ユーザとの接点からの気付きを改善につなげる活動	
平成27年問1	ITサービスに係る費用の最適化を目的とした改善	P.294
平成29年問2	継続的改善によるITサービスの品質向上	
平成30年問1	ITサービスマネジメントにおけるプロセスの自動化	

“改善”をテーマにした問題もよく出題されています。結構バラエティに富んで（様々な角度から出題されて）いるため，問題文を熟読するだけで論文対策になります。しっかりと読み込むことをお勧めしたいテーマの一つです。

Point1 改善のタイミング（いつ検討？なぜ検討？）を明確に

“改善”には，緊急性の高いものもありますが，ここで問われている問題の多くはそうではなく，**継続的改善活動**について問われていることが多いのが特徴です。特に，**“コスト削減”**を目的にした改善活動が問われている場合には顕著です。

もちろん問題によっては「急を要する改善」に限定されている場合もありますが，そのあたりは問題文を熟読し，そこで示唆されている“改善のタイミング”を読み取って合わせるように意識すればいいでしょう。その上で，**継続的改善の場合は「ある年の○月，次年度の年度計画を立案するために前年度1年間の活動を振り返ってみて…」**というように，“いつ”，“どういう目的”で改善を検討することになったのかを具体的に書くようにします。添削をしていると，そのあたりがよくわからない論文をよく見かけるので注意しましょう。時期や目的を書いていないと“場当たり的”な印象を持ってしまいますからね。

Point2 コスト削減は求められているか？

問題文から“改善の目的”を読み取る時に，コスト削減目的に限定しているのか，それとも改善を余儀なくされる状況（運用環境が変化する，人が辞める，仕事量が増えるなど）なのかを読み取りましょう。

継続的改善の場合は，普通は“コスト削減”目的になります。その場合は，現在のコスト，削減目標，削減計画，結果など**すべてを定量的に書く**ことが基本です。「できるだけ」とか「大幅に削減できた」という主観的表現を極力使わないようにして客観性を持たせなければなりません。

一方，改善を余儀なくされる状況でも，**結果的にコストがどうなったのかを定量的に書いて評価することは重要です。**問題文や設問で特に求められていなくても，コスト意識の高さをアピールするのは有効だと考えています。実際のITサービスマネージャは与えられた予算の中でやりくりするので，常時そこには意識があるはずなので。

Point3 具体的な改善方法

具体的な改善方法は，ある程度問題文に例が出ていると思います。過去問題を見る限り次のような改善策が例示されています。

無駄なコストの削減

- 稼働率の低い機器の他の機器への統合及び撤去
- 消耗品などの単価の見直しや消費量の削減
- 要員の削減，運用体制の見直し，運用スケジュールの見直し
- サービス管理手順の見直しや簡素化

短期的には投資を伴うが中長期的にはコスト対効果を高める

- 運用支援ソフトや自動化機器の導入及び見直し
- 機器のリプレース
- レンタルやリースなど機器の契約方法の見直し
- 新技術の導入

アウトソーシング（コスト削減よりも，サービスレベルの向上，システムの安定稼働目的，要員不足解消目的が強い）

- 契約内容の見直し

6 サンプル論文

平成22年度　問3　インシデント発生時に想定される問題への対策
平成24年度　問1　重大なインシデントに対するサービス回復時の対応
平成25年度　問1　サービスレベルが未達となる兆候への対応
平成27年度　問1　ITサービスに係る費用の最適化を目的とした改善
平成30年度　問2　ITサービスの運用チームにおける改善の取組み
令和元年度　問1　環境変化に応じた変更プロセスの改善
令和元年度　問2　重大なインシデント発生時のコミュニケーション

平成22年度

問3　インシデント発生時に想定される問題への対策について

IT サービス提供中に発生する障害関連のインシデントは，IT サービスの稼働率低下，利用者の満足度低下などの問題を引き起こし，SLA の順守に影響を与える場合が多い。IT サービスマネージャは，インシデントを発生させないための予防的な対策とともに，インシデント発生時に想定される問題への対策を事前に検討しておくことが重要である。

例えば，主要な業務システムが稼働するサーバに障害が発生した場合を考える。このときに想定される問題としては，回復の手順に不慣れで IT サービスの回復が遅れること，サービスデスクに問合せが殺到して，利用者とのコミュニケーションが十分にとれないこと，などがある。

このような問題への対策としては，IT サービスを速やかに回復させるために，主要な業務システムが稼働するサーバの障害時の運用訓練を定期的に行うこと，サービスデスクへの問合せを緩和させるために，“お知らせ”などを通じて利用者に障害状況，障害回避策などを伝える手順を確立すること，などが考えられる。

IT サービスマネージャは，対策を検討するに当たって，SLA の順守への影響が最小となるようにすること，費用対効果が最大となるようにすること，対策の前提となる技術やサービスの入手可能時期を明らかにすること，などに留意する必要がある。

また，実際にインシデントが発生したときの対応の過程で，事前に検討しておいた対策に不備が判明する場合がある。このような不備に対して解決策を立案し，事前に検討しておいた対策の改善を図ることも重要である。

あなたの経験と考えに基づいて，設問ア～ウに従って論述せよ。

設問ア　あなたが携わった IT サービスの概要と，インシデント発生時に想定される問題の概要について，SLA の順守に与える影響を含め，800 字以内で述べよ。

設問イ　設問アで述べた問題への対策の内容と，対策を検討するに当たって留意した点について，800 字以上 1,600 字以内で具体的に述べよ。

設問ウ　設問イで述べた対策の改善について，インシデント発生時の対応の過程で判明した不備を含め，600 字以上 1,200 字以内で具体的に述べよ。

サンプル論文 (1/5)

設問ア

ア－1．ＩＴサービスの概要

　Ａ社は，関東圏で日用品を扱う雑貨店をチェーン展開している。店舗数は30。私はＡ社の情報システム部に所属するＩＴサービスマネージャとして，Ａ社で使用している情報システムの管理を行っている。

　主なシステムは，店舗のＰＯＳシステムとストアコントローラ，ＰＣ端末，本社サーバなどである。ＩＴサービスマネジメントの対象は、サービスデスク・インシデント管理・変更管理・キャパシティ管理・サービスレベル管理・セキュリティ管理などである。

　情報システム部と利用部門との間ではＳＬＡを締結している。オンラインサービスの提供時間は，年間365 日，８時から午後22時。ＲＴＯは，営業時間内に障害が発生した場合には１時間以内とし、稼働率99.99　%を確保することで合意している。

ア－2．インシデント発生時に想定される問題の概要

　情報システム部の人員構成は、ＩＴサービスマネージャである私の管理下に担当者が５名いる。５人のうち２人はベテラン社員だが、３人は，ここ数年で採用した20代後半から30代前半の若手社員である。

　ベテラン社員は，経験豊富で既存システムも熟知しており，様々なインシデントに柔軟に対応してきたが，若手社員はどうしてもマニュアル対応以外の柔軟な対応には不安が残る。

　そのためできる限り，ベテラン社員に若手社員をフォローするように指示を出しているが，夜間（22時～翌８時）のバッチ処理実行時（全員で２名ずつローテーションを組んで対応している）や，営業時間内でも急な用事で若手社員だけで障害対応することがある。その時に，営業時間内に１時間以上復旧できなかったり，翌朝のオンラインサービスを提供できなくなる恐れがあった。

①
ITサービスの概要としては，あまり良くない例。これだけで不合格論文になることは無いと思われるので，そのままにしているが，平成20年度までの「システム管理者」として書いているのは良くないと考えておこう。平成21年以後は，ITサービスの提供者として書くことが求められている。

②
システム構成を説明している。ここを提供しているサービスとして表現すべき。

③
障害関連の問題の場合，具体的数値を含むSLAを書くことは必須だと考えておいた方がいいだろう。その障害とSLAの遵守状況に関して，問題文でどう問われているのか，それについてどう書けばいいのかを判断する必要があるからだ。

④
体制や要員の特徴はここで説明している。そのためア－1では説明しなかった。マネージャの立場であり，具体的でわかりやすいのでGood！

設問イ

イ－1．問題への対策の内容

ある年の12月，情報システム部の次年度予算要求を出すタイミングで，この問題を解消すべく対策を検討することになった。

現状、基幹システムに障害が発生した時にはベテラン社員の技術力に頼っている。特に，マニュアルに掲載されていない障害に対して１時間以内に復旧させるためには仕方がない。

しかし，先に述べた通りベテラン社員がいない時には，必ずしも連絡がつくとは限らない上、電話で指示を受けながらの障害対応では時間がかかる。

そこで私は、若手社員に対して定期的に基幹システムの障害回復訓練（以下、訓練）を行い，そこでの疑似経験を増やすことで，若手社員だけでも対応できる障害パターンを増やしていくとともに，可能なものは障害対応マニュアルに掲載していくことを考えた。

イ－2．特に留意した点

しかし，そう決めたまでは良かったが，実際に計画を進めていく上では様々な困難に直面した。特に，訓練の回数や時期を決定する点と，訓練の内容を効果的にするためにどうすべきか？という点である。

（1）訓練の回数と時期の決定

まず，訓練の回数と時期だが，若手社員の今の力量を考えれば，毎月１回の訓練を実施しても足りないぐらいである。

しかし，１回の訓練で全員が抜けることは難しく，開発環境はあるものの本番環境と同等ではない。経営陣からは予算の縮小を求められている上に，人事部からは残業時間の削減（昨年度の１人当たりの月平均残業時間は60時間を超えている）も指示されている。

１回の訓練にかかる工数を試算すると，訓練内容の検討から資料作成，マニュアルへの展開など，実際に訓練

⑤
この問題を「インシデント対応」と「改善」の複合問題になっていると判断した。何かを改善する場合には「新たなコスト」が必要になるため，次年度予算を申請するタイミングになることが多い。

⑥
訓練を実施するというのは簡単。論文で書く上ではいくらでも書ける。しかし実際には，時間と費用を捻出しないといけないという問題が大きくのしかかる。その点に対してしっかりと説明することで，より現実感を帯びるとともに，他の受験生との差につながる可能性が出てくる。

を実施する時間を半日の４時間だとしても，60人時（約８人日）必要になる。そこに，ベテラン社員以外にハードウェアやネットワークの専門家に依頼すると，その分費用もかかる。

そのあたりを考慮し，次年度予算を確保するタイミングで経営陣と交渉を重ねた結果，次年度から３か月に１回，繁忙月と週を避け，本番環境を使って閉店後の夜間に実施することで合意した。それであれば最小限のコストで済むこと，その効果（ＳＬＡの順守率向上と，インシデント対応力の向上による残業時間削減）が１年後から見られるということで納得してもらえた。

（２）訓練内容の選定

後は，３か月に１回の訓練の内容を決めなければならないが，ここでも，そうすればより効果の高い訓練ができるのかを考えることが重要になる。当然ながら全ての障害に対して訓練をすることができないのは当然だが，さらに回数も減ってしまったからである。

そこで私は，訓練対象の障害パターンを絞り込むために，過去の障害レポート10年分をベテラン社員２名とともに目を通して，“対応策が共通”の障害ごとにまとめてパレート図を作成し，その上位のものから順次対応訓練を実施するようにした。

原因別ではなく，対応策が共通のものに絞り込むことで複数の原因にまとめて対応できるという点に期待してのことである。こうすることで，今後発生しやすい障害から順次対応していける可能性が高くなるからだ。ひいてはＳＬＡの順守への影響を最小にすることができるはずだと考えた。

設問ウ

ウ－1．判明した不備

次年度に入り，こうして計画した訓練を，3回実施したある日（訓練を実施すると決めてから約1年後の11月）、ベテラン社員が不在の時に，監視ソフトウェアが基幹システムの障害（データベースサーバのハードウェアにおける障害）を検知した。その後すぐ，基幹システムが利用できない状況になっているとの連絡も入ってきた。

その事象は，マニュアルに掲載されていないモノだったため，通常であればベテラン社員に連絡を入れて支援を受けなければならないが，この日は，若手社員2名だけで30分で復旧した。訓練でのノウハウの蓄積が功を奏して早急にサービスを復旧でき、社内外ともに大きな問題に至らずに済んだ。

しかし、利用者はベテラン社員がいない日だとわかっていることから不安になったこともあり，「まだ復旧しないのか」，「いつになったら復旧するのか」などの問合せやクレームが入り，たびたびその対応で作業が止まり，余計に時間がかかってしまった。

後でわかったことだが，ベテラン社員が対応している時には無かったことで想定していなかったため，現場の利用者に逐次状況を説明したり，復旧予定時間を伝えたりすることまで気が回っていなかったことが原因である。

ウ－2．対策の改善

私は、今回の不備に対して，利用者に対する説明強化の観点から，次の2点を障害対応プロセスに加え，その重要性を若手社員に説明した。

①影響範囲の特定時に，利用者を含めて確認して誰に説明すべきか，説明の相手を特定する。

②原因，状況，復旧予定時間を，それぞれ判明次第，直ちに電話で説明する。

説明の手段として，全社で利用しているグループウェ

⑦
こういう時間遷移の表現はとても重要。普段から癖付けをしておきたいところ。

⑧
一定の効果があったことを書いている。設問ウでは「不備」を求めているが，それは効果が無かったということではない。採点講評でも指摘されている通り，対策そのものが不完全ではいけない。どちらかと言えば「効果があったが，ただ，改善の余地がある。」という意味になる。そこを間違えないようにしよう。

⑨
これが，効果はあったけど，不備（改善点）もあったという内容。

アに順次公開したり，電子メールで連絡したりするということも考えたが，復旧作業は原則 1 時間以内のため，非同期よりも確実に伝わる同期のコミュニケーションがベストだと判断した。

(以上)

◆評価Aの理由（ポイント）

このサンプル論文は，下表に記した通り，**第1部（全試験区分共通）のA評価のポイントをしっかり押さえている**点，第2部のこの試験共通部分，テーマ別の“差をつけるポイント”も含まれているため十分合格論文だと言えるでしょう。

特に，**教育や訓練というテーマ**に対して，しっかりと現実的な内容に仕上げている点は秀逸。教育や訓練を論文に書く場合，どうしても「教育した」で終わりがちになります。そうではなく，このサンプル論文のように，しっかりとした分量（約1,000字）で，「予算や時間が無い」という**“経験した者にしかわからない苦労”**を表現することができれば，他の受験生との“差”になるでしょう。

チェックポイント			評価と脚注番号
第1部	Step1	規定字数	**約3200字**。全く問題なし。適度な分量である。
	Step2	題意に沿う	問題なし。設問に対するタイトルを付けている。問題文で問われている点に忠実に回答している。設問ウも，採点講評の指摘事項を全てクリアしている（⑧）。Good!
	Step3	具体的	問題なし。全体的に具体的で詳細に書けている。特に，イ-2で書いた訓練についての記述は分量的にも，詳細度に関しても，現実味のある部分に関しても申し分ない（⑥）。
	Step4	第三者へ	問題なし。全体的に分かりやすい内容になっている。特に，設問ウの最初に時間が進んでいる部分を丁寧に説明している点は，読み手には分かりやすい（⑦）。
	Step5	その他	全体的に整合性が取れているし，定量的もしくは客観的表現も多い。イ-2の“訓練”を定量的に表現できているので良い内容になっている（⑥）。
第2部	SM共通		・ITサービスの概要は許容範囲ではあるものの良くない（①②③）。 ・マネージャの立場である点はGood（④）。 ・教育や訓練に関しても，ここまでかというぐらい詳しく書いている。ここまで書いていれば問題はない（⑥）。
	テーマ別		**「テーマ6　改善のPoint1　改善のタイミング（いつ検討?なぜ検討?）を明確に」**という点について，改善が必要になった背景や考えるタイミングがしっかりと説明できている点はGood（⑤）。

表19　この問題のチェックポイント別評価と対応する脚注番号

◆事前準備しておくこと

教育や訓練に関しては，対策案としてよく用いられるので，このサンプル論文くらいの具体化・詳細化したものを準備しておくと，何かあった時に役に立つと思います。事前に準備しておきましょう。

◆IPA公表の出題趣旨と採点講評

出題趣旨

SLA順守の観点から，障害関連のインシデントが発生したときに想定される問題への対策を事前に検討しておくことは，ITサービスマネージャの重要な業務である。

本問は，インシデント発生時にどのような問題が想定され，それに対してどのような対策を検討したか，その検討に当たってどのような点に留意したかについて，具体的に論述することを求めている。併せて，実際にインシデントが発生したときの対応の過程で判明した不備など，事前に検討しておいた対策における不備の改善についても具体的に論述することを求めている。論述を通じて，ITサービスマネージャとして有すべき問題の設定能力，対策の立案能力・改善能力などを評価する。

採点講評

昨年同様，ITサービスマネージャとしての能力を問うことに重点を置いて出題した。採点した結果，本年度も自らの担当業務について作業を確実に行ったことに終始している論述が少なからず見受けられた。マネジメントの視点をもって業務の遂行に当たることを改めて期待したい。

また，答案用紙の“あなたが携わったITサービスマネジメントの概要”では，すべての項目に記入することが求められているにもかかわらず，本年度も記入漏れが散見された。改めて注意を促したい。

問3（インシデント発生時に想定される問題への対策について）では，インシデント発生時に想定される問題への対策とその改善について論述することを求めた。ビジネス特性の分析に基づいた問題の想定と，環境や制約などに留意した対策を論述した優れたものがある一方で，問題文を書き写したようなものが少なくなかった。このような論述の中には，対策が表層的である，留意した点の記述が不足している，単純な不備に対する改善であり対策そのものが不完全であると推定されるなど，実際の経験に基づく論述であるのか疑わしいものも見受けられた。また，出題趣旨に反して，実際に発生したインシデントへの対応について論述したものもあった。ITサービスマネージャとして，インシデント発生時の問題の想定とその対策の立案・改善について主導した経験がないと，説得力のある論述とすることは難しいであろう。

平成24年度

問1　重大なインシデントに対するサービス回復時の対応について

業務に与える影響が極めて大きく，緊急にサービスを回復させることが求められる重大なインシデントとして，基幹業務システムの障害，全社認証基盤の停止，メールシステムの停止などがある。

このような重大なインシデントに対し，IT サービスマネージャは，事前に用意した作業手順に従ってサービスを回復させる。しかし，回復作業中にトラブルが発生し，作業手順どおりには対応できない場合がある。

このような場合には，IT サービスマネージャは，関係者と協議し，対策を立案しなければならない。対策の立案に当たっては，安全で迅速であることに留意し，次のような観点から検討を行う。

・サービスを全面的に再開する。
・サービスを部分的に再開する。
・代替サービスを提供する。

また，対策の実施に当たって，IT サービスマネージャには，進捗状況を確認したり，顧客やサービス利用者に提供する情報を一元管理したりするなど，作業を統括することが求められる。

あなたの経験と考えに基づいて，設問ア～ウに従って論述せよ。

設問ア　あなたが携わった IT サービスの概要と，重大なインシデントの概要について，800 字以内で述べよ。

設問イ　設問アで述べた重大なインシデントの回復作業中に，どのようなトラブルが発生したか。また，トラブル発生時に，関係者とどのような観点から検討を行い，どのような対策を立案したか。800 字以上 1,600 字以内で具体的に述べよ。

設問ウ　設問イで述べた対策の実施時に，作業を統括するために行ったことについて，その目的とともに，600 字以上 1,200 字以内で具体的に述べよ。

サンプル論文 (1/5)

設問ア

第1章　ＩＴサービスの概要と重大なインシデントの概要

1-1.ＩＴサービスの概要

弊社は，Ａ大学に対して運用・保守サービスを提供している。私は，その運用・保守サービスのチームを統括するＩＴサービスマネージャである。５名のメンバを率いて，全職員が行う業務と，全学生が利用するサービスが滞らないように日々奮闘している。

現場に提供しているＩＴサービスは，学生管理システム、成績管理システム，教務事務システム、入試管理システム，電子メールシステムなどで稼働している各種サービスである。数年前からサーバの集約を進めており，順次仮想環境に業務システムを移行している最中である。

我々が行っているＩＴサービスは，インシデント管理、障害管理及び復旧、変更管理、機器保守等である。オンラインサービスは8 時15分から18時まで、18時以降はバッチ処理の運用だが，電子メールシステムは24時間365日稼働している。

1-2.重大なインシデントの概要

ある日の午後（14時過ぎ）、いつものようにシステムを監視していた時，電子メールシステムやファイルサーバが稼働している主系仮想サーバのＯＳが突然停止した。本来、ＯＳ停止の際、自動で待機系仮想サーバへ切り替わるはずであるが，なぜか切り替わらなかった。その後，複数の職員から「電子メールが送信できない」という連絡が入り，電子メールとファイルサーバを利用している全職員が同システムを利用できなくなってしまった。

Ａ大学にとって，この２つのＩＴサービスは，ある意味基幹系システムよりも重要になる。関連機関や他の大学，職員間のやり取り，上司からの指示などは電子メールで行われている。また，非定型業務も多く重要な資料もファイルサーバ内にあるため，影響は大きい。

①
サービス提供者としての内容になっている点，マネージャの立場である点で，問題なくいい内容である。

②
このように，サービス提供者としてどのようなことをしているのかという観点で，システム管理の内容を書いても良い。

③
ここでは，インシデントが発生したこと，それが「重大な影響」を与えていることを表現する。どれくらい影響があるのかを，利用人数（全職員など），業務の内容などで説明する。

④
問題文に「メールシステムの停止」が例示されていたため，基幹系業務システムでなくてもいいと判断。但し，その重要性をしっかりと表現しないといけないと考えた。

設問イ

第2章　重大なインシデント対応中に発生したトラブルと検討した対策

2-1.重大なインシデント対応中に発生したトラブル

全職員に影響を与えるこの重要な電子メールシステムとファイルサーバは24時間365 日稼働している。ＳＬＡは，ＲＴＯが１時間に設定している。

そこで私は，復旧マニュアルに従って手動にて待機仮想サーバへの切り替えを試みたが，なかなかうまく切り替わらなかった。それを何度か試みているうちに，コマンド自体を受け付けなくなり，ハードウェア障害のランプが点灯し，為す術が無くなった。

⑤
設問の「回復作業中に，どのようなトラブルが発生したか」の部分に対応する記述。

これは明らかにハードウェアトラブルだとわかったので，ハードウェアメーカーに連絡した。ハードウェア保守に関しては，顧客企業とハードウェアメーカーが直接契約しており，弊社では保守部品を確保していないからだ。

ハードウェア障害のランプとエラーコード，この状況に至った経緯を説明すると，二重化しているハードディスクのコントローラ部分の障害であることがわかった。ハードディスクに関してはＲＡＩＤ５で冗長構成にしているためホットスワップが可能だが，コントローラ部分や電気系統の障害に対しては無力である。

交換部品を手配はしたものの，現地に持ってきて交換作業等の時間を考慮すると，どうしても４時間はかかるらしい。ＳＬＡは大幅に超えてしまうが，それで手配するしかなかった。

2-2.暫定的な対策

今回，ハードウェア交換を行うために全面復旧まで４時間必要で，そうなると今日はもう業務終了時間まで電子メールやファイルサーバが使えない。

(1) 影響の確認

⑥
関係者との協議では，利用者にどのような影響があるのかを確認することが重要になる。

そこで，その影響がどれくらいあるのかを確認することが必要だと判断し，各部門のＯＡ担当者（部門ごとに我々とコミュニケーションが取れる担当者を２名（正・副）設定してもらっている）に連絡してその旨を伝えてもらい，今から４時間の間にファイルサーバ及び電子メールシステムを利用しなければならない人と作業を洗い出すように指示を出した。もしも，全職員が待てるのなら問題はないからだ。

しかし，各部門に数名は急ぎの資料を作成して送らないといけなかったり，今日の午後しか作業ができない人がいたりした。状況は確認できた。

(2) 対策の提案

電子メールとファイルサーバは，毎日夜間の利用が少ない時間帯にバックアップを取っている。したがって，代替機があれば，前日の状態までは復帰できる。その方法も考えたが，代替機の準備，環境構築，リストア等の時間を計算すると４時間以上かかる。そのため，サービスを全面的に復旧するのは難しい。

そこで，電子メールシステムとファイルサーバの復旧時間を18時半に設定し，その間に両システムを利用しなければならない人に対しては，次の暫定的対策を行って，その時間までを乗り切ってもらおうと考えた。

- 暫定的メールサーバの構築，必要な人だけアカウントを設定，その人の使用領域だけをリストア
- ファイルサーバも同じように必要な人だけ暫定的に復旧

バックアップは部分的にリストアできるように配慮していたので，この対応が可能になる。緊急性の高い人から順に対応することで，最短30分，最長でも１時間以内には復旧できる。

この暫定的対策案は，各部門のＯＡ担当を通じて部門長に了承してもらった。

⑦
「OA担当者」をここで初めて説明するので，そのOA担当者が何かの説明を行っている。こういう読み手が感じるであろうことを想像して，それに対して配慮することは大切である。

⑧
ここも題意に沿って，完全復旧が難しいこと，暫定的対策を考えたこと，それを提案したこと，受け入れてもらえたことを順序良く説明している。良い内容である。

設問ウ

第3章　作業を統括するために行った事について

この暫定的対策が承認されたので，私はシステム運用チームの5名を，ハードウェアメーカーと調整を行いながら18時半までに全面復旧を目指す“復旧班”と，現場のＯＡ担当者と連絡を取りながら，緊急性の高い業務をしている人を順次暫定的に復旧していく“利用者対応班”に分け，復旧班に2名，利用者対応班に3名に指示を出した。

⑨
指示を出し，作業を統括するのがITサービスマネージャの仕事。しかも，この問題では総動員で行う必要がある。それをここで伝えている。

(1) 復旧班への指示

復旧班には，18時半までに確実に復旧できるように，しっかりとタイムマネジメントを行うように指示を出した。

というのも，今回の影響調査は「4時間以内に利用する必要がある人」を抽出して，その人への暫定的対応を考えている。そして18時半には復旧する旨を現場にアナウンスしている。したがって，仕事の段取りを変えて18時半からの利用を検討している人は，それが遅れると，さらに再調整が必要になるからだ。我々に合わせてくれている利用者に対して，それだけは絶対に避けなければならない。

したがって，18時半までの分刻みのスケジュールを計画し，その計画通りに進めるように進捗管理を徹底するように指示を出した。

(2) 利用者対応班への指示

一方，利用者対応班に対しては，しっかりと現場のＯＡ担当者とのコミュニケーションを取るように指示を出した。そして，こういう緊急事態の時に，正確な優先順位を付けるように考えてほしい旨を伝えた。というのも，こういうケースでは，いわゆる声の大きい人（強くクレームを入れる人）が必ず出てくる。そういう時に，声の大きさで判断すると正確な判断にならないからだ。

そして，現場の主張と自分たちの判断に乖離がある場合は，私がその担当部門の部長と直接話をすることにした。その交渉は，担当者同士ではなく全社最適化を俯瞰できる部長クラスで話し合わないといけないと考えたためである。

また，復旧に関しては迅速に行わなければならないが，慎重確実に行わなければならない。そこでミスが入ると，ただでさえ迷惑をかけている現場のサービス利用者に，さらに負荷を強いることになるからだ。そのため，復旧作業は2人で相互確認しながらダブルチェックでミスが入らないように進めていくように指示を出した。

以　上

◆評価Aの理由（ポイント）

このサンプル論文は，下表に記した通り，**第1部（全試験区分共通）のA評価のポイントをしっかり押さえている**点，第2部のこの試験共通部分，テーマ別の“差をつけるポイント”も含まれているため十分合格論文だと言えるでしょう。

また，特に良かったところは“**4時間**”や“**18時半**”という時間を繰返し使って，**時間を鮮明に印象付けている点**です。重大なインシデントで緊急性を表現するために“時間”を伝えることは必須です。そこを定量的に表現しないと，初対面の第三者には「**それが有効な対策かどうかよくわからない**」と思わせてしまう可能性が出てきますからね。加えて，この問題の最大のポイントがITサービスマネージャとして**作業を統括した経験**を書かせるところです。「1人で全部あれこれした」と書いてしまうと評価が下がるので注意しましょう。

チェックポイント			評価と脚注番号
第1部	Step1	規定字数	**約3,500字**。全く問題なし。
	Step2	題意に沿う	問題なし。設問に対するタイトルを付けている。問題文で問われている点に忠実に回答している。設問アで重大なインシデントを説明する部分でも，その重大さを表現できている（③④）し，設問で問われている復旧できなかった状況も合致する経験を書いている（⑤）。暫定的対策（⑧）や作業の統括（⑨）も題意に沿っている。Good!
	Step3	具体的	問題なし。全体的に具体的で詳細に書けている。
	Step4	第三者へ	問題なし。全体的に分かりやすい内容になっている。特に，重大なインシデントが発生しているということで，時間との闘いになるが，そこがしっかりと表現できている点はGood。また，ちょっとした配慮だが，採点者（読み手）が感じるであろうことを想像して，言葉を補うという細やかな配慮をすれば，すごく分かりやすくなる（⑦）。
	Step5	その他	全体的に整合性が取れているし，定量的もしくは客観的表現も多い。
第2部	SM共通		・ITサービスの概要はいい内容になっている（①②）。 ・マネージャの立場である点もGood（①），指示を出して作業を統括している点も十分表現できている。Good（⑨）。
	テーマ別		**「テーマ4　インシデントのPoint1　インシデントのレベルを問題文に合わせること」**についてしっかりと表現できている（③④）。

表20　この問題のチェックポイント別評価と対応する脚注番号

◆事前準備しておくこと

インシデントをテーマにした問題で準備する場合は，①業務に影響が出る重大なインシデントの事例を用意しておくとともに，②標準的なインシデント対応手順を覚え，後は，③マニュアル通りに復旧できなかったケースと④回復作業中にミスしたケースを準備しておくと万全です。

細かいところでは，それがSLAの範囲内なのか，SLAを超えてしまったのか問題によって異なるので両方を想定し，「**回復の手順に不慣れでITサービスの回復が遅れる**」（平成22年問3）や，「**業務への影響が（さらに）拡大する**」（平成26年問2）という限定的なケースに対しても準備しておくと万全でしょう。

◆IPA公表の出題趣旨と採点講評

出題趣旨

重大なインシデントに対するサービス回復作業中にトラブルが発生し，事前に用意した作業手順どおりには対応できない場合がある。このような場合でも，ITサービスマネージャは，安全で迅速であることに留意し，対策を立案し作業を統括することが求められる。

本問は，重大なインシデントと，その回復作業中に発生したトラブル，関係者と行った検討の観点及び立案した対策について，具体的に論述することを求めている。併せて，対策の実施時に，作業を統括するために行ったことについても論述することを求めている。論述を通じて，ITサービスマネージャとして有すべき状況把握能力，対策立案能力，作業統括能力などを評価する。

採点講評

設問で要求していない事項についての論述が本年は特に目についた。設問は出題のテーマや趣旨に応じて設定している。問題文と設問文をよく読み，何について解答することが求められているかしっかり把握した上で，論述に取り組んでもらいたい。

また，昨年度の講評で設問アの“あなたが携わったITサービスの概要”の記述について注意を促したが，本年もシステムの機能や構成に終始するものが少なからず見受けられた。提供するITサービスについて記述する必要があることを改めて注意しておきたい。

問1（重大なインシデントに対するサービス回復時の対応）では，重大なインシデントの回復作業中に発生したトラブルについて，サービス回復に向けて関係者と検討して立案した対策と，回復作業の統括について論述することを求めた。このような経験を有する受験者は多いようで，回復策の策定に注力する様子の伺える優れた論述が多かった。一方で，対策内容はほぼ論述できているものの，関係者との検討の観点についての論述が全くないもの，又は不足しているものも少なからず見受けられた。関係者との検討を主体的に行った経験が乏しいと論述しにくかったようである。また，作業の統括については問題文の例示に若干の説明を加えた論述が多く，中には主体的に統括をしたのかどうか疑わしいものも見受けられた。安全で迅速なサービス回復に向けて主体的に取り組むことを期待したい。

平成25年度

問1　サービスレベルが未達となる兆候への対応について

サービスレベルについて顧客と合意し，合意したサービスレベルを遵守することは，IT サービスマネージャの重要な業務である。サービスレベルを遵守していくためには，サービスレベルが未達となる兆候に対して適切な対応を図ること（以下，兆候の管理という）が重要となる。

兆候の管理に当たっては，まず，監視システムやサービスデスクなどを通じて，システム資源の使用状況や性能の状況，利用者からの問合せ状況などの情報を幅広く収集する。

次に，それらの状況の変化や傾向などを分析するとともに，過去の事例も参考にしながら，サービスレベルが未達となる兆候であると認識した場合には，原因を究明して適切な対策を講じる。

また，兆候の管理を効果的に行うためには，関連部門と連携することによって，様々な情報を多面的に分析するなどの工夫が重要である。さらに，兆候の管理を行う仕組みを継続的に改善していくことも必要である。

あなたの経験と考えに基づいて，設問ア～ウに従って論述せよ。

設問ア　あなたが携わった IT サービスの概要と，兆候の管理の概要について，800 字以内で述べよ。

設問イ　設問アで述べた兆候の管理において，サービスレベルが未達となる兆候及びそのように認識した理由と，サービスレベルを遵守するために実施した対策及びその結果について，800 字以上 1,600 字以内で具体的に述べよ。

設問ウ　設問アで述べた兆候の管理を効果的に行うための工夫と，仕組みの改善について，600 字以上 1,200 字以内で具体的に述べよ。

サンプル論文　(1/5)

設問ア

１．ＩＴサービスの概要

食品卸業Ａ社は、サーバの老朽化対策及び業務効率化を図ることを目的に，５年前に販売管理システムを刷新した。その時の刷新を弊社が担当したが，その後の維持保守も私（ＩＴサービスマネージャ）のチームで担当することになった。

そのＩＴサービスの概要は、Ａ社販売管理システムの利用部門である営業部門の担当者が、利用したい時に快適に利用できる安心したサービスを提供することである。

Ａ社と弊社は、ＳＬＡを締結している。ＳＬＡは、オンライン画面の応答時間５秒以内や稼働率99.9％以上，ＲＴＯ６時間以内など、大小合わせて全部で20項目設定されている。Ａ社販売管理システムは、オンラインが６時～22時であり、その後に夜間バッチ処理が行われる。尚、オンラインのピークは、10時～11時である。

２．兆候の管理の概要

Ａ社販売管理システムは、ＷｅｂＡＰサーバ、ジョブ管理サーバ、伝送サーバ、ＤＢサーバなど、合計10台のサーバで構成されている。

それらのハードウェアの稼働状況をモニタリングするために監視システムを導入し，ＳＬＡを遵守すべくＣＰＵ使用率、メモリ使用率、ディスク使用率などをリアルタイムで監視している。ＷｅｂＡＰサーバのオンライン画面の応答時間も監視している。各監視項目にはそれぞれ閾値を設定している。オンライン画面の応答時間は３秒，ＣＰＵの使用率は70%などだ。

そして，閾値の超過が一定の割合や回数を超えた場合に，警告画面を表示するとともに，弊社ＩＴ運用統括部の担当者と私にメールで通知される。私は，そのメールの内容から原因の追究や，今後の変化の予測を行い，サービスレベルを維持できない兆候であると判断した場合に，対応策を実施する。

①
本題に入るまでが長い。これぐらいの分量であれば特に採点には影響はないと思われるが，あまり本文と関係無いので,「今私は…を担当している。」だけでいい。

②
サービスを提供している立場の表現は，このような感じでも大丈夫。

③
SLAは箇条書きにした方が，読んでいる人は記憶しやすいので望ましいが，こうした記述でも問題は無い。試験本番では，このように表現がたどたどしくなることも少なくないが，これも特に問題ではないので気にしなくても良い。

④
システム資源の監視状況の話題に持って行くためにシステム構成（ハードウェア構成やネットワーク構成）を説明する。

⑤
先に説明した“サービスレベル”と関連付けて説明することは必須。その値が未達となる兆候として設定していることを「定量的に」表現しているところはGood！

⑥
設問イで問われている兆候の処理手順の概要を書く。必ず設問イと同期をとった内容にすること

設問イ

1．サービスレベルが未達となる兆候

今から２年前の５月のある日、ＷｅｂＡＰサーバでオンライン画面の応答時間が３秒を超えることが一定回数（20回）以上発生しているという閾値超過を知らせるメールが、部下の担当者と私に届いた。時刻は10時を少し過ぎた頃で、発注業務のピーク時間帯であった。

私はまず，どの部門で，どんな処理をしている時にそうなったのか？業務に影響は出ていないか？を確認するように指示を出した。必要に応じて現場の利用者にも確認するように伝えた。加えて別の担当者に，ＷｅｂＡＰサーバやＤＢサーバなどのシステム資源の使用状況を確認して原因を探るように指示を出した。

その結果、利用していたのは仕入部だけではなく，営業部や経理部など様々な部門で，特に今日に限ってデータ量が増えたこともないとのことであった。今のところ特に“反応が遅い”と感じて不満を持つ人はいないとのことで一安心したが，業務の処理量が増えていないというところが気になった。

他方，システム資源の使用状況であるが，ＤＢサーバのＣＰＵとメモリの使用率は高めの状況であったが、そちらの方は閾値には達していなかった。

今回のようにある一定時間オンライン画面の応答時間が悪化することは少なくない。しかし，現場利用者に確認すると，業務処理量が増えたことが原因で「仕方がない」というケースがほとんどだった。しかし今回はそうではない。まだ原因が分からない状況だったため，このまま放置してはいられないと判断した。

そこで私は、弊社で管理している障害管理票を確認した。すると、同じように業務処理量が増えていないのにレスポンスが悪化して，問い合わせが発生している事例を発見した。その時の原因は，現場で利用者が勝手にインストールしたプログラムが稼働しており，それがＤＢ

⑦
設問アで説明した兆候の管理に基づいた記述にする。

⑧
ITサービスマネージャは，メンバに指示を出す立場になる。これ以後も随所で指示を出している。Good。

⑨
この表現（この事例）が合否を分けるポイントになる。問題文では様々な分析を行ったうえで兆候だと判断することを求めている。それは別の言い方をすると「監視やちょっとした確認では原因がわからなかった事例」を求めている。それに合致している事例であれば合格論文，そうでなければ厳しい。

⑩
問題文の「過去の事例も参考にしながら」というところを受けて，同様の調査をしたことを説明している。

サーバのリソースを使っていた。

そこで，同様のプログラムが稼働していなかったかどうか，ＤＢサーバのログを確認してみると，現場で勝手にインストールしたプログラムではなかったが，まだ現場での試行・評価段階だったため開発部門から運用部門の我々に連絡がなかったプログラム（担当者別発注情報を検索，ダウンロード，加工できるプログラム）が断続的に稼働していた。この稼働時間帯のＤＢサーバのシステム資源状況を詳細に確認すると、ＣＰＵ使用率が断続的に閾値超過寸前の68%の状態で推移していた。

以上の調査及び分析結果より、これが原因と特定した。このまま放置していると，オンライン画面の応答時間が５秒を超えてしまうリスクがあると判断し、サービスレベルが未達となる兆候であると認識した。

⑪ 原因分析の結果，原因が特定できて，その上でリスクの有無を判断し，これを兆候とするかどうかを決定している。安直に何でも“兆候”ということにしていない点はGood！問題文の趣旨にも合致している。

２．サービスレベル遵守のための対策とその結果

私は、抜本的対策として，開発部門にこのプログラムの抽出条件の見直しを依頼した。具体的には、ＤＢサーバのシステム資源を大量消費しないように、１回当たりのダウンロード件数を 1,000 件までとする制御機能の追加を依頼した。開発部門は改修することに合意したが、改修までに２か月の期間を要するとのことであった。

そこで私は、開発部門が担当者別発注情報のＣＳＶダウンロード機能の改修及びリリースが完了するまでの間、この機能をピーク時間帯である10時～11時の間は使用禁止とするように運用で回避することにした。

この運用制限を現場の利用者に伝えると共に、担当者別発注情報のＣＳＶダウンロード機能が変更になることも伝え了承を得た。

この対策の結果、運用回避期間及び担当者別発注情報のＣＳＶダウンロード改修版リリース以降、オンライン画面の応答時間の閾値超過は発生しなくなった。

設問ウ

1. 兆候の管理を効果的に行うための工夫

今回の事象を受けて、今後はより開発部門と連携を深めて、新機能の内容把握や処理の特性、リリース時期や処理タイミングの把握をしていく必要があると判断した。特に、開発案件遂行中には、試行・評価段階だったとしても，我々運用部門もプロジェクトに参画し、取り扱うデータ量や処理の特性を掴み、システム資源への影響を調査したり、処理時間の計測から利用時間帯毎の稼働可否などの情報を取り纏め、関係者に提供する必要があると感じた。

そうすれば、兆候の発生そのものを抑制するだけではなく，仮に今回のように監視システムから警告が発生した場合にでも，原因の特定と兆候の発生判断が迅速にできると考えている。

2. 仕組みの改善

上記は、開発部門と密に連携して、開発段階でサービスレベルが未達となるような兆候を事前に検知し、そのリスクを発生させないようにする工夫である。しかし、この対策だけでは本番リリース後のシステム利用者数の増加や事業拡大などでデータ量が増加するなどの事象には対応できない。

そこで私は、運用段階でもサービスレベルが未達となる兆候を事前に検知する機能の改善が必要と判断した。具体的には、販売管理システムへのログイン履歴の情報や1日に処理するトランザクション数の情報をシステムで収集し、監視システムがそれを監視する機能を追加する。例えば、1日に処理するトランザクション数の基準値と閾値を監視システムに設定し、閾値を超過した際は販売管理システムの当該機能の見直しや処理時間の変更を促すといった改善である。

このように、システムは成長し続けるため、常に改善していく必要がある。兆候の管理においても、従来のC

⑫
ここで問われているのは監視項目の改善ではなく，あくまでも「兆候の管理」の改善になる。しかも，問題文の例示に「関連部門との連携」についての言及があるので，そこを中心に組み立てている。具体的な関連部門と具体的な内容になっている点は，問われていることに正確に答えられている。

⑬
設問ウで問われている「工夫」と「仕組みの改善」に関しては，このように明確に段落分けしなくてもワンセットで書いても問題は無い。区切りも難しいからだ。ただ，この論文のように分ける場合には，この表現のように「これは工夫」,「これは仕組みの改善」だとストレートに表現すればいい。

ＰＵ、メモリ、ディスク使用率とオンライン画面の応答時間の監視に加えて、上記の仕組みを組み込むことで、兆候の管理を強化していく必要があると考えた。

―以上―

◆評価Aの理由（ポイント）

このサンプル論文は，下表に記した通り，**第1部（全試験区分共通）のA評価のポイントをしっかり押さえている**点，第2部のこの試験共通部分，テーマ別の“差をつけるポイント”も含まれているため十分合格論文だと言えるでしょう。

特に，監視項目だけでは原因が分からないのは当然のこと，問題文の「**それらの状況の変化や傾向などを分析するとともに，過去の事例も参考にしながら，サービスレベルが未達となる兆候であると認識した**」という点にしっかりと反応して，“警告＝即兆候”ではなく，諸々調査した結果，“兆候”と判断している点が，問題文が期待している事例になる。監視項目だけで判断せず，ヒアリングや他の監視項目のチェックまで行ったうえで，まだ原因がわからないから「**過去の障害管理票**」に頼ることになった。そこまでを書いたことで，設問イでは前半部分がかなり長くなってしまっていて，もう少し簡潔にした方が良かったと言えるが，その点を差し引いたとしても，題意に沿っている点で十分内容の濃い安全圏にある合格論文だと考えられる。時間軸やSLA，兆候など定量的に表現できている点も高評価の要素になる。

チェックポイント			評価と脚注番号
第1部	Step1	規定字数	**約3,300字**。全く問題なし。
	Step2	題意に沿う	問題なし。設問に対するタイトルを付けている。問題文で問われている点に忠実に回答している。兆候の取扱いに関しても，日常の情報収集（⑤⑥）や，設問イでしっかりと過去の事例も参考にしていることも（⑩）しっかり書けている。Good!設問ウもしっかりと書けている。
	Step3	具体的	問題なし。全体的に具体的で詳細に書けている。
	Step4	第三者へ	問題なし。全体的に分かりやすい内容になっている。ただ，SLAがテーマなので設問アの最初に出てくる部分は箇条書きで記憶させる表現の方が良かった（③）。
	Step5	その他	全体的に整合性が取れているし，定量的にも表現できているので良い内容になっている。
第2部	SM共通		・ITサービスの概要の表現は，すごくいいものではないが許容範囲ではある（①②③）。 ・原因分析も，複合的な要因が絡み合って，ちょっと考えただけでは分からないものになっていて現実味がある（⑨⑩）。
	テーマ別		-

表21　この問題のチェックポイント別評価と対応する脚注番号

◆事前準備しておくこと

インシデントをテーマにした問題では，SLAやその兆候（監視システム），インシデントの内容，原因，対応策などを事前に準備しておきましょう。

◆IPA公表の出題趣旨と採点講評

出題趣旨

顧客と合意したサービスレベルを遵守するために，サービスレベルが未達となる兆候に対して適切な対応を図ること（兆候の管理）は，ITサービスマネージャの重要な業務である。

本問は，サービスレベルが未達となる兆候及びそのように認識した理由と，サービスレベルを遵守するために実施した対策及びその結果について，具体的に論述することを求めている。併せて，兆候の管理を効果的に行うための工夫と，仕組みの改善についても論述することを求めている。論述を通じて，ITサービスマネージャとして有すべき問題分析能力，対策立案能力，改善提案能力などを評価する。

採点講評

昨年度は設問で要求していない事項についての論述が多いと指摘したが，本年度は設問で要求している事項に答えていないものが少なからず見受けられた。設問をよく読み，何について解答することが求められているかしっかり把握した上で，論述に取り組むよう改めて注意を促したい。

また，設問アの“あなたが携わったITサービスの概要”で，システム構成，アプリケーション機能，顧客ビジネスなどの説明に終始するものが相変わらず見受けられた。ITサービスについて記述する必要があることを再度注意しておきたい。

問1（サービスレベルが未達となる兆候への対応について）では，顧客と合意したサービスレベルが未達となる兆候について，認識した兆候とサービスレベルを遵守するために実施した対策，管理を効果的に行う工夫と仕組みの改善などについて論述することを求めた。サービスレベルの維持活動は受験者にとってなじみのあるテーマのようで，不断の情報収集と的確な分析によって兆候を認識したことが伺える良質な論述が見受けられた。しかし，兆候と認識した理由が不明なものや，単なるインシデント対応についての論述が少なからず見受けられ，兆候の管理を確実に実施している受験者は多くはないと推測される。また，効果的に管理する工夫では問題文の例を引用しただけで，実経験に基づいているのか疑わしいものも見受けられた。これは，ITサービスマネージャとして効果的な管理に注力した経験がないことに起因するものと推察される。兆候の管理は，サービスレベルを遵守するための有効な方策の一つである。管理プロセスの確立と継続的な改善に積極的に取り組むことを期待したい。

平成27年度

問1　ITサービスに係る費用の最適化を目的とした改善について

IT サービスに係る費用の最適化を目的として，IT サービスマネージャは，顧客の要求事項，サービス提供者の経営環境，技術の変化などに応じ，顧客と合意したサービス目標に照らして，適切な費用改善策を立案し，実施する必要がある。

適切な費用改善策を立案し実施するためには，まず，現状のサービスを提供するために要している費用の状況を把握し，改善目標を設定する。次に，パレート図，特性要因図などを用いて，非効率な活動がないか，必要な資源の選定・活用において改善の機会がないかなどについて分析する。その上で，運用効率や生産性の向上に向けて，次のような観点から施策を検討する必要がある。

・サービス管理手順の簡素化，自動化ツールの活用など，プロセスの見直し
・他サービスとの要員配置の調整，外部要員の活用など，体制の見直し
・外部の供給者に委託しているサービスのサービス時間や費用など，契約内容の見直し

IT サービスマネージャは，関係部門とも協議し，費用対効果，実行可能性などを十分に検討した上で費用改善策を決定し，実施することが重要である。

費用改善策を実施した後は，改善目標を達成できたかどうかを監視・分析する必要がある。また，様々な環境の変化に応じて，費用の最適化に向けた継続的な取組みを推進していくことも重要である。

あなたの経験と考えに基づいて，設問ア～ウに従って論述せよ。

設問ア　あなたが携わったITサービスの概要と，ITサービスに係る費用の最適化を目的とした改善を行うに至った背景について，800字以内で述べよ。

設問イ　設問アで述べた背景を契機として実施した費用改善策と，改善策を立案し実施する上で検討した内容について，800字以上1,600字以内で具体的に述べよ。

設問ウ　設問イで述べた費用改善策を実施した後，改善目標を達成できたかどうかを監視・分析した内容と，費用の最適化に向けた継続的な取組みについて，600字以上1,200字以内で具体的に述べよ。

サンプル論文　(1/5)

設問ア

第１章　ＩＴサービスの概要と費用の最適化

１－１．ＩＴサービスの概要

私は，食品卸業者の情報システム部で，責任者を務めているＩＴサービスマネージャである。部員は私を含めて10名で，社内の全ての情報システムを管理すると共に，現場にＩＴサービスを提供している。

現場へのサービス提供時間は24時間である（日曜・祝日を除く月～土曜日）。夜間も海外との取引があるため会社自体が24時間稼働しているので，それに対応するためだ。夜間は，常時２名が常駐して（３交代制でローテーションを組む）トラブル対応に備えながら，バックアップ処理や日次バッチ処理を実行・監視している。但し要員が足りないので，日中は２名のエンジニアを常駐型のＳＥＳ契約で支援してもらっている。

１－２．ＩＴサービスに係る費用の最適化を目的とした改善を行うに至った背景

ある年の10月，次年度予算会議が開催された。情報システム部は例年通りの４億円を申請したが，経営陣から次年度の売上見込みが厳しいことから，間接部門に対し，最大10％の経費削減を目標に，その実現が可能かどうか検討するように求められた。

現在，Ａ社では，ＩＴサービスの提供に年間４億円の費用がかかっている（間接費や埋没費用は含まず）。

①情報システム部の人件費（10名）　1.5 億円

②情報システムのリース費用　1.5 億円

ハードウェア，パッケージのライセンス，システム開発費用など

③上記保守費用　0.5 億円

④その他経費（消耗品等の情報システム部の直接費で計上する経費）　0.5 億円

この１割ということは年間４千万円の削減である。私はその検討に入った。

①
今回は体制変更（夜間作業を削減）ということなので，その部分の特徴を中心に書いているが，ＩＴサービスの概要としては問題の無い内容である。

②
「費用の最適化」をテーマにした問題は，検討する時期が限られてくる。日常的に考えるのではなく，普通は次年度予算を申請するタイミングや，契約更新のタイミングになる。

③
一般的にも，こうした理由が多い。

④
どこかに現在の費用の合計額と内訳が必要。この問題の場合は，設問イの最初でも構わない。問題文でも4行目から設問イが対応している。ただ，この論文の場合，設問イでは人件費の10％削減を深堀したいので，こちらに書いた。

⑤
採点者は，これを記憶して設問イに行く。必ず，現状の数値，目標の数値を明確にすること（目標の数値は，設問イで明確にしても構わない）。

設問イ

第2章　実施した費用改善策と検討した内容

2－1．改善策を立案し実施する上で検討した内容

今回の指示が一律10%削減という，削減の実現性に関して根拠のない指示なので，まずはその可能性を探る必要があると判断した。

そこで，1－2で説明した年間4億円の費目及び費用の内訳をさらに細分化して，その細分化した費目及び費用ごとに削減の可能性（以下，削減可能率とする。単位は%）を付与し，費用に削減可能率を乗じた金額を求め，それをパレート図にまとめた。

⑥
問題文の「パレート図，特性要因図などを用いて，非効率な活動がないか，必要な資源の選定・活用において改善の機会がないかなどについて分析する」**という点を受けて，分析をしているところ。すぐに「夜間作業の廃止」とはいかずに，その効果算定につながる分析を入れて，客観性を盛り込んでいる。**

その結果，特にその数値が高かったのは，次のようなものだった。

- ・ＳＥＳ業務委託費用（常駐の派遣契約，２人分）
- ・保守費用・基本契約部分
- ・保守の夜間・休日対応費分
- ・人件費の残業時間分（特に夜間，休日）

情報システムのリース費用は，まだリース２年目（５年リース）なので削減できないので，まずは，このあたりの費用削減の可能性を検討するところから始めることにした。

2－2．実施した費用改善策

削減効果の大きいものから順に並べた後，実際に削減効果を算定するには，具体的なアクション単位で再検討する必要がある。

（1）改善策

現在の運用は，バッチ処理等の夜間作業（22時～7時まで）があるため，現在の情報システム部のメンバで，派遣契約で来てもらっている2名のエンジニアを除いてローテーションを組んで行っている。

この夜間作業を，運用支援ツールを導入しバックアップやバッチ処理を自動実行することで，無くすか時間を削減することは不可能ではなく，かつ削減時の効果も大

きい。夜間に情報システム部が常駐しないことで，夜間にメールやファイルサーバを利用している利用者からのトラブル対応には応じられなくなるので，その点に対して現場利用者の合意が必要になるが，それが可能であれば，夜間作業を無人化し，立ち合いに要する費用を無くすことができる。

（2）改善効果の試算

いずれにせよ，現場の利用者を説得するためにも，どれくらいの改善効果が見込めるのかを定量的に示すことが重要になる。幸い，今回は経営陣からの要請という後ろ盾があるから説明しやすい。そこで，可能な場合の費用改善額を計算してみた。

・ＳＥＳ業務委託費用（常駐のＳＥ派遣契約，２人分）
　→契約解消（1800万円減）
・保守費用・基本契約部分（変化なし）
・保守の夜間・休日対応費分
　→契約解消（1000万円減）
・人件費の残業時間分（特に夜間，休日）
　→深夜残業時間短縮（400 万円）

これで約3200万円の削減効果が見込める。但し，自動実行する運用支援ツールを導入する必要がある。その見積りをベンダに依頼したところ，導入費用と保守費用で年額400 万円必要なので，年額の削減効果は2800万円だ。削減目標は４千万円。目標の約7割である。

後は基本契約の部分を見直そうと話し合ったが，夜間のサービスレベルを落とした上に，日中のサービスレベルを落とすのはどうかと異論があがり，それは今後の課題とすることにした。

以上より，最終的に2800万円を削減目標として承認され，その実現を目指すことになった。

⑦ 問題文の「関係部門とも協議し」という要求に対する部分。改善策では，利用者に多少の不利益が出るはず。それが出ないのなら，そもそもが無駄だったということになるので。それをしっかり書いて，協議の上，理解してもらう必要がある。

⑧ ここも，なぜ定量的に試算することが重要なのか，関係部門（利用部門）との協議の必要性に絡めて説明している。

⑨ 2-1との実際の削減効果を定量的に，かつ分かりやすく箇条書きにしている。これが必要。

⑩ 改善する場合に，一部，投資も必要になることが多いので，こう書けば一気に現実味を増す。

⑪ 今回のケースでは，目標必達でもないので，現実的な落としどころで決着したことを書いた。

⑫ 設問イの決定事項として採点者に記憶してもらいたかったので，最後に念押しで書いておいた。

設問ウ

第３章　改善目標を達成できたかどうかを監視分析した内容と費用の最適化に向けた継続的な取組み

３－１．費用改善策を実施した後、改善目標を達成できたかどうか監視・分析した内容

この2800万円に及ぶ改善策は，費用削減効果が大きいだけではなく，残業時間削減を迫られていた労働基準監督署からの指導に対する措置にもなる。そのため，夜間に会社に残って仕事をしている人にとっては，メールやファイルサーバのトラブルが発生した場合，翌朝まで待たないといけないなど，これまで普通にできていたことができなくなるが，すんなりと受け入れられた。労働組合からの後押しも大きかった。

⑬
関係部門に対して，これまで提供できていたサービスができなくなることを認めてもらったという記述は重要。当然許容範囲でなければならないが，サービス低下が全くない場合は，これまで無駄が多かったことになるので，それは避けたい。

削減した費用のうち，ＳＥＳ業務委託費用と保守の夜間・休日対応費分の契約解除による部分は監視する必要はないが，情報システム部員の残業時間，深夜残業，休日出勤については，運用次第では減らない可能性がある。そこで，４月以後，情報システム部員の残業時間，深夜残業，休日出勤については目標値を決めて，実績値と比較しながら推移を監視している。

それから数か月監視をしているが，若干，時間外の労働時間が増える月がある。ただ，これは残業ではなく早出の時間だった。メンバに話を聞くと，それまで夜間バッチ処理が異常終了することが何度か発生し，その場合，連絡が入るので早めに会社に出勤し，始業の９時までにエラーの除去と再実行をしているということだった。早出をした社員は，可能であれば早退や代休で調整しているため，大きな差にはなっていない。

⑭
設問では，１年後に目標を達成できたかどうかではなく「監視・分析した内容」が問われているので中間報告としたが，1年後に目標達成できたことを含めて，監視・分析した内容を書いても構わない。

３－２．費用の最適化に向けた継続的な取組み

そして今後は、今回導入した運用支援の自動化ツールの機能を使って，日中の作業の自動化へと適用範囲を広げていきたいと考えている。そして，定期的に（１年に１回）今回と同じ手順で費用の最適化による費用削減の

実現可能性を検討し，さらなる改善を目指したい。

というのも，ただでさえ人材不足で，弊社でも採用には苦労している。ましてやユーザ企業の情報システム部に，エンジニア志望の新入社員は期待できないからだ。そのため，最小の要員数で，今提供しているＩＴサービスを提供し続けられるように，どんどん自動化を進めていきコスト削減につなげていきたいと考えている。

以上

◆評価Aの理由（ポイント）

このサンプル論文は，下表に記した通り，**第1部（全試験区分共通）のA評価のポイントをしっかり押さえている**点，第2部のこの試験共通部分，テーマ別の“差をつけるポイント”も含まれているため，とてもハイレベルな合格論文だと言えるでしょう。このサンプル論文くらい具体的で，数値を使って客観的に書いていて，題意と無関係のことを書かなければ問題なくA評価になるでしょう。

チェックポイント			評価と脚注番号
第1部	Step1	規定字数	**約3,300字**。全く問題なし。
	Step2	題意に沿う	問題なし。設問に対するタイトルを付けている。問題文で問われている点に忠実に回答している。設問イの改善の機会について分析している点（⑥），関係部門と協議している点（⑦⑧⑬）はGood。設問ウでも監視・分析した内容が書けている（⑭）。Good。
	Step3	具体的	問題なし。全体的に具体的で詳細に書けている。
	Step4	第三者へ	問題なし。全体的に分かりやすい内容になっている。特に，現状の年間コスト（④⑤），分析結果（⑥），改善効果の試算（⑨）など，具体的に書かれているのはもちろんのこと，定量的で箇条書きを使って分かりやすく書いている。Good。
	Step5	その他	全体的に整合性が取れているし，定量的にも表現できているので良い内容になっている。
第2部	SM共通		・ITサービスの概要の表現は問題なし（①）。 ・原因分析も，複合的な要因が絡み合って，ちょっと考えただけでは分からないものになっていて現実味がある（⑥）。
	テーマ別		**「テーマ6　改善のPoint1　改善のタイミング（いつ検討?なぜ検討?）を明確に」**という点について，改善が必要になった背景や考えるタイミングがしっかりと説明できている点はGood（②③）。

表22　この問題のチェックポイント別評価と対応する脚注番号

◆事前準備しておくこと

改善をテーマにした問題では，改善目標，問題点，その原因分析と真の原因，改善施策を準備しておきましょう。その上で，コスト面がどうなるのかをTCOベースで用意しておけば万全です。

◆IPA公表の出題趣旨と採点講評

出題趣旨

ITサービスに係る費用の最適化を目的として，顧客と合意したサービス目標に照らして，適切な費用改善策を立案し，実施することは，ITサービスマネージャの重要な業務である。

本問は，ITサービスに係る費用の改善に至った背景，並びに費用改善策及び改善策を立案し実施する上で検討した内容について，具体的に論述することを求めている。併せて，費用改善策を実施した後，改善目標を達成できたかどうかを監視・分析した内容と，費用の最適化に向けた継続的な取組みについても論述することを求めている。論述を通じて，ITサービスマネージャとして有すべき問題分析能力，対策立案能力，改善提案能力などを評価する。

採点講評

"ITサービスの概要"についてシステム機能の記述に終始したものが，問1，問2ともに見受けられた。また，両問とも，設問ウで改善の継続について論述を求めたが，"継続"して行っていくための考えや仕組みを述べたものはほとんどなかった。JISやITILを基に，継続的改善についての理解と実践を期待したい。

なお，クラウドサービスの利用が広まってきているようで，これを題材とした論述が多かった。

問1（ITサービスに係る費用の最適化を目的とした改善について）では，ITサービスに係る費用の改善に至った背景，並びに費用改善策及び改善策を立案し実施する上で検討した内容などについて論述することを求めた。ITサービスマネージャとして費用改善を実施した経験のある受験者にとっては取り組みやすかったようで，改善策の策定とその確実な実施のための深い検討がうかがえる良質な論述が多かった。しかし，パレート図や特性要因図などの言葉だけで費用構造の分析を具体的に述べていないものや，適切な分析もせずにツールを用いて作業を効率化するなど対策が先にありきと推察されるもの，改善策の決定に当たって費用対効果や実行可能性の検討が不十分なもの，などが見受けられた。これらは実務経験が不足しているために踏み込んだ論述ができなかったものと推察される。また，設問ウの継続的な取組みについては，改善策における課題についての論述がほとんどで，施策の有効性を一時的なものにしないという視点からの論述が少なかったのは残念である。費用の最適化はITサービスマネージャにとって重要なテーマであり，常日頃からの積極的かつ継続的な取組みを期待したい。

平成30年度

問2　ITサービスの運用チームにおける改善の取組みについて

ITサービスマネージャは，運用チームの業務記録の内容，運用しているサービスの管理指標の傾向を把握・分析し，課題を明確にした上で改善に取り組むことが求められる。

例えば，次のような改善の取組みによって，作業生産性の向上，作業品質の向上，顧客満足の向上などを実現する。

・故障対応時間の短縮が課題の場合には，故障対応のスキル不足を解消するために，実地訓練に取り組む。

・作業手順の誤りや漏れをなくすことが課題の場合には，作業手順について，有識者とのレビューを義務付ける。

・サービスデスクの応対に対する利用者からの不満を解消することが課題の場合には，コミュニケーション力を向上させるための教育を行う。

改善の取組みに当たっては，目標達成に向けて運用チームの力を結集することが大切である。そのために，ITサービスマネージャは，次のような工夫を行う。

・課題を明示することでチームメンバの議論を促して取組みへの動機付けを行う。

・達成状況を“見える化”して改善に意欲的に取り組めるようにする。

また，改善の取組み後は，設定した目標に無理はなかったか，動機付けは十分であったかなどを振り返り，改善の取組みを評価する。

あなたの経験と考えに基づいて，設問ア～ウに従って論述せよ。

設問ア　あなたが携わったITサービスの概要と，運用チームの構成，及び運用チームの課題とその根拠について，800字以内で述べよ。

設問イ　設問アで述べた課題を達成するために，どのような改善の取組みを行ったか。課題に対して，設定した目標，運用チームの力を結集するために工夫した点を含めて，800字以上1,600字以内で具体的に述べよ。

設問ウ　設問イで述べた改善の取組みの結果はどうであったか。目標の達成状況，及び取組みの評価について，良かった点，悪かった点を含めて，600字以上1,200字以内で具体的に述べよ。

サンプル論文　(1/5)

第1部 Step1 Step2 Step3 Step4 Step5 Step6 第2部 SA PM SM ST AU

設問ア

1.1. ＩＴサービスの概要

弊社は、産業用セラミック製品などを製造・販売しているメーカーである。私は、情報システム部門に所属するＩＴサービスマネージャで、社内にＩＴサービスを提供している。提供しているのは，社内の基幹系システムによる生産管理サービスや販売管理サービス，メールサービス、グループウェアサービスなど、社内で利用されている全ての情報システムである。

サービス提供時間は，基幹系システムの方は朝８時から夜20時までオンラインサービスを提供し，その後23時までバッチ処理を実施している。また，メールサービス等は24時間365 日利用できるようにしているが，土日と23時以後朝の７時までは無人で運用している。

1.2. 運用チームの構成，課題とその根拠

私が管理している運用チームは，私を含めて全部で10人。人数が少ないので，特にチーム分けはしていない。

但し，現場からの問合せに対応するため，7時から23時までの16時間は，次のような出勤パターンによって，必ず誰かが対応できるように出勤している。

・通常の９時から17時までの勤務（週３日）
・早出出勤：７時から15時までの勤務（週１日）
・遅出出勤：15時から23時までの勤務（週１日）

私は，毎年次年度予算の申請時期の少し前に，過去１年間の業務記録をチェックして、次年度に改善すべき課題がないかを確認している。

そして今回見つけた改善対象が，業務問い合わせ一次回答サービスにかかる平均時間の短縮だった。過去１年間の平均時間は25分だった。ＳＬＡは30分以内なので違反ではないが，前々年よりも大幅に増加していた。ＳＬＡ違反した場合は，再発防止計画の策定や対策の実施に多くの時間と労力がかかるため、今の間にこれを改善対象とすることにした。

①
サービスの提供者としての立場で書かれている点，具体的かつ定量的に表現できている点で，かなり高評価の「ITサービスの概要」になる。

②
この前のブロックで説明している“提供サービス”が多岐にわたっているので，SLAはサービス提供時間のみにした。運用がテーマであり，この後に続く内容を考えれば，ベストな選択である。

③
ここでは，人数，チーム分け，出勤時間，役割分担などを具体的に書く。定量的に書いて採点者と共通の認識にすることが重要である。

④
改善をテーマにした場合には，緊急性の高いものでない限り，それを検討するタイミングや理由がある。最もオーソドックスなのが次年度予算申請時に，1年間を振り返ってというものになるので，それを採用した。

設問イ

2.1. 課題に対して、設定した目標

私は，業務問い合わせ一次回答サービスにかかる平均時間の短縮に向けて，まずは目標を設定することにした。定量的な目標を設定することで，メンバ全員の共通認識にできるからである。

目標は，非現実的な数値を設定すると最初からあきらめてしまったり，ここ一番で踏ん張れなかったりするため良くないが，容易に達成できる数値でもよろしくない。できれば，この改善を機会に主体性をもってもらいたいので挑戦的な目標にしたかった。

そこで，数年前の過去最も良かった平均時間を少し上回る数値として，業務問い合わせの一次回答までの平均時間は15分以内という数値目標を設定した。

2.2. 目標達成に向けて計画した改善の取組

目標達成に向けた改善の取組を行うにあたって，この1年間の平均が25分になってしまった原因を分析するように，10人のメンバに指示を出した。そこから，彼らに考えさせて当事者意識を持ってもらいたかったためである。

（1）原因分析

私はできる限り口を挟まずに様子を見るようなスタンスで参加していた。まず，当事者たる自分たちが薄々感じている原因を言い合って，その傾向の有無を1年間の実績を見てみる方法で真の原因を探ることにしたようである。

「人によって対応時間が違う」というメンバもいれば，「問合せ内容によって対応時間がかかるものがある」というメンバもいた。そこで，切り口をそれぞれ変えながら時間のかかった対応を調査した結果，複合的な要因であることが判明した。

例えば，最も時間がかかっていたケースは，時間帯は17時以後で1人で対応している時に，マニュアル通りに

⑤ 挑戦的な数値目標を設定することも，設問で問われている「運用チームの力を結集するため」のものだということを匂わせている。

⑥ 全体的に字数が多いので，カットするならここ。ここは知識をアピールしているところなので，無くても大丈夫。

⑦ 目標は定量的に数値で表現。根拠も忘れずに書いている。

⑧ ITサービスマネージャなので「指示を出す」とした。運用チームの力を結集させるために全員参加にしている。

⑨ 原因分析をする場合，その結果発見された原因は，単純なものでない方がいい。単純な原因だと，分析しなくてもわかるからだ。ベストは複合的要因で，分析したことで判明したものにすること。ここで書いているような複雑な組合せなら，少なくとも分析しないとわからなかった点で，原因分析が必要な根拠になる。

改善しないトラブルが発生した状況で，かつ，対応メンバにとって弱い部分のトラブルの場合だった。

（2）改善の取組

こうした原因に対し，メンバから私にリクエストがあったのは，やはり若手メンバが1人で対応する時間を極力少なくする勤務状況にするため，日中の人が多い時間帯に派遣社員を2人増員し夜間2人体制にしてほしいと提案された。これに対して，次年度はシステムの更改準備もあるため，私はその提案を受け入れた。

そして，夜間2人体制にする代わりに，それだけでは目標の15分を達成できる根拠にはならないという指摘をして，合わせて効果的な取り組みを検討させた。その結果，メンバからは次のような案がでてきた。

- 夜間2人のペアは，それぞれ弱い部分を相互補完できるような組合せにする
- メンバのスキルマップを作成して公開する
- 弱点を強化するために積極的に勉強会を開催する
- 勉強会のテーマは障害レポートより選択する
- マニュアルに未掲載の障害が発生し対応した場合には，遅滞なくマニュアルに追加する

夜間2人体制にするだけで，多くのことができる。メンバ全員で話し合ったことで，それを理解できたようである。

さらに私は，業務問い合わせの一次回答の平均時間をメンバ全員が随時意識できるように，前日までの平均時間を計算し，部内のホワイトボードで公表することにした。もちろんこれだけを意識してもらっても困るので，常に目に入るところではなく，タイムカードを打診するところで毎朝1度見てもらえるように考えた。

⑩ この問題では，取組みは，一つのことを詳しく書いても良いし，このように数を書いても良いと判断した。メインは要員の追加＋夜間2人体制なので，後は補足的に数で行けると考えたからだ。

⑪ 運用チームの力を結集するために工夫した点は，設問イ全体に散りばめておいたが，最後にここでダメ押しとしてまとめておいた。全員が毎日見ることを示唆する表現にした。

設問ウ

3.1. 課題の達成状況

新年度に入り，約束通り２名の派遣社員に来てもらい，夜間２人体制にした。そこから毎日平均時間を算出して確認し公表してきた。

最初の３か月間こそ，約５分しか短縮できず平均時間は20分かかっていたが，その後，徐々に平均時間は短縮されていった。７か月経過した頃に平均時間は15分となり目標達成の域に達することができた。これによりメンバも手応えを感じたのか，さらに盛り上がりを見せ，積極的に情報交換するようになった。

そして１年後，平均時間は13分15秒になり，無事目標を達成することができた。

3.2. 取り組みの評価で良かった点

今回の改善の取組は，私が主導したのではなく，メンバの自主性に任せた点が最も良かった点だと感じている。自発的に取り組むことで，１年にわたって10名が一丸となって力を結集できたと思う。

また，リアルタイムに毎日数値を知ってもらうことで，改善意識が薄れることなく，持続的に成長できたと考えている。

運用チームの力が結集されたと感じたのは，事前には計画していなかったことを彼らの発案で始めたことである。平均時間が15分を達成した７か月経過時に，情報交換の掲示板を立ち上げたようである。

いずれも，彼らの自主性に任せた成果だと考えている。

3.3. 取り組みの評価で悪かった点

なお，派遣社員を２名増員したため、昨年度に比べ費用は増加した。システム更改の準備があることと，会社からの残業時間短縮要請があったことから認められたが，その点は，他にコストをかけない選択肢がなかったかどうか，よく考えなければならないだろう。

また、勉強会の計画や実施内容については，ほとんど

⑫
目標の達成状況が問われているので，今回は1年後の達成状況を書く必要があった。このように推移を書くだけで，そこそこの分量になる。

⑬
「運用チームの力を結集するために工夫した点」の取組に対して良かった点を書いている。加えて，マネジメントの立場から「任せる」,「自主性」という観点での評価も加えて強調している。

のメンバが下準備をせず思いついたものをその場で取り上げて実施していたため、取り組み当初はメンバー間の混乱を招き、大きな業務負担になっていたようである。

それと，良い点でもあったが，毎日平均時間を表示するシステムだったため，目標を達成できていない初期の頃は大きなプレッシャーになっていたそうだ。

私は，こうした取り組みの成果は徐々に表れるもので，最初は難しく後半に向けて数値が上がってくることは十分わかっていた。しかし，メンバの中にはそうとは思わず，前半大きなプレッシャーを感じることになった。最初にしっかりとそのあたりのことを説明しておけば良かったと反省している。

以　上

◆評価Aの理由（ポイント）

このサンプル論文は，下表に記した通り，**第1部（全試験区分共通）のA評価のポイントをしっかり押さえている**点，第2部のこの試験共通部分，テーマ別の“差をつけるポイント”も含まれているため，とてもハイレベルな合格論文だと言えるでしょう。このサンプル論文くらい具体的に書いていて，題意と無関係のことを書かなければ問題なくA評価になると思います。

チェックポイント			評価と脚注番号
第1部	Step1	規定字数	**約3500字**。全く問題なし。
	Step2	題意に沿う	問題なし。設問に対するタイトルを付けている。問題文で問われている点に忠実に回答している。特に，設問イのメインテーマである「運用チームの力を結集する」という点についてしっかりと書けている点はGood（⑤⑪）。
	Step3	具体的	問題なし。全体的に具体的に書けている。
	Step4	第三者へ	問題なし。全体的に分かりやすい内容になっている。特に，今の運用方法を具体的かつ定量的に書いている点（③），定量的な改善目標（⑦），原因，改善後の体制（⑩）など，とても分かりやすくなっている。
	Step5	その他	全体的に整合性が取れているし，定量的に表現できているので良い内容になっている。特に，設問ウは設問イを受けているので短時間でいい内容に仕上げることが出来ている（⑫⑬）。
第2部	SM共通		・ITサービスの概要の表現はSLAも含むいい内容（①②③）。 ・マネージャの立場で指示を出している点はGood（⑧⑬他，原因分析，改善の取組でも考えさせて提案させている）。 ・原因分析も，複合的な要因が絡み合って，ちょっと考えただけでは分からないものになっていて現実味がある（⑨）。
	テーマ別		**「テーマ2　運用体制のPoint1　何人で何をしているのかを明確にする」**という点についても，定量的かつ分かりやすく説明している（③）。 **「テーマ6　改善のPoint1　改善のタイミング（いつ検討?なぜ検討?）を明確に」**という点について，しっかりと説明できている点はGood（④）。

表23　この問題のチェックポイント別評価と対応する脚注番号

◆事前準備しておくこと

要員をテーマにした問題では，しっかりと体制面を準備しておくことが重要です。体制図はもちろんのこと，各メンバの役割，日常業務なども，いつでも出せるようにしておきましょう。

また，**改善をテーマにした問題**に対しては，改善目標，問題点，その原因分析と真の原因，改善施策を準備しておきましょう。その上で，コスト面がどうなるのかをTCOベースで用意しておけば万全です。

◆IPA公表の出題趣旨と採点講評

出題趣旨

ITサービスマネージャは，運用チームの業務記録の内容や運用しているサービスの管理指標の傾向を把握・分析し，課題を明確にした上で，改善の取組みを行うことで，作業の生産性や品質，顧客満足の向上などを実現することが求められる。改善の取組みに当たっては，課題と目標を明示して運用チームメンバの議論を促すなど，取組みへの動機付けと当事者意識の醸成を行い，運用チームの力を目標達成に向けて結集するようにマネジメントすることが大切である。

本問は，ITサービスの運用チームの改善の取組みについて問うている。具体的には，ITサービスの概要と運用チームの構成，及び業務記録・管理指標などの傾向を把握・分析することで気付いた課題について論述を求めている。また，課題を達成するためどのような改善の取組みを行ったか，課題に対して，設定した目標，運用チームの力を目標達成に向けて結集するように工夫した点を含めて論述することを求めている。併せて，改善の取組みの評価について，良かった点，悪かった点を含めて論述を求めている。論述を通じて，ITサービスマネージャとして有すべき問題分析能力，対策立案力，マネジメント力などを評価する。

採点講評

問2（ITサービスの運用チームにおける改善の取組みについて）では，ITサービスの運用チームの改善の取組みについて問うた。具体的には，運用チームの課題とその根拠，改善の取組みと設定した目標，運用チームの力を目標達成に向けて結集するために工夫した点，目標の達成状況と改善の取組みの評価について，論述を求めている。受験者にとって身近なテーマであったようで，課題，改善の取組み，目標設定については具体的で充実した論述が多かった。一方，取組みについて具体性に欠ける論述，ツールの改善・導入が中心の論述，チームの力を結集するための工夫が読み取れないような論述もあった。また，運用チームの力を目標達成に向けて結集するために工夫した点については，表面的な内容にとどまっている論述が多かった。変化に対応し，ITサービスマネージャとして適切なチームマネジメントを行うように努力してほしい。

令和元年度

問１　環境変化に応じた変更プロセスの改善について

ITサービスマネジメントを実践する組織では，品質の確保に留意しつつ，緊急変更を含む変更管理プロセス並びにリリース及び展開管理プロセス（以下，変更プロセスという）を既に構築・管理している。

しかしながら，俊敏な対応を求める昨今の環境変化の影響によって，既存の変更プロセスでは，例えば，次のような問題点が生じることがある。

① アジャイル開発で作成されたリリースパッケージの稼働環境へのデプロイメントにおいて，変更プロセスの実施に時間が掛かる。

② 新規のサービスをサービスデスクで作業可能とする変更要求の決定に時間が掛かる。

ITサービスマネージャには，このような問題点に対し，変更プロセスの改善に向けて，例えば，次のような施策を検討することが求められる。

① アジャイル開発チームへの権限の委譲，プロセスの簡略化などによるデプロイメントの迅速化

② サービスデスクでの標準変更の拡大を迅速に行うためのプロセス見直しと利害関係者との合意

改善に向けた施策の決定に当たっては，変更要求への俊敏な対応と品質の確保の両面に配慮する必要があり，俊敏な対応を重視するあまり，品質の確保が犠牲にならないように工夫することが重要である。

あなたの経験と考えに基づいて，設問ア～ウに従って論述せよ。

設問ア　あなたが携わったITサービスの概要と，既存の変更プロセスに影響を与えた環境変化の内容について，800字以内で述べよ。

設問イ　設問アで述べた環境変化によって影響を受けた変更プロセスの概要，変更プロセスに生じた問題点とその理由，改善に向けた施策及び施策の期待効果について，800字以上1,600字以内で具体的に述べよ。

設問ウ　設問イで述べた施策の実施結果と評価について，俊敏な対応と品質の確保の観点を含め，600字以上1,200字以内で具体的に述べよ。

サンプル論文 (1/5)

設問ア

1．ＩＴサービスの概要と環境変化の内容

1-1. ＩＴサービスの概要

私は，事務用品を扱っているＡ社のＩＴサービス部に所属するＩＴサービスマネージャである。Ａ社は，店舗を持たず，東京に本社と物流拠点だけを展開し，ネット販売を行っている。従業員は約300 人，登録顧客は約１万人で，我々の部門では，従業員に対する全てのＩＴサービス（販売管理や財務会計，電子メール，ファイルサーバなどのシステムで提供されている）と，登録顧客に対するネットショッピングサービスを提供している。

今回私が論述するＩＴサービスは，このうちのネットショッピングサービスである。本サービスは，ネットショッピングシステムで提供されており，内部規約で管理部門と次のようなＳＬＡを締結している。

・オンラインサービス提供時間は，24時間365 日（計画停止時間を除く）

・稼働率 99.99 ％

1-2. 環境変化の内容

今回，開発部門から「アジャイル開発を採用して，リリースを２週間に１回にしたい。そうなると既存の変更プロセスでは対応できないので，何とか考えて欲しい。」という相談があった。

来年の２月に向けて“インターネット受注システム”のバージョンアップを計画しているとのことである。既存システムに改造を加え，６月の開発着手から 1.5 か月後の７月中旬（夏休み前）には，第一弾をリリースしたいということだった。

Ａ社では，これまでシステム開発はウォータフォール型で行ってきているため，アジャイル開発は初めての試みだった。

①
「ITサービスの概要」のパターンの中でも，最もオーソドックスで安全なパターン。基本形だと考えておくといいだろう。

②
要素③：場所

③
要素②：利用者数。「何人ぐらいの人が利用しているのか？」規模感を伝える表現。インシデントの影響範囲の大きさを説明する時は必須。

④
要素①：ITサービスの概要（最重要部分）。「誰に」「どんなサービスを」提供しているのかを説明し，それを実現しているのが「情報システムである」という説明パターン。午後Ｉの問題でよく使われているパターンになる。

⑤
題意に沿っている事例。問題文の例を参考に，アジャイル開発の採用における権限委譲の経験なら書けると判断した。

設問イ

2．環境変化に応じた変更プロセスの改善

2-1. 変更プロセスの概要

A社の従来の変更プロセス（ＣＩの変更を必要とする場合）は，我々運用部門で，次の手順で行うルールになっている。

①ＲＦＣ（変更要求）の起票と提出
②ＲＦＣの受付・記録・分類
③ＣＡＢ（変更諮問委員会）によるＲＦＣの評価
④ＲＦＣの受入れ決定
⑤変更の実施

ＲＦＣの受付は随時実施しているが，その内容を見てＣＡＢに誰が参加すべきかを決め，次回ＣＡＢへの参加を打診する。ＣＡＢは月１回，業務が比較的落ち着いてくる10日前後の開催を予定している。そこで，それまでに上がってきたＲＦＣの評価をまとめて行う。そこでＲＦＣの受け入れが決定したものに対しては，日程を調整して変更を実施し，問題無ければＣＩを更新する。

このような手続きが必要なため，緊急時を除き，ＲＦＣの要求から変更の実施まで，通常は１か月～２か月必要になる。

2-2. 変更プロセスに生じた問題点とその理由

これまでは，変更依頼そのものが少なく，こうした変更プロセスでも問題は無かった。月１回開催するＣＡＢも，変更依頼がない月もあるぐらいだ。そのため，変更が発生してもＣＩと合わないこともなく，管理品質は保たれてきた。

しかし今回，開発部門から相談があったアジャイル型の開発手法を採用する場合，２週間ごとに開発した部分をリリースすることになる。

これまでも，セキュリティに問題が見つかった場合などは，緊急時の対応として，ＣＡＢを緊急開催して数日で対応したことはあるが，それを毎回実施するのは参加

⑥
ITILに準拠する形での変更プロセスを自社にも導入していることをアピール。

⑦
設問で問われている「変更プロセスの概要」に関しては，箇条書きで書いた後に，このようにポイントを説明している。非常に分かりやすい説明になっている。

⑧
ここでは問題点は書かない。2-2で書くからだ。

⑨
問題は，現状と理想（あるべき姿）の差で説明する。

者の負担が大きすぎる。だからと言って開発部門に任せきりだと，運用管理面での品質が保たれるかどうかわからない。

2-3. 改善に向けた施策および施策の期待効果

そこで我々は，開発部門とともに，アジャイル開発を採用した場合の変更プロセスを新たに作成することにした。

まず，アジャイル開発全体の範囲を決定する段階で，運用部門も参加し，必要に応じて意見を出すとともに，決定事項に関しては，変更箇所を把握しておく。

ただ，開発期間中に運用部内の要員が常時参画することは人がいないため不可能なので，その変更部分が，いつどれだけリリースされるのかが確定したタイミングでチェックして２週間ごとに次の①～③を実施することにした。

①ＲＦＣ（変更要求）の起票と提出
※リリース内容とリリース日を追記
②ＲＦＣの受付・記録・分類
③変更の実施（リリースとＣＩの更新）

この時，開発部門に負荷がかかってはせっかくのアジャイル開発が無駄になるので，上記の①に関するＲＦＣは，アジャイル開発が決定した段階で運用部門が作成し，リリース内容とリリース日を空白にして，そこに追記できるようにした。

②と③のＣＩの更新は運用部門で実施する。リリースは開発部門に権限を委譲し，責任をもって実施してもらい，ＣＩの更新は二重管理にならないように運用部門で一元的に実施する。管理品質を保つためである。

このように，アジャイル開発時の変更プロセスを作成することで，管理品質を落とさずに，アジャイル開発による俊敏な対応が可能になる。

⑩ アジャイル型開発を採用する場合，運用部門もいろいろな体制で協力することが考えられるが，今回のケースは要員が少ないため，開発に専任できる要員を出すことはできない。そのため，最初と，２週間に１回，ある程度リリースが見えてきた段階で参画するとともに，ドキュメントの管理は従来通り自分たちの作業とした。このように役割分担を分かりやすく伝えることが必要。

⑪ 変更部分も，変更前と変更後で説明する。変更前は2-1。そこと同様に分かりやすく箇条書きにしている。

⑫ 工夫の部分。問題文の「俊敏な対応と品質の確保の両面に配慮」した部分である。

設問ウ

3．施策の実施結果と評価

こうして新たなアジャイル開発時の変更プロセスを作成した上で，予定通り，6月からインターネット受注システムのバージョンアップが始まった。

6月末には，アジャイル開発全体の範囲を確定する会議に参加した。その後，リリース日を後から記入できるＲＦＣを作成し，開発部門に提出。その後，２週間ごとにＲＦＣが提出されるので，確認し，リリースが完了した連絡を受け，ＣＩを更新した。そして1月末に無事，全機能のリリースを完了した。

⑬ 施策の実施結果。設問イで具体的に説明した施策をそのまま実施したと書くだけでいい。実施時期は書いた方がいい。

2月に入り，開発部門と運用部門が合同で，今回のアジャイル開発に関する振り返りの会議を実施した。今後の改善点を把握するためである。

開発部門からは，特に開発に影響するような負荷は無く，俊敏性を損なうことは無かったという報告を受けた。

⑭ 評価は工夫した点に対して行う。今回の設問イでは「俊敏な対応の観点」だったので，その部分を評価の対象にした。

ただ，強いて挙げれば，イテレーションを進める中で，どうしても当初の開発範囲には入っていなかったものを開発することがあり，その時に不安があったらしい。というのも，その場合，ＣＩのどの部分に影響があるのか，開発側ではわからないままＲＦＣを提出しており，その場合ＣＡＢの決定を待たずに開発に着手しているからだ。幸い，不整合が起きることは無かったが，そこをどうするのかは決めておいた方がいいと希望した。

⑮ 念のため改善点も書いておく

また，品質の確保の観点からも，開発部門にリリースを任せても，結果的には特に問題はなくＣＩとの整合性も取れている。ただ，開発部門から意見があった“当初の開発には入っていなかった部分”への対応に関しては，運用部門でもバタバタしてしまった。

⑯ ⑭同様，評価の部分。「品質の確保の観点」についても評価の対象にした。

ＲＦＣを確認し，そこにそういう記載があれば緊急でＣＡＢを招集・開催し，影響範囲や更新すべきＣＩを確認した。今回は，ＣＩに影響はなかったので問題は無かったが，今後はわからない。

これに対して，次回からはＲＦＣが提出される日を予め決めておくとともに，グループウェアの承認機能を利用して，システム上で非同期に，順次情報を加えたうえで承認できるようにするプロセスを，アジャイル開発時の変更プロセスに加えることにした。これにより，より早く開発部門に回答することができると考えている。

（　以　上　）

⑰ ここも評価だけではなく，念のため改善点も書いておく。

◆評価Aの理由（ポイント）

このサンプル論文は，下表に記した通り，**第1部（全試験区分共通）のA評価のポイントをしっかり押さえている**点で，問題のない合格論文です。特に，ITILの変更プロセスから大きく逸脱していない点，分かりやすく伝えるための**細かい工夫（下表のStep4）は，他のテーマの問題でも活用できる**と思います。

アジャイル開発の手順に関しては，自社で実際に実施しているプロセスがあればそのまま書けばいいと思います。今回のサンプル論文ではガッツリ開発に参画するケースは避けました。問題文の例に「権限の委譲」があったからです。俊敏性を損なわない対応で，品質確保もできているならば，どんな体制でも大丈夫でしょう。

チェックポイント			評価と脚注番号
第1部	Step1	規定字数	**約3,300字**。全く問題なし。
	Step2	題意に沿う	問題なし。設問に対するタイトルを付けている。問題文で問われている点に忠実に回答している。環境変化の内容（⑤），変更プロセスの概要（⑥⑦），変更プロセスの改善と俊敏な対応，品質確保の観点（⑩⑫）など，ほぼ全てに回答している。Good!
	Step3	具体的	問題なし。全体的に具体的に書けている。
	Step4	第三者へ	問題なし。全体的に分かりやすい内容になっている。問題点も現状と理想の両方を書いてその差で表現しているので，非常に分かりやすい表現になっている（⑥⑨⑪）。Good!
	Step5	その他	全体的に整合性が取れている。特に，設問ウは設問イを受けているので短時間でいい内容に仕上げることが出来ている（⑬⑭⑮⑯⑰）。
第2部	SM共通		・ITサービスの概要の表現はSLAも含むいい内容（①②③④）。 ・変更管理手順を表現しているのもGood（⑥）。
	テーマ別		**「テーマ5　変更及び移行のPoint2　変更管理手順」**についても，わかりやすく箇条書きにしている（⑥⑦）。

表24　この問題のチェックポイント別評価と対応する脚注番号

◆事前準備しておくこと

移行や変更をテーマにした問題で準備する場合は，変更管理手順をITILや午後Ⅰの過去問題を正しい手順として参考にしながら，5つ前後のステップで事前に準備をしておくようにしましょう。試験本番では咄嗟に出てこない部分ですし，しっかりと作り込んでおくと準備していなかった人には，大きな差をつけることができること間違いありません。しかも，内容を把握していると午後Ⅰでも役に立ちます。準備をしておきましょう。

◆IPA公表の出題趣旨と採点講評

出題趣旨

ITサービスマネージャは，アジャイル開発の採用，サービスデスクが実施する標準変更の拡大といった環境変化の中，変更要求に俊敏に対応するため，変更管理プロセス並びにリリース及び展開管理プロセス（以下，変更プロセスという）に対して改善を行う必要がある。

本問は，環境変化による影響を受けて変更プロセスに生じた問題点とその理由，改善に向けた施策，さらに，施策の実施結果と評価について，変更要求への俊敏な対応と品質の確保の観点を含めて，具体的に論述することを求めている。論述を通じて，ITサービスマネージャに必要な課題認識能力，問題分析能力，施策立案能力などを評価する。

採点講評

俊敏な対応を求める環境変化の影響によって変更プロセスに生じた問題点及び改善に向けた施策，並びに施策の実施結果と評価などについて，俊敏な対応と品質の確保の観点を含めて論述することを求めた。アジャイル開発への対応やサービスデスクにおける標準変更の拡大といったことを実務で経験している受験者にとっては取り組みやすいテーマであったようで，具体的なツールの活用や承認プロセスの見直しといった事例が挙げられ，適切に論述されていた。内容としては，競合他社との競争激化といった環境変化を背景に，新規サービスやサービス変更の迅速化をテーマにした論述が多くみられた。一方，施策の論述において，具体性に欠け，主体性が伺えないものも少なからず見られた。ITサービスマネージャとして，日頃の改善への主体的なマネジメント活動が望まれる。

令和元年度

問２　重大なインシデント発生時のコミュニケーションについて

IT サービスマネージャは，重大なインシデントが発生した場合には，あらかじめ定められた手順に従い，インシデント対応チームを編成して組織的な対応を行う。重大なインシデントの対応手順は，通常のインシデント対応手順に“何が重大なインシデントに当たるか”といった定義や必要な活動を加えて規定される。手順の中には，例えば，インシデントの発生や解決に向けた対応の経過状況を解決に関わる内部メンバだけでなく，適切な人に適切な方法で通知するなどの利害関係者とのコミュニケーションの活動が規定されている。

具体的には，次のような利害関係者とのコミュニケーションを行う。

① 顧客に対しては，適切な要員からインシデントの発生や対応結果を連絡する。

② サービスデスクに対しては，利用者からの問合せ対応に必要となる回復計画や回復時間などについての情報共有を行う。

③ 外部供給者に対しては，専門的技能及び経験を保有する要員の人選と解決に向けた活動の依頼を行い，支援を受ける。

重大なインシデントへの対応では，目標時間内での解決のために緊急な手順の実施が必要とされることもあり，インシデント対応チームのメンバ及び利害関係者とは正確かつ迅速な情報共有が重要となる。

また，IT サービスマネージャはサービスの回復後，重大なインシデントへの対応についてのレビューを行い，コミュニケーションにおける課題を明らかにすることも必要である。

あなたの経験と考えに基づいて，設問ア～ウに従って論述せよ。

設問ア　あなたが携わった IT サービスの概要と，発生した重大なインシデントの概要及び利害関係者について，800 字以内で述べよ。

設問イ　設問アで述べた重大なインシデントへの対応で実施した手順の内容を述べよ。また，対応に当たって，利害関係者とどのようなコミュニケーションを行ったか。情報の正確性と対応の迅速性の観点を含め，800 字以上 1,600 字以内で具体的に述べよ。

設問ウ　設問イで述べた重大なインシデントへの対応で明確になったコミュニケーションにおける課題と改善策について，600 字以上 1,200 字以内で具体的に述べよ。

サンプル論文　(1/5)

設問ア

第1章　ＩＴサービスの概要と重大なインシデントの概要及び利害関係者

（1）ＩＴサービスの概要

Ａ社は事務用品の卸売会社である。東京に本社，全国に８つの支店を持ち，日本全国の企業に事務用品を卸している。私は、Ａ社の情報システム部の部長という立場で５名の部下とともに，Ａ社の情報システム全般を管理している。

今回論述する重大なインシンデントが発生したＩＴサービスは，弊社の基幹システムの販売管理システムで提供されている販売管理サービスである。システム構成は，本社にＷＥＢ／ＡＰサーバ２台、ＤＢサーバ１台、端末は本社と全支店で約80台である。本社のサーバは全て冗長構成にしてハードウェアの障害に備えている。

当該システムは、７時から23時までオンライン処理、23時から約４時間バッチ処理を実施。稼働率は99.9％、ＲＴＯを４時間以内等の運用目標を掲げ，利用部門との間にペナルティの無いＳＬＡを設定している。

（2）重大なインシデントの概要及び利害関係者

ある年の８月のある日，夜間の立ち合いを終えた２人の担当者が，いつも通りに午前６時30分に，管理端末からシステムを起動しようとしたところ，システムが起動しなかった。マニュアルに沿って，何度かリトライを試みたが，まったく起動しなかった。結局，オンラインサービスの開始時間の７時になっても販売管理サービスが起動せずに，その日の業務がストップしてしまった。

このままでは，取引先に対する出荷ができなくなる。また，障害が長引けば取引先からの注文や，仕入先への発注もできなくなる。そのため物流部，営業部，仕入部への適切な説明が必要になる。また，必要に応じて，本システムの開発・保守を依頼しているＳＩベンダのＢ社とも連携する必要もあると考えた。

①
ITサービスの概要の説明として，サービスを提供しているというスタンスになっている点，SLAの説明がある点で問題はない。一部，システム構成を書いているが，この後のトラブルがハードウェアのトラブルなので書いた。量的にも最低限で，必要性もあるので問題はない。良い内容である。

②
システム構成の部分

③
SLAの部分。重大なインシデントだということを伝えるために，サービス提供時間内の障害を説明。この内容だと必須。

④
「重大なインシデント」なので，後述する重大なインシデント対応手順の定義に合致する内容にしなければならない。

⑤
問題文に記載されている利害関係者の例（①～③）を見て，顧客と外部供給者を具体的に書いた。

設問イ

第2章　重大なインシデント発生時のコミュニケーションについて

（1）重大なインシデントへの対応で実施した手順の内容

弊社のインシデントの対応手順は，ＩＴＩＬを参考に次のように定義している。

①記録
②優先度の割当て
③分類
④記録の更新
⑤段階的取扱い（保守を委託しているＢ社に連絡など）
⑥解決
⑦終了

重大なインシデントかどうかは，「②優先度の割当て」と「③分類」のところで判断している。具体的には，業務が停止するなど業務に多大な影響を及ぼしていたり，原因が分からずＳＬＡを順守できない可能性があったりするインシデントを“重大なインシデント”と定義している。もちろん今回のインシデントも，業務がストップしており，原因も分からないため，直ちに“重大なインシデント”という判断になった。

そして“重大なインシデント”だと判断された場合，経営層，現場の利用部門，開発・保守を委託しているＢ社とインシデント対応チームを編成して，その後のインシデント対応手順を進めていくことになっている。

（2）利害関係者とのコミュニケーション

今回のような利害関係者によるインシデント対応チームは，本社と各支店，Ｂ社など場所が離れているためテレビ会議を用いて実施するようにしている。正確かつ迅速な情報共有を行い，今回のように４時間以内の復旧を目指すためにはテレビ会議が最適である。すぐに全ての拠点を接続して会議を行うことにした。

⑥
問題文の「あらかじめ定められた手順に従い」に対応している部分。インシデントへの対応手順は午後Ⅰでも毎年連続で問題文に掲載されている。つまり，“重要”だということをアピールしてきている。したがってその知識をベースに表現した。ちなみに，採点者がチェックしやすいように箇条書きにしている。

⑦
問題文で求められている「重大なインシデントの定義」について言及している部分。

⑧
利害関係者によるインシデント対応チームを編成していることに言及している部分。

⑨
正確かつ迅速な情報共有がテーマなので，4時間以内の復旧なのでテレビ会議を用いて行った事例を取り上げた。

そしてまずは，B社のITエンジニアと各支店に今の状況とこれまでの経緯を説明して情報を共有する。マニュアルに掲載されている手順では復旧できなかったため，各種サーバのログを含めてチェックしてもらった。すると，B社のエンジニアは，どこかの端末が標的型攻撃を受けてウイルスに感染し，それがサーバにも感染したのではないかと，ウイルス感染の可能性について言及してきた。

そこで，現場の各利用部門の責任者に対して，いつもシステムを利用している「ここ数日の間に不審なメールが無かったか，添付ファイルをクリックしなかったか」を確認してもらうように指示を出した。各端末の操作ログまでは取得していないし，メールサーバのウイルスチェックでも検知できなかったからだ。その結果，営業部門に届いた，ある取引先からのメールが怪しいことが分かり，その挙動をB社の端末で確認したら新型のウイルスであることが分かった。

原因が判明したため，その対応策と復旧時間も確定した。開発・保守用及びこういうケースのための待機用サーバとして準備しているサーバに環境を移し，業務を再開するのに2時間かかるが，何とか4時間以内には業務を再開できる。業務再開予定時間を11時とし，その計画で今日の1日の業務を合わせてもらうように各部門の責任者から現場に指示してもらうようにした。

また，B社に対しては11時からの業務再開を見届けた上で，明日までに本番環境を再構築してもらうように交渉し，その予算も経営陣に即決してもらい，今日の昼には契約を締結するように図った。

⑩
許容範囲だが，ちょっと原因追及とそれに必要なコミュニケーションの部分が長すぎた。問題文では原因究明のためのコミュニケーション（現場へのヒアリング）というより，説明に重きを置いているようなので，できればそちらを中心に書いた方が良かっただろう。

設問ウ

第3章　コミュニケーションにおける課題と改善策

（1）課題

⑪
一定の評価をしたうえで，
課題を書いている。

テレビ会議を用いて，急きょインシデント対応チームを招へいして対応したことで，今回のような原因が分からない重大なインシデントが発生しても，ＳＬＡを順守することができた。これはひとえに，ＩＴＩＬを参考にしながらインシデント対応手順を定めておいて，備えていたことが功を奏している。加えて，このインシデント対応手順はインシデントに対応するたびにレビューを行い改善してきたことも大きかった。

今回も，インシデント対応が終了してから２週間ほど経過した９月の定例会で，各利用部門の責任者とＢ社のＩＴエンジニアも参画して，当該インシデント対応について改善点を探すべく集まり，課題や改善策について話し合った。

その結果，現場利用部門からは取引先への対応を行いながら，インシデント対応チームからの指示にも対応しなければならないため，かなりの混乱状態になっていたとのことである。しかも，ウイルスが原因だということを取引先に話をすると，取引先も不安になり様々な説明を求められたようである。もちろんその説明には，現場では答えられないので何とかしてほしいという意見が多かった。

（2）改善策

この課題に対してＢ社と相談したところ，ウイルスの感染を防ぐことは難しく，今後も同じように取引先を不安にさせたり，あるいは弊社のメールにより感染を広げる可能性もある。

そこで，取引先からの問合せにも対応できるように，情報システム部内に，取引先が直接連絡できる窓口を設定することにした。但し，弊社の情報システム部には，要員に余裕が無いのでＢ社の関連企業が運営しているコールセンターと契約することにした。現在のＢ社との保守契約に追加する形で。経営陣からも了承を得たので，それでインシデント対応手順にその部分を付け加え，営業部門等各利用者を通じて，取引先に周知してもらうようにした。

—以上—

◆評価Aの理由（ポイント）

このサンプル論文は，筆者が令和元年に実際に受験してA評価（合格）を取った時の再現論文を，さらに2時間以上かけて気になるところを改善したものです。したがって，**実際にA評価だったものよりも，さらにレベルアップしたものだと**考えてもいいでしょう。但し，ベースはあまり変えていないため抜本的に改善したわけではないので，設問イの前半部分が長いという点など改善の余地は残っていますが，下表に記した通り，全体的には第1部で説明している論文共通の部分は忠実に守れていますし，第2部のSM共通及びテーマ別の“差をつけるポイント”も押さえられているため十分でしょう。

チェックポイント			評価と脚注番号
第1部	Step1	規定字数	**約3,300字**。全く問題なし。
	Step2	題意に沿う	問題なし。設問に対するタイトルを付けている。問題文で問われている点に忠実に回答している。重大なインシデントである点（④⑦），重大なインシデントで通常インシデント対応手順との違い（対応チームを組成）について言及している点（⑧），正確かつ迅速な情報共有を可能にしている点（⑨），インシデント対応手順の改善（コミュニケーションに関する部分）なども丁寧に反応している。Good!
	Step3	具体的	問題なし。全体的に具体的に書けている。
	Step4	第三者へ	問題なし。全体的に分かりやすい内容になっている。また，インシデント対応手順は見やすいように箇条書きにしている（⑥）。
	Step5	その他	システム構成（②），SLA（③），設問イでSLAの4時間以内の復旧に向けた時間など，数値を用いて客観性を出している。もちろん一貫性もある。
第2部	SM共通		・ITサービスの概要の表現はSLAも含むいい内容（①②③）。 ・重大なインシデントである事例にもなっている（④⑤）。 ・インシデント対応手順を表現しているのもGood（⑥）。
	テーマ別		**「テーマ4　インシデントのPoint1　インシデントのレベルを問題文に合わせること」，「同 Point3　インシデント対応手順」**のいずれもクリアできている。

表25　この問題のチェックポイント別評価と対応する脚注番号

◆事前準備しておくこと

インシデントをテーマにした問題で準備する場合は，①業務に影響が出る重大なインシデントの事例を用意しておくとともに，②標準的なインシデント対応手順を覚え，後は，③マニュアル通りに復旧できなかったケースと④回復作業中にミスしたケースを準備しておくと万全です。

◆IPA公表の出題趣旨と採点講評

出題趣旨

ITサービスマネージャは，重大なインシデントが発生した場合には，手順に従って顧客，内部グループ，外部供給者などの利害関係者と適切なコミュニケーションを行う必要がある。

本問は，重大なインシデントの解決に向けて，情報の正確性と対応の迅速性の観点から利害関係者とどのようなコミュニケーションを行ったかの論述を求めている。さらに，重大なインシデントの解決に向けたコミュニケーションの課題と改善策についての論述も求めている。論述を通じて，ITサービスマネージャの課題認識能力，コミュニケーション能力，改善能力を評価する。

採点講評

重大なインシデント発生時に，利害関係者に対して，どのようにコミュニケーションを行ったかの論述を求めた。インシデント対応は多くの受験者が経験しており，取り組みやすいテーマであったようで，インシデントへの対応手順については適切な論述が多かった。通常のインシデントでは，階層的なエスカレーションやトップマネジメントとの連携は少ないと考えられるが，重大なインシデントでは，様々な利害関係者との積極的なコミュニケーションと復旧に向けての正確な情報の共有が求められる。解答の中には，通常のインシデントと同様の対応をとっていると思われる論述が多く見られたが，重大なインシデントの対応に当たっては，インシデント対応チームを迅速に編成して対応を行う必要があり，ITサービスマネージャとして，コミュニケーションを適切に行ってほしい。

ST　ITストラテジスト

論文がA評価の割合（午後II突破率）▶ **34.6%**（令和元年度）

ITストラテジスト試験は，いわゆる"ITコンサルタント"の資格です。経営とITのどちらにも精通した人材で，企業全体を俯瞰できるだけの総合力が問われます。顧客にITを提案するエンジニアにとって必須の資格です。

◎この資格の基本SPEC！

・平成6年に初回開催。過去39回開催（上級シスアド含む）
・累計合格者数15,820名／平均合格率10.4%

年度	回数	応募者数	受験者数（受験率）	合格者数（合格率）
H06-H20※1	15	90,246	51,905 (57.5)	4,268 (8.2)
H08-H20※2	13	83,481	46,873 (56.1)	3,807 (8.1)
H21-R01	11	80,150	53,873 (67.2)	7,745 (14.4)
総合計	39	253,877	152,651 (60.1)	15,820 (10.4)

※1 H06-H20　システムアナリスト
※2 H08-H20　上級システムアドミニストレータ

◎最近3年間の得点分布・評価ランク分布

				平成29年度	平成30年度	令和元年度
応募者数				6,984	7,449	7,528
受験者数（受験率）				4,747 (68.0)	4,975 (66.8)	4,938 (65.6)
合格者数（合格率）				700 (14.7)	711 (14.3)	758 (15.4)
得点分布・評価ランク分布	午前I試験	「得点」ありの人数		1,711	1,812	1,843
		クリアした人数（クリア率）		1,163 (68.0)	1,287 (71.0)	1,268 (68.8)
	午前II試験	「得点」ありの人数		4,095	4,295	4,226
		クリアした人数（クリア率）		3,575 (87.3)	3,030 (70.5)	3,861 (91.4)
	午後I試験	「得点」ありの人数		3,478	2,973	3,767
		クリアした人数（クリア率）		1,955 (56.2)	1,720 (57.9)	2,211 (58.7)
	午後II試験	「評価ランク」ありの人数		1,939	1,710	2,191
		合格	A評価の人数（割合）	700 (36.1)	711 (41.6)	758 (34.6)
		不合格	B評価の人数（割合）	612 (31.6)	361 (21.1)	661 (30.2)
			C評価の人数（割合）	338 (17.4)	411 (24.0)	526 (24.0)
			D評価の人数（割合）	289 (14.9)	227 (13.3)	246 (11.2)

1 試験の特徴

最初に，“受験者の特徴”と“A評価を勝ち取るためのポイント”及び“対策の方針”について説明しておきましょう。

◆受験者の特徴

ITストラテジスト試験は，情報処理技術者試験の“最高峰”に位置付けられている試験区分になります（但し，試験センターがそう位置付けているわけではなく，多くのエンジニアの間でそういう位置付けになっているという意味です)。そのため，原則，他の論文試験に合格している受験者が多く，**こと論文系試験に関しては“百戦錬磨”の猛者**が集っているというイメージです。

しかし，その一方で（コンサルテーションの）経験者はとても少なく，SEやPMが後学のために受験していることが多いので，「**他の論文系高度区分の合格者（時に複数区分合格者)**」が「**未経験分野**」に挑戦する人たちによる戦いだと考えておけばいいでしょう。

◆A評価を勝ち取るためのポイント

こういう特徴がある試験区分なので，A評価を勝ち取るためのポイントは，ずばり，**試験本番時には咄嗟には出せないものを，事前にしっかり収集して準備を整えておくこと**だと言えるでしょう。

◆論文対策の方針

以上より，対策の基本方針は「**しっかりと事前準備をすること**」になります。具体的には，後述している「**2 多くの問題で必要になる“共通の基礎知識”（P.330)**」を熟読して“経営戦略”に関する基礎知識を習得するとともに，後述している「**3 他の受験生に“差”をつけるポイント！（P.338)**」を熟読して，そこで差をつけられるようにしっかりと事前準備をしておきます。試験本番前日には，ある程度合格する自信をもてるようなレベルにまで持っていくつもりで準備を進めていきましょう。

〈参考〉 IPAから公表されている対象者像，業務と役割，期待する技術水準

対象者像	高度IT人材として確立した専門分野をもち，企業の経営戦略に基づいて，ビジネスモデルや企業活動における特定のプロセスについて，情報技術（IT）を活用して事業を改革・高度化・最適化するための基本戦略を策定・提案・推進する者。また，組込みシステム・IoTを利用したシステムの企画及び開発を統括し，新たな価値を実現するための基本戦略を策定・提案・推進する者
業務と役割	ITを活用した事業革新，業務改革，革新的製品・サービス開発を企画・推進又は支援する業務に従事し，次の役割を主導的に果たすとともに，下位者を指導する。 ① 業種ごとの事業特性を踏まえて，経営戦略の実現に向けたITを活用した事業戦略を策定し，実施結果を評価する。 ② 業種ごとの事業特性を踏まえて，事業戦略の実現に向けた情報システム戦略と全体システム化計画を策定し，実施結果を評価する。 ③ 情報システム戦略の実現に向けて，個別システム化構想・計画を策定し，実施結果を評価する。 ④ 情報システム戦略の実現に向けて，事業ごとの前提や制約を考慮して，複数の個別案件からなる改革プログラムの実行を管理する。 ⑤ 組込みシステム・IoTを利用したシステムの開発戦略を策定するとともに，開発・製造・保守などにわたるライフサイクルを統括する。
期待する技術水準	事業企画，業務改革推進，情報化企画，製品・サービス企画などの部門において，ITを活用した基本戦略の策定・提案・推進を遂行するため，次の知識・実践能力が要求される。 ① 事業環境分析，IT動向分析，ビジネスモデル策定への助言を行い，事業戦略を策定できる。また，事業戦略の達成度を評価し，経営者にフィードバックできる。 ② 対象となる事業・業務環境の調査・分析を行い，情報システム戦略や全体システム化計画を策定できる。また，情報システム戦略や全体システム化計画を評価できる。 ③ 対象となる事業・業務環境の調査・分析を行い，全体システム化計画に基づいて個別システム化構想・計画を策定し，適切な個別システムを調達できる。また，システム化構想・計画の実施結果を評価できる。 ④ 情報システム戦略や改革プログラム実施の前提条件を理解し，情報システム戦略実現のモニタリングとコントロールができる。また，情報セキュリティリスクや情報システム戦略実現上のリスクについて，原因分析，対策策定，対策の実施などができる。 ⑤ 新たな組込みシステム・IoTを利用したシステムの開発に関し，関連技術動向及び適用可能性，社会的制約・要請，知的財産などの分析結果に基づき，競争力のあるシステムを企画するとともに，付加価値，拡張性，柔軟性などを踏まえ，その展開戦略や開発戦略を策定・推進できる。
レベル対応	共通キャリア・スキルフレームワークの 人材像：ストラテジストのレベル4の前提要件

表26 IPA公表のITストラテジスト試験の対象者像，業務と役割，期待する技術水準
（情報処理技術者試験 試験要綱 Ver4.4 令和元年11月5日より引用）

2 多くの問題で必要になる“共通の基礎知識”

続いて，論文を書くために必要な最低限の基礎知識のうち，多くの問題で必要になる“共通の基礎知識”を説明します。

◆経営とITの橋渡しに関する知識

この試験区分の論文を書く上で必要になる“共通の知識”は，経営とITの橋渡しに関する知識です（図11参照）。

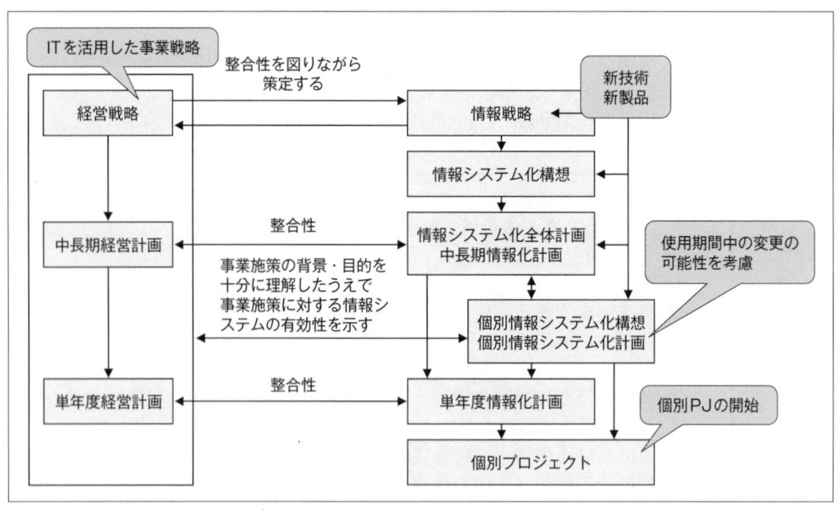

図11　経営とITの橋渡しの流れ（戦略→中長期計画→単年度計画）

◆必要なのは，テーマ別の基礎知識ではなく共通の知識

ITストラテジスト試験の論文を書く時に必要になる知識は，他の試験区分のような“テーマ別のもの”ではありません。もちろん，個々のテーマ特有の細かい部分が“ゼロ”というわけではありませんが，それよりも，ここで説明する“共通の基礎知識”の方が，断然重要になります。

そこで本書では，ここで少しページをもらって，その“共通の基礎知識”について説明することにしました。次頁以後7ページにわたって書いているので，確認しておきましょう。

1｜ 経営方針

経営方針とは，経営理念や社是・社訓などの普遍的，恒久的な会社の方針や，長期の経営ビジョンのことです。論文試験では，問われることも，書くこともほとんど無いとは思いますが，念のため，論文の題材に用いる企業の経営方針が確認できるのなら，確認して覚えておきましょう。

2｜ 経営戦略

経営戦略とは，中長期経営計画を立案するにあたって，その達成に向けた戦い方や方向性を示すものです。具体的には，次のような手順で立案します。

① 経営方針に基づき3～5年の間に達成したい経営目標を設定する
② そして，その目標を達成できるかどうかを，自社を取り巻く環境（外部環境）や自社の経営資源（内部環境）を分析する（事業環境分析）。この時に後述するSWOT分析を使うことが多い
③ 事業環境分析の結果を受けて，①で設定した経営目標を達成するための課題をCSF（重要成功要因）として抽出する
④ その重要成功要因を実現する方法を経営戦略としてまとめる

外部環境とは，当該企業の外側にあってコントロールできない環境のことです。**政治，経済，社会，技術，競合他社の動向**などですね。一方，内部環境とは，当該企業の内側（内部）にあってコントロール可能な環境のことです。**経営の4大資源（人・モノ・金・情報）**などですね。

そして，経営戦略を立案した後は，それを具体的に“いつ何をするのか？”を明確にして，中長期経営計画と単年度計画へと展開していきます（図の経営戦略以後の縦のライン）。

なお，経営目標，外部環境，内部環境，重要成功要因，経営戦略などは，論文の中に書くことが十分考えられるので，論文の題材に用いる企業について，事前に情報を収集して整理しておきましょう。

3 情報戦略

情報戦略とは，IT（情報技術，情報システム）を駆使することで実現を目指す戦略を意味します。経営戦略の一環として企画されるもので，昔は“経営戦略を実現するためのもので，経営戦略に合致させるもの”が情報戦略だったのですが，今では，情報戦略をトリガにして経営戦略を策定することも普通になりました。ITに関する新技術や新製品を使うことで，従来の枠組みにとらわれない革新的な経営戦略を打ち出すことも可能になるからですね。実際，情報処理技術者試験でも，「**ITを活用した事業戦略**」という表現が使われるようになりました。これは，経営戦略と情報戦略の垣根がもはや存在しないことを表しています。

【情報戦略の例】
- 顧客層の拡大と営業担当者の工数削減（販売コスト削減）を狙ったネット上での消費者または既存顧客へのダイレクト販売
- 調達コストの削減やリードタイムの短縮を目指すダイレクトでオープンな調達

なお，情報戦略を立案するときには，次のような点に留意しましょう。

【現状の把握】
- 情報システムとそれを取り巻く状況について十分考慮する

【体制作り】
- 情報システム要員の不足，スキルの不足はないか
- 経営層の参加によって，全体的な推進力が確保でき，総合的に意思決定を下せる体制を作ること
- 情報リテラシ向上と歩調を合わせる

【業務・組織改革との連携】
- 業務・組織改革を合わせて行うための指針を示す
- 情報戦略を段階的に進めなければならない場合は，それに歩調を合わせて業務・組織改革を進めること
- 情報戦略を進める上で，業務・組織改革の対象部門に戦略の目的を理解させ，共有化を図ること

4｜情報システム化構想

情報システム化構想とは，中長期的かつ全体最適の視点から描く情報システムの企画・設計・開発・運用に関する全体的な構想のことです。業務プロセスや業務アプリケーション及び情報システム基盤の構想立案を行います。一言で言うと，情報システムのグランドデザインですね。具体的には，経営戦略や情報戦略に合わせて，（その期間内に）**次の3つの構想**について立案します。

①優先順位付けされた複数の情報システムの構想
②情報基盤整備についての方針
③情報システム部門の役割について

5｜中長期情報システム化計画

情報システム化構想を計画レベルに落とし込んだものが，中長期情報システム化計画（中長期情報化計画）です。経営戦略および情報戦略に基づいて策定された全体のシステム構想を引き継ぐとともに，各部門からあがってくる現状改善型の案件（個別システム化構想）も考慮して，**実現可能な計画へと落とし込みます。**具体的には，情報システム化構想と同じく3つの切り口で計画を立てていきます（上記の①②③に関する計画）。

なお，社内各部門から積極的に個別システム化案件が出される場合は，システム化の目的，範囲，費用対効果などを検討した上で，経営戦略や中長期経営計画，情報戦略，情報システム化構想との整合性を考慮して，実施すべき案件を絞り込むとともに，個別システム化案件の，システム化の範囲や方法，開発体制，開発スケジュールを全体的にとらえて全体システム化計画を調整します。優先順位付けにあたっては，個々の情報システム化案件の重要度，緊急度，戦略性，投資額と期待効果などを総合的に評価して行います。その際，定性的な項目についても客観的な評価ができるように工夫をすることで，経営戦略を踏まえた投資額の妥当性や優先順位の根拠を示すことが重要になります。

6 個別情報システム化構想／個別情報システム化計画

個別システム化構想及び個別システム化計画とは，個々の独立したシステムの企画・設計・開発・運用の構想もしくは計画のことを言います。規模が大きくなると複数プロジェクトに分けられることもありますが，普通は，この単位でプロジェクトが立ち上がるので，プロジェクト単位だと考えてもいいでしょう。

ITストラテジストは，個別のプロジェクトが立ち上がる前にいくつかのことを決めます。例えば，パッケージにするのか一から開発するのか，SaaSを利用するのかそれとも自社の資産にするのかなど，その開発方針を決めます。この時に考慮しないといけないのは，**導入後，例えば5年間使用するとした場合，導入後の外部環境や内部環境の変化をできる限り予測し，導入後の5年間を見据えた上で導入の方針を決定しなければなりません。**

7 | SWOT分析

SWOT分析とは，分析対象の経営目標に対して，自社の強い部分や弱い部分（＝内部環境）と機会や脅威（＝外部環境）を明確にしながら，経営目標を達成するためにカギを握っている要因，すなわち重要成功要因を導き出す手法です。“SWOT”というのは，次の意味を表す用語の頭文字を集めたものですね。

S：Strength：企業の強み（内部環境）
W：Weakness：企業の弱み（内部環境）
O：Opportunity：機会（外部環境）
T：Threat：脅威（外部環境）

また，クロスSWOT分析という手法もよく使われています。これは，機会×強み，機会×弱み，脅威×強み，脅威×弱みのように，それぞれを組み合わせて考える方法です。

Strength：企業の強み（内部環境）	Weakness：企業の弱み（内部環境）
・高機能・高品質な製品の開発力がある。 ・施工業者との連携が強く，柔軟な施工体制をもつ。	・J社の販売価格は市場平均よりも2割ほど高い。 ・顧客情報が営業員に属人化しており，営業力，販路開拓が弱い。 ・物流部門の配送先確認・配送計画立案に時間がかかるようになっている。
Opportunity：機会（外部環境）	**Threat：脅威（外部環境）**
・住宅リフォーム市場は拡大傾向にある。 ・一般家庭向けセキュリティ（防犯）市場が拡大傾向にある。	・建設業界において工事需要が落ち込み，競争が激化している。 ・自動車分野で，強度が高く優れた断熱性をもつ高機能性ガラスが普及しつつある。

表27　SWOT分析の例（応用情報技術者試験 平成21年度春期午後問題より）（一部改変）

8 | バランススコアカード（BSC：Balanced Scorecard）

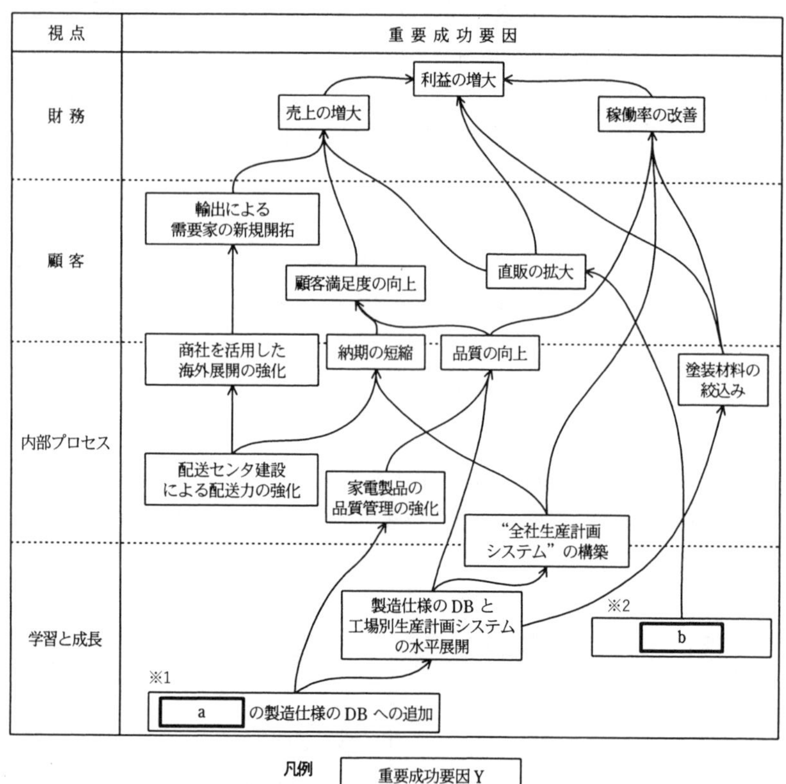

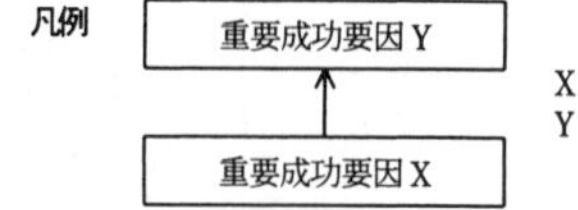

Xが実現・実施されることで，
Yが実現可能になることを示す。

※1　空欄（a）：鋼板に印字する製品番号や注意書きなどの版に関する情報
※2　空欄（b）：汎用規格の鋼板を使った高機能製品の需要家との共同開発

図12　BSCの例（システムアナリスト試験 平成18年度 午後Ⅰ問2より）

バランス・スコアカードは，キャプラン，ノートンという2人の経営学者が，1992年に提唱した新しい経営戦略および経営管理の手法です。管理すべき項目を，図12，表28のように**4つの視点（財務の視点，顧客の視点，内部プロセスの視点，学習と成長の視点）**に分け，それぞれの視点に対して，測定指標（図12では，重要成功要因と表現しています）と目標値を設定します（目標値は表28参照)。これらの測定指標（重要成功要因）は，決して独立したものではなく，それぞれが影響しあったもの（因果関係）なので，そのつながりを矢印でつなげて表現します。図12の中の一つを例に説明すると，「輸出による需要家の新規開拓」ができれば，「売上の増大」につながるということを表しています。そうした特徴から，図12をインフルエンスダイアグラムや影響要因図と言うこともあります。

視点	意味	測定指標（例）	目標値（例）
財務	直接的にコントロールできないもので、ほかの視点の影響を受けて、結果的に向上するもの。ここで出た利益は、再度ほかの視点に投資される	売上高	200億円
		営業利益	5億円
		売上高営業利益率	20%
		対前年比売上高	105%
顧客	顧客満足度を向上させる。製品・サービスへの顧客の要求や期待を向上させるもの。最も直接的に財務の視点に影響する	マーケットシェア	22%
		新規顧客獲得数	20社
		顧客満足度調査	4.5ポイント
		顧客離反率	10%以内
内部プロセス	業務プロセスを改善する。イノベーション、オペレーション、アフターサービスに分類し、それぞれのプロセス最適化を図る	新製品投入数	5製品
		不良率	0.01%以下
		原価率	30%以下
		保守時間	24時間以内
学習と成長	企業としての能力を向上させるもので、社員の能力、モラール、組織風土などを向上させる。即効性はないが、長期的には強い競争力を育む	従業員満足度	4.5ポイント
		資格取得者数	400人
		従業員定着率	10年以上85%
		ナレッジ件数	1000件

表28　測定指標と数値目標を設定

3 他の受験生に“差”をつけるポイント！

それではここで，他の受験生に差をつけて合格を確実にするためのポイントを説明しましょう。本書で最も伝えたいところの一つです。しっかりと読んでいただければ幸いです。

1 “投資効果”を表現して“差”をつける！

ITストラテジスト試験の論文で，他の受験生に“差”をつけるための一つ目のポイントは“投資効果”を表現するところです。“投資”と“効果”の双方を定量的に書くのはもちろんのこと，ともすれば書きやすい“投資”の方ではなく，**“効果”の方をしっかりと書ききる**ことを意識しましょう。

そもそもITストラテジストの仕事をザックリ言うと，「**絵に描いた餅（企画）**」を提示して経営者を納得させてお金を出してもらうとともに，会社全体を動かしてもらうというものです。会社の命運をかけて，全社員を巻き込むわけですから，その企画の有効性を示す“投資効果”に関しては，第三者が見ても納得できるものでなければなりません。

考えてみてください。単に「**凄くいいシステムだ**」とか「**速く処理できるようになる**」という“程度を表す”主観的表現ばかりの企画書なんか，どの経営者も採用しませんよね。有名なカリスマコンサルタントの大先生であればいざ知らず，採点者にとって**“初対面の第三者”**になる受験生が書いているわけですからね。

そこで必要になるのが，「**これまで3日かかっていた処理が2日でできるようになる**」というように客観性のある“数値”での表現です。ほんのわずかしか書けない論文の中で，“企画そのもの”を信用してもらうには，その方法しかありません。

もちろん，全く脈絡もなく書いてはいけませんが，問題文や設問に“投資効果”の文字があれば必ず，なくても工夫した点に使える可能性を考えて，**隙あらば投資効果を書くことを考えましょう。**

2 | BSCの考えを使って“差”をつける！

投資効果を表現する場合には，BSC（Balanced Score Card：バランススコアカード：P.336参照）の考え方を使って，他の受験生に“差”をつけることを考えましょう。

情報システムの導入効果と，それによってもたらされる効果を因果関係でつなげていき，**最終的に財務の視点の“売上の向上”や“利益の向上”につなげていくところを表現するのです。**論文に書く場合，あまり複雑なものは書けません。ちょうど下記ぐらいになります。具体的な評価項目（KPI）と定量的な数値目標をつなげていくことで，投資効果の説得力が増します。

システムの導入効果のKPI → 何かしらのKPI → 財務の視点のKPI

3 | 因果関係でつなげて“差”をつける！

最近の傾向として，経費削減効果ではなく，売上向上や業績拡大に寄与した事例を求める問題が増えています。したがって，売上向上や業績拡大の事例を一つ用意しておき，そういう問題が出た時に“差”をつけられるようにしておきましょう。ポイントは，ここでもBSCの考え方を使って，情報システムの導入から売上向上までを因果関係でつなげていくという点です。例えば，次のように考えて作ってもいいでしょう。そのあたりはサンプル論文で確認ください。

①売上目標を明確にする（定量的数値目標）
②その売上を次のいずれかに分解する
　営業1人当たりの予算，1店舗当たりの売上，1商品群当たりの売上など
③上記②をさらに，数量（顧客数やアイテム数など）×単価に分解する
④情報システムを導入して改善されるKPIによって，上記③の“数量”が伸びる。すると②も自ずと伸びる。結果①を達成する。

4｜設問アの“事業概要”をコンサル視点にして“差”をつける！

ITストラテジスト試験の論文で，他の受験生に“差”をつけるための四つ目のポイントは，設問アで問われる“事業概要”を，コンサルタントが書く内容に仕上げておくというものです。「**実際のコンサルタントだったら，“事業概要”はこう書くよな。**」という感じですね。

具体的には，**市場規模，売上高，従業員数，シェア，ポジショニング，経営目標，KPI，投資金額など**“定量的表現”を必要とする項目を使って組み立てます（サンプル論文参照）。定量的表現を必要とする項目を使って“事業概要”を書いておけば，コンサルタントらしく見せることができます。そのためには事前準備が必要ですが，しっかりと準備して作り上げておきましょう。**そうすれば，出だしから（設問アの最初から）他の受験生を大きくリードできます。**採点者に，いい先入観を持たせることもできますしね。

ちなみに，筆者の実施しているITストラテジストの試験対策講座では，時間をかけてここを作り上げています。それで合格率が跳ね上がりました。

5｜全ては“事前調査”をしっかり行って“差”をつける！

これまで説明してきた四つの“差”をつけるポイントの全てをクリアするために必須なのが“事前調査”による情報収集です。実際，豊富な経験をお持ちのコンサルタントだったら，その必要はないかもしれません。これまでの自分の経験から，様々な“数値”を取り出してきて書くだけですからね。

しかし，未経験者の場合は“事前調査”が必要になります。いずれも，**考えて出てくるものではないからです。**調査の対象は，自分が担当している顧客でも，消費者としてよく利用している会社でも構いません。ネット上になければ，コラムでも紹介している国会図書館に行って**業種別審査事典**を用いて調べるなどして情報収集するのもいいでしょう。

いずれにせよ，これまで説明してきた四つの“差”を武器にして，受験生の中で頭一つ抜きんでることができるかどうかは，事前調査によって作り込んでおくかどうかで決まります。しっかりと準備をしておきましょう。

6 “企業概要”ではなく“事業概要”

設問アで問われているのは，多くの場合“事業”に関しての説明です。“企業”ではありません。しかし，添削をしていて「**企業の話ではなく，事業の話を書きましょう。**」という指摘をすることが少なくありません。似ていますが，微妙に違うものなので注意が必要です。その企業が一つの事業しかしていないのならまだしも，多角的事業を展開している企業では，事業の売上，利益，それらの目標などと，会社全体のそれらとは異なります。正しく説明するようにしましょう。

column

Column　図書館

皆さんは，最近，図書館に行ってますか？学生の頃はよく利用していたという人でも，多忙な社会人になると「そういや…もうずっと行ってないな」という感じではないでしょうか。

しかし，筆者の開催するITストラテジスト試験対策講座では，初日に必ず図書館に行くことを勧めています。東京だと国会図書館です。というのも，左のページに書いている通り，ITストラテジスト試験対策には事前準備が有効で，試験当日までに差をつけてしまうという戦略を推奨しているからです。狙いは，設問アの前半で書く“事業概要”をハイレベルなものにして，他の受験生に出だしから“差”をつけるため（「**5　全ては“事前調査”をしっかり行って“差”をつける**」参照）。普段接している顧客企業等を題材に用いる時に，その市場規模や市場動向，抱えている課題などを調べて，特に数値データを収集していきます。

図書館には様々な書籍や資料がありますが，中でも特にお勧めなのが，株式会社きんざいの業種別審査事典です。筆者自身もよく利用しています。全10巻で実に1513業種について書いています。1業種はだいたい10ページ前後です。どんな内容かはネットで検索してみてくださいね。

図書館の良いところは，図書館内で閲覧した後に必要に応じてコピーできるところです。1業種10ページくらいなので，1ページ20円のコピー代でも200円くらいでできるのでとても助かっています。図書館には，他にも様々な本や資料があるので，ITストラテジストの受験を考えている人で，サンプル論文の設問アの前半に書いている“事業概要”のような内容が書けない人は，図書館で業種別審査事典を閲覧してみることをお勧めします。

4 テンプレート

解答用紙（原稿用紙）には，表紙のすぐ裏側に，P.345とP.346のような「**論述の対象とする構想，計画策定，システム開発などの概要**」と「**論述の対象とする製品又はシステムの概要**」という15項目ほどの質問項目があります。これをテンプレートと呼んでいますが（P.087，090参照），このテンプレートも論述の一部だという位置付けなので，2時間の中で必ず埋めなければなりません。

1 記入方法

この質問項目の記入方法は，問題冊子の表紙の裏に書いています。令和元年の試験では次のようになっています（図13参照）。特にここを読まなくても，常識的に記入していけば問題にはなりませんが，予告なく変更している可能性もあるので，試験開始後，念のため確認しておきましょう。

“論述の対象とする構想，計画策定，システム開発などの概要”の記入方法（問１又は問２を選択した場合に記入）

論述の対象とする構想，計画策定，システム開発などの概要と，その構想，計画策定，システム開発などに，あなたがどのような立場・役割で関わったかについて記入してください。

質問項目①は，構想，計画策定，システム開発などの名称を記入してください。

質問項目②～⑦，⑪～⑬は，記入項目の中から該当する番号又は記号を○印で囲み，必要な場合は（　　）内にも必要な事項を記入してください。複数ある場合は，該当するものを全て○印で囲んでください。

質問項目⑧，⑩，⑭及び⑮は，（　　）内に必要な事項を記入してください。

質問項目⑨は，（　　）内に必要な事項を記入し，記入項目の中から該当する記号を○印で囲んでください。

“論述の対象とする製品又はシステムの概要”の記入方法（問３を選択した場合に記入）

論述の対象とする製品又はシステムの概要と，その製品又はシステム開発に，あなたがどのような立場・役割で関わったかについて記入してください。

質問項目①は，製品又はシステムの名称を記入してください。

質問項目②～⑦，⑪，⑫は，記入項目の中から該当する番号を○印で囲み，必要な場合は（　　）内にも必要な事項を記入してください。複数ある場合は，該当するものを全て○印で囲んでください。

質問項目⑧～⑩，⑬，⑭は，（　　）内に必要な事項を記入してください。

図13　問題冊子の表紙の裏に書いてあるテンプレートの記入方法

2 採点講評での指摘事項

この部分に関しての採点講評での指摘事項は次の通りです。回数も多く，直近でも指摘されているので注意しましょう。

平成24年のITストラテジスト試験の採点講評より

論述の対象とする構想，計画，システムなどの概要が適切に記述されていないものが目立った。論述の対象とする構想，計画，システムなどの概要は論述の一部であり，適切な記述が求められている。

平成25年のITストラテジスト試験の採点講評より

“論述の対象とする構想，計画，システムなどの概要”又は“論述の対象とする製品又はシステムの概要”が適切に記述されていないものが目立った。これらは論述の一部であり，適切な記述を心掛けてほしい。

平成27年のITストラテジスト試験の採点講評より

全問に共通して，“論述の対象とする構想，計画策定，システム開発などの概要”又は“論述の対象とする製品又はシステムの概要”が適切に記述されていないものが多く見られた。これらは論述の一部であり，適切な記述を心掛けてほしい。

平成28年のITストラテジスト試験の採点講評より

全問に共通して，“論述の対象とする構想，計画策定，システム開発などの概要”又は“論述の対象とする製品又はシステムの概要”が適切に記述されていないものが目立った。これらは，論述の一部であり，評価の対象となるので，矛盾なく適切な記述を心掛けてほしい。

平成29年のITストラテジスト試験の採点講評より

全問に共通して，“論述の対象とする構想，計画策定，システム開発などの概要”又は“論述の対象とする製品又はシステムの概要”が適切に記述されていないもの，論述内容と整合性が取れないものが目立った。これらは，評価の対象となるので，矛盾が生じないように適切な記述を心掛けてほしい。

平成30年のITストラテジスト試験の採点講評より

全問に共通して，“論述の対象とする構想，計画策定，システム開発などの概要”又は“論述の対象とする製品又はシステムの概要”が適切に記述されていないもの，“①名称”が論述内容と整合性が取れないものが散見された。これらは，評価の対象となるので，矛盾が生じないように適切な記述を心掛けてほしい。

3 | 絶対に忘れずに全ての質問項目を記入，本文と矛盾が無いように書く

他の試験区分の採点講評での指摘も踏まえて考えると，**忘れずに全ての質問項目を記入する**とともに，その**内容が“本文”と矛盾しないようにする**必要があります。個々の内容を深く考える必要はありませんが，この2点だけは順守しましょう。本文を書いている間に，当初予定していたことと異なる展開にした場合には，忘れずに質問項目も修正しましょう。

また，この質問項目は，特に予告なく変更される可能性はあるものの，これまでは大きく変わることはありませんでした。したがって，事前準備のできるところです。試験当日に考えることのないよう，事前に，質問項目を確認して回答を準備しておきましょう。

論述の対象とする構想，計画策定，システム開発などの概要（問1又は問2を選択した場合に記入）

質問項目	記入項目
構想，計画又はシステムの名称	
①名称 30 字以内で，分かりやすく簡潔に表してください。	食品会社における顧客対応の迅速化を目指したIT戦略立案 【例】1. 地方自治体住民サービス業務の総合システム化構想 2. パソコンを利用した食品会社営業の売掛システムの再構築 3. 薬品卸売業におけるオンライン受注・物流管理システム
対象とする企業・機関	
②企業・機関などの種類・業種	1. 建設業 ②製造業 3. 電気・ガス・熱供給・水道業 4. 運輸・通信業 5. 卸売・小売業・飲食店 6. 金融・保険・不動産業 7. サービス業 8. 情報サービス業 9. 調査業・広告業 10. 医療・福祉業 11. 農業・林業・漁業・鉱業 12. 教育（学校・研究機関） 13. 官公庁・公益団体 14. 特定しない 15. その他（ ）
③企業・機関などの規模	1. 100 人以下 2. 101 ～ 300 人 ③301 ～ 1,000 人 4. 1,001 ～ 5,000 人 5. 5,001 人以上 6. 特定しない 7. 分からない
④対象業務の領域	1. 経営・企画 2. 会計・経理 ③営業・販売 4. 生産 5. 物流 6. 人事 7. 管理一般 8. 研究・開発 9. 技術・制御 10. 特定しない 11. その他（ ）
システムの構成	
⑤システムの形態と規模	①クライアントサーバシステム ア.（サーバ約 5 台，クライアント約 200 台） イ．分からない 2. Web システム ア.（サーバ約 台，クライアント約 台） イ．分からない 3. メインフレーム又はオフコン（約 台）及び端末（約 台）によるシステム 4. その他（ ）
⑥ネットワークの範囲	1. 他企業・他機関との間 ②同一企業・同一機関の複数事業所間 3. 単一事業所内 4. 単一部門内 5. なし 6. その他（ ）
⑦システムの利用者数	1. 1 ～ 10 人 2. 11 ～ 30 人 3. 31 ～ 100 人 ④101 ～ 300 人 5. 301 ～ 1,000 人 6. 1,001 ～ 3,000 人 7. 3,001 人以上 8. 特定しない 9. 分からない
構想，計画策定又はシステム開発などの規模	
⑧総工数	1.（約 180 人月） 2. 分からない
⑨総額	1.（約 200 ）百万円（ハードウェア費用を ㋐. 含む イ．含まない） 2. 分からない
⑩期間	1.（ 2011 年 1 月）～（ 2012 年 1 月） 2. 分からない
構想，計画策定又はシステム開発におけるあなたの立場	
⑪あなたが所属する企業・機関など	1. ソフトウェア業，情報処理・提供サービス業など 2. コンピュータ製造・販売業など ③一般企業などのシステム部門 4. 一般企業などのその他の部門 5. その他（ ）
⑫あなたの担当業務	1. 事業戦略策定 ②情報システム戦略策定 ③企画 4. 要件定義 5. 設計・開発・テスト・導入 6. 運用・評価 7. その他（ ）
⑬あなたの役割	①全体責任者 2. チームリーダ 3. チームサブリーダ 4. 担当者 5. 企画・計画・開発などの技術支援者 6. その他（ ）
⑭あなたが所属するチームの構成人員	（約 5 ～ 人）
⑮あなたの担当期間	（ 2011 年 1 月）～（ 2011 年 3 月）

名称は大切。論文の本文にも同じ名称で記述する。
１回見ただけで，イメージしやすいもので，かつ記憶できるようなものを考える。
IT ストラテジストの場合，例にあるように，対象とする企業の業種を書いたほうがよい。

複数記入してもOK。但し，トレードオフのものを除く。

原則「分からない」はおかしい。論文に，情報戦略やシステム化計画に基づくシステム開発について記述しているのであれば，情報戦略の費用対効果を予測するためにも，システム開発の規模は把握しているはず。
業務改革等の記述のみで，システム開発についての記述がなければ，その構想にかかった工数を記述すればよいだろう。

設問ア他，本文と矛盾の無いように注意が必要。
⑫について，情報処理技術者試験センターが公表しているITストラテジストの対象者像に合致するのは，2，3（導入したシステムの有効性評価をする場合）であり，そのいずれにも丸が付かないのは避けた方が良い。

※レイアウトの都合で項目や文字の折り返し等は実際のものとは異なります。

図14　ITストラテジスト試験のテンプレート（問1・問2）のサンプルと記入例

論述の対象とする製品又はシステムの概要（問3を選択した場合に記入）

質問項目	記入項目
製品又はシステムの名称	
①名称 30字以内で，分かりやすく簡潔に表してください。	ディスプレイと通信機能を搭載した自動販売機制御システム 【例】1. 自動車制御及びナイトビジョン制御を統合した予測安全システム 2. 料理運搬用エレベータの制御システム 3. 魚釣りに使用されるマイコン内蔵型電動リール
対象とする分野	
②販売対象の分野	1. 工業制御・FA機器 2. 通信機器 3. 運輸機器 4. AV機器 5. PC周辺機器・OA機器 6. 娯楽・教育機器 7. 個人用情報機器 8. 医療・福祉機器 9. 設備機器 10. 家電製品 ⑪その他業務用機器 12. その他計測機器 13. その他（ ）
③販売計画・実績	1. 1点物 2. 1,000台未満 ③1,000～10万台 4. 10万1～100万台 5. 100万1台以上 6. 分からない
④利用者	1. 専門家 ②不特定多数 3. その他（ ）
製品又はシステムの構成	
⑤使用OS（複数選択可）	1. ITRON仕様 2. T-Engine仕様 ③ITORON仕様・T-Engine仕様以外のTRON仕様 4. Linux 5. Linux以外のPOSIX/UNIX仕様 6. Windows CE 7. Windows CE以外のWindows 8. DOS系のOS 9. 自社独自のOS 10. その他（ ） 11. 使用していない 12. 分からない
⑥ソフトウェアの行数	1. 新規開発工数（約 行） ②全行数（新規開発と既存の合計）（約 8万 行） 3. 分からない
⑦使用プロセッサ個数	1. 4ビット（ 個） 2. 8ビット（ 個） 3. 16ビット（ 個） ④32ビット（ 1 個） 5. 64ビット以上（ 個） 6. DSP（ 個） 7. その他（ ）（ 個） 8. 分からない
製品又はシステム開発の規模	
⑧開発工数	①（約 50 人月） 2. 分からない
⑨開発費総額	①（約 60 百万円） 2. 分からない
⑩開発期間	①（ 2012 年 4 月）～（ 2013 年 2 月） 2. 分からない
製品又はシステム開発におけるあなたの役割	
⑪あなたが所属する企業・機関などの種類・業種	1. 組込みシステム業 ②製造業 3. 情報通信業 4. 運輸業 5. 建設業 6. 医療・福祉業 7. 教育（学校・研究機関） 8. その他（ ）
⑫あなたの役割	①プロダクトマネージャ 2. プロジェクトマネージャ 3. ドメインスペシャリスト 4. システムアーキテクト 5. ソフトウェアエンジニア 6. ブリッジエンジニア 7. サポートエンジニア 8. QAスペシャリスト 9. テストエンジニア 10. その他（ ）
⑬あなたの所属チーム	チーム名（ 製品企画チーム ） チームの人数（約 3 人）
⑭あなたの担当期間	（ 2012 年 4 月）～（ 2013 年 2 月）

名称は大切。論文の本文にも同じ名称で記述する。
1回見ただけで，イメージしやすいもので，かつ記憶できるようなものを考える。

原則「分からない」はおかしい。

設問ア他，本文と矛盾の無いように注意が必要。

※レイアウトの都合で項目や文字の折り返し等は実際のものとは異なります。

図15 ITストラテジスト試験のテンプレート（問3）のサンプルと記入例

5 テーマ別の合格ポイント！

テーマ1　情報戦略（情報技術を活用した事業戦略）
テーマ2　中長期情報化計画の策定
テーマ3　個別システム
テーマ4　組込みシステム

第1部
Step 1
Step 2
Step 3
Step 4
Step 5
Step 6
第2部
SA
PM
SM
ST
AU

テーマ1 ｜ 情報戦略（情報技術を活用した事業戦略）

過去問題	問題タイトル	本書掲載ページ
（1）IT→経営（ITを活用した戦略立案）基本的な考え方		
平成06年問1	情報戦略の企画	
平成09年問1	情報戦略の策定	
平成13年問1	情報戦略の策定	
平成15年問3	ビジネスの変革のためのITの活用	
平成18年問2	競争力強化のための情報システム化案の作成	
平成24年問1	ITを活用した事業戦略の策定	
平成25年問2	新たな収益源の獲得又は売上拡大を実現するビジネスモデルの立案	
平成26年問1	ITを活用した業務改革	
平成30年問1	事業目標の達成を目指すIT戦略の策定	P.406
平成30年問2	新しい情報技術や情報機器と業務システムを連携させた新サービスの企画	
令和元年問2	ITを活用したビジネスモデル策定の支援	
（2）IT→経営（ITを活用した戦略立案）何かに限定		
平成12年問1	インターネットをビジネスに活用する情報戦略	
平成13年問2	インターネットを活用した情報システムの計画策定	
平成14年問1	ビジネススピードの向上を目指すIT戦略の立案	
平成20年問1	情報技術を活用した労働生産性向上のための新たな業務モデルの定義	
平成23年問1	情報通信技術を活用した非定型業務の改革	
平成25年問1	経営戦略実現に向けた戦略的なデータ活用	
平成27年問1	ITを活用したグローバルな事業	
平成28年問1	ビッグデータを活用した革新的な新サービスの提案	
（3）経営→IT（業務改革を中心に書く問題）		
平成08年問1	適用業務システム開発における業務の見直し計画の立案	
平成15年問2	企業の枠を超えた業務プロセスの統合	
平成16年問3	部門間にまたがる業務プロセスの“あるべき姿”に基づいた改革の立案	
平成20年問2	情報システム導入の際の業務革新を支援するチェンジマネジメント	
平成22年問2	情報システムの追加開発における業務の見直し	
令和元年問1	ディジタル技術を活用した業務プロセスによる事業課題の解決	

ITストラテジストの実施する最上流工程が情報戦略の立案になります。令和元年11月のシラバス4.0では，**「業種ごとの事業特性を反映し情報技術（IT）を活用した事業戦略の策定」**となっているところです。

Point1 事業目標は“売上アップ”or“業務効率化”

最近，事業目標を“売上アップ”に限定しているような問題が目立ちます。**平成25年度問2**は，既に問題タイトルで**「売上拡大」**に限定していますし，**平成29年度問1**は**「コスト削減，効率化だけでなく」**という文言が入っていたりします。また，そうではなくても問題文の例が，業績拡大や売上アップばかりだったりすることも。これは，業務の効率化が一巡したことや，AI，IoT，ビッグデータなどの新技術を活用した攻めの経営がテーマになりがちなことなどに起因することだと思います。

そこで，①**どちらの経験が要求されているのか**を問題文（特に例示）から読み取って，書こうとしている事例が乖離していないかを十分確認し，できれば事前準備として，②**「売上拡大を事業目標にした事例」**を用意しておきましょう。ITの直接的な導入効果のKPIから，売上アップの目標達成につながるように因果関係を作り上げておくといいでしょう。ちなみに，どちらかで迷った時は，「売上拡大」で行くのがベストですね。

Point2 “ビジネスモデル”と“ビジネスプロセス”の使い分け

平成30年問1の採点講評に**「ビジネスモデルとビジネスプロセスを混同したり，間違った理解をしていたりと思われる論述も散見された。」**という指摘が書かれていました（P.413参照）。ビジネスモデルは，平成25年問2で問われているもので**「商品を販売する事業ではなく，情報通信機能と組み合わせることによって，商品を使ったサービスの利用環境を提供するビジネスモデル」**の例に見られます。ざっくり言うと，どういう市場や顧客に，どういう商品・サービス（内部資源）を提供するのかというもので，**ビジネスプロセス（ビジネスの手順，業務プロセス）**とは異なります。

テーマ2 ｜ 中長期情報化計画の策定

過去問題	問題タイトル	本書掲載ページ
(1) 全体構想		
平成14年問2	情報システムの全体構想の立案	
平成16年問2	国内外でビジネスを展開する企業における情報システムの統制	
平成19年問2	リスクに対応する統制方針に基づいた情報システム構想の策定	
(2) 全体計画・中長期計画の策定		
平成09年問2	情報システムの中長期計画の策定	
平成18年問1	情報システム投資の中長期計画の策定	P.358
平成19年問1	システム化全体計画におけるシステムアーキテクチャ	
平成20年問3	システム化全体計画の策定	
(3) 計画の見直し		
平成17年問3	中期経営計画の変更に対応した情報システム計画の見直し	
平成27年問2	緊急性が高いシステム化要求に対応するための優先順位・スケジュールの策定	P.390
(4) 基盤整備計画・基本的考え方		
平成07年問3	情報システム基盤の整備計画の策定	
平成09年問3	基幹業務におけるクライアントサーバシステムの導入計画	
平成10年問2	ネットワークシステムのリスクマネジメント	
平成17年問2	IT基盤の整備計画	
平成21年問1	事業施策に対応した個別情報システム化構想の立案	
平成22年問1	事業環境の変化を考慮した個別システム化構想の策定	P.366
平成23年問2	事業の急激な変化に対応するためのシステム選定方針の策定	
平成26年問2	情報システム基盤構成方針の策定の一環として行うクラウドコンピューティング導入方針の策定	P.382
(5) 情報システム部門		
平成07年問2	情報システム部門の役割	
平成08年問2	情報リテラシの向上	
平成10年問3	システム開発におけるSIベンダの活用	
平成11年問1	情報システム部門の役割の見直し	
平成17年問1	情報システム部門の役割の変化に対応した人材の確保・育成計画	
平成21年問2	情報システム活用の促進策の立案	

個別システムについて準備ができたら，そこから上流へとさかのぼっていきましょう。次のテーマは“**中長期情報化計画**”です。複数の情報システムを対象にすることが多く，下記の点で個別システム化構想や個別システム化計画とは異なります。ちなみに，令和元年11月のシラバス4.0では，このフェーズを含むカテゴリとして「**業種ごとの事業特性を反映した情報システム戦略と全体システム化計画の策定**」としています。情報戦略から，情報システム戦略や全体システム化計画を経て中長期情報化計画へと展開する流れも意識しておきましょう。

①優先順位付けされた複数の情報システムの開発計画
②情報基盤整備計画
③情報システム部門の計画

Point1 計画的表現を使う

“計画”を書かせる場合は，**計画的表現（P.49参照）**を心掛けましょう。ITストラテジスト試験では，戦略を立案した後に計画に落とし込みます。その時に，いろいろな要素によって「**いつ実施するのか？**」を確定させていくわけです。その場合，もちろん問題にもよりますが，**箇条書きを使って**わかりやすく計画の全貌を伝えるような工夫も必要になります。

テーマ3 ｜ 個別システム

過去問題	問題タイトル	本書掲載ページ
(1) 業務分析		
平成28年問2	IT導入の企画における業務分析	
(2) 投資計画，投資効果		
平成06年問2	費用対効果の評価	
平成15年問1	新規ビジネス立上げに必要な情報システム投資計画の策定	
平成29年問1	IT導入の企画における投資効果の検討	P.398
平成29年問2	情報システムの目標達成の評価	
(3) 合意形成		
平成07年問1	開発計画策定における合意形成	
(4) 新技術の導入		
平成06年問3	システム開発における新技術・新製品の導入計画	
平成11年問3	システム開発計画における新技術の導入検討	
(5) BCP		
平成24年問2	事業継続計画の策定	
(6) パッケージ導入		
平成08年問3	適用業務システム開発でのソフトウェアパッケージの利用計画の立案	
平成11年問2	ERP パッケージの導入計画の策定	
平成12年問3	情報システムのパイロット開発・導入	
平成13年問3	業務プロセスの再設計	
平成14年問3	統合型業務パッケージの導入計画立案	
(7) 個別システムの企画・計画		
平成10年問1	システム化範囲の策定	
平成12年問2	情報を共有し活用するシステムの計画策定	
平成16年問1	業績評価指標を総合的に取り扱うシステムの立案	
平成18年問3	業務統合におけるシステム化計画の策定	
平成19年問3	経営意思決定を支援するための情報システム構想の策定	

テーマ3は“個別システム”を題材にしたものです。個別システム化構想であったり，個別システム化計画であったり，いずれも“単体システム”がテーマになっているので，**ITストラテジスト分野の未経験者でも比較的書きやすいのではないでしょうか。**プロジェクトマネージャの役割（当該システムの開発プロジェクトにおけるマネジメント）や，システムアーキテクトの役割（当該システムの実際の開発）との違いに注意しさえすればいいでしょう。

但し，左頁の表の「(7) **個別システムの企画・計画**」のように対象分野が絞り込まれていることがあります。その場合は無関係のシステムを取り上げないように注意しなければなりません。また，“事業環境の変化の速度が速い”ことへの対応が求められるケースが目に付きますので，そういう部分は事前準備しておいたほうがいいでしょう。

Point1 AIの導入について書く場合

最近，AI，IoT，ビッグデータなどの**新技術を活用した事例**を求める問題が増えています。そういう問題に対しては，やはりAIやIoTについて書かないといけないのですが，特にAIを書いた場合に多いのが，**AIが魔法のツールになっているケース**です。「**AIを導入して需要予測の精度をあげて，売上を上げる**」という感じですね。これで良ければ，経験したことが無くても誰でも普通に書けてしまいます。

そこで，そういう論文に“差”をつけるために，少なくとも，どういうデータをどこから，どれくらいの量を入手するのか，そして，それらを読ませてどういうアウトプットが出るのか，それが従来の人間の判断よりどういう点で優れているのかあたりは書くようにしましょう。

テーマ4 | 組込みシステム

過去問題	問題タイトル	本書掲載ページ
平成21年問3	開発工程の遅延に対処するための組込み製品の企画の変更	
平成22年問3	既存製品の性能向上，機能追加を目的とした組込みシステムの製品企画	P.374
平成23年問3	組込みシステムの企画・開発計画におけるリスク管理	
平成24年問3	技術動向の分析に基づいた組込みシステムの企画	
平成25年問3	組込みシステムの製品戦略におけるプロモーションの支援	
平成26年問3	組込みシステムの非機能要件	
平成27年問3	多様な顧客要求に応えられる組込みシステムの製品企画	
平成28年問3	IoTに対応する組込みシステムの製品企画戦略	
平成29年問3	組込みシステムにおける事業環境条件の多様性を考慮した製品企画戦略	
平成30年問3	組込みシステムの製品企画戦略における市場分析	
令和元年問3	組込みシステムの製品企画における調達戦略	

四つ目のテーマは“組込みシステム”を題材にした“製品企画戦略の立案”に関する問題です。これは平成21年度から出題されているテーマで，毎年1問，問3で問われています。令和元年で11問になります。

Point1 製品についてしっかりと調査する

筆者の調査では，組込み系システムを担当しているエンジニアといえども，自分が開発したシステムを組み込んだ製品に関して，ITストラテジストの視点で関わるケースは少ないようです。これは問1，問2でも同じなのですが，問3の方が顕著なようです。したがって「**3　他の受験生に差をつけるポイント！**」の「**5　全ては“事前調査”をしっかり行って“差”をつける！**」（P.340参照）を熟読して，しっかりと準備しておきましょう。具体的には，**製品の機能，市場規模，年間販売台数**から，**研究している事項**なども調べておくといいでしょう。試験本番の2時間では絶対に出せない情報（データ）でも，事前調査だと何時間，何日かけてもいいわけですからね。

Point2 事前準備は過去問題の読込から

組込み系の問題は，毎年1問しか出題されません。問3です。にもかかわらず，毎年問われていることは多様です。そのため，問われている内容によっては問1や問2でも選択できる受講生はいいのですが，そうでない受講生にとっては厳しいかもしれません。

そこで，組込みシステムの問題（問3）だけでチャレンジを予定している人は，必ず全ての問題に十分に目を通しておきましょう。そして，どういう情報を事前に準備しておけばいいのかを読み取って，"書ける"，"書けない"の判断をしておきましょう。これまでの過去問題をまとめると次のようになります。

・技術に関する調査・分析　→**平成24年問3**
・新技術（AI・IoT等）の動向は必須
　→**平成30年問3，平成29年問3，平成28年問3**
・市場に関する調査・分析（新技術による競争激化・環境変化）
・各種分析技法（PPM，SWOT分析）
・企画にあたっての関連部門に対する提案依頼　→**平成27年問3**
・製品企画として必要な要素（具体的かつ定量的に書く）
　①機能，非機能　→**平成26年問3**
　②売上，販売数，利益率などの予測
　③プロモーション，販売戦略（販売時期等）→**平成25年問3**
　④開発計画
・製品企画の見直し，計画変更

6 サンプル論文

平成18年度 問1 情報システム投資の中長期計画の策定
平成22年度 問1 事業環境の変化を考慮した個別システム化構想の策定
平成22年度 問3 既存製品の性能向上，機能追加を目的とした組込みシステムの製品企画
平成26年度 問2 情報システム基盤構成方針の策定の一環として行うクラウドコンピューティング導入方針の策定
平成27年度 問2 緊急性が高いシステム化要求に対応するための優先順位・スケジュールの策定
平成29年度 問1 IT導入の企画における投資効果の検討
平成30年度 問1 事業目標の達成を目指すIT戦略の策定

平成18年度

問1　情報システム投資の中長期計画の策定について

企業では，情報システム投資の中長期計画の中で，数年間の情報システム投資の優先順位を明らかにする。システムアナリストは，経営戦略を踏まえて，投資すべき分野や配分を検討した上で，各部門から出された情報システム化案件を選別し，経営戦略上不可欠な案件を加味して情報システム投資の中長期計画を策定する。その際，例えば，次のような観点から案件を評価することが重要である。

- 業務効率向上，在庫削減，納期短縮など，情報システム投資を必要としている経営課題の重要度
- 法的制度及び社会的制度の変更，セキュリティ対策など，経営環境の変化に対応する情報システム投資の緊急度
- 情報活用，基盤整備，研究開発など，情報システム投資の戦略性

システムアナリストは，情報システム化案件の重要度，緊急度，戦略性，投資額と期待効果などを総合的に評価して，中長期計画を策定しなければならない。その際，定性的な項目についても客観的な評価ができるように工夫をすることで，経営戦略を踏まえた投資額の妥当性や優先順位の根拠を示すことが重要である。

あなたの経験と考えに基づいて，設問ア～ウに従って論述せよ。

設問ア　あなたが策定に携わった情報システム投資の中長期計画の概要を，背景にある経営戦略とともに，800字以内で述べよ。

設問イ　設問アで述べた計画の策定に当たり，経営戦略を踏まえて，情報システム化案件をどのような観点で総合的に評価し，投資額や優先順位をどのように決定したか。あなたが特に重要と考え，工夫した点を中心に，具体的に述べよ。

設問ウ　設問イで述べた計画の策定に当たって工夫した点について，あなたはどのように評価しているか。また，今後改善したい点は何か。それぞれ簡潔に述べよ。

サンプル論文 (1/5)

設問ア

1．私が携わった中長期計画の概要と，背景にある経営戦略

A社は，家具小売販売企業である。従業員数は300名，売上高は40億円，大都市郊外のショールームを中心に全国10店舗を構えている。A社では，メーカー工場にＯＥＭ発注することで他社の真似できないデザインを提供できる強みを生かし，大型ショールームに専門アドバイザーを配置し，顧客のライフスタイル，予算などを総合的に満たすインテリアプランを提案するという販売方法をとっている。取り扱っている主要な商品は，家具としては高級品になるため，主な顧客層は高級志向の富裕層である。

A社は創業以来順調に業績を伸ばしてきていたが，ここ数年は，少子化と長引く不況の影響で横ばいからやや減少傾向にある。

そのような背景の元，現状を打破するために第５回中長期経営計画を立案することになった。期間は，来年４月から始まる第35期の事業年度から３年間（35期，36期，37期）。具体的な経営目標は，３年後の年間売上額48億円である（現状比20%向上）。やや低い目標ではあるが，成長市場ではない点と競合他社の動向より，現実路線の目標になっている。そのため，この目標は必達になる。そして，その目標を達成すべく，ＩＴをフル活用して営業力を強化するとともに，顧客満足度を向上させて売上アップを狙うという経営戦略を打ち出した。

私は，その経営戦略を実現するための情報戦略と，３年間（35期，36期，37期）の中長期システム計画を策定することになった。社内の情報システムの予算は，原則，現状の20%アップの年間５千万円を上限とする。対象システムは，各部門からのニーズを確認した上で，全社的視点から最大の効果が得られるような計画を立案することにした。

①
他の問題と違い「事業概要」が問われていないが，「背景となる経営戦略」を説明するということは，事業の話から入っていかないといけないため，事業概要の説明に定量的な数値を入れて説明するところから始めている。市場規模や事業規模などが客観的でとてもわかりやすい。ここまで書かなくてもＡ評価になっている人もいるが，逆にここまで書いているとこれをもってして減点になるということもなく，出だしからリードできる。

②
設問で求められている経営戦略について書いている。経営戦略は，必ず経営目標とともに書く。「目標無き所に戦略もない」からだ。

③
ここで「中長期計画の概要」をどこまで書くのかが難しい。ただ，設問イで利用部門から要求を吸い上げて選別するという過程を考えれば，それにつながる部分を書く必要がある。そうなると，期間，予算，経営戦略ぐらいで，具体的な計画内容は，ここには必要ないと考えられる。

設問イ

2．情報システム化案件の評価観点と優先順位の決定

私は、具体的な中長期計画を策定するにあたって，各部門から提出された各情報システム化案件を評価し、優先順位付けを行うことにした。

2－1．各部門からの要望

(1) 営業部門

ベテランと若手の提案力差が大きく，若手がなかなか育たないという課題を抱えていた。そこで，既存顧客の過去の購入履歴をベースに，アンケートや展示会で接客した時の属性情報やライフスタイル，趣味嗜好などの情報を加えデータベース化し，若手でもベテラン並の提案ができるようにしてほしいという要望が上がってきた。

(2) 商品企画部門

トレンドを知りたいというニーズを持っていた。競合他社のネット販売に関する現状と将来動向を元に商品を企画したい。そのあたりの情報が自動的に取れるシステムを望んでいる。

(3) ショールーム担当者

個々の商品に関する知識は豊富だが，顧客の情報が一切無かったので，せっかく訪問してくれた顧客に対して，その顧客に刺さる営業ができずにいた。そこで今後は，接客時にタブレットを利用して、顧客の嗜好や購入状況を確認した上で，他社が真似できない顧客エクスペリエンスを向上させる提案がしたいという要望をもっていた。

④ 各部門からの要望は何でもいいわけでは無く，設問アで書いた経営目標や経営戦略と関連性のあるものでなければならない。今回だと「営業力強化による売上拡大」なので，それと関連性のあることを書く。あるいは，営業力強化に関連の無い要望を一つぐらいなら入れてもいい。そして，評価で点数を低くするのもいいだろう。

2－2．案件の評価

私は、これらの要望に対して，まずはベンダと一緒になって，それぞれどのようなシステムで実現できるのかを企画した。その時におおよその開発期間と開発コストも見積もってもらった。その結果は次のとおりである。

①営業支援システム（開発期間は半年，40人月）

②ＲＰＡによるトレンド収集システム（同７か月，30人月。実証実験的導入）

⑤ まずは，システムの内容（実現方法），開発期間，開発コストを明確にするところから始めた。

③店舗接客システム（同１年，80人月）

④基盤整備は，タブレット端末の導入，クラウドの利用等

(1) 評価項目と評価基準の作成

これらを全部今からすぐに始めるのが一番いいのかもしれないが，我々情報システム部の負荷と予算の関係等があるためそれはできない。そこで，優先順位を付ける必要があるが，それを最終的には各利用部門に納得してもらわないといけないため，客観的で合理的な優先順位付けが必要になる。

そこで私は，次のような評価項目を決め，評価項目ごとに５段階で点数をつけ（最高は５），さらに今回の経営戦略に基づき重み付けをしたうえで，定量的に評価をすることにした。客観的で合理的な結果を出せれば，現場も納得すると考えたからだ。

①評価項目：売上アップへの貢献度，実現の容易性（ 投資金額含む），利用部門の期待等

②重み付け：①の前から×５，×３，×２

そうして最終的に，個々のシステム化の前後関係と，年間予算のバランス，我々の負荷を考えて最終的な中長期計画に落とし込む。

(2) 投資額と優先順位の決定

まず，定量的に点数化した結果は，①営業支援システム（47点），②ＲＰＡによるトレンド収集システム（31点），③店舗接客システム（41点）だった。

そこで，１年目にまずは営業支援システムを構築する。データの蓄積も必要なので最優先で開発する。そして，２年目には②と③を同時に着手する。③はもう少し早めに着手することも可能だったが，データの整備とタブレットの手配で大きな費用がかかることから２年目にした。②に関しては２年目に実証実験的に実施し効果を見極め，３年目から本格的に利用する。

⑥
問題文の「優先順位の根拠を示すことが重要」だという一文から，定量的にして客観性をもたせる意味を考え，機械的に評価する方法を採用した。但し分量的にはこれが限界だと思う。

⑦
これが問題文の「優先順位の根拠を示すことが重要」に対応するところ。

⑧
設問イの最後に評価結果を書かないといけないが，分量的にはこれが限界。2-1.をもう少し簡潔にすればもっとかけると思うが，バランスが難しいところになる。

設問ウ

3．私の評価と改善点

私の策定した中長期情報システム計画は，その後経営陣に承認された。経営目標達成のために即効性の出るものを最優先にした点，開発費用やタブレットの導入費用を３年間でバランスよく配分した点，しっかりとした優先順位に根拠を付けられた点などが評価され，了承を得ることができた。

⑨
設問イで，字数制限で説明しきれなかった部分は，その後時間の遷移を説明するという体で設問ウの最初に書くことにした。

その後，Ａ社各部門長や一般社員向けに説明会を行い、計画の内容理解を促した。その中で、私の計画の評価すべき点、改善すべき点を整理できた。以下にそれぞれの点を述べる。

3－1．評価すべき点

⑩
この問題では，そもそもなぜ総合的，定量的に評価するのかを把握することが重要になる。それを設問イにも書いたが，ここでも書いておいた。

私は、設問イで述べたように、各案件の評価を，定量的に点数化することで，優先順位付けにしっかりとした根拠をもたせることができた。この定量化が，本計画策定時の最大の工夫点であり、経営陣に承認された点でもある。加えて，要望を挙げてくれた利用部門に対する説明に使えた点が大きかったと考えている。

個々の利用部門では，どうしても自分たちの成績に直結することから，全社的な観点ではなく，自部門の利益を優先して考えがちである。それに対して，全社的な視点から点数化したことで，優先順位に根拠を付けることができ，その根拠を説明することで例えばショールーム担当者には待ってもらうことができた。

また，総合的に判断できたことで，いわゆる利用部門の声の大きさに左右されずに全社的視点から優先順位付けができたと思う。

3－2．改善すべき点

反対に、私が今後改善すべきと考えた点は、計画を実行する時の，利用部門側の体制に関してである。

本計画の実行体制は、経営企画部と情報システム部を中心としたプロジェクトチームを組織し、新システムのメインユーザとなる営業部のキーパーソンを検討メンバーとして参画させる予定であった。しかし、営業部のキーパーソンを専任としてプロジェクトに参画させられず、兼務での参画となった。それによるチーム立ち上げの遅延や、体制の増強が必要となった。次回以降は、体制面の妥当性を検証し、あらかじめ次善の策を決めておくなど、実現可能な計画としていくべきと考えている。

－以上－

◆評価Aの理由（ポイント）

このサンプル論文は，下表にまとめた通り，第1部の論文共通の部分はもちろん十分満たしているし，第2部のところもポイントを押えているので，十分A評価（合格論文）にあるのは間違いありません。全体を通じたテーマの「**中長期計画に落とし込む段階での，客観的（定量的）かつ総合的に評価することの重要性**」に関しては，十分表現できていた点も高評価になる要因の一つでしょう。

ただ，設問イで現場から上がってきた要求（2-1）を箇条書きにして結論だけで200字以内に収めれば，2-3の評価結果について，もっとしっかり書けてバランスも良くなったのではないかと思います。

チェックポイント			評価と脚注番号
第1部	Step1	規定字数	**約3400字**。全く問題なし。適度な分量である。
	Step2	題意に沿う	問題なし。設問に対するタイトルを付けている。問題文で問われている点に忠実に回答している。特に，この問題のメインテーマである「優先順位付けを実施する時に，定量化する意味，総合的判断をする意味」についてしっかりと把握できていて，それを設問イとウに書ききれている点で評価が高い。
	Step3	具体的	問題なし。全体的に具体的で詳細に書けている。特に，設問イで，現場から出てきた要望（④），システムの開発コスト，開発期間（⑤），評価の方法（⑥），評価結果（⑧），すべて具体的に書けていた。
	Step4	第三者へ	問題なし。全体的に分かりやすい内容になっている。
	Step5	その他	全体的に整合性が取れているし，定量的もしくは客観的表現も多い。
第2部	ST共通		設問アの事業概要がコンサル視点で定量的になっている（①）。
	テーマ別		**「テーマ2　中長期情報化計画の策定のPoint1　計画的表現を使う」**という点については，要所要所で箇条書きを使ってはいるものの，字数制限の中，設問イでは多くのことを書かないといけなかったため，これが限界。可能であれば，もっと計画をしっかりと書きたかったが，これぐらい書くことができていれば問題ない（⑧）。

表29　この問題のチェックポイント別評価と対応する脚注番号

◆事前準備しておくこと

中長期計画をテーマにした問題では，**現場からの要求（複数），優先順位付けの評価項目，評価基準，評価結果**を準備しておきましょう。試験区分は違うのですが，**システムアーキテクトが要件定義工程で実施する“現場からの要求とその取捨選択”**時に行う手順と同じです（P.092参照）。ITストラテジストが“個々のシステム”を対象としているのに対し，システムアーキテクトは“機能”を対象にしている点で異なりますが考え方は同じです。また，定量的かつ総合的に評価するという観点では，**プロジェクトマネジメントの調達における業者選定**とも同じような考えになります。それらを参考にするのも悪くありません。確認しておきましょう。

◆IPA公表の出題趣旨と採点講評

出題趣旨

システムアナリストは，情報システム投資の中長期計画を策定することが求められる。その際，経営課題や経営環境の変化，経営戦略などを適切に理解し，情報システム投資の優先順位を明らかにしなければならない。

本問は，情報システム投資の中長期計画の策定に当たり，情報システム化案件をどのような観点で総合的に評価し，投資額や優先順位を決定したかについて，具体的に論述することを求めている。

本問では，論述を通じて，システムアナリストに必要な情報システム投資の中長期計画の策定に関する能力や経験，洞察力を評価する。

採点講評

問1（情報システム投資の中長期計画の策定について）は，全社的な情報戦略や情報システム計画を策定した経験のある受験者には，具体的な論述がしやすかったようである。経営戦略を踏まえて，情報システム化案件を総合的に評価し，投資額や優先順位を決定するために工夫した点を論述することを期待したが，題意とは異なり，個別システム開発の経験や情報システム化案件の評価結果だけの論述も見受けられた。

平成22年度

問1　事業環境の変化を考慮した個別システム化構想の策定について

個別システム化構想を策定する際には，事業環境の調査・分析の結果を基に，全体システム化計画と整合性をとりながら，システム化の目的，範囲，開発体制，導入時期，システム方式などの概略を決める。

昨今は，事業環境の変化が激しいことから，IT ストラテジストは，事業部門との密接な情報交換を行いながら，例えば，次のような点について検討して事業環境の将来動向を把握し，個別システム化構想に反映させる必要がある。

・事業の外部環境（法規制の動向，他社の事業戦略や商品開発力の状況，顧客や利用者の評価など）の現状と今後の見通し

・事業の内部環境（財務状況，サービス体制，商品開発体制，システム状況など）の現状と今後の見通し

これらの検討結果から，既存システムの延命の是非，新システムの開発・導入の時期，システムの規模に応じた最適なシステム方式などを判断し，個別システム化構想を策定する。

なお，事業環境の変化に柔軟に対応できるシステムを構築するための工夫として，ソフトウェアパッケージを活用した迅速な導入と定着，SOA の適用，SaaS などの外部サービスの利用なども重要である。

あなたの経験と考えに基づいて，設問ア～ウに従って論述せよ。

設問ア　あなたが携わった個別システム化構想の策定について，その概要を，事業の特性とともに，800 字以内で述べよ。

設問イ　設問アで述べた個別システム化構想の策定に際して，事業環境の将来動向を把握するために検討した内容と，認識した事業環境の状況を，800 字以上 1,600 字以内で具体的に述べよ。

設問ウ　設問イで述べた事業環境の状況を踏まえて，変化に柔軟に対応できるシステムにするために，どのような個別システム化構想としたか。また，どのような点を重要と考え，工夫したか，600 字以上 1,200 字以内で具体的に述べよ。

サンプル論文 (1/5)

設問ア

1．事業の特性と個別システム化構想策定の概要

1－1．我が社の事業の特性

我が社は自動車メーカ向けターボチャージャ（以下，ターボという）だけを開発・生産している製造業である。年間生産台数は500万台，年間売上高にすると500億円になる。ターボ市場規模は，ざっくり2000億円と言われているので，シェアはおおよそ25%。トップシェアを誇っている。

主要取引先は国内外の自動車メーカである。したがって，弊社の売上は，ターボ搭載車の売上に依存しているところがある。もちろん競合他社との間では，受注獲得競争が行われている。

しかし，幸いにも近年の国内外の自動車業界では，環境に配慮してエンジンのダウンサイジング（小型化）が主流で，小型で高出力のターボ搭載車種が増加している。そのためターボ市場も活況で，弊社の売上も好調だ。そこで，このタイミングで情報システムに投資して，今抱えている課題を改善すべく全体システム化計画を策定した。そして，その第一弾として老朽化している生産管理システムを再構築することになった。

1－2．個別システム化構想策定の概要

このような経緯から，情報システム部長の私と製造部長は，「生産管理システム再構築」を個別システム化構想として検討を始めた。

その結果，顧客である国内外の自動車メーカからの柔軟な変更要求に対して，生産計画が柔軟に対応できるように，これまで課題になっていた（断らざる得なかった）変更要求にも対応できるように，機能追加することになった。開発期間は1年間，システム方式と開発体制は，最適な実現方法を今後検討していく事とした。

①
事業概要の説明に定量的な数値が入っているため，市場規模や事業規模などが客観的でとてもわかりやすい。ここまで書かなくてもA評価になっている人もいるが，逆にここまで書いているとこれをもってして減点になるということもなく，出だしからリードできる。

②
問題文にあるので全体システム化計画に触れる必要はあるが，その内容に関しては特に書かなくても大丈夫。

③
ここでシステム化構想の概要（問題文中の「システム化の目的，範囲，開発体制，導入時期，システム方式などの概略を決める」という点）について書く。

設問イ

2．事業環境の将来動向の把握と状況の認識

2－1．事業環境の将来動向の把握と検討内容

その後，システム化構想の詳細を決めていく段階になった。私は，ここ最近の自動車業界を取り巻く環境変化が激しく，それに追随しなければならない点を十分加味して，少なくともこの生産管理システムを使用している５年～７年の事業環境の変化を予測し，その変化に対応できるシステムにしなければならないと考えた。そこで，そうした事業環境の変化に関して，各部門の方々とともにしっかりと情報交換を行うことにした。

（1） 営業部門と検討しなければならないこと

営業部門とは，今後５年間の受注の動向について情報交換する必要がある。戦略上，今後顧客（自動車メーカ）の数と機種数をどれだけ増やそうとしているのかによって，システムに持たせる拡張性や柔軟性が変わってくるからだ。

（2） 生産管理部門と検討しなければならないこと

生産管理部門とは，営業部門の戦略（顧客拡大，機種拡大の有無）による生産管理業務の多様化の可能性について検討することにした。理由は同じく，それに応じてシステムにも柔軟性・拡張性を持たせるべきかを見極めたかったからだ。この内容次第で，パッケージやクラウドサービスの利用可否も決まる。

（3） 経理部門と検討しなければならないこと

最後に経理部門とも情報交換をすることにした。財務部長に，今後５年間の財務状況とＩＴ予算の動向について確認しておく必要があった。開発費用，運用費用をどれだけ掛ける事が出来るかを判断する為だ。特に最も開発コストが高いスクラッチ開発の投資の可否を見極めなければならないと考えた。

2－2．認識した事業環境の状況

ヒアリングした結果，私が認識した事業環境の将来動

④
この問題の勘違いしやすいポイントに対して，具体的に“今回の事例”に置き換えて，その必要性に言及している。ここは素晴らしい。

⑤
設問に合わせる形で，まずは検討した内容（検討する必要のあること）だけをまとめることに。この場合，問題文の「事業部門と密接な情報交換を行いながら」という点を踏まえて，部門単位にまとめることにした。具体的でGood！

向は，次の通りである。

（1） 外部環境の将来動向

営業部門では，自動車メーカは，国内外とも環境配慮の意識は強くエンジンのダウンサイジングも進み，各自動車メーカもターボを搭載する新型車の開発が進むと見込んでいる。それに合わせて，我が社で生産するターボの顧客数を現在の10社から５年後には15社に，機種数も現在の20機種から５年後には35機種に増やし，生産台数を現在の年間500 万台から５年後には1000万台に増やす目標設定をしていた。

生産管理部門では，営業部門の目指すべき方向に同期を取る形で考えている。具体的には，顧客によって受注のタイミングや受注スパン，ロットやデータ交換方法も違い，システム上も細やかな対応が必須となる。また，競合他社との新規顧客獲得競争の場面で，データインターフェースの顧客要求仕様に迅速に対応する必要もある。テストフェーズで顧客側を待たせてはならず，迅速かつ柔軟な対応は「勝つ為に」必須である。

（2） 内部環境

一方，財務部門は，今後５年間，売上が10%ずつ増加して行くと見込んでいるが，その場合，優先的に新機種開発の為の研究開発費に充てる予定になっている。そのため今後５年間の年間ＩＴ予算は，現状の年１億円以下に抑えて欲しいとの事であった。

⑥
問題文に外部環境，内部環境とあるので，その言葉をここで使うことに。内容は経験者しか書けないような印象を与える素晴らしいものになっている。経験者は自分の強みとしてこのように書いた方が良い。

設問ウ

3．策定した個別システム化構想

3－1．策定した個別システム化構想

私は，認識した事業環境の将来動向より，「 新生産管理システム」のシステム方式・開発体制は，自社ＩＴ部門でスクラッチ開発とする事とした（実際の開発は，グループ内のシステム子会社が担当する）。

当初は，パッケージやＳａａＳ等のクラウドサービスを探していて，実際，現状の機能を満足させるだけであれば適合しそうなものもいくつかあった。しかし，導入後の生産管理業務の多様化に対応する為に，生産管理システムの柔軟性確保を考えると，パッケージやＳａａＳ等のクラウドサービスの標準業務プロセスでは，将来の多様化にどうしても対応出来ないと判断した。

但し，データ量のフレキシブルな増減が予想されることから，拡張性を考えてＩａａSのクラウドサービスを活用することにした。もちろん信頼性やセキュリティなども弊社の基準を満足する事業者にする。

3－2．重要と認識した点と工夫点

私が前述のシステム方式・開発体制に決定するに当たり，重要と認識した点は，「生産管理業務プロセス・ノウハウは，我が社のコアコンピタンスであり，絶対に守るべき」という判断である。私は，コアコンピタンスゆえに「新生産管理システム」も外部に依存しない，自社開発を選択した。業務知識，システムノウハウも，自社ＩＴ部門に保有し継承させ，事業環境の変化に迅速かつ柔軟に対応して行く事が，我が社の競争優位性確保につながる，と私は考えた。インフラ部分をクラウドサービスとしたのも同じ理由である。昨今のクラウドサービスの急速な発展を強みに活かしたかったからだ。

最後に，今回の決定に当たり，工夫点を述べる。ヒアリング時に財務部長より要望されたＩＴ予算は，前述の通り年間総額１億円であった。私は，その内生産管理シ

⑦ 設問イによって決定された内容を書く

⑧ 今回の問題のメインテーマの最大効果をこういう形で表現している。これこそが，この問題の状況の必要性と評価になる。

⑨ 問題文や設問で期待されている「工夫した点」とは異なるが，それは3−1で表現できているので許容範囲。加えて，ITストラテジストが常に予算を睨んでいる点は現実的である。特に設問で問われているわけでもないのに，それを工夫した点としているところは，信憑性の高い論文だと判断できる。

ステムに投資出来る予算は，50%（5000万円）が限度であると考えた。私は，「新生産管理システム」の開発・運用費用をシステム子会社に見積もらせた。結果，開発初年度：1.2億円，２年目～５年目：年３千万円であった。５年間のＴＣＯは，2.4億円であった。

私は，開発初年度の1.2億円投資の可否について，財務部長に粘り強く交渉した。交渉では，５年間のＴＣＯは2.4億に収まる事，経営のコアコンピタンスの生産管理システムの刷新である事，コアコンピタンスゆえにしっかりとしたシステムを構築したい事を私は主張した。それでも財務部長は渋っていたので，私は，経営会議で経営陣に判断を仰ぐ事とした。経営会議では，経営トップは，「コアコンピタンスの強化がリーダ企業としての安定化と更なるシェア拡大につながる」と，「新生産管理システム」構築を認可し，財務部長も納得した。

以上

◆評価Aの理由（ポイント）

このサンプル論文は，下表にまとめた通り，第1部の論文共通の部分はもちろん，第2部のところもポイントを押えている点で，十分A評価の論文だと言えるでしょう。

また，この問題は勘違いされやすいのですが，全体システム化構想なので，ソフトウェアの必要機能ではなく，パッケージにするか独自開発にするか，クラウドにするかオンプレミスにするのか"実現方法"に関する問題になります。

したがって，問題文と設問をよく読めば気付くと思いますが，**必要な機能等は概要として設問ア**に書いた上で，それを実現する方法がいろいろあるので，**将来を見据えて（設問イ），実現方法（インフラやパッケージの利用など）を決めよう（設問ウ）**ということが問われているのです。

しかし，設問イが"**環境変化に追随するための必要な機能**"を要求していると勘違いしてしまうのでしょう，設問ウに「**それで，このような機能を持たせた**」と書いてしまうケースをよく見受けます。注意しなければなりません。その点このサンプル論文は，正確に対応できていますよね。

加えて，全体的に定量的で，コスト面もしっかり書けていて，何より経験者が書いていると思わせるぐらい自動車業界のことを書いているため，非の打ちどころのない（A評価の中でも）上位のA評価の論文だと言えるでしょう。この内容なら多少ミスが入っても十分A評価を取れるレベルですね。

チェックポイント			評価と脚注番号
第1部	Step1	規定字数	約**3,400字**。全く問題なし。
	Step2	題意に沿う	問題なし。設問に対するタイトルを付けている。問題文で問われている点に忠実に回答している。この問題特有の勘違いしやすいポイントも見事にクリアできている（③④⑧）。また，問題文の「事業部門と密接に連絡を取りながら」という点についてもしっかり書くことができている（⑤）。
	Step3	具体的	問題なし。全体的に具体的で詳細に書けている。
	Step4	第三者へ	問題なし。全体的に分かりやすい内容になっている。
	Step5	その他	全体的に整合性が取れているし（⑦），定量的もしくは客観的表現も多い。
第2部	ST共通		・投資効果や予算の部分も定量的に書けている（**設問ウの3-2**）。 ・このレベルで業界のことを書くことができるくらいまで，業界の調査・研究をしておけば万全（①⑥）。 ・設問アの事業概要がコンサル視点で定量的になっている（①）。
	テーマ別		—

表30　この問題のチェックポイント別評価と対応する脚注番号

◆事前準備しておくこと

この問題に限らず，**システム導入後5年間の環境変化を外部環境と内部環境に分けて整理しておき**，それに応じた（複数ある選択肢の中からの）実現方法（システム化構想）を準備しておくといいでしょう。具体的には，パッケージと独自開発，オンプレミスとクラウドなどの切り分けですね。

◆IPA公表の出題趣旨と採点講評

出題趣旨

昨今は，事業環境の変化が激しいことから，個別システム化構想を策定する際には，事業環境の将来動向を的確に把握し，変化に柔軟に対応できるシステムにすることが大切である。

本問は，ITストラテジストが，個別システム化構想の策定において，事業環境の将来動向を的確に把握するために，どのようなことを検討し，どのように判断したかを問うとともに，事業環境の変化に柔軟に対応できるシステムにするために，どのような点を重要と考え工夫したかについて，具体的に論述することを求めている。論述を通じて，ITストラテジストに必要な分析力・企画力・洞察力・行動力などを評価する。

採点講評

全問に共通して，ITストラテジストとしての経験と考えに基づいて，設問の趣旨に沿って論述することが重要である。設問の趣旨から外れた論述や具体性に乏しい論述は，評価が低くなってしまうので，是非，留意してもらいたい。

問1（事業環境の変化を考慮した個別システム化構想の策定について）は，事業環境をどのように把握し，認識してシステム化構想を策定したかを問う問題である。おおむね出題趣旨に沿って論述しているものが多かったが，事業環境の現状把握にとどまり将来動向の論述に至らないものや，対象システムの現状の課題とその解決策についての論述に終始しているものも散見された。

平成22年度

問3 既存製品の性能向上，機能追加を目的とした組込みシステムの製品企画について

自社の組込みシステムの既存製品に対して，市場での競争力を強化するために，性能向上や，機能追加を図ることがある。例えば，省エネルギー化，小型化，大型化，長寿命化，高速化などによって，他社よりも優れた製品を提供できれば，市場で訴求力を発揮できる。

性能向上，機能追加の内容は，製品の特性，背景などによって異なる。製品企画の立案に際しては，どの場合も，性能・機能に対する社会の要請及びユーザニーズを見極める必要があり，次のような項目について考慮することが重要である。

・実現すべき性能・機能とコストとの関係
・実現すべき性能・機能と自社保有技術との関係
・製品のライフサイクル，販売開始時期，販売価格などの戦略
・関連技術の動向及び知的財産
・拡張性及び柔軟性

あなたの経験と考えに基づいて，設問ア～ウに従って論述せよ。

設問ア あなたが携わった“性能向上，機能追加を目的とした組込みシステムの製品企画”の背景と概要について，既存製品の性能・機能，特徴とともに，800字以内で述べよ。

設問イ 設問アで述べた製品企画を立案する際に調査し，検討した項目及びその内容を，800字以上1,600字以内で具体的に述べよ。

設問ウ 設問イで述べた内容に基づいて立案した製品企画では，どのような性能向上，機能追加を盛り込んだか。また，立案した製品企画を実現するために，どのような点について配慮したか。立案した製品企画に対する現在のあなたの評価及び他者の評価を含めて，600字以上1,200字以内で具体的に述べよ。

サンプル論文 (1/5)

設問ア

1．機能追加を目的とした組込みシステムの製品企画の背景と概要

私の勤務する会社は、飲料用の自動販売機を製造する企業である。得意先は、酒類・清涼飲料水の製造・販売を行う企業で、大手５社でほとんど全ての売り上げを占める。私は、商品企画室に所属するＩＴストラテジストで、自動販売機の製品企画のうち、組込みシステムの開発を担当している。

弊社の主力商品は、通常の自動販売機の持つ基本機能に加えて、通信機能とディスプレイ機能を持っているのが特徴である。

通信機能とは、携帯電話網を介して顧客企業や、弊社と常時情報交換できる機能である。この機能を使えば、現場に行かなくても自動販売機内の在庫の状況を把握することができる。

他方、ディスプレイ機能とは、自動販売機の中央に、動画等を表示するディスプレイを搭載し、飲料のＣＭの動画等を表示させる機能である。

弊社は、この二つの機能を、いち早く搭載したことで一時期、急速にシェアを伸ばしたが、他社も、その後同等機能の製品を市場に投入してきたため、もはや、特に強みにはなっていなかった。しかも最近では、得意先が新規に自動販売機を導入する際に、コンペ（競合）を行うことが常態化してきていて、シェアも低下してきている。そこで、そういう現状を打破するために、他社製品と差別化できて競争力のある機能で、かつ得意先にとって魅力的な機能を追加する必要がでてきた。

そのような折、毎年実施している自動販売機の次期バージョンの企画を立案する時期が来た。２ヶ月間で必要な調査を実施し、企画を経営層に提案しなければならない。製品企画にかけられる予算は６人月。私と部下２名の合計３名で検討することになった。

②
ここで問われているのは「製品企画」の話なので，その事業の売上等を書かなかった。これでもいいが，当該製品の今の年間販売数や売上を入れると，さらに良くなるだろう。

②
問題文で問われている「既存製品の性能・機能，特徴」を書いている部分

③
その次に，「環境変化」と「改善の必要性」すなわち「背景」を持ってきた。

④
設問イや設問ウで，具体的な企画内容を書くという判断をしたため，ここでの企画概要をこの程度にとどめた。

設問イ

2．製品企画立案の際に調査・検討した項目及びその内容

2-1. 得意先の要望に関する調査

私は、今回、自動販売機の次期バージョンの追加機能を検討するにあたって、製品企画を立案するために不可欠な得意先の要望に関する調査を実施することにした。いわゆる、ユーザニーズの調査である。具体的には、得意先企業（大手５社）の最も身近にいる営業部門との意見交換を数回にわたって実施することにした。

営業部門日く、競合に勝ち、自社の自販機を販売するためには、「その自販機自体の持つ機能によって、自販機の中の商品の売上増加が見込めるような自販機」でなければならないとのこと。中の商品（飲料）力強化に関しては、得意先企業が自分たちで考えるので、自販機には、それを後押ししてくれる機能が欲しいとのことだ。

得意先企業の営業部の部門内には、新規自販機設置部隊（以下、自販機設置営業とする）が存在する。この自販機設置営業担当者は、飲料を販売するのではなく、自販機の設置を提案・交渉し、店の軒先や、会社の事務所、個人宅の道路面などに、自販機を設置させてもらう働きかけをしているので、特に、彼らの自販機に対する期待が大きいそうだ。

2-2. 検討した項目及びその内容

得意先の要望に関する調査を終え、それをもとに、製品ベースに外部環境の分析と内部環境の分析を行い、ＳＷＯＴ分析を経てＣＳＦを抽出することにした。

(1) 外部環境分析

自社も、得意先も、市場での競争が激化していることは先に述べたとおりである。自社は自販機の競合に、得意先は（設置後に）隣接する他の飲料メーカの自販機との競合に、それぞれさらされている。そこから生まれてくる得意先の要望に関しても先に述べたとおりである。

⑤ 問題文には「製品企画の立案に際しては，どの場合も，性能・機能に対する社会の要請及びユーザニーズを見極める必要があり」という記述があるので，まずはその点に関して具体的に論述することにした。

⑥ 設問で問われている「検討した項目及びその内容」に関する論述を，SWOT分析によってまとめて表現する。

それ以外には、節電というのも考えなければならない点である。東日本大震災以来、単にコストの問題だけではなく、社会的要請にもなってきている。

(2) 内部環境分析

弊社の強みは、やはりソフトウェア開発における技術力である。自動販売機に通信機能を組み込んだのも、画面表示機能を組み込んだのも、競合他社に比べて早かったが、それは、競合他社がソフトウェア開発は外部委託しているのに対し、弊社は自社開発しているところが大きな差だと自負している。社内には、優秀な技術者、プログラマが10名いる。彼らは、積極的に技術を習得し、資格に対しても挑戦し続けている。国家資格のエンベデッドスペシャリストの保有者も４名いるし、特に、画像処理技術に関しては、古くから自社開発している分、とても高度な技術力を持っている。

(3) ＳＷＯＴ分析からＣＳＦ抽出まで

上記の情報をもとにＳＷＯＴ分析を実施した。弊社の強みである“ソフトウェア”に新機能を持たせることで、得意先の要望に応える方針にした。ただし、その場合、節電を意識したものにしなくてはいけない。消費電力の増加はできる限り抑制しなければならない。

設問ウ

3．製品企画に盛り込んだ内容と、実現するために配慮した点、及び評価

3-1. 製品企画に盛り込んだ内容

2．の検討結果を踏まえ、製品企画に盛り込んだのは、おすすめ商品紹介機能である。

中央のディスプレイを使用して、1台あたりの売上向上に寄与する機能を考えていた私は、新機能として、おすすめの商品を、すでに搭載されているディスプレイ上に表示する、おすすめ商品紹介機能を追加することにした。

既存製品はカメラおよびセンサを搭載していないので、これらのハードウェアを追加する。自販機の前に人が立つと、センサが感知してカメラを作動させ撮影。その映像をソフトウェアで解析して、年齢と性別を認識して、最適な商品をディスプレイに表示する。画像データは保存しないので、個人情報等への配慮も不要になる。

こちらは、システムアーキテクトの協力のもと、実現可能性を確認し、コスト面では予算の範囲内におさまることを確認した。

3-2. 製品企画を実現するために配慮した点と、製品企画に対する評価

今回の新機能において、ひとつ考えなければならないことがある。それが省エネ機能である。省エネ化は、省エネの部品に切り替えることで、毎年いくらかは可能になる。今回もエンベデッドスペシャリストに協力してもらい、新たな部品を使うことで、どれぐらい消費電力量が削減できるのかを見積もってもらった。その結果、現状より10%の削減が可能であるということが判明したので、それを企画に盛り込んだ。この機能によるコスト増はない。

しかし、今回我々は、新しいハードウェア（センサとカメラ）を追加するので、消費電力はその分アップする。

⑦ 盛り込んだ機能を複数あげても構わないし，別にこのように“一つ”でも何ら問題はない。

⑧ 設問ウの「どのような性能向上，機能追加を盛り込んだか」という要求通りに，ここで初めて機能を具体的に説明している。

⑨ 省エネ機能は，「配慮した点」にした。相対的に競争力強化にならないからだ。また，省エネ機能を3-1. にもっていくと，それこそ配慮した点がなくなる。競争力強化に必要な機能が消費電力を押し上げる要因になりかねないから，配慮が必要だったという展開がすっきりする。

省エネ効果と新機能（おすすめ商品紹介機能）のトレードオフについての配慮が必要になる。

この点については、既存商品だと商品情報他をディスプレイに流しているところをセンサ制御することによって消費電力を抑えるように考えた。また、おすすめ商品紹介機能をオプションにすることで、自販機設置先の企業や個人は、省エネ機能とおすすめ商品紹介機能を択一で選択することも可能になる。これで販売には影響が少ないことを確認した。

その後、製品企画の通りの機能追加開発は完了した。現在すでに、得意先におすすめ商品紹介機能を搭載した自動販売機を導入済みである。得意先に評価を聞いてみたところ、売上がおよそ20%向上したということで、高い評価を得られている。

（以上）

◆A評価のポイント

この問題は，組込みシステムの製品企画の典型的な問題の一つです。しかも，完全にゼロからの企画ではなく，既存製品への“機能追加”や“性能向上”のケースなので，より現実的な問題だと言えるでしょう。

対してこのサンプル論文は，下表にまとめた通り，第1部の論文共通の部分を忠実に押えている点で，十分A評価の論文だと言えます。

しかし，まだまだレベルアップすることは可能です。その点も後述する「**事前準備しておくこと**」にまとめているので，そのポイントでよりハイレベルな論文を目指しましょう。

チェックポイント			評価と脚注番号
第1部	Step1	規定字数	**約3,300字**。全く問題なし。
	Step2	題意に沿う	問題なし。設問に対するタイトルを付けている。問題文で問われている点に忠実に回答している（②③⑤⑥⑧⑨）。
	Step3	具体的	問題なし。全体的に具体的で詳細に書けている。特に，この問題のメインテーマであるユーザニーズの調査に関して具体的に書けている（⑤）。
	Step4	第三者へ	問題なし。全体的に分かりやすい内容になっている。
	Step5	その他	全体的に整合性が取れているが，定量的に表現するところが若干弱い気がする。
第2部	ST共通		設問アの事業概要がコンサル視点で，最終製品の市場規模，シェア，年間売上高，販売計画などを調査して，定量的にすると他の受験生に差をつけることができるレベルにもっていくことができる（①）。問3を選択する人で，最終製品の販売計画等に携わっている受験生は非常に少ないと言われているので，しっかりと最終製品の動向等を調査して準備しておいた方がいい。
	テーマ別		―

表31　この問題のチェックポイント別評価と対応する脚注番号

◆事前準備しておくこと

この問題を想定して事前準備をしておく場合，サンプル論文のような「**機能追加**」だけではなく，問題文の例に挙がっているような「**省エネルギー化，小型化，大型化，長寿命化，高速化**」などの「**性能向上**」に関しても想定しておくと万全になるでしょう。

但し，この時に使用する部品の性能向上に依存するだけでは不十分だと考えられます。もちろん問題次第にはなりますが，基本は組込みシステムの開発をベースにしている製品企画なので，その点は注意が必要です。

また，この問題でもそうですが，「最終的にどういう機能追加や性能追加を実施したのか」というよりも，「**そこに至る過程**」が問われる可能性が高いと思います。したがって，その点をしっかりと事前準備しておきましょう。

後は，設問アで**当該製品の年間販売数，年間売上等の数字，営業担当者数，顧客数**なども，いつでも出せるように準備しておくと万全ですね。

◆IPA公表の出題趣旨と採点講評

出題趣旨

既存の組込み製品に対して性能向上，機能追加によって，競争力を強化した製品を企画することがある。ITストラテジストとして，このような製品企画を立案するためには，必要かつ十分な項目について調査し，検討することが重要である。

本問は，既存製品に対する性能向上や機能追加を題材として，このような製品企画を立案するに際して，どのような点について検討し，どのような内容の企画を立案したのかについて，具体的に論述することを求めている。論述を通じて，ITストラテジストに必要な分析力・企画力・行動力などを評価する。

採点講評

全問に共通して，ITストラテジストとしての経験と考えに基づいて，設問の趣旨に沿って論述することが重要である。設問の趣旨から外れた論述や具体性に乏しい論述は，評価が低くなってしまうので，是非，留意してもらいたい。

問3（既存製品の性能向上，機能追加を目的とした組込みシステムの製品企画について）は，組込みシステムの製品を対象とする問題であり，2回目となる今回は前回に比べて選択者が増加した。論述された内容の多くは，対象とした組込みシステムの製品が具体的で，実務経験をうかがわせるものであった。しかし，製品企画の立案に際して検討した内容については，一般論に終始し，その分析が浅く，論述が不十分なものが見られた。また，一部に，既存製品の性能向上，機能追加をテーマにしていないものや設問の趣旨と異なる内容の論述も散見された。

平成26年度

問2　情報システム基盤構成方針の策定の一環として行うクラウドコンピューティング導入方針の策定について

昨今，急激に変化している事業環境において，企業が競争に勝ち抜くためには，変化に俊敏かつ柔軟に対応できる情報システムが求められている。その一方で，情報システムは肥大化・複雑化しており，開発コスト・運用コストの削減が求められている。このような課題に取り組むために，短期間の導入，初期導入コストの削減，処理量の変動に対する柔軟性などを期待して，情報システム基盤構成方針の策定の一環としてクラウドコンピューティング導入方針を策定する企業が増えている。

クラウドコンピューティング導入方針の策定に当たっては，全体システム化計画との整合性に留意し，例えば次のような検討をすることが重要である。

・クラウドコンピューティングの情報システム基盤とそれ以外の情報システム基盤が混在する場合，基盤間の整合性，事業展開への対応の俊敏性，柔軟性に問題はないか。

・クラウドコンピューティングを長期間利用したり，自社運用型情報システムと連携したりする場合，TCOは想定の範囲内か。

・サービスを外部に委託する場合，利用部門の要望を達成できるサービスレベル，情報セキュリティ対策などを提供できるサービスプロバイダが存在するか。

このような検討を踏まえ，ITストラテジストは，クラウドコンピューティング導入方針を明確にする。また，クラウドコンピューティング導入方針の有効性，期待効果などを経営者に説明し，経営者から承認を得なければならない。

あなたの経験と考えに基づいて，設問ア～ウに従って論述せよ。

設問ア　あなたが携わった，情報システム基盤構成方針の策定の一環として行うクラウドコンピューティング導入方針の策定について，情報システムの課題とクラウドコンピューティング導入の背景を，事業環境，事業特性とともに，800字以内で述べよ。

設問イ　設問アで述べた課題への取組みとして，どのようなクラウドコンピューティング導入方針を策定したか。特に重要と考えて検討したことを明確にして，800字以上1,600字以内で具体的に述べよ。

設問ウ　設問イで述べた導入方針について，経営者にどのように説明し，承認を得たか。経営者の評価，更に改善する余地があると考えている事項を含めて，600字以上1,200字以内で具体的に述べよ。

サンプル論文　(1/5)

設問ア

1．クラウドコンピューティング導入の背景

1．1　事業環境，事業特性

A社は中堅生命保険会社である。私はA社の事業企画部門にてＩＴストラテジストとして勤務している。

生命保険は少子化に伴い，加入者数が漸減しているが，その中で２００１年の法改正により生命保険会社でも販売可能となった第三分野保険（医療保険，介護保険，所得補償保険等）に関しては，新契約年換算保険料が５００億円となっており，年率１２０％で増加し高い成長を維持している。事業特性として，第三分野保険はお客様のニーズの移り変わりが早く，事業環境の変化が速いということがあげられる。

A社では第三分野保険のさらなる契約額増加のために，社内で保有しているデータを一元管理し，データを利活用することにより，お客様の需要に合った新製品の開発や適切な営業活動等のイノベーションを起こすことが中期経営計画として定められている。

1．2　情報システムの課題とクラウド導入の背景

A社の生命保険システム，第三分野保険システムはオンプレミスで構築されており，導入当初より幾度も改修が加えられ，スパゲティ化が進んでいる。そのため，少しの改修にも時間と費用がかかり，システムの柔軟性が非常に低くなっていた。A社においては，これまではセキュリティの懸念や移行リスクに対する漠然とした不安からクラウド導入は進んでいなかったが，既設システムデータおよび様々な公共オープンデータ（病気別平均医療費，平均介護費用，世代別年金支給額等）を利活用するにあたり，リソース拡張性の柔軟性，短期間での導入が重要な要因になることから，全体システム化計画を立案するタイミングで，今後システム化を検討する際には，クラウドコンピューティングの活用を検討することになった。

①　業界の話を適度に盛り込み，実際に経験したことであろうことを上手に伝えている。Good！

②　今回の問題は，特に売上目標があって，業績拡大というテーマではないため，売上や従業員数など規模感を表現する必要はないと判断した。この程度でも全く問題はない。

③　こういう経験者しかなかなか出せないことを“さらっと”出すのは凄く効果的。

④　今回のこの問題は，個別システムのクラウド化の話ではなく，基盤整備計画の導入方針になる。したがって，タイミング的にはこれがベストなタイミングになる。

設問イ

2．策定したクラウド導入方針

私が，クラウド導入方針を検討することになったのは，翌年4月から始まる「新5か年計画」に合わせて作成する中長期情報システム化計画及び全体システム化計画に合わせたものである。その中で，次の5年間のシステム化を支える最適なインフラを構築するとともに，その後長期にわたって経営を支える基盤整備計画も立案しなければならない。その基盤整備計画において，オンプレミスが前提ではなく，ある一定条件を満たす場合はクラウドサービスの利用も検討していくことにする。その時の判断基準になるような導入方針を作成する。

(1)全体システム化計画への追加事項

A社ではハードウェアの保守期限切れに合わせてシステム更新を行ってきた。それは今後も変わらない。そこで，全体システム化計画（5か年）では，ハードウェアの更新時期を迎えるタイミングで，情報システムの見直しを行うように計画している。また，第三分野保険の成長性を維持するために，第三分野保険関連のシステムには優先的に予算を振り分けることになっており，新規システムを開発する計画にしている。

これらのタイミングでシステムの導入やリプレイスを検討する時には，その時点での情報を元に，オンプレミスにするのか，クラウドサービスを利用するのかを比較検討することを必須とした。

(2)導入方針

そして，クラウドの導入方針を策定した。主なポイントを挙げると次のようになる。

- 短期間での導入や，リソースの拡張に柔軟性が必要な場合に，それに寄与するクラウドサービスがある場合には，クラウドを採用すること
- クラウドを採用する場合には，運用部門と合意したサービスレベルを実現することが確認できているこ

⑤
全体システム化計画との整合性を表現している部分。そこそこ字数は書いているものの当たり前のことしか書いていないが，その当たり前のことを書くことが重要になる。

⑥
全部は書けないので，TCO，SLA，オンプレミスのシステムとのデータ連携，セキュリティなど重要な部分を挙げた。数的にもこれぐらいが限界だろう。

⑦
クラウド・バイ・デフォルト原則を主張しても良い。

⑧
自社のSLAを書くことは分量的に不可能。そのためどうしても一般論になりがちになるので注意が必要。

と
・クラウドを採用する場合には，クラウド事業者に自社のセキュリティポリシを順守できるだけのセキュリティが確保できていることが確認できていること
・クラウドサービスを活用する場合は，ＩＰ－ＶＰＮ等のセキュアなネットワークで本社と接続し，社内システムと連携が必要な場合には，連携が可能なこと
・クラウドを採用する場合のＴＣＯを算出し，オンプレミスと比較してクラウドにコストの優位性がある場合，クラウド化を優先すること

こうした方針を策定する上で，特に重要だと考えて検討したことは“ＴＣＯを中心に総合的に判断すること”だった。クラウドサービスを利用する際のメリットは非常に大きい。短期間での導入や，拡張性に対する柔軟性など，オンプレミスでは不可能だった選択を可能にするというのは大きい。

しかし，その一方で，最低限担保しないといけない要件を確保できるかどうかは慎重に検討しなければならない。ＳＬＡやセキュリティなどだ。そうして，それらを確保した上での５年間のＴＣＯの比較が必要になる。

例えば，今回の方針では，機密情報を取り扱うシステムはオンプレミスで構築することにしている。特に保険契約情報は，大量のデータを長期間（数十年）保持，管理する必要がある。これだけの長期間のサービス継続性やセキュリティ保証は総合的に判断するとクラウドでは困難であると考え，オンプレで管理することにした。

また，第三分野関連保険は，俊敏性を最優先で考え，全システムを一斉にクラウドに移行することになると考えている。

⑨
自社のセキュリティポリシを書くことは分量的に不可能。そのためどうしても一般論になりがちになるので注意が必要

⑩
導入方針には，A社のSLAやセキュリティポリシを細かく書くことは分量的に難しいと判断した。ただ，そうなると一般論になりがちだから，最後に，導入方針に基づく判断を例としてもってきた。

設問ウ

3　経営者への説明，評価，改善について

3.1 経営者への説明，評価

このような導入方針を策定し，経営会議で承認をもらうべく，経営層に説明した。

この時私は，単に，クラウド導入の有効性や効果について説明するだけではなく，他金融機関や公共機関など，弊社と同レベルの重要な情報を扱っているところの導入事例を集めて世の中の変化を伝えたいと考えていた。ある金融機関の事例では，新商品の開発においてクラウド導入によりシステム開発スピードを向上させ，他社との競争で優位性を発揮し，運用コストについても20%削減している事例を紹介したが，これは情報システムがボトルネックになって経営の足を引っ張ることが無くなったことを伝えたかったからだ。

さらに，クラウド導入効果の一例として第三分野保険の新商品開発の俊敏性向上について説明した。第三分野保険の新商品開発においては，大量のデータを用いて，非常に複雑な数理計算（保険対象の事象が発生する確率や，発生した際に必要となる費用から保険料を算出する業務）を行うことが必要になる。既設システムではオンプレの限られたリソースで数理計算を行っており，新商品の開発に1年以上の時間がかかっていた。クラウドの場合，リソースの拡張が瞬時に行えるため，3か月程度で新商品の開発が可能となることを説明した。

経営者からは，クラウド導入の効果，有効性について理解を頂き，導入方針について承認を得ることができた。

3.2 更に改善する余地があると考えている事項

但し，経営会議の場では，経営企画室や情報セキュリティ委員会から，自分たちの業務に影響がないかどうか不安視する声も上がった。

そこで私は，クラウドサービスを利用する際に，セキュリティポリシに準拠していること，A社の情報セキュ

⑪
単に説明したことを書くだけではなく，その理由も書く必要がある。というより理由の方が大事である。

⑫
一般論ではなく，こういう説明ができるのならした方がいい。このレベルになるまで，業界研究するのもいいだろう。

リティに問題が無いことを確認したら，必ず情報セキュリティ委員会の承認を得ることにした。

そして経営層に対しては，年間予算が一定の金額を超える場合には，経営層の承認が必要になることを提案した。具体的には，ＴＣＯの見積り及びオンプレミスとクラウドの比較シミュレーション資料とＳＬＡの遵守に関しては情報システム部の承認印，情報セキュリティ部分に関しては情報セキュリティ委員会の承認印を付与し，導入効果の部分のシミュレーションを付与した企画書を提出し承認を得るという手続きを踏む。

このような改善を行い，経営者にクラウド導入方針を承認してもらえた。

以上

◆評価Aの理由（ポイント）

このサンプル論文は，下表にまとめた通り，第1部の論文共通の部分はもちろん，第2部のところもポイントを押えている点で，十分A評価の論文だと言えるでしょう。

この問題は，採点講評にも書かれている通り**“個別システムをクラウド化した時の話”**ではなく，**“基盤整備計画の一環として行うクラウドコンピューティングの導入方針”**に関するものになります。タイミング的には，中長期計画や全体システム化計画の見直しの時期がベストで，そこと関連付けながら方針を作成したという展開にすることが求められています。

それに対してこのサンプル論文は，しっかりと書けているため高評価になると思います。

チェックポイント			評価と脚注番号
第1部	Step1	規定字数	**約3,500字**。全く問題なし。
	Step2	題意に沿う	問題なし。設問に対するタイトルを付けている。問題文で問われている点に忠実に回答している。そして，採点講評でも指摘されていることだが，この問題ではクラウドの導入方針のことについて書かないといけないが，そこが題意通りになっている。Good（④⑥⑦⑧⑨⑩）。全体システム化計画との整合性も表現できている（⑤）。
	Step3	具体的	問題なし。全体的に具体的で詳細に書けている。
	Step4	第三者へ	問題なし。全体的に分かりやすい内容になっている。
	Step5	その他	全体的に整合性が取れているし，定量的にも表現できているので良い内容になっている。
第2部	ST共通		設問アの事業概要をあえて定量的にしていないが，それ以外の部分で業界の話を盛り込んでいるのはGood（①②③⑫）。
	テーマ別		—

表32　この問題のチェックポイント別評価と対応する脚注番号

◆事前準備しておくこと

この問題のように，**基盤整備計画の一環として“クラウド”がテーマ**になった問題に対しては，次のような資料が参考になるでしょう。“クラウド”は重点テーマの一つなので，事前に目を通しておくといいでしょう。

政府CIOポータルの「政府情報システムにおけるクラウドサービスの利用に係る基本方針」（2018年6月7日）
https://cio.go.jp/guides

IPAの「クラウドサービス安全利用の手引き」（2019年3月19日）
https://www.ipa.go.jp/security/keihatsu/sme/guideline/index.html

経済産業省「クラウドセキュリティガイドライン活用ガイドブック」（2013年4月）
https://www.meti.go.jp/policy/netsecurity/secdoc/contents/seccontents_000147.html

総務省「クラウドクラウドサービス提供における情報セキュリティ対策ガイドライン（第2版）」（2018年7月31日）
https://www.soumu.go.jp/menu_news/s-news/01cyber01_02000001_00001.html

◆IPA公表の出題趣旨と採点講評

出題趣旨

俊敏かつ柔軟な情報システムの実現，情報システムの開発・運用のコスト削減などの課題に取り組むために，情報システム基盤構成方針の一環としてクラウドコンピューティングの導入方針を策定し，その利点を生かす企業が増えている。導入方針の策定に当たっては，情報システムの全体を俯瞰（ふかん）し，長期的，総合的な観点にたって検討しなければならない。

本問は，情報システム基盤構成方針の一環としてのクラウドコンピューティングの導入方針の策定に当たって，ITストラテジストが特に重要と考えたこと，策定した導入方針について具体的に論述することを求めている。

本問では，論述を通じて，ITストラテジストに必要な構想力・企画力・問題発見力などを評価する。

採点講評

全問に共通して，ITストラテジストの経験と考えに基づいて，設問の趣旨を踏まえて論述することが重要である。設問の趣旨から外れた論述や具体性に乏しい論述は，評価が低くなってしまうので，是非，留意してもらいたい。

問2（情報システム基盤構成方針の策定の一環として行うクラウドコンピューティング導入方針の策定について）では，クラウドコンピューティングの導入計画立案に関わった経験のある受験者には論述しやすかったと思われる。しかし，個別システムのクラウドコンピューティング導入方針の論述に終始し，全体システム化計画との整合性，情報システム基盤構成方針との関係性が明確でないものも散見された。

平成27年度

問２　緊急性が高いシステム化要求に対応するための優先順位・スケジュールの策定について

企業は，厳しい競争に勝ち抜くために，新しいチャネルの開拓，市場に対応した組織編成，短いサイクルでの新製品・新サービスの開発などに取り組んでおり，情報システムの全体システム化計画で対象とした業務，組織，製品・サービスなどは変化し続けている。一方で，モバイルコンピューティング，クラウドコンピューティングなどの新しい IT の活用が広がり，それらが今までにない付加価値を生んだり，コスト削減を実現したりして，事業に貢献する事例が増加している。これらを背景に，情報システムの導入・改修に関して緊急性が高いシステム化要求が，事業部門から継続的に挙げられている。

緊急性が高いシステム化要求への対応に当たっては，まず，要求が事業戦略に適合することを確認し，システム化範囲を定め，要求をどのように実現すべきかを明確にする。次に，緊急性が高いシステム化要求への対応を，全体システム化計画の中でどのように位置付けるかを検討し，優先順位・スケジュールを策定する。その際，例えば次のような観点での検討が重要である。

- 情報システム基盤の整備，アプリケーションシステムの統合，業務の見直しなどによって全体の投資削減又は相乗効果が期待できる場合，これらの実施を含めて検討する。
- 計画中又は進行中の個々の情報システムの導入・改修への影響が最小限にとどまるように検討する。

IT ストラテジストは，緊急性が高いシステム化要求への対応に当たり，事業部門に対して，策定した優先順位・スケジュールによって，情報システムの導入・改修が全体システム化計画において最も効率的・効果的に進められることを説明し，承認を得なければならない。

あなたの経験と考えに基づいて，設問ア～ウに従って論述せよ。

設問ア　あなたが事業部門から受けた情報システムの導入・改修に関する緊急性が高いシステム化要求は何か。要求の背景，事業の特性とともに，800 字以内で述べよ。

設問イ　設問アで述べた要求への対応に当たり，どのような観点で検討し，どのような優先順位・スケジュールを策定したか。特に重要と考えたことを明確にして，800 字以上 1,600 字以内で具体的に述べよ。

設問ウ　設問イで述べた優先順位・スケジュールを事業部門にどのように説明し，その説明した内容に対して事業部門からどのような評価を受けたか。その評価を受けてあなたが改善したこと，又は今後，改善すべきことは何か。600 字以上 1,200 字以内で具体的に述べよ。

サンプル論文 (1/5)

設問ア

1．事業の特性及び緊急性の高いシステム化要求

1.1 事業の特性

　A社は首都圏に本社を置き，中古自動車の買取・販売を主事業（売上高の９割）とする企業である。従業員数は約2,400 名，日本全国に約550店舗を展開している。主な業務は買取った中古車をオークションに売却する卸売業及び，各店舗で一般消費者に販売する小売業である。

　国内の中古車市場は約2.5 兆円。このうちA社の売上高は約1,500 億円で，シェア約６％を誇るリーディングカンパニーである。年間中古車販売台数は，実に15万台にも上る。A社の強みは，売上の８割が卸売業者向けの販売になる点だ。毎年安定した需要が見込めるため売上が安定する。

1.2 緊急性の高いシステム化要求

　しかし近年では，若者の車離れによる国内市場の冷え込みや，競合他社との競争激化により，売上も利益もここ数年低迷してきている。2008年に 2,000 億円あった売上高は，2012年には 1,500 億円まで低下してきた。こうした状況を打破するため，車の購入を決めている人が他社に流れるのを防ぐことで売上アップを目指そうと，店舗での接客にタブレット端末を活用するという議案が上がり決定した。

　具体的には，接客担当者がタブレット端末を片手に来店客の対応を行う。タブレット端末を使って，車の詳細情報をチェックしたり，競合になりやすい車と比較した優位点などが瞬時に確認できるようにする。また顧客のニーズを含め接客情報を入力することで，その後の営業にもつなげていけるように考える。当初は，2012年12月にオープンする大型展示店の３店舗で導入する予定だ。

　この要求を受けてA社情報システムの所属長である私は，当該要求に「店舗接客システム」と命名し，対応策を検討することになった。

①
事業概要の説明に定量的な数値が入っているため，市場規模や事業規模などが客観的でとてもわかりやすい。ここまで書かなくてもA評価になっている人もいるが，逆にここまで書いているとこれをもってして減点になるということもなく，出だしからリードできる。

②
ここでは緊急性の高さを表現しないといけない。しかし，この内容だと緊急性の高さよりも，随分前から分かっている事なので，なぜ前回の中長期経営計画の時に，この案件が出てこなかったのか？という疑念が残る。しかし，緊急性の高さを否定することはできないので，経営者からの緊急要請だということを強調すれば大丈夫だろう。ここの記述も大きな問題ではないと判断できる。

③
どういう要求なのか？もここでは必要になる。この内容も具体的でいい。また，この開発案件がどれくらいのボリュームなのかは，ここに書いても構わないし，設問イでも構わない。

設問イ

2．要求への対応

2.1 全体システム化計画（変更前）

A社では約20年前から5年ごとに経営5か年計画を策定・運用している。情報システムの開発計画もそれに合わせて5か年で計画を立案している。このシステム化要求が上がってきたのが2012年4月で，2010年4月から開始された5か年計画の2年が終了し3年目に入った直後で，次のような複数案件を進めていた。なお，実際の開発は全てシステム子会社に委託している。

10年4月～12年3月　画像販売システム機能強化（完了）
12年4月～13年3月　査定システムタブレット化（着手予定）
13年4月～14年3月　売買契約書の電子化
14年4月～15年3月　個人間売買システム構築

2.2 全体システム化計画の修正（緊急性の高い追加案件について）

最初に，今回の案件について見積もることにした。この追加案件は，経営会議で決まった最優先事項であり，当然ながら会社の方向性に合致している。経営陣からも最優先で大型店舗の開店に間に合わせてほしいという依頼があった。

そこで，実現可能かどうかを含めて実現可能なボリュームにするために，営業部と相談を重ね，システム化の範囲を決めた。具体的には，タブレット端末から中古車情報の参照及び顧客行動の登録を行う機能までとした。実現方法は，店舗接客システム用のDBをクラウド環境上に構築し，タブレット端末からDBへの参照，登録機能を独自開発することにした。大型展示店のオープンまで8か月であり，環境構築に時間がかかるオンプレミス環境では間に合わないためである。見積ったところ，開発工数は150 人月，開発期間は2012年12月リリースなので8か月間になる。

④
この問題のポイントを考えた時に，今進められている全体システム計画について説明すべきだと判断して，その説明をしている。Good。

⑤
計画変更がテーマなので，全体的に“いつ”という情報を明確にしているのはGood！特に過去日付なので，この計画がいつなのかはしっかりと伝えておきたい。

⑥
計画を変更したことを説明するために，簡単にでも変更前の計画を，計画的表現で説明している。

⑦
緊急性の高さは設問アで説明しているため，「事業戦略に適合している事」については簡潔にした。

⑧
これもGood！事業部門とともに進めていくという姿勢は重要。

⑨
問題文中にある「システム化範囲を定め」と「要求の実現方法」についても言及している。問題文で要求されていることに対する漏れはない。

2.3 全体システム化計画の修正（既存の計画の修正）

次に，私は既存の５か年計画を修正することにした。情報システム部は残りの３年間で増員の予定はない。したがって現有メンバで対応しなければならない。

すぐに着手する予定だった“査定システムのタブレット化プロジェクト”は，そのシステムを利用する査定部門の部長が「リリース時期が遅れるのはかまわない」と言ってくれたので，リリース時期をずらすことにした。とは言うものの，今回優先的に開発する“店舗接客システム”でもタブレットを使うので，その時に，査定システムも意識して共通部分を開発しておくことで，査定システムで流用できるようになる。それを加味して再見積りを依頼したところ，流用部分の開発が無くなるので，査定システムタブレット化プロジェクトを５か月短縮することができるという回答が返ってきた。

また，2014年４月から着手する予定だった“個人間売買システム構築”では，個々人の個人情報等基本属性を管理する機能があるが，それも，一部先行開発できる。同様に共通部分を先に開発しておけば，流用できるため，開発工数が削減できるはず。ここも同じくシステム子会社に見積もりを依頼すると，３か月短縮することができるとの回答があった。

以上より，次のように計画を修正した。

10年４月～12年３月　画像販売システム機能強化（完了）
12年４月～12年11月　店舗接客システム構築（今回最優先事項として追加）
12年12月～13年６月　査定システムタブレット化（３か月遅れのリリース）
13年７月～14年６月　売買契約書の電子化（３か月遅れのリリース）
14年７月～15年３月　個人間売買システム（リリース時期に変更なし）

⑩ 計画変更に関しては，何はさておき現場の意向だ。なので一言入れてくといい。

⑪ 影響が最小限になるようにということで，ここで単にスケジュールを組み替えるだけではなく，工夫が表現できている。

⑫ ここも前に同じ。しかも，システム子会社に依頼して見積もっている点はGood。安直に自分（ITストラテジスト）がしてはいけない。

⑬ 変更後が一目でわかるような表現として箇条書きは良い。計画的表現になっている。変更点を利用者目線（リリース時期の変更）にしているのもいい。

設問ウ

3．事業部門への説明と評価

3.1 事業部門への説明と評価

私は，全体システム化計画を変更する際に，決まっていた計画からの変更理由，変更点を中心に説明して理解を求めた。ここで“ No ”と言われると，いくら経営戦略上最優先事項の案件が飛び込んできたとはいえ，要員増や開発を依頼する外注先を探すなど，別の対応をしなければならないからだ。

まずは，リリース時期に変更は無いものの着手時期が変わるので作業の進め方が変わってくる“個人間売買システム”について，新たに線引きした作業スケジュールを基に，このシステムの利用部門にあたる営業部門に説明した。営業部門では，今回の店舗接客システムに期待していることもあって，すんなりと受け入れられた。

次に，ともに3か月リリースが遅れる“査定システムタブレット化”と“売買契約書の電子化”に関して，査定部門と契約部門にそれぞれ説明した。前述のとおり査定部門は，特に問題も無く受け入れてもらえたが，契約部門は多少難色を示した。しかし，“売買契約書の電子化”以外の，他のシステム開発案件の重要性や，今回緊急開発するシステムの必要性について説明し，リリース時期を当初計画どおりにする場合に，別途追加予算が必要になることを説明して，「3か月なら」と受け入れてもらえた。

3.2 改善点

一方，このような緊急性の高いシステム化要求が発生することを，全体システム化計画策定時にあらかじめ想定して計画を立てるべきではないかという指摘も受けた。これからは，全体システム化計画策定時に，将来起こりうるシステム化要求は何なのかという点をなるべく見通せるように，将来の動向に対するアンテナを張っていきたい。

以上

⑭ どのように説明したのか？という設問に対して，弱いと思うかもしれないが，リリース時期の遅れについて説明し，全体の戦略構想上のバランスと，既存計画をそのままにした場合に，追加コストがかかるという観点で説得したとすれば問題は無い。

⑮ 理解しているところは早い。

⑯ 難色を示した部門があればそこを書いた方がいい。

⑰ ここが，どのように説明したのか？という問いに対する回答になる。

⑱ 最後の最後なので，このように「そもそも…」でも構わないし，元々のスケジュールのリリース時期を変えないように，無理なスケジュールを立てていて指摘されたとしてもいい。

◆評価Aの理由（ポイント）

このサンプル論文は，下表にまとめた通り，第1部の論文共通の部分はもちろん十分満たしているし，第2部のところもポイントを押えています。加えて，この問題特有の，既存の**全体システム化計画，その変更理由，変更点が明確で，しかもスケジュールのどこをどう変えたのかが一目瞭然**なので，ほぼパーフェクトです。問題文で問われている事にもすべて反応できているので，A評価の中でも上位のA評価でしょう。この内容なら多少ミスが入っても十分A評価を取れるレベルです。

チェックポイント			評価と脚注番号
第1部	Step1	規定字数	**約3,200字**。全く問題なし。
	Step2	題意に沿う	問題なし。設問に対するタイトルを付けている。問題文で問われている点に忠実に回答している。この問題では，全体システム化計画の中での位置付けが求められているが，問題文の中で要求されていることに関しては，ほぼ完ぺきに対応している。Good（②③⑦⑨⑪⑭⑰）。工夫した点に関しても，単にスケジュールを後ろに持って行くだけではなく，影響が最小限になるように工夫している（⑪⑫）。
	Step3	具体的	問題なし。全体的に具体的に書けている。
	Step4	第三者へ	問題なし。全体的に分かりやすい内容になっている。特に，計画変更に関しては，とても分かりやすくなっている（⑥⑬）。
	Step5	その他	全体的に整合性が取れているし，定量的に表現できているので良い内容になっている。
第2部	ST共通		設問アの事業概要がコンサル視点で定量的になっている（①）。
	テーマ別		**「テーマ2　中長期情報化計画の策定のPoint1　計画的表現を使う」**という点については，非常に分かりやすくなっている。変更前，変更後，いずれも同じ形で箇条書きにしている。期間が工夫で短縮されている部分も分かりやすい（⑥⑬）。

表33　この問題のチェックポイント別評価と対応する脚注番号

◆事前準備しておくこと

中長期計画をテーマにした問題に備えて中長期計画を一つ作っておきましょう。具体的には，①**導入するシステム**（3-5），②前述の①に合わせた**基盤整備計画**，③前述の①②に合わせた**情報システム部の要員計画**です。いずれも，計画的表現で「いつからいつまで」なのかを書けるように備えておけば万全ですね。

◆IPA公表の出題趣旨と採点講評

出題趣旨

昨今，厳しい企業間競争に勝ち抜くこと，新しいIT活用の広がりなどを背景に，事業部門から情報システム導入・改訂に関する緊急性の高い要求が挙げられることも多い。

本問は，そのような要求への対応に当たって，全体システム化計画が最も効率的・効果的になるよう，ITストラテジストはどのようなことを検討し，どのような優先順位・スケジュールを策定したか，また，策定した優先順位・スケジュールは事業部門からどのように評価されたかについて，具体的に論述することを求めている。論述を通じて，ITストラテジストに必要な構想力，分析力，洞察力，説明する力などを評価する。

採点講評

全問に共通して，"論述の対象とする構想，計画策定，システム開発などの概要"又は"論述の対象とする製品又はシステムの概要"が適切に記述されていないものが多く見られた。これらは論述の一部であり，適切な記述を心掛けてほしい。また，解答字数の不足した答案が例年より多く見られた。

ITストラテジストの経験と考えに基づいて，設問の趣旨を踏まえて論述することが重要である。問題文及び設問の趣旨から外れた論述や具体性に乏しい論述は，評価が低くなってしまうので，是非，留意してもらいたい。

問2（緊急性が高いシステム化要求に対応するための優位順位・スケジュールの策定について）では，全体システム化計画の策定に関わった経験，又は全体システム化計画の下で，情報システムの導入・改修を実施したことのある受験者には論述しやすかったと思われる。一方で，個別システムのサブシステム，個別機能の優先順位・導入スケジュールの論述に終始しているものも散見された。

平成29年度

問1　IT導入の企画における投資効果の検討について

企業が経営戦略の実現を目指して，IT 導入の企画において投資効果を検討する場合，コスト削減，効率化だけでなく，ビジネスの発展，ビジネスの継続性などにも着目する必要がある。IT 導入の企画では，IT 導入によって実現されるビジネスモデル・業務プロセスを目指すべき姿として描き，IT 導入による社会，経営への貢献内容を重視して，例えば，次のように投資効果を検討する。

- IoT，ビッグデータ，AI などの最新の IT の活用による業務革新を経営戦略とし，売上げ，サービスの向上などを目的とする IT 導入の企画の場合，効果を評価する KPI とその目標値を明らかにし，投資効果を検討する。
- 商品・サービスの長期にわたる安全かつ持続的な供給を経営戦略とし，IT の性能・信頼性の向上，情報セキュリティの強化などを目的とする IT 導入の企画の場合，システム停止，システム障害による社会，経営へのインパクトを推定し，効果を評価する KPI とその目標値を明らかにし，投資効果を検討する。

IT ストラテジストは，IT 導入の企画として，IT 導入によって実現されるビジネスモデル・業務プロセス，IT 導入の対象領域・機能・性能などと投資効果を明確にしなければならない。また，期待する投資効果を得るために，組織・業務の見直し，新しいルール作り，推進体制作り，粘り強い普及・定着活動の推進なども必要であり，IT 導入の企画の中でそれらを事業部門に提案し，共同で検討することが重要である。

あなたの経験と考えに基づいて，設問ア～ウに従って論述せよ。

設問ア　あなたが携わった経営戦略の実現を目指した IT 導入の企画において，事業概要，経営戦略，IT 導入の目的について，事業特性とともに 800 字以内で述べよ。

設問イ　設問アで述べた目的の実現に向けて，あなたはどのような IT 導入の企画をしたか。また，ビジネスの発展，ビジネスの継続性などに着目した投資効果の検討として，あなたが重要と考え，工夫したことは何か。効果を評価する KPI とその目標値を明らかにして，800 字以上 1,600 字以内で具体的に述べよ。

設問ウ　設問イで述べた IT 導入の企画において，期待する投資効果を得るために，あなたは事業部門にどのようなことを提案し，それに対する評価はどうであったか。評価を受けて改善したこととともに 600 字以上 1,200 字以内で具体的に述べよ。

サンプル論文 (1/5)

設問ア

1．事業概要，経営戦略およびＩＴ導入の目的

1-1. 事業概要

私は，A社の情報システム部門に所属するITストラテジストである。A社は，首都圏一帯を営業エリアとしている大手タクシー会社である。従業員数は約2200名，事業の柱は売上の７割を占めるハイヤータクシー事業である。今回は，そのハイヤータクシー事業について論述する。

A社のハイヤータクシー事業は，これまで順調に拡大してきた。今では，ハイヤー約200 台，タクシー約2400台，乗務員約1900名にまで成長してきたが，ここ数年は，同業他社との低価格競争の激化により業績が低迷している。ピーク時には220 億円あった売上高が，昨年度には200 億円にまで大きく落ち込んだ。今のところ営業利益は確保できているものの，このままでは後数年で営業赤字に転落する可能性が高い。

1-2.経営戦略とＩＴ導入の目的

そこで，A社の経営陣は，この状況を打破すべく５か年計画を立案することにした。この戦略の目玉はＡＩ（人工知能）システムの導入である。ＡＩを活用して，タクシー乗車の需要予測を行い実車率を高める。５年後の売上高目標は220 億円に設定された。準備に最大２年かかると想定すると早くても上昇傾向に転じるのは３年目からになる。そう考えれば，多少低い目標設定かもしれないが現実的にはこのラインになる。

A社の実車率は乗務員によって大きな差が出ている。顧客を見出すノウハウ，技術に差があるからだ。そこで，そういうノウハウの無い乗務員でも，この需要予測システムに従えば実車率を向上させることが期待できる。

A社社長からは，実現可能性の検討と，投資効果を検討するよう指示を受けた。

①
事業概要の説明に定量的な数値が入っているため，市場規模や事業規模などが客観的でとてもわかりやすい。ここまで書かなくてもA評価になっている人もいるが，逆にここまで書いているとこれをもってして減点になるということもなく，出だしからリードできる。

②
ここは案外勘違いされていることも多いのだが，問われているのは“企業”ではなく“事業”。多角的事業を展開している場合は，どの“事業”なのかを明確にして，そこで絞り込む必要がある。“企業”と“事業”の違いをちゃんと把握しておこう。

③
事業別の売上目標の設定は，希望的なものから，今回のように手段がある程度見えていて，そこから現実路線で設定する場合もある。特に，ITを活用した事業戦略のように，「ITありき」の問題ではこうなるケースが多い。

④
具体的な狙いを書く

⑤
経営社から指示を受けるのは，おおよそこの2つ。実現可能性もITストラテジストの大役なので，特に要求されていなくても意識しておこう。

設問イ

2．IT導入の企画および投資効果の検討

2-1. IT導入の企画

まず私は，現状のＡＩシステムでできること，できないことをＡＩシステムに強いシステムベンダに確認するとともに，需要予測に組み込んだ場合の実現可能なラインを探った。

その結果，企画内容は次のようになる。①人口統計データと②タクシー運行データ，③A社の営業中の各車両の位置情報のデータを取得してＡＩで分析し，現在から30分後までの未来のタクシー乗車需要を予測する。具体的には「営業区域内500 メートル四方ごとのタクシー乗車台数の予測値」や「乗客獲得確率の高い進行方向」を予測する。そして，それらの情報を車両備え付けディスプレイに表示する。ＡＩを使えば，全自動車が同一地点を目指して競合することを防ぐこともできる。営業中の各車両の位置情報を考慮するからだ。それぞれの車両ごとに最適な予測値，進行方向を提示できるため，どの辺に顧客がいるのか？というベテランの嗅覚が無くても，顧客にありつける可能性が高くなることを期待している。

当システムを導入する対象は，A社が保有している2400台のタクシー車両全てとする計画である。データに関しては携帯電話大手Ｂ社の移動需要予測データを利用し，ＳＩベンダC社に当機能を搭載するシステム開発を委託する。開発期間は2016年６月から2017年３月の９ヶ月であり，2017年４月から４ヶ月間の試行期間を経て，2017年８月から本格運用をする計画である。

コストに関しては，システム開発費が6000万円で，開発完了後は，システム保守費が１年で1000万円，ＡＩデータ使用料が1080万円（１台あたり300 円を3000車両に適用するため，月額90万円）となり，１年間維持費用は，2080万円となる。中期経営計画が完了する2021年までの投資額は，約１億2000万円となる。

⑥
内容は簡潔に。システムアーキテクトではないので，どんなシステムなのかは企画の一部に過ぎないことを十分理解しておく。

⑦
AIを導入するシステムの場合，どういうデータを取り込むのか，それでどういうアウトプットがあるのかぐらいは書いた方がいい。

⑧
これ以後，プロジェクトの話（実現方法）になっているが，定量的でわかりやすい.Good！

⑨
投資効果が2.2で問われているので，そちらでも構わないが，企画内容でくくると，企画の内容，開発担当，スケジュール，コストなどになるので，2．1にまとめてもいい。

2-2. 投資効果の検討

続いて，社長から指示のあった投資効果の検討に入ることにした。投資金額は前述の通りなので，ここでは効果算定を中心に述べる。

今回のシステム（ＡＩの需要予測システム）の最終目標は，５年後に売上高220 億円の達成である。タクシーの台数は据え置きの2400台だとすれば，１台当たりの年間平均売上高は約917 万円になる。年間出勤日数を 180 日で計算すると約５万１千円になる。これは現状の約４万６千円から５千円ほど上げなければならない。

これを実車率との関係で試算してみた。実車率（実車キロ／走行キロ×100 ）は，タクシー業界における営業力そのものになる。１台１日あたり５千円アップを目指すには，日々お客さんを乗せた状態で約20㎞増やす必要がある。2017年度の社内平均値は46.7 ％なので，走行キロを据え置きで考えた場合に，実車率は５％向上させる必要がある。

この目標値はＡＩシステムを先行導入している競合他社での実証実験の結果から，十分達成可能であると判断し，2021年度に実車率の51.7％達成（５％向上）を目標値とした。但し，やみくもに走り回ったり，長時間勤務を避けるために，走行キロ数，勤務時間ともに現状の据え置きでの試算とした。

また，今回の投資金額は前述のとおり，年間の投資額が約２千万円である。この金額を回収できる実車率を算出すると，年間１台当たりの売上増が約8300円。１日１台当たりの売上高にすると１日46円。実車率だとわずか0.005 ％ほどになる。仮に事業目標が達成できなくても十分に回収が見込まれる。あるいは，仮に売上や実車率が下がったとしても，無策でいるよりはましだと考えている。

⑩
投資効果は，どの問題でも必要な部分になる。加えて，書きやすい投資金額の方ばかりにならないように注意が必要である。書くのは，効果のシミュレーション。ポイントは，①事業目標とつなげること，②合理的なKPIの設定。

⑪
これだけ詳しくシミュレーションしていれば，説得力に関しては十分。他の問題で使う時に，どうやって簡潔に説明するのかは考えておく必要があるが，準備しておくのは，このレベルで十分だろう。

⑫
KPIがどうなるのかは，KPIによっては「やってみないとわからない」ものも少なくない。それに対して，他者の導入事例や，他社での実績は参考になるものもある。特にAIによる需要予測の精度（効果）などは，その予測の確からしさを事前に推測するのは難しい。

⑬
投資効果の効果算定は，目標値を達成できるかどうかの切り口に加えて，今回のように“投資金額に対する効果”での説明も可能である。あるいは，無策の場合との比較もひとこと付け足すぐらいならいいかもしれない。

設問ウ

３．事業部門への提案と評価

3-1. 事業部門への提案

このようにＩＴ導入の企画を行っても，それが業務に活用されなければ期待する投資効果は得られない。私はＡＩシステムを全社内に確実に普及させるために，ＡＩシステムを推進する専門のチーム（以下，推進チーム）を新設した上で，以下を行うよう事業部に提案した。

（1）ＡＩシステム利用の研修カリキュラムの作成および全乗務員に対する受講の義務付け

ＡＩシステムの効果について事前に乗務員に納得してもらうためＡＩシステム利用のメリットを体感できる研修カリキュラムを推進チームに作成させ，全乗務員に対し研修受講を義務付ける事を提案した。そうすることで従来の経験と勘を頼る業務の進め方からＡＩシステム利用に切り替えることにより，実際に実車率が向上することを全従業員に対してデータを示す事で納得してもらい，ＡＩシステム利用を動機付けることができると考えての提案である。

（2）各乗務員に対するＡＩシステム利用時間の申告の義務付けと利用率が低い乗務員への利用促進のフォロー

全乗務員に対して，業務時間中にＡＩシステムを利用している時間を推進チームに対して申告することを義務付け，利用率が低い乗務員に対しては，推進チームから利用の促進をフォローさせる事も提案した。利用率が低い乗務員に対して，まずはシステム利用するように粘り強くフォローしていくことにより，システムの利用率が上がり，ＡＩシステムの効果を認識してもらえると考えての提案である。

3.2 評価と改善点

営業部のＸ部長からは，推進チームの設立および研修カリキュラムの作成と全乗務員への研修受講の義務付けは，ＡＩシステムを利用する事の効果を理解してもらう

⑭
問題文の「期待する投資効果を得るために，組織・業務の見直し，新しいルール作り，推進体制作り，粘り強い普及・定着活動の推進など」に対応する部分。このうち，この論文では，ルール作り，粘り強い定着活動を具体的に書いた部分になる。

ために有益であるという高い評価を得た。研修カリキュラムに盛り込もうとしている，他社のＡＩシステム導入による実証実験の結果による実車率向上結果の内容をＸ部長に対しても定量的に提示したことで説得力が得られたことが，高評価を得られた原因と考えている。

一方，ＡＩシステムの利用率が低い乗務員へのフォローアップに関しては一方的な押し付けにならないように配慮することも必要であるという指摘も受けた。そのため，ただフォローするだけでなく，ＡＩシステムを利用したことによる実車率の向上結果について，利用者ごとにデータを取得し，フォロー時に定量的な説明が出来るようにフォロー方法を改善した。

以上

◆評価Aの理由（ポイント）

このサンプル論文は，投資効果の部分に関しては，ほぼパーフェクトな内容だと思います。設問イの1,600字以内という制約を考えれば，これ以上に詳しくは書けないでしょう。P.338の「**3　他の受験生に“差”をつけるポイント**」に書いていること（**投資効果に加えて，BSCの考え方でKPIをつなげる点，売上アップを目標にしている点など**）を，ほぼクリアできているハイレベルな合格論文になると思います。それ以外の部分は，下表にまとめています。

チェックポイント			評価と脚注番号
第1部	Step1	規定字数	**約3,500字**。全く問題なし。
	Step2	題意に沿う	問題なし。設問に対するタイトルを付けている。問題文で問われている点に忠実に回答している。
	Step3	具体的	問題なし。全体的に具体的に書けている。特に，AIの部分（⑦），事業部門への提案（⑭）はしっかり書けている。事業部門への提案に関しては，問題文の例を用いているが，それすら分からないほど具体的になっている。こうすれば，問題文をまねただけとは指摘されない。
	Step4	第三者へ	問題なし。全体的に分かりやすい内容になっている。
	Step5	その他	全体的に整合性が取れている。数値が随所に書かれていて，数字で効果を説得しようとしている。主観的表現はほとんどない。Good!
第2部	ST共通		投資効果をテーマにした問題なので当然だが，投資効果の効果の部分の表現は秀逸。実車率と売上目標をKPIでつなげている点，投資金額との比較，無策の場合との比較など，多様な効果を検討している（⑨⑩⑪⑫⑬）。また，設問アの事業概要がコンサル視点で定量的になっている（①②）。
	テーマ別		**「テーマ3　個別システムのPoint1 AIの導入について書く場合」**という点について，ここで書く分量であれば，これだけ書いていれば十分だろう（⑦）。

表34　この問題のチェックポイント別評価と対応する脚注番号

◆事前準備しておくこと

個別システム（投資効果）をテーマにした問題では，**事業目標，投資金額（の積算），効果のシミュレーション**を準備しておきましょう。特に，①システム導入効果（直接的効果）を表すKPI，②事業目標，その間を埋めるKPIや仮説ですね。「**3　因果関係でつなげて“差”をつける！**」（P.339参照）のところに書いているところが重要です。筆者の添削でも，ここに矛盾がなくなるまで指摘しています。

◆IPA公表の出題趣旨と採点講評

出題趣旨

経営戦略の実現のためのIT導入の企画における投資効果の検討では，コスト削減や効率化だけでなく，ビジネスの発展，ビジネスの継続性などにも着目することが重要である。

本問は，このようなIT導入の企画において，どのようなIT導入を企画し，どのように投資効果を検討したかについて，効果を評価するKPIとその目標値を明らかにして具体的に論述することを求めている。論述を通じて，ITストラテジストに必要な洞察力，構想力，企画力などを評価する。

採点講評

全問に共通して，"論述の対象とする構想，計画策定，システム開発などの概要"又は"論述の対象とする製品又はシステムの概要"が適切に記述されていないもの，論述内容と整合性が取れないものが目立った。これらは，評価の対象となるので，矛盾が生じないように適切な記述を心掛けてほしい。

ITストラテジストの経験と考えに基づいて，設問の趣旨を踏まえて論述することが重要である。問題文及び設問の趣旨から外れた論述や具体性に乏しい論述は，評価が低くなってしまうので，注意してもらいたい。

問1（IT導入の企画における投資効果の検討について）では，ビジネスの発展，ビジネスの継続性などに着目して投資効果を検討した経験がある受験者には，論述しやすかったと思われる。一方，コスト削減や効率化に関する投資効果の検討に終始している論述や投資効果の検討内容の論述が不十分で，唐突にKPIを説明する論述も散見された。

平成30年度

問1　事業目標の達成を目指すIT戦略の策定について

ITストラテジストは，事業目標の達成を目指してIT戦略を策定する。IT戦略の策定に当たっては，実現すべきビジネスモデル又はビジネスプロセスに向けて，有効なIT，IT導入プロセス，推進体制などを検討し，事業への貢献を明らかにする。

IT戦略の策定に関する取組みの例としては，次のようなことが挙げられる。

・顧客満足度の向上による市場シェアの拡大を事業目標にして，AI，IoT，ビッグデータなどを活用した顧客個別サービスを提供する場合，システムソリューション，試験導入，データ解析に優れた人材の育成などを検討する。

・グローバルマーケットでの売上げの大幅な増大を事業目標にして，生産・販売・物流の業務プロセスの革新によるグローバルサプライチェーンを実現する場合，グローバルIT基盤の整備，業務システムの刷新や新規導入，グローバル対応のための運用体制作りなどを検討する。

ITストラテジストは，経営層に対して，策定したIT戦略が事業目標の達成に貢献することを説明し，理解を得なければならない。また，策定したIT戦略を実行して事業目標を達成するために，ヒト・モノ・カネの経営資源の最適な配分を進言したり，現状の組織・業務手順などの見直しを進言したりすることが重要である。

あなたの経験と考えに基づいて，設問ア～ウに従って論述せよ。

設問ア　あなたが携わったIT戦略の策定において，事業概要，事業目標，実現すべきビジネスモデル又はビジネスプロセスについて，事業特性とともに800字以内で述べよ。

設問イ　設問アで述べた事業目標の達成を目指して，あなたはどのようなIT戦略を策定したか。有効なIT，IT導入プロセス，推進体制，事業目標達成への貢献内容などについて，800字以上1,600字以内で具体的に述べよ。

設問ウ　設問イで述べたIT戦略の実現のために，あなたは経営層にどのようなことを進言し，どのような評価を受けたか。評価を受けて考慮したこととともに600字以上1,200字以内で具体的に述べよ。

サンプル論文 (1/5)

設問ア

第1章　事業概要・事業目標

1－1　事業概要

私はＢＰＯ業界大手のＡ社の経営企画部に勤めているＩＴストラテジストである。Ａ社の受託しているＢＰＯ業務には次のようなものがある。

①コールセンター業務（問合せ対応，クレーム受付等の総合窓口業務）
②データ入力代行業務（各種データ入力作業の代行）
③ヘルプデスク業務（ネットからの問合せに対して回答する等の業務）
④受注代行，商品発送業務

この事業の売上高は100 億円（ＢＰＯ事業ではシェアが１位）。その売上の約５割はグループ会社（約10社）で，残りの５割も大手企業（約100 社）なので売上は安定している。特に，上記の①や②の業務は，人手不足を背景に需要は旺盛である。現在は，フル稼働で新規の受注は断っている状況である。というのも，人手不足の影響は同時にA社にも波及しており、給料アップなど要員を随時募集しているものの、オペレータが集まらない。

1－2　事業目標及び実現すべきビジネスプロセス

このような環境のもと，Ａ社は次の３カ年計画を実現することになった。Ａ社の経営層は，今後もＢＰＯ事業の需要増加が見込まれることから，現状の“人手不足”という課題をＩＴを積極的に活用することで解消し，早急に停止している受注を再開させ，売上の向上を目指そうと考えた。目標は３年後に売上高120 億円である。

現状オペレータが行っている作業のうち，ＩＴを使って効率化ができそうなところをピックアップし，並行して，今どういう新技術が使われているのかを洗い出し，それぞれ利用できないかを組み合わせて検討した。その結果，ＡＩ－ＯＣＲや音声マイニングを利用することで課題が改善できるかもしれないと考えた。

①
事業概要の説明に定量的な数値が入っているため，市場規模や事業規模などが客観的でとてもわかりやすい。ここまで書かなくてもA評価になっている人もいるが，逆にここまで書いているとこれをもってして減点になるということもなく，出だしからリードできる。

②
この後，どの業務に影響があるのかを書くので，この４つの業務を記憶に残したかったので箇条書きで分かりやすくした。

③
売上アップを事業目標にした時に，このように「需要が旺盛」という背景は，書きやすいこともあって，注意して使わないといけない。本当に市場がそんなに活況なのかという点は疑われる。それが事実で，それゆえ書く場合には，疑われることを前提で，丁寧に説明しよう。安易に使うのは危険なので。

④
設問で「事業目標」が求められている。目標は，程度の表現ではなく採点者と共通の認識になるように定量的数値で書くのが原則。問題文の例にも合致している。

⑤
設問で求められている「ビジネスプロセス」に関しては，分量的にそんなにしっかりと書けない。また，設問アと設問イを比較し，どっちに何を書くべきかを考えた結果，ここでどんな新技術（IT）を使って，どのようなビジネスモデルやビジネスプロセスを実現するのかぐらいに留めておかざるを得ないと判断。簡潔に書いてみた。

設問イ

第2章　策定したＩＴ戦略

２－１　有効なＩＴ

私は，現状の課題（オペレータを募集しても増えない）ことを何とかしないと新規の受注ができないことから，事業目標を達成するには，今のオペレータの行なっている作業をＩＴで高度化することが最優先の戦略だと考えた。

（１）回答支援システムの導入

そこで，まずはコールセンターに回答支援システムを導入し，平均対応時間の30%削減を狙うことにした。このシステムは，音声マイニングツールを使い会話内容をテキスト化して記録するとともに，そのテキストデータより，最適な回答候補をオペレータの端末画面に表示させるというものである。

人手不足を解消するには，毎日平均200 件程度受電する問合せに対し，対応時間の削減が最優先事項だと考えた。若手や新人は回答に手間取ることが多く，それを支援してベテラン並の対応ができれば，平均対応時間の削減が図れる。

（２）ＡＩ－ＯＣＲシステムの導入

そしてもうひとつはＡＩ－ＯＣＲシステムの導入である。データ入力業務は、現状，オペレータ100 人で１日平均4000枚程度分の入力をこなしている。１人１枚当たりの平均時間は10分である。これを，入力元の帳票を先にＡＩ－ＯＣＲで読ませて確認し，違っていたら修正するという形にしたら時間短縮できるはず。そうすれば，この入力代行業務も受注再開できると考えた。

２－２　ＩＴ導入プロセス

弊社の情報システムの開発は，全てＳＩベンダのＢ社に委託している。今回の，これらのシステムもＢ社に開発を委託する。そこで，Ｂ社と導入について検討を重ねた結果，次のような導入プロセスが妥当だと考えた。

⑥ 設問イでは「策定したIT戦略」について論述するが，その内容は問題文と設問にある。この論文では設問に忠実に「有効なIT」,「IT導入プロセス」,「推進体制」,「事業目標の貢献内容」の４つを順次説明することにした。

⑦ 採点講評でも指摘されている部分だが，この論文では一貫性が（設問ア，イ，ウの関連）重要である。そのために，随所でこのように設問アのどこを受けてのことなのかを書いて，意図的につなげるようにしている。

⑧ 事業目標と，ITをつなぐKPI。

⑨ 導入プロセスでは，導入方法に加えて“投資”部分の見積りを書いた。体制は2-3で書く予定であり，“効果”は2-4に書く予定だからだ。ここで書くのは“戦略”なので「いつ，誰が」という感じの計画的表現は不要だが，おおよその実現時期ぐらいには触れておいても良かったと思う。量的に可能であれば。

回答支援システムの開発は，開発期間６か月，開発費用８千万円になる。導入後にはデータの整備（回答候補の作成と，ＡＩの学習）を行う必要があるので，試験的に使用できるのは開発着手から１年後になる。

ＡＩ－ＯＣＲシステムは，開発期間は８か月で開発費用は５千万円（スキャナを除く），こちらもデータ整備に約６か月は必要になる。その後，試験的に導入し，実用のめどが立てば全席にスキャナを配置する。

２－３　推進体制

推進体制は，Ａ社の役員で構成されたステアリングコミッティを設立し、ＢＰＯ業務のシステム開発部門の部門長をＰＭとするＡ社側のプロジェクト体制を組む。開発はＢ社に委託する。そしてＡ社側のプロジェクトとＢ社側のプロジェクトで連携して推進する。

２－４　事業目標の貢献内容

最後に投資効果及び事業目標達成に関する実現可能性を検証した。

コールセンターに回答支援システムを導入した場合，画面に示される回答候補を用いて対応することで，回答を検索する時間，スーパーバイザに確認する時間，エスカレーションして対応を任せる時間などが大幅に削減できると見込んでいる。特に，若い人や新人がベテランの現状の平均対応時間になると仮定して計算すると，全社の平均対応時間は30%削減できる。30%削減できれば，１日の対応件数が増えるため受注が再開できる。順調にいけば年間売上高50億円を60億円（ 1.2 倍）にできる。

一方，ＡＩ－ＯＣＲの導入によりデータ入力作業を30%削減し，１人１枚当たりの平均時間を７分以下にできれば，現状年間売上高30億円を40億円（1.3 倍）にできる。実際にデモを行って検証したところ平均５分で入力できたので，こちらも目標達成が見込める。

⑩ 本来なら体制図や人数がイメージできるぐらい（箇条書きを使うなど）欲しいところである。

⑪ 設問で問われている「事業目標達成への貢献内容」に対応する部分。ここで導入効果を定量的に示すことを考えた。しかし，本来なら，ここをもっと詳しくKPIをつなげてシミュレーションしたかったが，残り字数の関係上割愛した。何とか20億円アップにつなげた。

⑫ もっと詳しく書きたかったが，分量的に不可能。その場合，多少ツッコミどころはあるものの何も書かないよりは書いた方がいい。

⑬ こちらは目標のKPIを示して，その実現可能性を検証する形にした。

設問ウ

第３章　経営層への進言・評価

３－１　経営層への進言

私は，これまで検討してきたＩＴ戦略を経営層に説明し，予算化及び推進体制について承認を得ることにした。

新技術を調査し，そこに活路を見出して事業目標を達成するという部分は，経営層からの指示でもあったため特に何も問題はなかった。経営層からしっかりと考えるように指示が出たのは実現可能性と，効果算定及び評価基準の３点になる。

⑭
経営層が常に気にしていること。これらに関して，ここでクリアにすることを考えた。

実現可能性に関しては，各システムの開発ベンダ（Ｂ社）からの導入事例をしっかりと確認し，開発期間と費用を提示してもらったのでそれを説明した。その両システムと弊社システムとのインタフェース部分の接続に関しても，開発体制及び開発コストを示すことで納得してもらえた。

効果のシミュレーションに関しては，現状のオペレータ数の平均対応時間と入力業務の時間を提示し，それがＩＴ導入後に見込める数値（ＫＰＩ）と根拠を示した。そしてその数値を定期的にモニタリングすることで評価基準になる旨を説明して納得してもらえた。

３－２　経営者からの評価を受けて考慮したこと

⑮
評価に関しては，一定の評価があったことを，設問イ及び3-1で説明した内容に関して書くだけでいい。その上で，最初から懸念していた「旺盛な需要」についての部分を課題にした。

経営者からの評価としては、コールセンター業務とデータ入力業務のシステム導入については、概ね高評価を得た。

但し、オペレータがシステムを使いこなすための研修期間について、現場責任者からの説明のみとなっていたので、具体的な教育プランを策定する事が条件となった。

また、データ入力業務のＡＩが情報量次第で、どの程度精度が向上するのか、大まかな試算でも構わないので、見積もりが欲しいとの要望があった。こちらの２点に関しては、別途Ｂ社及び担当部署と協議し、情報が整い次第報告することとした。

そして最後に，業務の効率化によって新規獲得が可能かどうかという点に関しての説明を求められた。その点に関しては，営業部門からの受注予定を確認している旨を説明したが，その確度がどれくらいなのか投資金額に見合うだけの受注があるのか？再度，営業部門から説明するようにと指示を受けた。

以上

◆評価Aの理由（ポイント）

このサンプル論文は，改善したい点がいくつかあるのですが，書くべきことが盛りだくさんで，字数的にこれが限界です。したがって，まだまだ改善の余地を残していますが，それでも十分合格論文だと言えるでしょう。

ITストラテジストの受験生だと，下表に記した通り，**第1部（全試験区分共通）**が出来ているのは必須になります。後は，第2部のST共通及びテーマ別の“差をつけるポイント”で，いかに差をつけるかが勝負になってきます。その点では，数値が常時十分出ている点，設問アの出来，投資効果の効果部分が事業目標にまでリンクしている点で，差はついていると思います。特に，この問題は「**事業目標の達成を目指すIT戦略**」が問われているので，そうした点でしっかりと書くことができているのはいいところだと思います。

ただ，下表にも書いたとおり「旺盛な需要」にして，事業目標が売上増なのに，ITでは業務効率化になっている点は，できれば業務効率化をオペレーショナルエクセレンスとして，顧客誘引につなげる方向に持って行った方が良かったと思います。

<table>
<tr><th colspan="3">チェックポイント</th><th>評価と脚注番号</th></tr>
<tr><td rowspan="5">第1部</td><td>Step1</td><td>規定字数</td><td>約3,300字。全く問題なし。</td></tr>
<tr><td>Step2</td><td>題意に沿う</td><td>問題なし。設問に対するタイトルを付けている。問題文で問われている点に忠実に回答している。設問イで求められている「IT戦略」の説明に対しても，設問で問われている4つのことに忠実に回答する形を取っている。これをしている限り題意からは離れない。Good（⑥）。</td></tr>
<tr><td>Step3</td><td>具体的</td><td>問題なし。全体的に具体的に書けている。</td></tr>
<tr><td>Step4</td><td>第三者へ</td><td>問題なし。全体的に分かりやすい内容になっている。</td></tr>
<tr><td>Step5</td><td>その他</td><td>一貫性はもちろんのこと，常に数値を使って説明しているところはGood。</td></tr>
<tr><td rowspan="2">第2部</td><td colspan="2">ST共通</td><td>導入効果から事業目標につなげる部分は，設問イの後半で残り少ない行数で書ききれなかったので，まだまだ改善の余地があるが，それなりに定量的に書けていて，一応弱いながらもつながっているので，ギリギリOK（⑪⑫⑬）。また，設問アの事業概要がコンサル視点で定量的になっている（①）。</td></tr>
<tr><td colspan="2">テーマ別</td><td>「テーマ1　情報戦略のPoint1　事業目標は“売上アップ”or“業務効率化”」という点に関して，この問題文や設問では，特に「売上拡大限定」という指示は見当たらないものの，問題文の二つの例を見ると，「シェア拡大」と「売上拡大」になっている。そこで「業務効率化」で書くのはリスクがあると考えて，事業目標は売上拡大にした。しかし，実際には業務の効率化を実施して，ストップしている受注を再開するという苦肉の策をとったため，少し強引である。</td></tr>
</table>

表35　この問題のチェックポイント別評価と対応する脚注番号

◆事前準備しておくこと

情報戦略をテーマにした問題では，事業概要，事業目標，SWOT分析，重要成功要因，経営戦略などを準備しておきましょう。そして，**業績拡大や売上向上を事業目標**として，それに寄与するIT戦略にしておくといいでしょう。期間は3～5年。中長期の計画に落とし込む前の戦略の段階です。

◆IPA公表の出題趣旨と採点講評

出題趣旨

ITストラテジストは，事業目標の達成を目指してIT戦略を策定し，経営層に対して，策定したIT戦略が事業目標の達成に貢献することを説明し，理解を得なければならない。

本問は，実現すべきビジネスモデル又はビジネスプロセスに向けて，IT戦略の策定の中で検討した有効なIT，IT導入プロセス，推進体制，事業目標達成への貢献内容など，さらに，IT戦略の実現のために経営層に進言したことを具体的に論述することを求めている。論述を通じて，ITストラテジストに必要な戦略立案力，構想力，行動力などを評価する。

採点講評

全問に共通して，“論述の対象とする構想，計画策定，システム開発などの概要”又は“論述の対象とする製品又はシステムの概要”が適切に記述されていないもの，“①名称”が論述内容と整合性が取れないものが散見された。これらは，評価の対象となるので，矛盾が生じないように適切な記述を心掛けてほしい。また，ITストラテジストとして基本的に理解しておくべき用語について，正しく理解されていないと思われる論述が散見された。特に，ビジネスモデルとビジネスプロセスを混同したり，間違った理解をしていたりと思われる論述も散見された。

ITストラテジストの経験と考えに基づいて，設問の趣旨を踏まえて論述することが重要である。問題文及び設問の趣旨から外れた論述や具体性に乏しい論述は，評価が低くなってしまうので，注意してもらいたい。

問1（事業目標の達成を目指すIT戦略の策定について）では，事業目標の達成を目指してIT戦略を策定した経験がある受験者には，論述しやすかったと思われる。一方で，ビジネスプロセス改革，IT導入に終始している論述も少なくなかった。また，達成を目指す事業目標，実現すべきビジネスモデル又はビジネスプロセス，有効なITの関連が明確でない論述も散見された。IT戦略とは何かを認識し，実践での経験を積んでほしい。

AU

システム監査技術者

論文がA評価の割合（午後II突破率）▶ **45.9%**（平成31年度）

システム監査技術者試験は，情報システム等を客観的に評価するシステム監査人の資格です。第三者的な立場から監査対象をチェックします。

◎この資格の基本SPEC！

・昭和61年に初回開催

・累計合格者数11,687名／平均合格率8.9%

年度	回数	応募者数	受験者数（受験率）	合格者数（合格率）
S61-H05	8	85,185	46,958 (55.1)	3,087 (6.6)
H06-H12	7	34,948	17,750 (50.8)	1,146 (6.5)
H13-H20	8	64,036	33,620 (52.5)	2,748 (8.2)
H21-H31	11	49,195	32,931 (66.9)	4,706 (14.3)
総合計	34	233,364	131,259 (56.2)	11,687 (8.9)

◎最近3年間の得点分布・評価ランク分布

				平成 29 年度	平成 30 年度	平成 31 年度
応募者数				4,151	4,253	4,175
受験者数（受験率）				2,862 (68.9)	2,841 (66.8)	2,879 (69.0)
合格者数（合格率）				433 (15.1)	408 (14.4)	421 (14.6)
得点分布・評価ランク分布	午前I試験	「得点」ありの人数		959	922	954
		クリアした人数（クリア率）		682 (71.1)	689 (74.7)	631 (66.1)
	午前II試験	「得点」ありの人数		2,514	2,526	2,473
		クリアした人数（クリア率）		2,185 (86.9)	1,982 (78.5)	1,693 (68.5)
	午後I試験	「得点」ありの人数		2,130	1,929	1,656
		クリアした人数（クリア率）		980 (46.0)	1,009 (52.3)	924 (55.8)
	午後II試験	「評価ランク」ありの人数		967	993	917
		合格	A評価の人数（割合）	433 (44.8)	408 (41.1)	421 (45.9)
		不合格	B評価の人数（割合）	348 (36.0)	312 (31.4)	278 (30.3)
			C評価の人数（割合）	120 (12.4)	171 (17.2)	113 (12.3)
			D評価の人数（割合）	66 (6.8)	102 (10.3)	105 (11.5)

アクセスキー **W**（小文字のダブリュー）

1 試験の特徴

最初に，“受験者の特徴”と“A評価を勝ち取るためのポイント”及び“対策の方針”について説明しておきましょう。

◆受験者の特徴

この試験も，ITストラテジスト試験同様，情報処理技術者試験の中で最高峰に位置付けられている試験区分になります。そのため，他の論文試験に合格している受験生が多く，**論文系試験の“百戦錬磨”の猛者**が受験します。

その一方で，**ほとんどの受験生は，システム監査の未経験者**になります。システム監査という仕事自体が絶対的に少なく，知識も資格も無い人が仕事をすることが難しいからです。

加えて，5つの試験区分の中では**「本気で取りに行く！」という人が最も少ない試験区分**ではないでしょうか。筆者にはそういうイメージがあります。多くの受験者が，「必要な資格はもう取得済み」であったり，「最後の1区分」であったりするからでしょう。

◆A評価を勝ち取るためのポイント

上記のような受験者の特徴は，ITストラテジスト試験とよく似ているのですが，システム監査技術者試験を他の4区分の延長線上に考えていると合格できません。**これだけは全然別のものだと考えておきましょう。**他の区分で培ったノウハウのどの部分が使えて，どの部分は使えないかを見極め，慢心せずにしっかり準備を行うことがA評価を勝ち取るポイントになります。

◆論文対策の方針

以上より，対策の基本方針は「**改めて，しっかりと事前準備をすること**」になります。具体的には，後述している「**2 多くの問題で必要になる“共通の基礎知識”(P.418)**」を熟読して“監査”に関する基礎知識を習得するとともに，同じく後述している「**3 他の受験生に“差”をつけるポイント！(P.430)**」を熟読して，そこで差をつけられるようにしっかりと事前準備をしておきましょう。

〈参考〉 IPAから公表されている対象者像，業務と役割，期待する技術水準

対象者像	高度IT人材として確立した専門分野をもち，監査対象から独立した立場で，情報システムや組込みシステムを総合的に点検・評価・検証して，監査報告の利用者に情報システムのガバナンス，マネジメント，コントロールの適切性などに対する保証を与える，又は改善のための助言を行う者
業務と役割	独立かつ専門的な立場で，情報システムや組込みシステムを監査する業務に従事し，次の役割を主導的に果たすとともに，下位者を指導する。 ① 情報システムや組込みシステム及びそれらの企画・開発・運用・利用・保守などに関する幅広く深い知識に基づいて，情報システムや組込みシステムにまつわるリスクを分析し，必要なコントロールを点検・評価する。 ② 情報システムや組込みシステムにまつわるコントロールを点検・評価・検証することによって，保証を与え，又は改善のための助言を行い，組織体の目標達成に寄与する，又は利害関係者に対する説明責任を果たす。 ③ ②を実践するための監査計画を立案し，監査を実施する。また，監査結果をトップマネジメント及び関係者に報告し，フォローアップする。
期待する技術水準	情報システムや組込みシステムが適切かつ健全に活用され，情報システムにまつわるリスクに適切に対処できるように改善を促進するため，次の知識・実践能力が要求される。 ① 情報システムや組込みシステム及びそれらの企画・開発・運用・利用・保守などに関する幅広く深い知識をもち，その目的や機能の実現に関するリスクとコントロールに関する専門知識をもつ。 ② 情報システムや組込みシステムが適用される業務プロセスや，企業戦略上のリスクを評価し，それに対するコントロールの問題点を洗い出し，問題点を分析・評価するための判断基準を自ら形成できる。 ③ 組織体の目標達成に寄与する，又は利害関係者に対する説明責任を果たすために，ビジネス要件や経営方針，情報セキュリティ・個人情報保護・内部統制などに関する関連法令・ガイドライン・契約・内部規程などに合致した監査計画を立案し，それに基づいて監査業務を適切に実施・管理できる。 ④ 情報システムや組込みシステムの企画・開発・運用・利用・保守フェーズにおいて，有効かつ効率的な監査を実施するために，監査要点を適切に設定し，監査技法を適時かつ的確に適用できる。 ⑤ 監査結果を事実に基づいて論理的に報告書にまとめ，有益で説得力のある改善提案を行い，フォローアップを行うことができる。
レベル対応	共通キャリア・スキルフレームワークの 人材像：サービスマネージャのレベル4の前提要件

表36 IPA公表のシステム監査技術者試験の対象者像，業務と役割，期待する技術水準
（情報処理技術者試験 試験要綱 Ver4.4 令和元年11月5日より引用）

2 多くの問題で必要になる“共通の基礎知識”

続いて，論文を書くために必要な最低限の基礎知識のうち，多くの問題で必要になる“共通の基礎知識”を説明します。

1 | システム監査の基礎知識

この試験区分の論文を書く上で必要になる“共通の知識”は，（そのままですが）システム監査の基礎知識です。そんなに多くはありませんが，ITとは全く関係の無い“監査”特有の用語や知識が必要になるので，他の4区分とは違って**“1から勉強する”**というスタンスで挑む姿勢が大切です。まずは，図16のシステム監査の一連の流れを覚えて，その後，個々の用語について正確に覚えていきましょう。

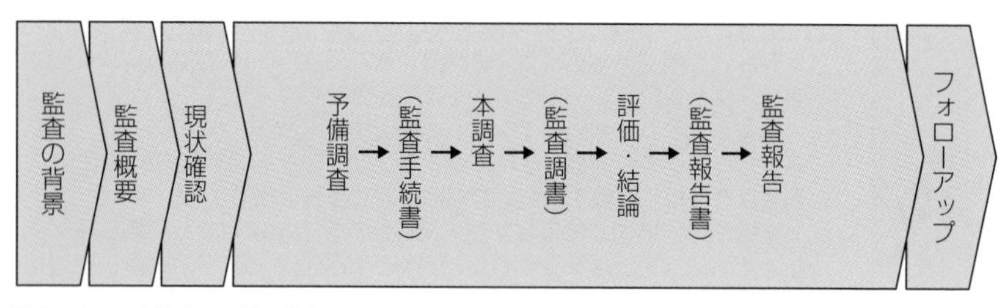

図16　システム監査の一連の流れ

◆必要なのは，テーマ別の基礎知識ではなく共通の知識

システム監査技術者試験の論文を書く時に必要になる知識も，ITストラテジスト同様，他の試験区分のような“テーマ別のもの”ではありません。もちろん，個々のテーマ特有の細かい部分が“ゼロ”というわけではありませんが，それよりも，ここで説明する“共通の基礎知識”の方が，断然重要になります。そこで本書では，ここで少しページをもらって，その“共通の基礎知識”について説明することにしました。以後11ページにわたって書いているので，確認しておきましょう。

2 監査の背景

個々の“システム監査”を実施する場合，最初に個別監査計画を作成します。この個別監査は，中長期監査計画や単年度監査計画の一環として定期的に実施されるケースと，急遽実施されるケースとがあります。論文に書く場合，必要に応じてどちらなのかを書くようにします。

計画の種類	説明
中長期監査計画	中長期経営計画や中長期情報化計画に対し，同様の3-5年の期間で監査計画を立案する
単年度監査計画	中長期監査計画に基づき実施される単年度の監査計画
個別監査計画	個別に，監査目的，監査対象，監査範囲，監査目標を決めて監査を実施。個別計画書を作成する。

S 社では，監査部が毎年システム監査を実施している。監査部の T 部長は，部下の U 君をリーダとする監査チームを作った。U 君は，システムの障害管理を重点項目として，販売管理システムを対象に監査を実施することにした。システム部門であるシステム運用部とシステム開発部を被監査部署とし，利用部門の代表として営業部と経理部を調査の対象に加えることにした。U 君は，監査の個別計画書を策定し，T 部長の承認を受けた。

図17　計画的に実施された時の例1（応用情報技術者試験 平成21年度 春期午後問題より）

監査部のシステム監査チーム（以下，監査チームという）は，今年度の監査計画に従い，S プロジェクトの管理業務及び体制の妥当性の確認を目的とするシステム監査を実施した。

図18　計画的に実施された時の例2（平成28年度 午後Ⅰ問3より）

B 社におけるシステム再構築が 20 年ぶりということもあり，B 社監査部はコスト超過，稼働遅れなどが発生するリスクが高いと判断し，本システム再構築計画についてシステム監査を行うことにした。

図19　急遽実施された時の例（平成31年度 午後Ⅰ問3より）

最後に，個別監査計画書の例をいくつか掲載しておきます。

表　販売システム監査計画（抜粋）

〔監査目的〕
・販売システムにおける安全性の確保状況：セキュリティに関する予防処置，是正処置の適切性を監査する。
・個人情報保護法の遵守状況：アクセスコントロールの適切性を監査する。
〔監査対象システム〕
・販売システム（Web サーバ，業務サーバ，DB サーバ，本番環境 LAN，運用管理 LAN）
〔監査対象部署〕
・業務部，システム部
〔監査日程〕
①　予備調査：　××月××日　～　××月××日
②　本調査：　××月××日　～　××月××日
③　評価・結論：　××月××日　～　××月××日
（以下，省略）

図20　（個別）監査計画の例（応用情報技術者試験 平成21年度 春期午後問題より）

〔監査計画の立案〕
T 君は，調査結果を踏まえ，次のような監査計画を立案した。
(1)　監査期間は，2014 年 4 月～2015 年 3 月末とする。ただし，2015 年 3 月末以降に終了するプロジェクトを監査対象とする場合には，プロジェクト終了までを監査期間とする。1 回目の監査は，2014 年 4 月中旬に実施し，その後，約 3 か月ごとに実施する。
(2)　監査対象とするプロジェクトは 3 件とする。店舗 POS 端末システムの改修及び経営情報システムの新規構築のプロジェクトについては，今回の監査目的を踏まえて優先度が低いと判断し，対象外とする。
(3)　主要な監査項目は，次のとおりとする。
①　プロジェクト体制は適切か。
②　プロジェクトの進捗管理，予算管理は適切か。
③　プロジェクトの品質管理は適切か。
(4)　監査方法は，主に各プロジェクトの進捗状況に応じて作成される関係文書の閲覧と，プロジェクトリーダをはじめとするプロジェクトメンバ及び利用部門の担当者へのインタビューとする。

図21　（個別）監査計画の例（応用情報技術者試験 平成26年度 春期午後問題より）

3 予備調査

予備調査は，監査対象のシステムの概要や現状を把握するために行われます。資料を収集してその内容をチェックしたり，ヒアリングをしたりして，監査目的に対しどのようなリスクがあって，それがどうコントロールされているのか，若しくはどうコントロールされるべきなのか，現状を分析します。そして，そこから本調査で「**どのように（どのような監査技法を使って），監査証拠を収集しようか？**」を決めていきます。その結果をまとめたものが，本調査で使用する監査手続書です。（詳細は「**6 監査要点と監査手続**」参照）。

監査用語	説明
監査手続	監査証拠を入手するための手順（手法，手続）。個別計画で監査手続の概要が決められ，予備調査で確定させ，監査手続書にまとめられる。

資料名	内容
システム一覧	稼働中のシステム名，利用しているハードウェア，ミドルウェア，OS，開発言語，委託先，及び担当者の一覧
保守業務の作業標準及びルール	保守作業において守るべき，全システム共通の作業標準及びルールを定めた文書
保守作業マニュアル	初心者でも間違いなく作業ができるように，作業の手順などを記載したマニュアル
障害報告レポート	担当部門別・システム別の障害発生件数，障害原因，問合せ件数などの集計資料
設計書類	システムごとの基本設計書，詳細設計書，プログラム仕様書，変更管理資料などのドキュメント
引継ぎ規程	新規にシステムを開発したときに，保守担当者に引き継がれるドキュメント，引継ぎ手順などを定めた文書

図22　予備調査における入手資料の例（平成26年度 午後Ⅰ問1より）

監査用語	説明
監査証跡	一連の処理過程を，途中で確認できるような仕組みのこと。監査証跡があってはじめて監査証拠が取れる。監査証跡の確保にあたっては，経済性，効率性，保存期間，保存の方法などに注意しなければならない。

4 リスク

システム監査技術者の試験では，設問イで“リスク”と“コントロール”が問われるケースが多いです。これは，システム監査の定義が，「**情報システムにまつわるリスクに対するコントロールがリスクアセスメントに基づいて適切に整備・運用されているかを評価すること**」とされているからですね。そこで，予備調査の結果を基に“リスク”を洗い出すところから始めます。

〔リスクの洗い出し〕

監査チームは，予備調査の結果を基に，新システムの開発計画のリスクを洗い出した。その内容は，次のとおりである。

(1) T 課長が関連部門からの要望を整理できず，要件定義書をまとめきれない。その結果，“開発範囲が確定しない”，“開発に着手できない”，“プロジェクト計画書を作成できない”などの状況に陥るリスクがある。

(2) 業務要件が十分に固まっていない状態で開発に着手することによって，後から要件の追加・変更が頻発し，計画どおりにプロジェクトを進められないリスクがある。

(3) 委託先への発注窓口であるシステム部の体制が不十分で，開発着手後も委託先に“丸投げ”の状態となるリスクがある。その結果，“進捗状況を十分に把握できず，進捗遅れ・予算超過を適時に把握できない”，“開発着手後の追加・変更要求を要件として委託先に依頼できない”といった状況に陥るリスクがある。

(4) PM の責任・権限が曖昧なことから，T 課長が判断に迷った場合に，プロジェクトとしての意思決定ができないリスクがある。

図23　リスクの洗い出しの例1（平成31年度 午後Ⅰ問2より）

項番	想定されるリスク	本調査での確認ポイント
1	現行システムのソフトウェア資産をそのまま流用すると，本システム再構築のコストが過大になる。	分析工程における情報システム部の計画の詳細を確認する。
2	製造工程におけるプログラム変換ツールによる変換作業で問題が発生し，本番稼働が遅れる。	分析工程の実施内容について追加確認する。
3	テスト工程における，手作業で作成したプログラムを含む現新比較テストが計画どおりに進まず，本番稼働が遅れる。	テスト工程の予備期間が考慮されているか確認する。
4	現行システムから基盤・アーキテクチャが変更になることで，ユーザ受入テストの際に，システムの操作性で問題が表面化する。	適切なリスク軽減策が計画されているか確認する。
5	現行システムの状況を考慮すると，本システム再構築終了後に予定されている第 2 段階の業務機能の見直しが円滑に進まない。	情報システム部の第 2 段階に向けた対応計画を確認する。

図24　リスクの洗い出しの例2（平成31年度 午後Ⅰ問3より）

5 コントロール

リスクを洗い出したら，各リスクがどのようにコントロールされているのかを確認します。コントロールには，監査人が必要だと考えているコントロールと，当事者によって実際に行われているコントロールがあります。ただ，コントロールは予備調査で全てが明らかになるわけではなく，予備調査で見当たらなかった場合は本調査で確認します。

No.	観点	リスク	コントロール
(1)	影響範囲の調査	・基本設計書，詳細設計書などのドキュメントが不十分なので，システムの最新状態を把握するのが困難である。 ・ドキュメントに依拠した調査では，調査漏れが発生する可能性がある。	a) ドキュメントの不備を補うために，調査用ツールを使用する。 b) リバースツールを使用して，ソースコードからプログラム設計書を生成し，ドキュメントの不足を補う。 c) 保守用のドキュメントを順次整備していく。
(2)	テストの実施対象範囲	・テスト範囲が不十分で，不具合が残存している可能性がある。	a) ［①］※1
(3)	障害時の対応	・障害報告書を作成していても，障害情報を共有していないと，障害が再発する可能性がある。	a) ［②］※2 b) 予防措置が可能なプログラムは修正しておく。
(4)	新規開発システムの保守担当者への引継ぎ	・引き継いだドキュメントが不十分だと，保守業務を実施する際にシステムの状況を把握できない。	a) 引継ぎ規程に定められたドキュメントを作成し，保守担当者に引き渡す。 b) ドキュメントの作成に必要な工数を，開発時に確保する。

※1　空欄①：修正箇所のテストだけでなく，修正プログラムの後続プログラムのテストも実施する。
※2　空欄②：同様の原因による障害が発生するおそれがないかどうかを全システムに対して調査する。

図25　リスクとコントロールの例1（平成26年度 午後Ⅰ問1より）

項番	リスク	コントロール
1	・在庫データの統合が，適正に行われない。	・A 社及び B 社の統合後と統合前の在庫データを在庫管理システムで全件照合する。
2	・実地棚卸の差異数量が，適正に修正されない。	・棚卸差異の原因，及び調査後の適正数量の登録入力ができる担当者を限定し，十分な教育・訓練を行う。
3	・在庫管理システム上の在庫数量が，実地棚卸の在庫数量と不一致のまま在庫移管が開始される。	・[a] ※1

※1　空欄a：在庫移管開始前に全ての棚卸差異データの承認入力が完了していることを確認する。

図26　リスクとコントロールの例2（平成29年度 午後Ⅰ問1より）

コントロール目標	項番	コントロールの状況
Ⅰ．要件定義書は，開発担当責任者及びユーザ部門責任者によって承認されること	Ⅰ①	要件定義書は，K 社のシステム開発標準を基に作成された受注管理システム開発手順（以下，開発手順という）に従って作成されている。
	Ⅰ②	要件定義書は，受注管理システムの開発担当責任者であるシステム開発部第三課（以下，開発三課という）の X 課長が承認した後，受注管理システムのユーザ部門責任者である製品営業部営業課（以下，営業課という）の Y 課長にコピーを送付している。
Ⅱ．テスト計画が策定され，テストが適切に実施，管理されること	Ⅱ①	テスト計画は開発手順に従って策定され，X 課長と Y 課長が承認している。
	Ⅱ②	ユーザ受入テスト（UAT）前の各テスト工程は開発手順に従って実施され，X 課長が実施結果を承認している。
	Ⅱ③	テスト段階で発見された問題点のすべてについて，原因が究明，解決されている。
	Ⅱ④	Y 課長は，UAT の実施結果の内容が適切であることをレビューした上で承認している。

図27　（リスクと）コントロールの例3（平成21年度 午後Ⅰ問4より）

6 監査要点と監査手続

そして，予備調査の結果に基づいて作成されるのが“**監査手続（書）**”です。論文では絶対に準備しておかないといけないところです。午後Ⅰでも「**監査手続を述べよ**」という設問が頻出しているので，午後Ⅰの過去問題を解く時に見かけた時は書き出していきましょう。そうすれば，その言い回しに慣れるのはもちろん，具体的な監査手続も蓄積できるでしょう。

項番	リスク項番 1)	監査要点	監査手続
1	(1)	関連部門から出された要望について，優先順位が検討されているか。	・要望事項一覧を閲覧して，“重要度”の項目があり，大中小のいずれかが漏れなく設定されていることを確認する。
2	(1)(3)(4)	新システム開発プロジェクトの本番リリースまでの体制と役割が，明確に定められているか。	・システム企画書を閲覧して，委託先が決定し，開発に着手した後の体制と役割が明確になっていることを確認する。 ・システム企画書を閲覧して，システムオーナが明記されていることを確認する。
3	(1)(2)	要件定義書の作成時に，利用部門の代表者が参画しているか。	・新システム開発プロジェクトの体制図を閲覧し，利用部門の代表者が参画する体制になっていることを確認する。
4	(3)	委託先の進捗状況を適時に，正確に把握できるようになっているか。	・委託先との進捗会議の実施頻度，進捗報告として求める内容などについて，システム企画書を閲覧して確認する。
5	(2)(3)	開発着手後の要件の追加・変更に関する手順が文書化されているか。	・要件の追加・変更に関する手順に係る文書を閲覧し，内容の妥当性を検証する。

注1） “リスク項番”は，〔リスクの洗い出し〕（1）～（4）のリスクのうち，どのリスクに対応しているかを示している。

図28　監査要点と監査手続の例1（平成31年度 午後Ⅰ問2より）

項番	監査要点	監査手続
1	プロジェクトの体制が管理基準に従っていること，及びT課長がPMとしての役割を果たしていること	①　体制図を閲覧し，関係者にインタビューして，プロジェクトの体制が管理基準に従っているか確認する。 ②　進捗会議の議事録を閲覧し，T課長の出席状況を確認する。 ③　T課長にインタビューし，Sプロジェクトの円滑な管理に問題がないか確認する。
2	ステアリングコミッティが，管理基準に記載されている役割を果たしていること	①　T課長にインタビューし，ステアリングコミッティが役割を果たしているか確認する。
3	PMOが，管理基準に従って課題管理及び進捗管理を行っていること	①　進捗会議の議事録の閲覧及びP社へのインタビューで，PMOが，管理基準どおり役割を果たしているか確認する。
4	成果物が，管理基準に従って次工程に引き継がれていること	①　P社を含む各委託先にインタビューし，要件定義工程の成果物が委託先に引き継がれ，要件の説明を受けているか確認する。

図29　監査要点と監査手続の例2（平成28年度 午後Ⅰ問3より）

項番	監査要点	監査手続
1	B 社通販課長は，業務委託先に送付するテストデータがマスク処理されていることを確認しているか。	データ依頼書の写しを閲覧し，B 社通販課長の確認印が押されていることを確認する。
2	B社通販課員は，依頼されたテストデータが業務委託先で受領されたことを適切に確認しているか。	受領書ファイルに保管されたデータ依頼書の写しと，P 社保守業務担当課長の確認印が押された受領書を照合し，テストデータ番号が一致していることを確認する。
3	B 社システム部は，業務委託先における情報セキュリティ教育の実施状況を適切に確認しているか。	P 社から提出された情報セキュリティ確認書を閲覧し，B 社通販課長の確認印が押されていることを確認する。
4	B 社システム部は，業務委託先を通じて，再委託先の情報セキュリティ管理状況を適切に確認しているか。	P 社から提出された情報セキュリティ確認書に，再委託先からの情報セキュリティ確認書が添付されていることを確認する。次に，再委託先から提出された情報セキュリティ確認書に，P 社保守業務担当課長の確認印が押されていることを確認する。

図30　監査要点と監査手続の例3（平成27年度 午後I問2より）※一部加工

監査要点		監査手続		対象システム
①	アクセスコントロールが適切に導入され，有効に機能するよう運用されているか。	a	利用者 ID のパスワードの桁数などが適切であるか，設定状況を確かめる。	全てのシステム
		b	利用者 ID が適切に登録・削除されているか確かめる。	全てのシステム
		c	利用者 ID に付与された権限が内部けん制に配慮して設定されているか確かめる。	全てのシステム
②	売上データは，正確かつ漏れなく生成されているか。	a	倉庫業者からの出荷実績データのインタフェース処理が正確に実行されているか，販売システムのバッチ処理の監視状況を確かめる。	販売システム
③	債権データ及び仕訳データは，売上データと整合がとれているか。	a	請求データの会計システムへのインタフェース処理が正確に実行されているか，会計システムのバッチ処理の監視状況を確かめる。	会計システム
		b	月次リストが適切に作成されているか確かめる。	会計システム

図31　監査要点と監査手続の例4（平成25年度 午後I問4より）

なお，監査手続が問われている場合“**留意すべき事項**”や“**留意点**”を書くように求められることがあります。その場合，留意点とは「**特に注意しなければならない点や事柄のこと**」なので，個々の監査手続において，監査手続に加えて，**特に注意すべきこと**を書くようにしましょう。その時に，その監査手続が必要な根拠も少し含めてもいいかもしれません。

〔予備調査結果の検討〕

内部監査部の監査チームのリーダのK氏は，本調査の計画を立案するため，監査メンバのN氏，T氏と予備調査結果について検討を行った。そのときの会話（一部）は，次のとおりである。

K氏：EDIによる受注では，受注責任者による承認が行われませんが，問題はないですか。

N氏：Q社とのEDI取引契約書で受発注成立の条件が詳細に定められていて，その条件を満たしている受注は承認されたものとして取り扱うことになっています。したがって，販売管理システムによるEDI受注内容のチェックが受注責任者による承認に代わるコントロールとして機能すると考えられます。

K氏：そうすると，監査手続はどのようにすべきですか。

N氏：EDI取引契約書と要件定義書とを照合して，EDIによる受発注成立の条件の全てが受注データのチェック要件として定義されていることを確かめることになります。

K氏：それから，EDI受注以外の受注で1件当たり10万円未満の受注データについては，受注責任者の承認が省略されることになりますが，リスクはないですか。

N氏：少額受注についてはこれまで問題が発生していないことから，リスクは極めて小さいと判断されたのではないでしょうか。また，受注業務の効率向上を図ることも，目的の一つになっています。

T氏：しかし，10万円未満の不適切な受注もあり得るでしょうし，10万円以上の受注の承認を回避するために1件当たり10万円以上の受注を10万円未満の受注に分割して入力するというようなリスクが考えられます。受注業務の効率向上の観点から，1件ごとの承認を省略する場合でも，例えば定期的に10万円未満の受注一覧表を出力し，受注責任者がチェックするといったコントロールが必要なのではないでしょうか。

K氏：出荷完了処理についてですが，出荷業務担当者による手入力からQRコードの読取り入力に変更されます。これに関する要件定義段階での監査では，何を確かめればよいのですか。

T氏：QRコードの読取り漏れは売上計上の誤りに直結するので，要件定義書を査閲し出荷指示リストと出荷完了リストとの突合が行われるようになっていることを確認することを監査手続とします。

図32　監査手続の作成過程の例（平成30年度 午後I問3より）※一部加工

7 | 本調査，システム監査報告とフォローアップ

本調査では，予備調査を元に作成した監査手続書に基づいて，実際に調査を進めていきます。監査手続書を作成する段階で決めた**監査技法**を用いて**監査証拠**を収集して，**監査調書**にまとめます。

監査用語	説明
監査技法	次の①と②が主流。午後Ⅰ問題文でも，論文でも，特に指定の無い場合，下記の①②だけでも問題ない。 ①関係者に対するインタビュー（インタビュー法） ②資料の閲覧（突合，照合を含む） 他に，午前問題等では下記の方法なども問われている。 ③コンピュータを利用した方法 なお，シラバスでは，次のように定義している。 （1）現地調査 （2）インタビュー （3）ドキュメントレビュー （4）その他のシステム監査技法
監査証拠	システム監査人の監査意見（主観）の正当性を証明するための証拠。物理的証拠，文書的証拠，口頭的証拠など。物理的証拠とは，実際に監査人が現場を確認して発見した証拠である。残されている関連ドキュメント類は文書的証拠に，担当者等にインタビューしたものは口頭的証拠に，それぞれ該当する。本調査にて収集する。
監査調書	システム監査人の監査意見の正当性を証明するための調書。全プロセスを通じて収集した，監査証拠をはじめとする文書類の総称。システム監査人が自ら作成した資料も含まれる。

システム監査の結果は，**指摘事項と改善勧告を加えてシステム監査報告書**にまとめます。そして，監査報告会を開催するなどして，経営者や被監査部門，関係部門などに報告します。具体的には，**監査報告書（案）**を作成して，事実誤認が無いかを確認し，その後監査報告書として提出します。また，この時には「事実誤認が無いかを確認する」だけで，現場の意見を取り入れるのではないことには注意しましょう。

監査報告会では，改善作業のスケジュール及び担当者の合意が行われます。そして，それに対して，改善活動の実施状況を確認します（フォローアップ）。システム監査人は，決して自らが先導して改善そのものを実施することはありませんが，改善状況の確認は実施しなければなりません。

なお，次頁の二つの表（図33，34）は，本調査が終わってから改善勧告に至

るまでの部分をまとめたものです（過去問題から引用しました）。上の表（図33）では，指摘事項に対して（事実誤認が無いか）の現場の見解を確認しています。その後，下の表（図34）のように改善勧告を行います。

項番	指摘事項（現状）	システムオーナの見解	監査室の見解
①	各課の派遣用 ID は，課内の複数の派遣社員が共有している。	派遣社員が派遣用 ID を不正利用したとしても，リスクは非常に低い。	派遣用 ID は，職務分離を損なう可能性があるので，運用を見直すべきである。
②	管理者による特別承認入力は，部長が口頭で指示することが多い。	ほかのコントロールがあるので，問題ない。	ほかのコントロールの運用について，その有効性を追加調査する。
③	予算超過に関するチェックが不十分である。	機能変更を検討する。	予算超過について，システム上の防止機能を強化すべきである。
④	庶務担当による納品書などと購買実績データとの照合が網羅的に行われていない。	システムで照合を管理できる機能の追加を検討する。	機能の追加コストを抑制するために，新しくレポートを追加することによる対応も比較・検討すべきである。

図33　指摘事項とその見解の例（平成23年度 午後I問4より）

項目	内容	
(1) 監査目的	システム開発部で実施しているデータ修正業務が，定められた手順に従って行われ，不正や操作ミスなどが発生していないかどうかを確認する。	
(2) 監査対象部門	システム企画部	システム開発部
(3) 監査手続	システム企画部が作成した“システム保守運用基準書”に記載されているデータ修正の手順が，不正や操作ミスなどを防ぐ手続として有効かどうかについて，記載内容を確認する。	データ修正が，“システム保守運用基準書”に従って行われているかどうかを確認する。具体的には，ユーザ部門によって作成された“データ修正依頼書”を入手し，ユーザ部門の責任者及びシステム開発部の責任者の事前承認が得られているかどうかを確認する。
(4) 発見事項	“システム保守運用基準書”には，緊急の場合のデータ修正のルールが記載されていない。また，部署名などが更新されていない箇所が散見された。	“データ修正依頼書”に，ユーザ部門の責任者又はシステム開発部の責任者の承認印がないケースが多数見つかった。特に，緊急依頼の場合に承認印がないケースが多い。
(5) 改善勧告	“システム保守運用基準書”に緊急の場合のデータ修正のルールを記載するとともに，記載内容を最新状態に保つこと	データ修正を行う場合には，“システム保守運用基準書”に従って，事前にユーザ部門の責任者及びシステム開発部の責任者の承認を得ることを徹底すること

図34　監査の概要の例（平成19年度 午後I問4より）

3 他の受験生に“差”をつけるポイント！

それではここで，他の受験生に差をつけて合格を確実にするためのポイントを説明しましょう。本書で最も伝えたいところの一つです。しっかりと読んでいただければ幸いです。

1 “監査手続”について準備して“差”をつける！

過去問題を読み込んでいると気付くと思いますが，設問ウで（時に設問イでも）“監査手続”について問われている問題が非常に多いですよね。数えてみると，平成21年から平成31年の全27問中，実に22問です。**確率だと約80%**ですね。その年度に出題される確率（平成21年～25年までは3問，平成26年以後は2問のうちいずれかの問題で出題された確率）にすると**100%**です。平成11年まで溯れば，全体の割合は若干低くなり，1問も出題されなかった年も2回ほど（平成14年と平成16年）ありましたが，これらは傾向の変化前の問題だと考えれば，**次回の試験で“監査手続”が問われると考えておくのが普通**の考え方になります。

そう考えれば，論文対策の最優先事項は，**とにもかくにも“監査手続”についての表現パターンを確立しておくこと**になります。実際，筆者が添削をしていても“監査手続の表現”を指摘することが多く，そこを改善するところから始めています。
そして，監査手続の表現パターンが確立できたら，監査対象ごとの代表的な監査手続を収集していきましょう。この時に，システム管理基準や，その他様々なリファレンスを活用します。

2 “監査手続”は“一般論”にならないように注意して“差”をつける！

確実に問われる“監査手続”ですが，過去問題では，ほとんどの場合次のように問われています。

「コントロールの適切性を確かめるための監査手続について述べよ」
「有効に機能しているかどうかを確認する監査手続について述べよ」
「実施状況を確認するための監査手続について述べよ」
「実効性に関する監査手続について述べよ」
「十分に低減されているかどうかについての監査手続について述べよ」

いずれも一般論ではなく，それまでに説明してきた被監査組織（設問アで説明している“A社”等）で行われていること（実施されている具体的なコントロール）に対しての監査手続になっていることがわかるでしょう。これは，情報処理技術者試験の論述式試験そのものが**「実際の経験について書く」**ものだということを考えれば至極当然のことになります。

ところが，添削をしていて多いのが「○○であることを確認する！」という感じで一般論を羅列している論文です。“監査”というチェック機構なので，そうなりやすいわけです。

そうならないようにするには，常時，当事者をはっきりとイメージしておき，その**当事者が「（リスクに対して）実際に実施していること」**を書いた上で，それに対しての“監査手続”になるようにしなければなりません。**その実施していること（コントロール）が機能しているかどうかを確認する**というスタンスの表現です。例えばプロジェクトマネジメントの監査なら，プロジェクトマネージャが実施しているマネジメント方法や使用している具体的なドキュメント名称を書くいた上で，それに対して何をどう確認するのかを書くというイメージですね。

そのあたりの具体的な表現に関しては，サンプル論文や午後Ｉの問題文などを参考にして会得してください。そうすれば他の受験生に“差”をつけることができるでしょう。

3｜“監査手続”には（問われていなくても）監査証拠を含めて“差”をつける！

監査手続を実施する本調査は，監査証拠の収集が目的の一つでもあります。そのため，監査手続を表現する時には，普通に監査証拠が含まれるようになります。

問題によっては，設問で「**監査証拠を含めて**」と明記してくれている場合もありますが，その場合は必ず，逆にそういう指示が無くても，監査手続を表現する場合には，監査証拠を含めるようにしましょう。

4｜“リスク”と“コントロール”で“差”をつける！

“リスク”と“コントロール”が問われている場合には，監査人（つまり自分）の意見や考えが問われているのか？それとも当事者（被監査対象の人）が気付いていることが問われているのか？を正確に把握して，問われていることに対しての記述にするようにしましょう。

また，実際に行われている“コントロール”を求められている時には，それを実行している人は“自分自身”ではありません。**監査人は，あくまでも第三者的立場になるので，当事者は別にいます。**プロジェクトの監査ならプロジェクトマネージャが，企画の監査なら企画をしたITストラテジストがいます。そこを勘違いしないようにしなければなりません。

5｜“監査要点”や“留意事項”と“監査手続”の表現を正確に使い分けて“差”をつける！

“リスク”，“コントロール”，“監査手続”への対応準備ができたら，“監査要点”や“留意事項”など，他の表現で問われるケースへの対応準備を進めましょう。そんなに頻度は多くなく，特に最近は（平成25年以後は）問われることが無くなりましたが，いつ何時復活するかもわかりません。そこで，万全を期すために，その表現の違いを押さえておきましょう。「**2 多くの問題で必要になる“共通の基礎知識”**」（P.418）に書いているので。

column

【参考】使えるフレーズ

システム監査の問題文（応用情報の午後やシステム監査の午後I）には，論文で使えるフレーズがたくさんあるが，これらのフレーズは論文よりも，システム監査の予備調査や本調査がどんなことをしているのかをイメージするのに役に立ちます。

例えば，この後に紹介しているフレーズは，いずれも応用情報技術者試験の午後問題から引用してきたものですが，監査（本調査）の実施時のフレーズや，本調査が終わって確認した事実について言及する時の言い回し，そこから改善勧告に至るまでの言い回しなどです。イメージ湧きませんか？

〔監査の実施〕

F 君は，ネット事業部の安全管理措置の実施状況を確かめるために，視察とヒアリングを開始した。

（応用情報技術者試験 平成24年度 秋期午後問題より）

〔監査で確認した事実〕

監査チームは，一連の監査手続の実施と関連資料の収集によって，次の事実を確認した。

（応用情報技術者試験 平成25年度 春期午後問題より）

〔監査結果の評価〕

監査チームは，これらの事実から指摘事項をまとめ，改善勧告の草案を作成した。

・障害の発生総件数はこの1年間で減少しているが，システム障害報告書の記述内容やシステム運用部の障害分析報告を見る限りでは，依然としてシステム障害の原因の分析が浅く，部分的なものにとどまっている。障害の引き金となった直接の原因の特定にとどまらず，根本原因を究明し，再発防止策を講じることが必要である。

（応用情報技術者試験 平成25年度 春期午後問題より）

4 テンプレート

解答用紙（原稿用紙）には，表紙のすぐ裏側に，P.436のような「**あなたが携わったシステム監査，システム利用又はシステム開発・運用業務の概要**」という11項目ほどの質問項目があります。これをテンプレートと呼んでいますが（P.087，090参照），このテンプレートも論述の一部だという位置付けなので，2時間の中で必ず埋めなければなりません。

1 記入方法

この質問項目の記入方法は，問題冊子の表紙の裏に書いています。平成31年の試験では次のようになっています（図35参照）。特にここを読まなくても，常識的に記入していけば問題にはなりませんが，予告なく変更している可能性もあるので，試験開始後，念のため確認しておきましょう。

“あなたが携わったシステム監査，システム利用又はシステム開発・運用業務の概要”の記入方法

あなたの所属部門と，あなたが担当した主なシステム監査，システム利用又はシステム開発・運用業務の概要について記入してください。

質問項目①，③，④，⑥～⑪は，記入項目の中から該当する番号又は記号を○印で囲み，必要な場合は（　　）内にも必要な事項を記入してください。複数ある場合は，該当するものを全て○印で囲んでください。

質問項目②は，あなたが担当した主なシステム監査，システム利用又はシステム開発・運用業務の名称を記入してください。

質問項目⑤は，（　　）内に必要な事項を記入してください。

図35　問題冊子の表紙の裏に書いてあるテンプレートの記入方法

2 採点講評での指摘事項

システム監査技術者試験の採点講評では，この部分に関する指摘はありません。注意事項は他の試験区分と同じです。

3 絶対に忘れずに全ての質問項目を記入，本文と矛盾が無いように書く

他の試験区分の採点講評での指摘も踏まえて考えると，**忘れずに全ての質問項目を記入する**とともに，その**内容が"本文"と矛盾しないようにする**必要があります。個々の内容を深く考える必要はありませんが，この2点だけは順守しましょう。本文を書いている間に，当初予定していたことと異なる展開にした場合には，忘れずに質問項目も修正しましょう。

また，この質問項目は，特に予告なく変更される可能性はあるものの，これまでは大きく変わることはありませんでした。したがって，事前準備のできるところです。試験当日に考えることのないよう，事前に，質問項目を確認して回答を準備しておきましょう。

あなたが携わったシステム監査，システム利用又はシステム開発・運用業務の概要

質問項目	記入項目
あなたの所属部門	
①所属部門	1. 内部監査部門　2. システム部門　3. システム利用部門 ④.監査サービス／コンサルティング部門 5. その他（　　）
あなたが担当した主なシステム監査，システム利用またはシステム開発・運用業務の名称とあなたの立場	
②名称 30字以内で，分かりやすく簡潔に表してください。	太陽電池販売における顧客管理システム構築の監査 【例】1. コンピュータセンタの安全性およびコンティンジェンシプランの監査 2. システム監査への被監査部門としての対応 3. 旅行代理店の営業部門における顧客情報管理業務の改善
③あなたの担当業務	①.システム監査実施　2. システム監査対応　3. システム利用　4. システム開発・運用 5. その他（　　）
④あなたの役割	1. 責任者　②チームリーダ　3. チームサブリーダ　4. 担当者 5. その他（　　）
⑤あなたの担当期間	（ 2010 年 3 月）～（ 2010 年 5 月）
対象とする企業・機関	
⑥企業・機関などの種類・業種	1. 建設業　②製造業　3. 電気・ガス・熱供給・水道業　4. 運輸・通信業 5. 卸売・小売業・飲食店　6. 金融・保険・不動産業　7. サービス業 8. 情報サービス業　9. 調査業・広告業　10. 医療・福祉業 11. 農業・林業・漁業・鉱業　12. 教育（学校・研究機関）　13. 官公庁・公益団体 14. 特定しない　15. その他（　　）
⑦企業・機関等の規模	1. 100人以下　2. 101～300人　③.301～1,000人　4. 1,001～5,000人　5. 5,001人以上 6. 特定しない　7. 分からない
⑧対象業務の領域	1. 経営・企画　②会計・経理　3. 営業・販売　4. 生産・物流　5. 人事 6. 管理一般　7. 一般事務処理　8. 研究・開発　9. 技術・制御 10. その他（　　）
システムの構成	
⑨システムの形態と規模	①.クライアントサーバシステム　ア.（サーバ約 4 台，クライアント約 400 台） イ. 分からない 2. Webシステム　ア.（サーバ約　　台，クライアント約　　台）　イ. 分からない 3. メインフレーム又はオフコン　（約　　台）及び端末（約　　台）によるシステム 4. 組込みシステム（　　） 5. その他（　　）
⑩ ネットワークの範囲	1. 他企業・他機関との間　②.同一企業・同一機関の複数事業所間　3. 単一事業所内 4. 単一部門内　5. なし 6. その他（　　）
⑪ システムの利用者数	1. 1～10人　2. 11～30人　3. 31～100人　4. 101～300人　5. 301～1,000人 ⑥1,001～3,000人　7. 3,001人以上　8. 分からない

名称は大切。論文の本文にも同じ名称で記述する。
1回見ただけで，イメージしやすいもので，かつ記憶できるようなものを考える。

空欄部への追加は全然OK。但し，論文の本文と矛盾しないこと。

複数記入は全然OK。但し，トレードオフのものを除く。

※レイアウトの都合で項目や文字の折り返し等は実際のものとは異なります。

図36　システム監査技術者試験のテンプレートのサンプルと記入例

5 テーマ別の合格ポイント！

テーマ1　　システム監査の基礎知識に関する問題
テーマ2　　ITガバナンス及び個別システムの監査
テーマ3　　システム開発，プロジェクトマネジメントの監査
テーマ4　　運用・保守業務の監査
テーマ5　　セキュリティ監査

テーマ1 | システム監査の基礎知識に関する問題

過去問題	問題タイトル	本書掲載ページ
(1) 監査計画の策定		
平成13年問1	リスクを重視したシステム監査の実施	
平成24年問1	コントロールセルフアセスメント (CSA) とシステム監査	
平成30年問2	リスク評価の結果を利用したシステム監査計画の策定	P.486
(2) 監査手続と監査証拠		
平成12年問2	システム監査における証拠収集	
平成18年問1	監査手続書の作成	
平成19年問1	システム監査におけるITの利用	
平成21年問2	システム監査におけるログの活用	
(3) 監査調書と監査報告		
平成14年問1	システム監査における監査調書の作成と整備	
平成16年問1	取引先などの利害関係者への開示を目的としたシステム監査	
(4) 監査品質の確保		
平成17年問1	システム監査の品質確保	

システム監査技術者試験の午後II試験では，前述のとおり監査手続に関する出題が多いのですが，少ないながらも**“監査手続以外”の問題**も出題されることがあります。ここでは，そうした問題を「**システム監査の基礎知識**」というテーマでまとめました。時間的に余裕があれば，こうした問題も想定してイメージトレーニングしたり，論文を作成したりしておくのがベストです。

そこまでの時間が無い場合でも，問題文を熟読して，問題文の中にある知識を習得しておくのはとても有益です。本書の「**2　多くの問題で必要になる“共通の基礎知識”**」と，**システム監査基準**とを対応付けながらシステム監査の基礎知識を押えていきましょう。

テーマ2　ITガバナンス及び個別システムの監査

過去問題	問題タイトル	本書掲載ページ
(1) ITガバナンス		
平成14年問3	ITガバナンスとシステム監査	
(2) 投資効果に焦点を置いたシステム監査		
平成16年問3	IT投資計画の監査	
平成28年問1	情報システム投資の管理に関する監査	P.470
(3) 個別の情報システムに対するシステム監査		
平成11年問1	電子商取引のシステム監査	
平成12年問3	データウェアハウスの監査	
平成13年問2	新しい企業価値の創造を実現する情報システムの監査	
平成13年問3	企業間連携を支援する情報システムの監査	
平成16年問2	情報システムの統合とシステム監査	
平成17年問3	情報システムの全体最適化とシステム監査	
平成18年問2	文書類の電子化とシステム監査	
平成19年問3	情報システムを利用したモニタリングとシステム監査	
平成20年問2	内部統制報告制度におけるシステム監査	
平成22年問2	電子データの活用にかかわるシステム監査	
平成27年問2	消費者を対象とした電子商取引システムの監査	
平成31年問1	IoTシステムの企画段階における監査	

テーマ2は，ITガバナンスや投資効果，個別システムに関するシステム監査です。個別システムに関しては，主として**“企画”フェーズ**の問題を集めました。いずれも，**経営陣やITストラテジスト**（もしくは**システムアーキテクト**）が実施していることをチェックする形になります。

上記の表の「**(1) ITガバナンス**」や「**(2) 投資効果に焦点を置いたシステム監査**」,「**(3) 個別の情報システムに対するシステム監査**」のうち企画フェーズの問題に対しては，「**第2部　ITストラテジスト**」か，あるいは「**第2部　システムアーキテクト**」のところで類似問題に目を通しておくといいでしょう。彼らが実施している企画や設計（すなわち，同テーマの問題で書かれている論文の中に記載されていること）を，第三者的立場で監査するというイメージになるからです。**同テーマの問題の問題文を熟読しておくだけでも非常に有益だと思います。**

テーマ3　システム開発，プロジェクトマネジメントの監査

過去問題	問題タイトル	本書掲載ページ
(1) プロジェクトマネジメント基礎		
平成11年問2	分散開発環境におけるコントロールの監査	
平成21年問3	企画・開発段階における情報システムの信頼性確保に関するシステム監査	
平成22年問1	情報システム又は組込みシステムに対するシステムテストの監査	
平成23年問3	システム開発におけるプロジェクト管理の監査	P.446
平成25年問2	要件定義の適切性に関するシステム監査	
平成28年問2	情報システムの設計・開発段階における品質管理に関する監査	
(2) パッケージ導入		
平成15年問1	ソフトウェアパッケージの導入に伴うシステム監査	
平成25年問3	ソフトウェアパッケージを利用した基幹系システムの再構築の監査	P.454
(3) アジャイル型開発		
平成30年問1	アジャイル型開発に関するシステム監査	

テーマ3は，システム開発やプロジェクトマネジメントを対象としたシステム監査です。パッケージ導入に関してもここに含めました。いずれも，**SEやプロジェクトマネージャ**が実施していることをチェックする形になります。したがって，普段SEやプロジェクトマネージャとして従事しているエンジニアにとっては，イメージしやすいテーマだと思います。

このテーマも，「**第2部　プロジェクトマネージャ**」か，あるいは「**第2部　システムアーキテクト**」のところで類似問題に目を通しておくといいでしょう。彼らが実施しているプロジェクト管理やシステム設計（すなわち，同テーマの問題で書かれている論文の中に記載されていること）を，第三者的立場で監査するというイメージになるからです。**同テーマの問題の問題文を熟読しておくだけでも非常に有益だと思います。**

第1部
Step 1
Step 2
Step 3
Step 4
Step 5
Step 6
第2部
SA
PM
SM
ST
AU

Point1 プロジェクトマネージャにならないこと

普段，プロジェクトマネージャの仕事をしている人が“疑似経験”でこうした問題について書く場合，**自分自身がプロジェクトマネージャにならないように注意**しなければなりません。当たり前ですが，システム監査人はプロジェクトマネジメントの当事者ではありません。

疑似経験で挑む場合には，**第1段階でPMのA氏を作り上げ，第2段階でA君のマネジメントの適切性をチェックする**イメージを持つことが必要です。（独立性を確保することが前提ですが）後輩のPMのプロジェクトマネジメントをチェックする立場やPMO，品質管理部門などをイメージするといいでしょう。**「Aさんは，…している。そこで私は…」**という感じですね。

Point2 プロジェクトの特徴と，それに応じた監査ポイント

システム監査技術者試験の問題では，個別のリスクを見極めて，それに応じた監査ポイントを設定し，効率よく効果的な監査になっているかどうかをチェックします。

したがって，問題文からその部分を読み取って，（その通りであれば）**そのプロジェクト固有の特徴**に基づいた監査のポイントや監査手続を書くように考えましょう。ちょうどプロジェクトマネージャ試験の設問アで求められている「プロジェクトの特徴」と，設問イやウで求められている（その特徴を加味した）工夫した点にフォーカスしているのと同じです。

例1）プロジェクトごとに異なるので，プロジェクトにおいて想定されるリスクもそれぞれ異なる。**（平成23年問3）**

例2）情報システムに求められる品質は，関係するサービス又は業務の要件によって，その内容及びレベルは異なってくる。**（平成28年問2）**

例3）アジャイル型開発の特徴，及びウォータフォール型開発とは異なるリスクも踏まえて**（平成30年問1）**

テーマ4　運用・保守業務の監査

過去問題	問題タイトル	本書掲載ページ
（1）運用・保守		
平成11年問3	システムの保守に関する監査	
平成17年問2	サービスレベルマネジメントの監査	
平成21年問1	シンクライアント環境のシステム監査	
平成22年問3	IT保守・運用コスト削減計画の監査	
平成24年問2	システムの日常的な保守に関する監査	
平成24年問3	情報システムの冗長化対策とシステム復旧手順に関する監査	
平成25年問1	システム運用業務の集約に関する監査	
平成26年問2	情報システムの可用性確保及び障害対応に関する監査	P.462
（2）アウトソーシング		
平成14年問2	アウトソーシングの企画段階におけるシステム監査	
平成19年問2	情報システムの調達管理に関するシステム監査	
平成23年問2	ベンダマネジメントの監査	
平成26年問1	パブリッククラウドサービスを利用する情報システムの導入に関する監査	
（3）事業継続計画		
平成15年問2	事業継続計画（ビジネスコンティニュイティプラン）の監査	
平成20年問3	外部組織に依存した業務に関する事業継続計画のシステム監査	

テーマ4は，運用・保守業務を対象としたシステム監査です。アウトソーシング，クラウドの利用，事業継続計画もここに含めました。いずれも，**ITサービスマネージャ**が実施していることをチェックする形になります。したがって，普段，運用・保守業務に従事しているエンジニアにとっては，イメージしやすいテーマだと思います。

このテーマは，「**第2部　ITサービスマネージャ**」のところで類似問題に目を通しておくといいでしょう。彼らが実施している運用・保守業務（すなわち，同テーマの問題で書かれている論文の中に記載されていること）を，第三者的立場で監査するというイメージになるからです。**同テーマの問題の問題文を熟読しておくだけでも非常に有益だと思います。**

Point 1 監査の対象者を明確にする

まずは，監査対象になる“人物”を明確にしましょう。過去問題には，問題文中で監査の対象者を限定していないものが多いので，なかなか読み取るのも難しいですが，システム管理基準ではシステム部門長になっています。ITサービスマネージャですよね。

column

システム監査未経験者のための考え方
～2人の自分を作る～

あまり望ましいことではないかもしれませんが，システム監査未経験者が受験する場合に，どう考えるのがベストかを考えてみましょう。現実問題，未経験者の受験が多いわけですからね。

2人の自分を作る

まず，自分の中に2人の自分を作りましょう。天使と悪魔のような感じでも構いません。“当事者”と“監査人”です。

この時，自分自身が経験していることを“当事者”とするのがベストです。システム管理者なら運用・保守の問題を選び，プロジェクトマネージャならプロジェクトマネジメントの監査の問題を選べば，当事者になれますよね。

当事者としての自分がリスクとコントロールまで書く

そして，リスクとコントロールの部分は，自分が考えているリスクとそれに対するベストな対策をイメージします。いったん監査は忘れましょう。監査することを考えるから難しく感じ，普段やっていることさえ出てこなくなるからです。

但し，それを論文に書く時には「A君」として設定し，A君がしていることに変換して客観視して表現するのです。

監査人登場！

当事者だった自分をA君にバトンタッチしたら，もう一人の自分＝監査人を登場させます。そして，A君の実施したコントロールが機能している証明をしてあげるわけです。証拠収集ですね。あるいは，疑っているのなら，それも証拠を収集して「ほら，ダメだろ」と提示するわけです。

その手続が監査手続なので，それを最後に書くことを考えれば，全体の骨子が組み立てられます。

当事者だ，第三者だという感じで混乱してしまう人は一度試してみてください。案外，書きやすくなったりしますよ。

テーマ5　セキュリティ監査

過去問題	問題タイトル	本書掲載ページ
平成12年問1	セキュリティポリシの監査	
平成15年問3	情報セキュリティマネジメントシステムにおけるシステム監査	
平成18年問3	情報漏えい事故対応計画の監査	
平成20年問1	アイデンティティマネジメントに関するシステム監査	
平成23年問1	システム開発や運用業務を行う海外拠点に対する情報セキュリティ監査	
平成27年問1	ソフトウェアの脆弱性対策の監査	
平成27年問2	消費者を対象とした電子商取引システムの監査（→テーマ2）	
平成29年問1	情報システムに関する内部不正対策の監査	
平成29年問2	情報システムの運用段階における情報セキュリティに関する監査	P.478
平成31年問2	情報セキュリティ関連規程の見直しに関するシステム監査	P.494

最後のテーマ5は，情報セキュリティをテーマにした問題です。平成26年，令和2年に2度の“セキュリティ重視”が打ち出されたこともあり，今後も短いサイクルで出題される可能性が高い，避けては通れない最重要テーマだと言えるでしょう。

セキュリティ監査の問題では，被監査部門（監査対象部門や監査対象者）が多岐にわたります。平成31年問2は情報セキュリティ委員会，平成29年問2は運用部門，平成27年問1は，開発部門・運用部門・情報セキュリティ委員会などが被監査部門になります。今後はCSIRTなども含まれるでしょう。そのあたりをしっかりと問題文から読み取って，題意を外さないようにしなければなりません。

そういう意味では，**「第2部　システムアーキテクト」**，**「第2部　プロジェクトマネージャ」**，**「第2部　ITサービスマネージャ」**のセキュリティの問題に目を通しておくといいでしょう。**同テーマの問題の問題文を熟読しておくだけでも非常に有益だと思います。**その上で，情報セキュリティに関する知識（特に，まずは技術面の知識よりもISMS，CSIRTを優先して）を押えておきましょう。

6 サンプル論文

平成23年度 問3 システム開発におけるプロジェクト管理の監査
平成25年度 問3 ソフトウェアパッケージを利用した基幹系システムの再構築の監査
平成26年度 問2 情報システムの可用性確保及び障害対応に関する監査
平成28年度 問1 情報システム投資の管理に関する監査
平成29年度 問2 情報システムの運用段階における情報セキュリティに関する監査
平成30年度 問2 リスク評価の結果を利用したシステム監査計画の策定
平成31年度 問2 情報セキュリティ関連規程の見直しに関するシステム監査

平成23年度

問3　システム開発におけるプロジェクト管理の監査について

今日，組織及び社会において情報システムや組込みシステムの重要性が高まるにつれ，システムに求められる品質，開発のコストや期間などに対する要求はますます厳しくなってきている。システム開発の一部を外部委託し，開発コストを低減する例も増えている。また，製品や機器の高機能化などと相まって，組込みシステムの開発作業は複雑になりつつある。

このような状況において，システム開発上のタスクや課題などを管理するプロジェクト管理はますます重要になってきている。プロジェクト管理が適時かつ適切に行われないと，開発コストの超過やスケジュールの遅延だけでなく，品質や性能が十分に確保されず，稼働後の大きなシステム障害や事故につながるおそれもある。

その一方で，開発するシステムの構成やアプリケーションの種類，開発のコストや期間などはプロジェクトごとに異なるので，プロジェクトにおいて想定されるリスクもそれぞれ異なる。したがって，システム開発におけるプロジェクト管理を監査する場合，規程やルールに準拠しているかどうかを確認するだけでは，プロジェクトごとに特有のリスクを低減するためのコントロールが機能しているかどうかを判断できないおそれがある。

システム監査人は，このような点を踏まえて，情報システムや組込みシステムの開発におけるプロジェクト管理の適切性を確かめるために，プロジェクトに特有のリスクに重点をおいた監査を行う必要がある。

あなたの経験と考えに基づいて，設問ア～ウに従って論述せよ。

設問ア　あなたが携わった情報システムや組込みシステムの概要と，そのシステム開発プロジェクトの特徴について，800字以内で述べよ。

設問イ　設問アで述べたシステム開発のプロジェクト管理において，どのようなリスクを想定すべきか。プロジェクトの特徴を踏まえて，700字以上1,400字以内で具体的に述べよ。

設問ウ　設問イで述べたリスクに対するプロジェクト管理の適切性について監査する場合，どのような監査手続が必要か。プロジェクト管理の内容と対応付けて，700字以上1,400字以内で具体的に述べよ。

サンプル論文 (1/5)

設問ア

1．情報システムの概要とプロジェクトの特徴

私は，大手ＳＩベンダの監査部門に所属している。監査の対象は，弊社の社内システムだけではなく，システム監査サービスとして外販もしている。今回私が論じるのは，弊社が第三者的立場でシステム監査を実施することになった，（A大学から受注した）A大学の統合事務管理システム再構築プロジェクトの適切性の監査である。当該，プロジェクトの適切性の監査を，私と，私の部下２名の３名の体制で実施する。

(1) 情報システムの概要

対象になっているシステム，すなわち今回のプロジェクトで開発するシステムは，A大学の統合事務システムである。学生管理や履修管理から，教務事務管理，会計，給与まで，大学で必要となる機能を一通りそろえているシステムである。今回の再構築では，仮想化技術とWeb技術を利用し，複数の仮想化サーバ群でシステムを稼働させ，端末はWebブラウザからアクセスする。

(2) 今回のプロジェクトの特徴

今回は，Web化するので，再構築といっても必要機能が同じだというぐらいで，ほぼ新規導入と変わりはない。開発は，要件定義からシステムテストまでの全工程を，大学から中堅ＳＩベンダのＢ社に委託している。したがって，A大学から依頼を受けたのは，A大学のプロジェクト管理の監査ではなく，Ｂ社の実施するプロジェクトマネジメントである。その点は，Ｂ社も了解しているらしい。

なお，Ｂ社が実施するプロジェクトの特徴は，新年度の４月からの稼働は絶対条件だということ。納期遅延は絶対に許されない。そのため，Ｂ社には，A大学のことを熟知している前回開発時のメンバで体制を組んでほしいと要望していたが，約半数のメンバが異動や退職してしまっているとのことだった。

①
ここでは「プロジェクトの特徴」を書く。今回の問題は，設問イや設問ウで，ここで書くプロジェクトの特徴部分に対するものだけになるので，それを考えて書く必要がある。具体的なリスクは設問イで書くので，そこにつながる内容にする。今回なら，納期を順守しなければならないという点とB社の体制が変わっているという点を挙げた。

設問イ

2．プロジェクト管理において想定したリスク

本プロジェクトにおいて，絶対に避けなければならないのは納期遅延である。そこで，納期遅延につながるリスクをピックアップすることにした。

私は，A大学から預かった資料（RFP，B社からの提案書，契約書）と，B社から預かった資料（プロジェクト計画書）に目を通して現状を把握するとともに，B社のプロジェクトマネージャに話を聞いた。その結果，判明したプロジェクトの特徴と，それが引き起こすリスクを次のとおり確認した。

(1) 要件定義工程の遅延に伴う納期遅延

B社のプロジェクト計画書を確認したところ，今回のB社の体制は，プロジェクトマネージャ1名とメンバ20名の体制で進めていくことを確認した。20人のメンバは，5人ずつ，サブシステム単位に4チームに分かれている。このうち，A大学の業務を熟知している旧システムの開発メンバ（当時の開発を知るメンバ）は10名である。

そのため，要件定義工程において，A大学特有の業務などで定義漏れや定義誤りが想定以上に発生して，その結果，納期が遅延してしまう可能性がある。A大学が懸念していたのも，この点だった。

(2) 外部設計工程の遅延に伴う納期遅延

B社からの提案書を確認したところ，今回のシステムは，今までのシステムを利用してきた大学職員が操作性で違和感を感じないように，旧システムに近い操作性を確保すると書いていた。

次に，B社のプロジェクト計画書を確認したところ，開発標準の中でボタン配置や画面推移などの共通ルールは定めているものの，最終的には，外部設計書のレビューで確定させることにしている。つまり，外部設計担当者が外部設計において，大学職員からその操作性を確認しながら設計を進めてゆく必要があるのだ。

②
ここで求められているのは「プロジェクトの特徴を踏まえたリスク」になる。一般論ではないので，しっかりと事前調査に基づいてリスクを抽出している点について書いた。

③
今回のプロジェクトの特徴より，納期遅延につながるリスクを体制面を中心にピックアップしている。このPJの場合，要件定義と外部設計に進捗遅延につながる大きなリスク源がある。そこを挙げた。

④
ここも体制面を中心にリスクを挙げている。

また，プロジェクトマネージャであるC氏からのヒアリングの結果，利用者である大学職員によるこだわりも多く，前回の開発時にも調整に苦労したとのこと。しかし，外部設計フェーズにおけるメイン担当者12名のうち，6名はユーザニーズを確認しながら設計を進めるのが今回初めての経験であるとのことだった。

以上の特徴を踏まえると，その6名が，外部設計工程で，きちんとユーザコントロール（交渉や説得をしながら，予算や納期の制約の中に収めていくこと）できないと，外部設計工程に遅れが生じ，ひいては納期遅延につながっていく。そういうリスクを確認した。

設問ウ

3．プロジェクト管理の適切性の監査時に必要な監査手続について

今回，私は事前にプロジェクト計画書を確認し，このプロジェクトのリスクマネジメント手順を確認している。そこで最初に，今回のプロジェクトで，プロジェクトマネージャが定められた手順でリスクマネジメントを実施していることを確認するとともに，リスクがリスクとして特定され，そこに予防的対策，事後対策が行われ，発生確率の低減及び万が一発生した時の影響の抑制が考慮されているかどうかを，プロジェクト計画書のリスク一覧表，及び，当該対策表で確認する。

⑤
今回の問題が「システム開発におけるプロジェクト管理を監査する場合，規程やルールに準拠しているかどうかを確認するだけでは，プロジェクトごとに特有のリスクを低減するためのコントロールが機能しているかどうかを判断できないおそれがある。」という要求があるので，最初に少しだけ通常の監査手続を書いてみた。

その中には，もちろん要件定義工程及び外部設計工程におけるリスクも含まれているが，今回のプロジェクトの特徴を考えて，さらに次のような視点でも確認することにした。

(1) 要件定義工程のリスクに対する監査手続

⑥
リスクに対するコントロールの適切性に関する監査手続を，設問イのリスクと対応付けるように書いたパターン。

前述の要件定義工程に存在する遅延リスクに対して，B社のPMは，前回開発時のメンバだけで要件定義を進める予定にしている。そのため遅延はしないだろうという話だった。

⑦
設問の「プロジェクト管理の内容と対応付けて」という点を受けて，当事者たるPMが実施していることを書いた上で，監査手続を書いている。

そこで私は，要件定義工程を担当する全てのメンバにヒアリングを実施して，前回の役割，A大学の担当経験年数、類似システムの経験年数に加えて，要件定義工程の担当年数を確認し，単に前回参加しただけではなく，今回要件定義を進めていけるかどうかを確認することにする。

また，B社のPMは，今回大学システム未経験者も多いことから，プロジェクト立ち上げ前（提案段階から）に既存システム及び大学業務に関する研修を実施するとともに，前回のシステム開発時の議事録に目を通しておくように指示を出していた。

そこで私は，その研修受講履歴、前回開発時の議事録

のコピーに対する完了印を査閲し，全員が参加しているかどうかを確認する。なお，要件定義担当メンバが何かしらの要因で離脱した時のことを考えて，この確認は全メンバについて実施する。

⑧
監査時に留意する事項を付け足している。具体的に書くために必要な部分。特に今回のように，設問ウで「プロジェクトの特徴を加味して，通常の監査手続に付け足すような部分」については，その根拠にもなるので必須になる。

(2) 外部工程のリスクに対する監査手続

一方，外部設計工程に関してプロジェクトマネージャは，重点的に進捗管理を行うとともに，事前に開発標準で共通ルールを定めており，利用者からもある程度合意を得ているので大丈夫だと話していた。

そこで，ステークホルダ登録簿と，ステークホルダ単位の要求一覧表，それをヒアリングした時の議事録を突き合せて，全てのステークホルダに対し，共通ルールをベースに操作性に納得していることを確認する。読み取れなければ補足的に担当者にヒアリングを実施する。

また，ＰＭにヒアリングを行い，大学側のプロジェクトオーナが，利用者が操作性に関するこだわりを持った時に，当該利用者を説得してもらうことを依頼しているかどうかも確認しておく。

そして最後に，ユーザニーズを確認しながら外部設計工程を進めるのが初めての６名の生産性見込みと，それに基づくスケジュール，支援体制が配慮されていることをプロジェクト計画書，原価見積計算書，コミュニケーション計画書をそれぞれ確認する。そこから読み取れない場合には，ＰＭにヒアリングを実施して確認する。

◆A評価のポイント

このサンプル論文は，下表にまとめた通り，第1部の論文共通の部分はもちろん十分満たしているし，第2部のところもポイントを押えているし，採点講評で指摘されている点も，すべてクリアできています。特に，この問題特有の「プロジェクトの特徴」の見極めと，そのリスク，それらに対する付加的な監査手続の視点で書けているのでA評価は間違いないでしょう。

この問題のように，プロジェクトマネジメントの監査が問われる場合，「プロジェクトを成功させることができるかどうかを監査する」のではなく，**何かしら絞り込まれていると思われます**。2時間で3,600字の範囲では，プロジェクトマネジメント全体の監査手続に関して説明することは分量的に難しいからです。したがって，どの部分に絞り込まれているのかを問題文と設問から正確に読み取って，そこだけは外さないようにしましょう。

チェックポイント			評価と脚注番号
第1部	Step1	規定字数	**約3,300字**。問題なし。
	Step2	題意に沿う	問題なし。設問に対するタイトルを付けている。問題文で問われている点に忠実に回答している。特に，この問題ではリスクも監査手続も「プロジェクトの特徴」を加味した部分だけに絞り込まれているので，「プロジェクト目標を達成できるかどうか？」という点で網羅的に監査手続を書く必要はない。そこに対しても反応できているので題意を外してはいない。
	Step3	具体的	問題なし。設問イで求められているリスクは一般論になりやすいが，設問の要求通り，今回のプロジェクトの特徴を踏まえたものになっている（②③④）。
	Step4	第三者へ	問題なし。全体的に分かりやすい内容になっている。
	Step5	その他	全体的に整合性が取れている。設問ア，イ，ウの全てがプロジェクトの特徴を中心に展開している部分は題意通りでもあるし，一貫性もある（①⑥）。
第2部	AU共通		設問ウの監査手続は，ルールに対する準拠性ではなく，プロジェクトの特徴を加味したリスクがコントロールできているかどうかになる。したがって，プロジェクトマネージャが実施していることの結果が有効かどうかという視点での監査手続にした（⑦⑧）。
	テーマ別		—

表37　この問題のチェックポイント別評価と対応する脚注番号

◆事前準備しておくこと

「**テーマ3　システム開発，プロジェクトマネジメントの監査**」の問題に対しては，本書の第2部「**プロジェクトマネージャ**」の部分を再確認しておきましょう。設問アに書く「**プロジェクトの特徴**」や，設問イや設問ウで求められる可能性のある「**プロジェクトマネージャの実施しているプロジェクト管理**」は，いずれもプロジェクトマネージャ試験で問われる部分になるからです。問題によっては，プロジェクトマネージャが実施している**リスクマネジメントの監査**や，**セキュリティ対策の監査**が問われることもあると思うので，そこを第三者的な立場で監査できるように準備しておきましょう。

◆IPA公表の出題趣旨と採点講評

出題趣旨

情報システムや組込みシステムの重要性の高まりに伴って，システム開発におけるプロジェクト管理が失敗した場合の影響はますます大きくなっている。また，開発手法の多様化やオフショア開発など，プロジェクト管理で対応すべき事項も増えてきている。

一方，プロジェクト管理の対象となるシステムの構成や開発の条件などは様々であるから，規程やルールどおりにプロジェクト管理を行っているかどうかの準拠性の監査だけでは，プロジェクトに特有のリスクを低減するためのコントロールが機能しているかどうかを判断できないおそれがある。

本問では，情報システムや組込みシステムの開発プロジェクトにおける特徴と，プロジェクトに特有のリスクを踏まえて，プロジェクト管理の適切性を監査するための見識や能力を問う。

採点講評

システム監査人には，高度化し多様化する情報技術を理解した上で，情報システムを監査する見識や能力が求められている。本年度もこうした視点から，幅広いテーマの問題を出題した。システム監査人には，発見した事実や監査意見を適切に記述するための表現力が求められるが，解答字数の下限ぎりぎりで十分に内容を表現できない論述や，下限に満たない論述が目立った。今後，受験者の表現力の向上を期待したい。

問3（システム開発におけるプロジェクト管理の監査について）は，最も選択率が高かった。その理由は，プロジェクト管理という基本的なテーマであったからだと考えられる。情報システムのリスク，運用後のリスクについての論述や，プロジェクトマネージャ又はプロジェクトリーダの視点からの論述が見受けられた。設問イでは，QCDの切り口での論述が多く，プロジェクトの特徴を踏まえた具体的な論述は少なかった。設問ウでは，監査のポイントだけを述べ，監査証拠を記述していない論述が目立った。また，設問で求めていない監査結果や改善提案などの論述も散見された。

平成25年度

問3　ソフトウェアパッケージを利用した基幹系システムの再構築の監査について

企業など（以下，ユーザ企業という）では，購買，製造，販売，財務などの基幹業務に関わるシステム（以下，基幹系システムという）の再構築に当たって，ソフトウェアパッケージ（以下，パッケージという）を利用することがある。パッケージには，通常，標準化された業務プロセス，関連する規制などに対応したシステム機能が用意されているので，短期間で再構築できる上に，コストを削減することもできる。

その一方で，ユーザ企業の業務には固有の業務処理，例外処理があることから，パッケージに用意されている機能だけでは対応できないことが多い。このような場合，業務の一部を見直したり，パッケージベンダ又はSIベンダ（以下，ベンダ企業という）が機能を追加開発したりすることになる。しかし，追加開発が多くなると，コストの増加，稼働開始時期の遅れだけではなく，パッケージのバージョンアップ時に追加開発部分の対応が個別に必要になるなどのおそれがある。

これらの問題に対するユーザ企業の重要な取組みは，パッケージの機能が業務処理要件などをどの程度満たしているか，ベンダ企業と協力して検証することである。また，追加開発部分も含めたシステムの運用・保守性などにも配慮して再構築する必要がある。

システム監査人は，このような点を踏まえて，パッケージを利用した基幹系システムの再構築におけるプロジェクト体制，パッケージ選定，契約，追加開発，運用・保守設計，テストなどが適切かどうか確かめる必要がある。

あなたの経験と考えに基づいて，設問ア～ウに従って論述せよ。

設問ア　あなたが関係した基幹系システムの概要と，パッケージを利用して当該システムを再構築するメリット及びプロジェクト体制について，800字以内で述べよ。

設問イ　設問アで述べた基幹系システムを再構築する際に，パッケージを利用することでどのようなリスクが想定されるか。700字以上1,400字以内で具体的に述べよ。

設問ウ　設問イで述べたリスクを踏まえて，パッケージを利用した基幹系システムの再構築の適切性を監査する場合，どのような監査手続が必要か。プロジェクト体制，パッケージ選定，契約，追加開発，運用・保守設計，テストの六つの観点から，700字以上1,400字以内で具体的に述べよ。

サンプル論文 (1/5)

設問ア

第１章　基幹系システムの概要とパッケージを利用して再構築するメリット及びプロジェクト体制

1.1 基幹系システムの概要

私は，大手アパレル企業の監査部門に勤めるシステム監査人である。今回，我が社で基幹系システム（販売管理と会計システム）を，パッケージを活用して再構築することになり，その適切性を監査することになった。

対象となるＥＲＰパッケージは，同業他社に豊富な導入実績を持つＸ社の製品を選定した。導入もＸ社に外部委託する。ＥＲＰは，サブシステムとして販売管理，在庫管理，購買管理，会計があり，標準化された業務プロセスを持つ標準テンプレートをベースに，プロトタイプ開発を進める。A社独自の機能については，追加開発（アドオン開発）する予定である。

1.2 ＥＲＰのメリットとプロジェクト体制

システム再構築の主な理由は，既存システムの老朽化と保守コスト負担が重荷になっていたことである。当初，既存システム同様スクラッチ開発を行うことも検討したが，開発期間と開発コストがA社希望を大幅に上回ることから，開発期間が短く，開発コストも抑制できるＥＲＰパッケージを導入することになった。それがパッケージを導入する二つのメリットである。具体的には，開発期間は10ヶ月で，導入費及び保守費用を年間20%（２千万円）低減させる。

また，パッケージの持つ機能を積極的に活用することで業務改善を推進し，業務を効率化することも目的とした。これが三つめのメリットである。

1.3 プロジェクト体制

再構築プロジェクトの体制は，情報システム部のＹ氏がＰＭとなり，各業務システムごとにグループを編成し，情報システム部員と各部門の担当者及びＸ社のＳＥがアサインされている。

①
この問題を見ると，ユーザ側（利用者側）のプロジェクトに関する監査だということがわかる。したがって，その監査対象から独立した第三者的な立場であることを示さないといけない。

②
対象システムが，問題文で要求されている通りの基幹系システムで，かつパッケージになっている。これは制約条件なので絶対に基幹システムかつパッケージでなければならない。

③
「メリット」は記憶させるところ。したがって「三つ」という部分で記憶させようとしているのはGood。箇条書きにしてもよかった。

④
この問題文から，ユーザ側のプロジェクトだと判断し，そのプロジェクト体制を書いた。誤ってベンダ側にしないこと。
また，ここで書いた体制は設問ウの監査手続のところまで記憶してもらわないといけない。ここも箇条書きにしてもよかった。

設問イ

第２章　パッケージを利用することで想定されるリスク

今回の再構築プロジェクトにおけるプロジェクト計画書が作成された段階で，社長の要請により，ＥＲＰパッケージを利用した基幹系システム再構築の適切性を監査することとなった。

まずは，今回の導入目的を元に，当該プロジェクト計画におけるリスクをピックアップした。

（１）Ａ社の強みを損なってしまうリスク

今回のパッケージを導入する三つの目的から，最も注意しなければならないリスクが，パッケージの機能に合わせて業務を変えることによって，自社の競争優位性が損なわれ，売上低下などを引き起こすリスクである。

例えばＡ社の場合，古くからの取引先数社とＡ社固有の商習慣や取引条件が残っており，それがアパレル業界での慣習になっていることからも，その部分は絶対に残さなければならない部分になっている。

（２）Ａ社の弱みが残ってしまうリスク

また，逆に，変化を好まない現場からの抵抗などで，Ａ社の固有業務や例外処理がそのまま残り，今回のパッケージのメリットが得られないリスクもある。その判断を誤ってしまうと，弱みがそのまま残るだけではなく，開発期間も長くなり，開発コストも増加する。まったくいいことはない。

Ａ社では，前回のシステム構築時にも，それまでの操作性と既存の帳票の見方に固執したためにオリジナルで開発するしかなかった。しかし，よく考えてみればそれらはただの慣れであった。

（３）パッケージ適合率の低いパッケージを選定するリスク

これらの（1）と（2）のリスクに対して，完全にコントロールできたとしても，アドオン開発が多くなるパッケージを選定してしまっては，開発期間の短縮も開発

⑤ 設問ウで6つの観点から書くことが要求されているので，それに対してのリスクをそれぞれ決める。1対1ではなく，重要なリスクに対して複数の観点からチェックすることを考えると，4つぐらいに集約される。ここでは，問題文に合致するように，パッケージ導入時の典型的なリスクを4つ挙げた。一般論にならないように注意している。

⑥ 一般的なリスクではなく，今回の監査でも考慮しないといけないリスクであることを示している。

⑦ ここも一般的なリスクではなく，今回の監査でも考慮しないといけないリスクであることを示している。

コストの抑制も実現できない。アドオン開発が多くなりすぎると，パッケージを使わないオリジナル開発よりも開発期間が長くなり開発コストも高くなることさえある。

（４）運用・保守設計に関するリスク

パッケージを導入する場合，運用や保守設計に関するリスクや稼働後に発生するリスクもある。特に，情報システム部でこれまで行ってきたことが，パッケージによってはできなくなる可能性がある。

一つは障害対応だ。これまでは独自開発だったので，障害が発生した場合に，プログラムのバグを含めてどこに原因があるのかを情報システム部で調査できたが，パッケージでは，パッケージベンダに任せなければならず，それゆえ障害復旧が遅れる場合がある。

そしてもう一つは，導入後に業務が変わる場合や，現場が業務を変えたいという要求があった場合，システムを改造して対応している。既存システムでも，導入後に何度かシステムを改造してきた。

そのため，パッケージ導入後にも，そういった改造が発生する場合が考えられるが，その時に「改造できない」とか，「その改造費用が異常に高い」とか，そういったリスクが発生することがある。

設問ウ

第3章　パッケージを利用した基幹系システムの再構築の適切性に関する監査手続

想定したリスクを踏まえて監査手続を設定した。

3.1 プロジェクト体制の適切性に関する監査手続

まず，パッケージのフィットギャップ分析において，ギャップ部分の判断を誤らないように適任者が参加した体制になっているかを確認する必要がある。

今回のＰＪ計画では，その部分の判断をステアリングコミッティで行うようにしている。そこで，そのステアリングコミッティの体制図を元に，経営者の参画及び関与の程度，各部門の意思決定権者の参画の有無を確認する。

3.2 選定の適切性に関する監査手続

また，適合率の低いパッケージを選定してしまわないように，今回のプロジェクト計画では，ＲＦＰを作成して，それを元に６社競合の元Ｘ社を選定している。その選定における手順や評価基準は「システム選定に関する評価項目と評価基準」にまとめられている。

そこで，その「システム選定に関する評価項目と評価基準」とＲＦＰを閲覧し，評価項目と評価基準が定量的で重み付けされ，作成者と点数化する人とが異なっていることを確認する。また，現地調査を行ったかどうかを承認印のある関係者にインタビューで確認する。さらに，その選定の中にパッケージではなくスクラッチでの開発との比較も入っていることも確認する。

3.3 契約の適切性に関する監査手続

今回の開発は，アドオン開発することが前提で，その部分の保守契約も締結する予定である。また，導入後にもカスタマイズが発生する。その部分を確認しているかどうかを，情報システム部門の責任者と法務部門の担当者にインタビューして確認するとともに，その部分の契約書もしくは覚書を入手したかどうか，あるいは入手す

⑧ 今回は6つの観点で書く必要がある。つまり，1つ150～200字程度でないと収まらないことになり，その場合，監査手続きは各1～2になる。

⑨ 設問イのどのリスクに対するものかを結びつけている。

⑩ 今回のPJ計画の適切性なので，一般論ではなく「今回どうしているのか？」を書いた上で，それが適切かどうかを確認するというスタンスで表現している。なお。この部分は通常予備調査で確認できている部分である。

⑪ 監査手続を表現している部分。監査証拠と監査技法を含めて記述している。

⑫ リスクを入れていると字数がオーバーしてしまうと判断したので，これ以後，どのリスクと結びついているかは判断できるところは入れずにコンパクトになるようにした。

る予定があるかどうかを確認する。

3.4 追加開発の適切性に関する監査手続

追加開発（アドオン開発）する部分の最終決定は，要件定義工程で，ステアリングコミッティによって投資効果分析を行い，経営者の承認印を押下するようにしている。そこで，全ての追加開発に関してステアリングコミッティで投資効果分析が行われ，その承認印があることを確認する。また，その部分がパッケージ選定時の予定費用とかい離していないかも確認し，かい離がある場合はそこに問題がないかどうかをインタビューで確認する。

3.5 運用・保守設計の適切性に関する監査手続

障害復旧が遅れるリスクに対してコントロールされているかどうかを確認する。今回のＰＪでは，運用・保守設計書を作成している。そこで，その運用保守設計書を閲覧し，ＳＬＡ確保のための手順を確認するとともに，そのあたりの議論が行われたかどうかを議事録で検討する。

3.6 テストの適切性に関する監査手続

要件漏れや誤りを検知する最終の砦は，ユーザ受入テストとなる。そこで，テスト計画書のユーザ受入テストの体制図とA社組織図，業務記述書を突き合わせし，システム化範囲に対象部門のテスト担当者のアサインが網羅されているかとテスト担当者の業務の知識レベル等が適切か確認する。

⑬
テストに関しては，単体テストや結合テスト等ベンダ側で実施するテストをどうするかを迷ったが，今回はユーザ側のシステム監査だということから，最も重要な受入れテストに絞った。字数に余裕があれば，ベンダ側で実施する単体テストやシステムテストの結果報告者をチェックしているかという点を入れても良かっただろう。

◆A評価のポイント

このサンプル論文は，下表にまとめた通り，第1部の論文共通の部分はもちろん十分満たしているし，第2部のところもポイントを押えているし，採点講評で指摘されている点もすべてクリアできています。したがってA評価は間違いありません。ちなみに，筆者はこの問題で当時合格しています。

ただ，注意しなければならないのは，**設問ウの監査手続きで6つの観点が指定されているところです。**このように6つの観点が設問に書かれていると，この全部を書かざるを得ないため，個々の観点に**書く字数に制限が出てきます。書きたいことや書けることがあるにもかかわらず，書けないという事態に。**設問ウは1,400字がMAXなので一つ当たり約200字ですね。その中に，監査手続に加えて，設問イのリスクとの関連や実際のPJでどうしているかも書かないといけないわけです。すると，監査手続としては1つの観点あたり1～2になるので，それを最初に組み立ててから書く必要があります。

チェックポイント			評価と脚注番号
第1部	Step1	規定字数	**約3,500字**。全く問題は無いが，人によっては2時間で書けない可能性もある。2,500字程度あれば大丈夫だが，その場合，書きたいことが書ききれない可能性もある。どこをどれくらい書くのか，監査手続の数やコントロールの数を予め決めておいた方が良い。
	Step2	題意に沿う	問題なし。設問に対するタイトルを付けている。問題文で問われている点に忠実に回答している。設問イのリスクに関しても一般論ではなく，この企業特有のリスクを当てはめている点もGood！（⑥⑦）。監査手続におけるテストの部分は，システムテストに限定しているが，分量的にはこれが限界になる（⑬）。
	Step3	具体的	問題なし。全体的に具体的で詳細に書けている。特に，コントロールの部分，監査手続の部分が具体的に表現できている。
	Step4	第三者へ	問題なし。全体的に分かりやすい内容になっている。
	Step5	その他	全体的に整合性が取れている。設問アから設問イへつながっているし（①③④），設問イのリスクと，設問ウの監査手続とにも関連性をもたせている。一部，分量的に書ききれなかった部分もあるが許容範囲だ（⑨⑫）。設問イのリスクに関しても，パッケージ導入時に発生する典型的な４つのリスクを上げた（⑤）。
第2部	AU共通		設問ウの監査手続が，A社で実施しているコントロールに対して，それが有効に機能しているかどうかが確認されている（⑩⑪）。 また，一つのコントロールに対して複数の視点からチェックしている点，バランスよく多角的にチェックしている点，監査証拠が含まれている点，無理な監査手続があまり入っていない点などから合格点だと判断できる。
	テーマ別		―

表38　この問題のチェックポイント別評価と対応する脚注番号

◆事前準備しておくこと

「**テーマ3　システム開発，プロジェクトマネジメントの監査**」のパッケージの導入の問題に対しては，本書の第2部「**プロジェクトマネージャ**」や「**システムアーキテクト**」の部分を再確認しておきましょう。**パッケージ導入のマネジメントを行う問題**（**P.178参照**）や，**パッケージ導入を実施する問題**（**P.094参照**）がそれぞれ問われています。それを監査するのがこの問題になるからです。したがって，プロジェクトマネージャやシステムアーキテクトが気付いているリスクや，それに対するコントロールを，しっかりと把握しておきましょう。

◆IPA公表の出題趣旨と採点講評

出題趣旨

基幹系システムの再構築に当たっては，ソフトウェアパッケージを利用することで期間短縮，コスト削減などのメリットが期待できる。しかし，基幹業務の独自性から，ソフトウェアパッケージが有する機能だけでは対応できず，業務の一部見直し，追加開発の必要性が生じることもある。追加開発が多くなると，コストの増加，稼働開始時期の遅れだけでなく，運用・保守の面で煩雑な個別対応が必要になることもある。

したがって，ユーザ企業とベンダ企業が協力してギャップ分析を行うとともに，追加開発部分を含めたシステム全体の運用・保守性なども踏まえて再構築する必要がある。

本問では，ソフトウェアパッケージの利用を前提とした基幹系システムの再構築について，その適切性を監査するための見識や技能を問う。

採点講評

問3（ソフトウェアパッケージを利用した基幹系システムの再構築の監査について）は，多くの組織で検討あるいは実施しているテーマとして出題したが，設問ア及び設問イでは，パッケージの利用を前提とした再構築についての監査という出題趣旨とは関係なく，一般的な再構築のメリットやリスクについての論述が散見された。また，設問ウでは，再構築の適切性を監査する具体的な監査手続を求めているが，六つの観点からの監査項目だけを論述して監査証拠については述べていない論述や，監査実施結果についての論述が目立ち，監査手続を理解できていないと思われる受験者が多かった。

平成26年度

問2　情報システムの可用性確保及び障害対応に関する監査について

企業などが提供するサービス，業務などにおいて，情報システムの用途が広がり，情報システムに障害が発生した場合の影響はますます大きくなっている。その一方で，ハードウェアの老朽化，システム構成の複雑化などによって，障害を防ぐことがより困難になっている。このような状況において，障害の発生を想定した情報システムの可用性確保，及び情報システムに障害が発生した場合の対応が，重要な監査テーマの一つになっている。

情報システムの可用性を確保するためには，例えば，情報システムを構成する機器の一部に不具合が発生しても，システム全体への影響を回避できる対策を講じておくなどのコントロールが重要になる。また，情報システムに障害が発生した場合のサービス，業務への影響を最小限に抑えるために，障害を早期に発見するためのコントロールを組み込み，迅速に対応できるように準備しておくことも必要になる。

情報システムに障害が発生した場合には，障害の原因を分析して応急対策を講じるとともに，再発防止策を策定し，実施しなければならない。また，サービス，業務に与える障害の影響度合いに応じて，適時に関係者に連絡・報告する必要もある。

このような点を踏まえて，システム監査人は，可用性確保のためのコントロールだけではなく，障害の対応を適時かつ適切に行うためのコントロールも含めて確認する必要がある。

あなたの経験と考えに基づいて，設問ア～ウに従って論述せよ。

設問ア　あなたが関係している情報システムの概要と，これまでに発生した又は発生を想定している障害の内容及び障害発生時のサービス，業務への影響について，800字以内で述べよ。

設問イ　設問アで述べた情報システムにおいて，可用性確保のためのコントロール及び障害対応のためのコントロールについて，700字以上1,400字以内で具体的に述べよ。

設問ウ　設問ア及び設問イを踏まえて，可用性確保及び障害対応の適切性を監査するための手続について，それぞれ確認すべき具体的なポイントを含め，700字以上1,400字以内で述べよ。

サンプル論文 (1/5)

設問ア

1．情報システムの概要、想定される障害の内容と影響

1－1．情報システムの概要

A社はインターネットサービス企業である。A社の主要事業は，スマートフォン上のコミュニケーションツール（利用者間でメッセージ交換や電話などができるアプリ）の開発及び運用である。

当該サービスは，A社システム部が構築・開発した情報システム上で稼動している。その構成はWebサーバとDBサーバとネットワークを複数の機器と回線により冗長化している。

また、毎日大量のメッセージ通信が発生し、メッセージの送受信や履歴の閲覧を利用者のストレスなく行う必要がある。この為、サービスが稼動する情報システムについては、HTTP応答時間6秒以内、サービスに影響を与える障害時の復旧時間20分以内という高いサービスレベルが設定されている。

1－2．発生が想定される障害の内容、障害発生時のサービスへの影響

本システムにおいて，最も注意しないといけないのは，ある意味避けられないハードウェアの故障である。ソフトウェアのバグや，通信の過負荷の発生などとは違って，偶発故障や摩耗故障は避けられないからだ。過去に発生した障害レポートを見ても，圧倒的に多いのがハードウェアの故障であることが確認できている。

ハードウェアが故障した場合，何も対策を取っていないと即サービス停止に至り、社会インフラであるメッセージサービスの利用者7千万人が、知人との連絡がとれなくなる等の不都合が生じる。また、それが原因で利用者が減少すれば、メッセージ上に表示される広告収入に依存するA社としては、売上への影響も発生する。

①
ここでは，“システムアーキテクト”の設問アでよく要求されている「情報システムの概要」を書く。書き方は，システムアーキテクトのサンプル論文を参考にしてもいい。ただ今回のポイントは信頼性に関するものなので，「そのシステムが重要であること」と「SLA」は書いた方が良い。

②
信頼性に関する監査なので，基準となるSLAを定量的に明確にしておくのはGood！読み手は基準がはっきりする。

③
この問題の難しいところは，ここでどこまで障害の内容を絞り込むかになる。今回は，設問イや設問ウで書く分量を考えて「ハードウェアの故障」に絞った。これ以上に細かくして「サーバの故障」とか「ネットワーク機器の故障」としても良かったかもしれないし，ソフトウェアの不具合にしても構わない。いずれも，一度の監査でできる範囲，もしくは設問イ，ウに書ける範囲で調整する必要がある。

設問イ

2．可用性確保と障害対応の為のコントロール

2－1．可用性確保の為のコントロール

ハードウェアの故障に対しては，可用性の確保が必要になるが，A社では，可用性確保の対策として、Webサーバ，DBサーバ，ネットワーク機器，ネットワーク経路の全てを冗長化している。

Webサーバとネットワーク機器に関しては複数台で構成しどれか1台が故障しても他の機器が稼働していればシステム停止には至らない。ネットワーク経路も同様に障害が発生しても，迂回ルートで通信は可能である。

DBサーバに関しては，ハードウェア故障が発生すると，常時同期を取って稼働している予備のDBサーバへの切替えを実施し、サービス継続稼動と、メッセージデータの完全性を確保している。

2－2．障害対応の為のコントロール

（1）障害の早期発見に関するコントロール

このように主要な機器に関しては冗長化しているが，一部の機器に故障が発生した場合には，すぐにアラートが担当者に伝わる仕組みになっている。

A社では、年間365日24時間体制でシステム部の運用担当者が常駐している（3交代制)。そして，何かしらの故障が発生すると，常駐している社員のデスクに設置されているパトランプが点滅し、検知した障害内容が画面に表示される。

故障を検知した場合，早急に通常の冗長化された状態に戻すように，こちらも年間365日24時間体制で常駐しているハードウェアメーカーの担当者に連絡をしている。

（2）障害応急対策と再発防止策の策定に関するコントロール

ハードウェアを冗長化することで，アラートを検知しても業務に影響の出るような障害に至る可能性は小さいと考えているが，それでも冗長化している複数台の機器

④ ハードウェア故障に絞り込んだことで，冗長化を中心に説明することができる。

⑤ 冗長化しているので，冗長化が機能する故障と，冗長化が機能しない故障とに分けてコントロールを書いている。連絡先はどちらもハードウェアメーカーになるが，後者の場合は，全社員に通知するようにしている。問題文の「障害の影響度に応じて，適時に関係者に…」という部分に対応している。

⑥ 問題文だと可用性確保のためのコントロールの方にあるような感じだが，この程度は許容範囲。設問イの範囲内なのでどちらでも問題は無い。

が同時に故障する場合もある。その場合には“情報システムが使用できなくなった場合には20分以内の復旧”が必要になる。

この場合は，常駐しているハードウェアメーカーの担当者だけではなく社内の全社員に連絡をする。そして，システム部門がシステムの復旧有無を含めて検討して，保守部品に交換した後に応急対策を実施する。そうして，障害対応後に情報システムの安定稼動の為に、原因分析と再発防止策を策定し実施する。

また，A社では，年4回，障害対応訓練を実施している。単体の故障，複数台の故障の割合は1対3。サーバそのものを止めることはできないので，実行環境をコンパクトにした開発環境を使って実施している。

なお、システム監視で検知した障害については、A社の障害管理システムに自動でインシデントとして登録される。そして、障害発生日時、障害対応完了日時（暫定・再発防止策時）、時系列での障害対応内容、障害内容、対応者が記録される。その後、関係者への報告有無・内容、既知の対応かどうか、障害発生原因、サービス影響の有無などを運用担当者が追加入力する。入力された内容については、システム部長によって承認する機能がある。システムからは，範囲指定をして障害管理報告書が発行できる。

⑦ 問題文の「障害の影響度合いに応じて，適時に関係者に…」という部分に対応している部分。

⑧ 原因分析と再発防止策に関しては，具体的には書ききれなかった。分量的なもの。可能であれば書いた方が良い。

⑨ 障害対応訓練について言及している。

⑩ これも重要な部分。障害対応の最後の部分だ。

設問ウ

3．可用性確保及び障害対応の適切性を監査する為の手続

3－1．可用性確保の適切性に関する監査手続

第一に、冗長化が有効だったかどうかを確認するために，直近一年間で発生したハードウェア障害への対応記録（障害管理表）を，障害管理システムからアウトプットし，全ての障害に対しての障害発生日時と障害対応完了日時の項目を確認する。その中で，システム停止をすることなく（つまり，業務を止めずに）対応できているかどうかを確認する。

第二に，年に４回行われているシステム運用訓練の運用訓練計画書と運用訓練結果報告書を入手して、その中から，冗長化対策の有効性に関する訓練を全て抽出し，機器構成図と対比して全ての冗長化されている機器について網羅的に訓練が行われていることを確認する。漏れがある場合には，今後の計画があるかどうかをＩＴサービスマネージャにインタビューして確認する。

3－2．障害対応の適切性に関する監査手続

（１）障害の早期検知に関する監査手続

障害の早期検知に関しては，直近１年間で発生した全てのハードウェア障害について、障害管理報告書の障害発生日時と，連絡を受けた担当者が障害の発生を確認した日時を比較して，タイムリーに検知していることを確認する。具体的にはＡ社の基準である１分以内になっていることを確認する。

（２）障害応急対策と再発防止策の策定に関する監査手続

システム停止の発生と，その場合に20分以内に復旧できているかどうかをＩＴサービスマネージャにインタビュー形式で確認する。予備調査で別担当者に確認したところ「記憶にない」と言っていたため，再度運用責任者にあたるITサービスマネージャに確認する。

⑪ 「適切性」が問われているので，設問イのコントロールに対応する形で書いていく。

⑫ 設問イで実施しているコントロールを元に監査手続を決定している。今回の場合は，機器構成表，障害報告書，障害対応訓練の3つになる。

⑬ 監査証拠を明確にしている。

⑭ 単に監査証拠を書くだけではなく，その監査証拠たるドキュメントのどこをどう見るのかを書いている。これが設問で問われている「確認すべき具体的なポイント」を含めた表現になるが，設問で明示的に求められていなくても書いた方が良い。

⑮ あまり確認後のことを書く必要はないが，ドキュメントチェックに加えてインタビュー形式を重ねるために入れてみた。Good！

⑯ ここも。一貫性が確保できている。

加えて，障害管理システムには5年分の障害に関する記録が残っているので，システム停止につながったインシデントが無いことを，障害管理システムの検索機能を使って確認する。万が一，システム停止につながった障害が発生していた場合には，原因分析と再発防止策が検討されているかを確認する。

過去にシステム停止につながる障害が発生していないからと言って，今後も発生しないとは限らない。ましてや全く対応していないことで，システム停止につながる障害が発生した場合に，20分以内に復旧できないことも想定できる。そこで，この監査項目に関しても，年に4回行われている運用訓練の運用訓練計画書と運用訓練結果報告書を確認する。確認する内容は，システム停止を想定した連絡が全社員にいきわたっていることと20分以内の復旧訓練である。訓練の頻度，訓練の結果（20分以内に復旧できているかどうか？）を確認する。20分以内に復旧できなかった場合には，原因分析と改善策が検討されていること，その再訓練が設定されていることも確認する。

以　上

⑰ システム停止につながる障害が発生していないので，原因分析と再発防止策に関しては，ここではない。

⑱ ここも実際には発生していないので訓練時の対応を確認している。

⑲ システム停止につながる障害が発生していないので，原因分析と再発防止策に関しては，訓練時のものが中心になる。このケースではこうなるので全く問題は無い。

◆A評価のポイント

このサンプル論文は，下表にまとめた通り，第1部の論文共通の部分はもちろん十分満たしているし，第2部のところもポイントを押えているし，採点講評で指摘されている点もすべてクリアできています。したがってA評価は間違いありません。

ただ，注意しなければならないのは，このような運用＋信頼性に関する監査では，書けることが多すぎて3,600字では収まらないケースです。このサンプル論文でも字数制限いっぱいを使ってなんとか収めていますが，これが試験本番だと2時間の中もしくは字数制限の中で，書ききれないことも。そうならないように，2時間で何文字書けるのか，コントロールはいくつ，監査手続きはいくつ書けるのかということを事前に把握しておくといいでしょう。

チェックポイント			評価と脚注番号
第1部	Step1	規定字数	**約3,500字**。全く問題は無いが，人によっては2時間で書けない可能性もある。2,500字程度あれば大丈夫だが，その場合，書きたいことが書ききれない可能性もある。どこをどれくらい書くのか，監査手続の数やコントロールの数を予め決めておいた方が良い。
	Step2	題意に沿う	問題なし。設問に対するタイトルを付けている。問題文で問われている点に忠実に回答している。原因分析と再発防止策に関しても，実際には発生していないので訓練のものを採用しているというところで担保できている。逆に説得力が増すのでGood！（⑧⑰⑲）。また，連絡先を影響の大きさで分けている点に関してもシステム障害が発生していないので，訓練で確認しているので問題は無い（⑤⑦⑱）。
	Step3	具体的	問題なし。全体的に具体的で詳細に書けている。特に，コントロールの部分，監査手続の部分が具体的に表現できている。
	Step4	第三者へ	問題なし。全体的に分かりやすい内容になっている。
	Step5	その他	全体的に整合性が取れている。設問アから設問イへつながっているし（①②③），コントロールと監査手続も対応している。
第2部	AU共通		・設問ウの監査手続が，A社で実施しているコントロールに対して，それが有効に機能しているかどうかが確認されている。 ・また，一つのコントロールに対して複数の視点からチェックしている点，バランスよく多角的にチェックしている点，監査証拠が含まれている点，無理な監査手続があまり入っていない点などから合格点だと判断できる。 ・この設問で問われている確認すべき具体的なポイントも含まれている。
	テーマ別		—

表39　この問題のチェックポイント別評価と対応する脚注番号

◆事前準備しておくこと

「**テーマ4　運用・保守業務の監査**」の問題に対しては，本書の第2部「**ITサービスマネージャ**」や「**システムアーキテクト**」の部分を再確認しておきましょう。設問アで書く“システム概要”はシステムアーキテクトの設問アと同じポイントですし，設問イの“必要なコントロール”というのは，ITサービスマネージャにとっても理想の対応になるからです。**ITサービスマネージャの論文が当事者の書いたもので，それをチェックするのがシステム監査人**ですからね。

ちなみに，この問題のように設問イでインシデント対応手順が問われている場合，**ITサービスマネジメントのインシデント対応手順（P.263参照）**が参考になります。問題文にはある程度書いてくれていますが，それが無くても標準的なインシデント対応手順は知識として押さえておくといいでしょう。

◆IPA公表の出題趣旨と採点講評

出題趣旨

情報システムの用途の広がりに伴い，情報システムに障害が発生した場合の影響がますます大きくなる一方で，システム障害を完全に排除することは難しい。したがって，情報システムの可用性を高めるためのコントロールだけではなく，障害を早期に発見し，復旧するためのコントロールも併せて整備しておく必要がある。さらに，発生したシステム障害の原因調査，応急対策，再発防止策を実施するとともに，関係者への連絡及び報告を適時に行わなければならない。

本問では，情報システムの可用性確保及び障害対応に関する監査を実施するに当たり，システム監査人として，リスクとコントロール，監査手続を設定するために必要となる見識や技能があるかどうかを問う。

採点講評

問2（情報システムの可用性確保及び障害対応に関する監査について）は，多くの情報システムに該当する基本的なテーマである。設問アでは，障害発生時の業務への影響について，具体性のある論述をしている解答は少なかった。設問イでは，ほとんどの受験者が可用性確保と障害対応のコントロールについて何らかの論述をしていた。しかし，早期発見のコントロールについて論述できている受験者は少なく，問題文をよく読まないまま解答している受験者が多かったように思われる。　設問ウでは，どのような監査証拠を入手し，具体的に何を確認するのかまで論述できている受験者は少なかった。情報システムに関わるリスクとコントロール，監査手続の関係をしっかりと理解してほしい。

平成28年度

問1　情報システム投資の管理に関する監査について

近年，企業などにおいては，厳しい競争環境の中で，情報システムの新規導入，大規模改修などに対する投資を，その優先度に応じて絞り込むことが必要になってきている。情報システム投資の優先度は，情報システム投資に関係する事業戦略の重要度，費用対効果，必要な人員，利用可能な情報技術の状況など様々な観点から評価して決定することが重要である。

一方で，情報システム投資の内容や優先度の決定が適切であっても，必ずしも当初の目的・期待効果を達成できるわけではない。例えば，情報システムの運用開始後に顧客ニーズ，競争環境，技術環境などが変化し，当初の目的・期待効果を達成できなかったり，達成していた期待効果を維持できなくなったりすることがある。したがって，情報システムの運用段階においても，情報システム投資の目的・期待効果の達成状況，内外の環境変化などを継続的にモニタリングし，必要な対応策を実施することができるように，情報システム投資の管理を行うことが重要である。

システム監査人は，情報システム投資の決定が適切に行われているかどうか，また，情報システムの運用段階において，目的・期待効果を達成及び維持するための情報システム投資の管理が適切に行われているかどうかを確かめることが必要である。

あなたの経験と考えに基づいて，設問ア～ウに従って論述せよ。

設問ア　あなたが携わった組織における情報システム投資の決定の体制及び手続の概要，並びに当該体制及び手続に基づいて決定された情報システム投資の一つについてその目的・期待効果を含めた概要を，800字以内で述べよ。

設問イ　設問アで述べた情報システム投資について，その決定が適切に行われているかどうかを確認する監査手続を，700字以上1,400字以内で具体的に述べよ。

設問ウ　設問アで述べた情報システム投資について，情報システムの運用段階において，その目的・期待効果の達成又は維持が損なわれるリスク，及び当該リスクへの対応策を実施できるようにするための情報システム投資の管理が適切に行われているかどうかを確認する監査手続を，700字以上1,400字以内で具体的に述べよ。

サンプル論文　(1/5)

設問ア

1．情報システム投資の概要

1－1．情報システム投資決定の体制・手続の概要

A社はアパレル専門のＥＣサイトを運営している。この企業の情報システム投資の決定は，次年度予算を決める時，及び期の途中で追加予算の申請があった時に行われる。いずれのタイミングにおいても，投資を決定するのは，A社の社長とすべての役員が参加する経営会議になる。経営会議は，毎月1回，前月の売上等が確定した月次決算後の10日に実施している（休日の場合は10日以後の営業日）。このうち，毎年12月と1月は次年度予算の話が中心になる。

そして，役員会議では，次のような手順で情報システム投資を決定する。

①情報システム部門がまとめた個々の投資案件を確認する。

②経営会議では，投資効果を含む様々な観点で個々の情報システム投資内容を定量的に評価する。

③その評価結果を元に優先度付けを行ったうえで，個々の投資案件の採否を決定する。

1－2．情報システム投資決定の実例

今回，基幹システムの大規模な改修を行う投資案件について，その決定が適切に行われているかどうかを監査することになった。

対象とした投資案件は，A社のデータ戦略部より情報システム部に依頼があったもので，既存の会員の属性情報や商品閲覧履歴，購入履歴等のデータを分析する基盤構築と，分析結果を基にＥＣサイト上で会員に対して最適な商品を推奨して購買を促す機能の追加である（以下，購買促進機能追加）。この機能を追加することで，激戦になっているＥＣ市場で勝ち残れるように，顧客増，売上増を狙っている。具体的には，顧客10%増，初年度売上高10億円増を目指している。

①

書くことが多いと判断していきなり本論に入ることにした。システム監査技術者試験の論文の場合，なぜか採点講評で「無関係のことは書くな」というニュアンスの指摘が目立つので，こういうのも全然問題ない。

②

問題文では「その目的・期待効果を含めた概要」としているので，ここでは，システム導入の直接的効果ではなく，経営目標を具体的数値とともに書いた。

設問イ

2．情報システム投資決定の適切性の監査手続

2－1．想定されるリスク

情報システム部からの投資案件は他にも大小いろいろある。これらすべてを無条件に許可することはありえないし，だからと言って逆に無視することもできない。きちんと投資効果が見込めるのならば，それは投資されるべきである。

そこで，まずは投資決定プロセスの適切性を監査した。

2－2．投資の決定が適切に行われていることを確認する監査手続

（1）経営会議で十分に議論されていることの確認

まずは，この購買促進機能追加の投資案件が，経営会議でしっかりと議論されているかどうかを確認する必要がある。

細かい話をすると，経営会議で審議する情報化投資は100万円を超えるものが対象になる。加えて緊急性を要する案件以外は，追加，追加で収拾がつかなくることを避けるため，極力次年度回しにして，まとめて1年分の要求を比較検討して優先順位付けするようにしている。

そこで，まずはこの投資案件に関する全ての議事録を参照し，起案のタイミングと緊急性の有無について議論されているかどうかを確認する。

（2）全役員の承認と経営戦略との整合性を確認

A社では，経営会議で審議される個々の投資案件については，役員全員一致でないと承認されないことになっている。当日の会議に出席できない場合は，事前に個別に説明して承認をもらうか他の役員に委任状を書いてもらわなければならない。

そういう規程が存在し，その規程に関しては問題ないため，この投資案件に関しても，議事録によって出席している役員を確認するとともに，欠席している役員の委任状があり，すべての役員の承認があることを確認する。

③
リスクは問われていないが，リスクにも少し触れておいた方が良いと判断して，少しだけ書いた。ただ，A社のコントロールを含めた「今回の監査手続」とするためには，一つの監査手続きが200字は必要になる。となると，設問イでは4-5しか書けなくなるので，リスクを極力短くしようと判断して，この量にした。

④
設問イは，監査手続きだけが問われているため，早々に監査手続きの話を中心に書かなければならない。そうなると，個々の監査手続きを段落分けしてわかりやすくした方が良いと判断した。その単位を監査要点にしている。

承認が無い場合には，個別に当該役員にヒアリングを実施する。また，議事録を確認して経営戦略との整合性について議論しているかどうも確認し，数人の役員から実際に話を聞くことでも確認をする。

（３）投資効果をチェックしていることを確認

A社では，情報化投資に関しての投資案件を起案する場合には，必ず投資金額を確定させ，併せてその効果をシミュレーションして投資効果算定表を元に経営会議で審議後に承認する規程にしている。そして，経営会議にかける前に，その算定根拠に対する責任部門の作成印が必要になる。

そこで，本案件の投資効果算定表を確認し，投資金額に対しては情報システム部門が，効果算定には営業部門が，それぞれ作成印を押印していることを確認する。

（４）優先順位を評価していることを確認

また，投資効果の見込めるものは基本的に許可しているが，次年度予算に関しても追加予算に関しても，投資金額の総額には限度がある。そこで，投資案件の要求が多い場合には，割り当て可能な投資金額の範囲で優先順位を付けて判断することにしている。

そこで，経営会議で作成した優先順位一覧表を確認し，投資可能金額の元，本案件の優先順位付けが他の案件との比較の下適切に行われていることを確認する。

⑤
問題文には「情報システム投資の優先度は，情報システム投資に関係する事業戦略の重要度，費用対効果，必要な人員，利用可能な情報技術の状況など様々な観点から評価して決定することが重要」と書いているので，A社のコントロールの表現に，具体的な評価基準のルールを書くというのもいいと思う。ただ，細かいルールは評価することが難しいので，それよりも有識者のチェックがかかっているかどうかをこういう形で述べることにした。細かいルールのチェックでも書けるようにしておくとなおいい。

設問ウ

3．情報システムの運用段階における投資管理の適切性の監査手続

3－1．想定されるリスク

購買促進機能追加については，情報システムの開発・運用段階において，開発プロジェクト時の遅延による投資コストの増加，A社競合のさらなる登場による事業環境の変化や，A社の顧客ニーズの変化，技術環境の変化等により，投資決定時に定めた計画目標（顧客10%増，初年度の売上高10億円増）が達成できないリスクがある。

⑥
これは設問アの1-2. で書いたことを念のため再掲している。採点者に設問アに戻らせない配慮である。

3－2．リスクに対するコントロール

（１）予算の執行状況のモニタリングに対する確認

A社では，承認された情報システム投資に関しては，開発期間中に予算が膨張していないかどうかを，情報システム部門がモニタリングし，それを経営会議で毎月報告し，予算内であれば，その報告資料に承認印をもらっている。

そこで，購買促進機能追加の予算の執行状況の報告資料に，毎月の経営会議での承認印が押されていることを確認する。

（２）外部環境の変化に関するモニタリングに対する確認

⑦
システム管理基準にない項目を入れて，今回の特徴に合わせて取捨選択しているところを示すのは非常にいい。そういう意味では，システム管理基準＋問題文より，ここに書く監査手続をピックアップするといいだろう。

開発・運用段階における外部環境の変化をどうやって検討項目に入れているのか，それを役員の方々にインタビューすることで確認する。そして，購買促進機能追加の脅威になりそうな競合企業のＥＣサイトを調査する作業が定型化しているのか，あるいはする予定があるのかを確認する。

（３）定期的に効果を確認しているかどうかを確認

経営会議では，導入後に計画通りに効果が出ているかどうかをチェックし，必要であれば軌道修正も含めて検討するようにしている。その場合の判断基準は，効果に対する責任部門の営業部門でまとめられた毎月のレポー

トになる。

そこで，まずはそのレポートを確認して，計画通りの効果が出ているかどうかを確認する。そして，経営会議の議事録で効果に関する定期報告とそれに対する参加役員の意見などを見て，経営会議でしっかりと，計画した効果に関する評価が行われていることを確認する。この場合，経営方針や経営戦略との整合性を含めて様々な角度から効果の判断が行われていることも確認する。議事録だけでは確認できない部分は，社長他数人の役員にインタビュー形式で確認する。

（４）挽回策の検討有無の確認

定期的に効果を評価した時に，効果が出ていないとなった場合は，いろいろな施策を実施して，軌道修正しなければならない。

そこで，この購買促進機能追加に関して，効果が出ていない場合の有無を営業部のレポートを確認し，効果が出ていないと判断された月に挽回策に関する話し合いが行われているかどうか，その場合の施策の計画書があるかどうかも経営会議の議事録で確認する。仮に，効果が出ていてその部分が確認できない場合には，過去５年間の経営会議の議事録を確認して効果が出ていない他の投資案件をいくつかピックアップし，そういう投資案件があるかどうかを確認する。

以上

◆A評価のポイント

このサンプル論文は，下表にまとめた通り，第1部の論文共通の部分はもちろん十分満たしているし，第2部の監査手続のポイントも押えているし，採点講評で指摘されている点も全てクリアできています。したがって，A評価の合格論文であることは間違いありません。

チェックポイント			評価と脚注番号
第1部	Step1	規定字数	**約3,600字**。全く問題は無いが，人によっては2時間で書けない可能性もある。2,500字程度あれば大丈夫だが，その場合，書きたいことが書ききれない可能性もある。どこをどれくらい書くのか，監査手続の数やコントロールの数を予め決めておいた方が良い。また，最初から書くことが多いと判断したので，無駄なことは書かずにいきなり本論から入っている点もGood！（①④）。
	Step2	題意に沿う	問題なし。設問に対するタイトルを付けている。問題文で問われている点に忠実に回答している。特にこの問題では，設問イが投資決定に関する監査が問われ，設問ウが運用段階に関する監査が問われている。その違いを正しく把握して，その観点での監査手続にする必要がある。いずれも，システム管理基準に沿ってバランスよく確認できている。
	Step3	具体的	問題なし。投資効果の話なので，効果算定の部分は具体的な数値目標を書いた（②⑥）。このほか，投資金額や，投資効果算定表の内容に関しても触れても良かったが（⑤），字数的に難しいと判断した。
	Step4	第三者へ	問題なし。全体的に分かりやすい内容になっている。
	Step5	その他	全体的に整合性が取れている。設問アの決定プロセスに対して設問イの監査手続が書かれている点，設問イもウも，一般事例ではなく，設問アで書いた一つの事例の監査手続にしている点でも整合性が取れている。
第2部	AU共通		・設問イ，ウの監査手続は，システム管理基準に沿う内容に，独自の視点も加えている（⑦）。
	テーマ別		—

表40　この問題のチェックポイント別評価と対応する脚注番号

◆事前準備しておくこと

「**テーマ2　ITガバナンス及び個別システムの企画フェーズの監査**」に対して準備しておく場合，まずは，オーソドックスですが「**システム管理基準**」をしっかりと読み込んでおきましょう。特に，平成30年版は，ITガバナンスを重視する改訂になっています。その中の「**5. 情報システム投資の評価・指示・モニタ**」が対象になります。

また，ITストラテジスト試験では，情報化投資に関する問題も出題されています(P.352，P.398参照)。第2部のITストラテジストに関する知識も確認しておくといいでしょう。

◆IPA公表の出題趣旨と採点講評

出題趣旨

企業などでは競争環境がますます厳しくなる中で，限られた経営資源を重要な事業領域に集中して投資することが必要になっている。これに伴い，情報システム投資も重要な事業戦略の実現に不可欠なものを優先的に行っていくことが求められている。したがって，システム監査人は，新規の情報システム投資の実行可否や優先順位について適切な決定が行われているかどうか，また，運用開始後にその目的・期待効果の達成状況が適切に管理されているかどうかを評価する必要がある。

本問では，システム監査人が情報システム投資の決定や管理の適切性について監査するための知識・能力があるかどうかを問う。

採点講評

問1（情報システム投資の管理に関する監査について）では，設問イは，投資内容が事業戦略と合っているかなどの基本的な監査手続は論述できていたが，効果，費用の見積りが適切かといった踏み込んだ監査手続まで論述できている解答は少なかった。設問ウは，運用段階におけるシステムの投資目的及び期待効果の達成リスクを問うているが，情報漏えい，システム停止などの技術的なリスクだけに着目している解答が多かった。そのため，運用段階の投資管理の監査手続についても適切に解答できていなかった。問題文をよく読み，何を問われているかを理解して解答してほしい。

平成29年度

問2　情報システムの運用段階における情報セキュリティに関する監査について

企業などでは，顧客の個人情報，製品の販売情報などを蓄積して，より良い製品・サービスの開発，向上などに活用している。一方で，情報システムに対する不正アクセスなどによって，これらの情報が漏えいしたり，滅失したりした場合のビジネスへの影響は非常に大きい。したがって，重要な情報を取り扱うシステムでは，組織として確保すべき情報セキュリティの水準（以下，セキュリティレベルという）を維持することが求められる。

情報セキュリティの脅威は，今後も刻々と変化し続けていくと考えられるので，情報システムの構築段階で想定した脅威に対応するだけでは不十分である。例えば，標的型攻撃の手口はますます高度化・巧妙化し，情報システムの運用段階においてセキュリティレベルを維持できなくなるおそれがある。

そこで，情報システムの運用段階においては，セキュリティレベルを維持できるように適時に対策を見直すためのコントロールが必要になる。また，情報セキュリティの脅威に対して完全に対応することは難しいので，インシデント発生に備えて，迅速かつ有効に機能するコントロールも重要になる。

システム監査人は，以上のような点を踏まえて，変化する情報セキュリティの脅威に対して，情報システムの運用段階におけるセキュリティレベルが維持されているかどうかを確かめる必要がある。

あなたの経験と考えに基づいて，設問ア～ウに従って論述せよ。

設問ア　あなたが関係する情報システムの概要とビジネス上の役割，及び当該情報システムに求められるセキュリティレベルについて，800字以内で述べよ。

設問イ　設問アを踏まえて，情報システムの運用段階においてセキュリティレベルを維持できなくなる要因とそれに対するコントロールを，700字以上1,400字以内で具体的に述べよ。

設問ウ　設問イで述べたコントロールが有効に機能しているかどうかを確認する監査手続を，700字以上1,400字以内で具体的に述べよ。

サンプル論文　(1/5)

設問ア

1．情報システムの概要と要求されるセキュリティレベル

1-1. 情報システムの概要，ビジネス上の役割

A社は，日用雑貨や書籍，家電などの小売業を営んでいる。実店舗を持たず，全ての売上はインターネット上のＥＣサイトでのみ行っている。

取り扱っているものは日用品，食品，書籍，家電，アパレル等と多岐にわたり，商品の仕入れから倉庫での在庫管理，販売，配送業者への商品の出庫の業務はもちろんのこと，業務に関連する情報システムの開発と運用も全て自社で行っている。また，A社の基幹業務システムでは，会員の姓名・メールアドレス・性別・電話番号・住所等の個人情報だけではなく，購入時の決済に必要なクレジットカード等の重要なデータや購買履歴等のデータも保持している。

1-2.情報システムに求められるセキュリティレベル

A社は，自社の情報システムで顧客のクレジットカード情報（以下，カード情報）を扱っている関係上，ＰＣＩＤＳＳに準拠するセキュリティレベルが必要になる。2018年の割賦販売法の一部改正で義務付けられたからだ。

以前からA社では，厳しいセキュリティレベルを自社に課していたが，これを機に，改めてＰＣＩＤＳＳ準拠の対応を実施した。それ以後，A社では，この要件を顧客の個人情報や社内の機密情報に対しても，カード情報と同等の基準を適用しており，ＰＣＩＤＳＳの要件をセキュリティ対策のベストプラクティスとして活用している。

ちなみに，ＰＣＩＤＳＳでは，カード情報を扱う上で，カード情報が伝送する通信の暗号化，カード情報を格納するDBの暗号化，カード会員データへのアクセスを業務上必要な範囲内に制限する等の要件が細かく求められている。

①
この問題では，問題文に「ビジネスへの影響は非常に大きい」，「重要な情報を取り扱うシステム」と書いている通り，システム監査が必要なシステムを取り上げて，それを匂わせておく。

②
情報システムだけではなく，タイトルにもある通り「ビジネス上の役割」も問われているので，このように記述した。

③
重要な情報を具体的に書いている。これが，ここで一番伝えたいところであり，記憶させたいところでもある。

④
ＰＣＩＤＳＳの場合，その内容をどこまで踏み込むかが難しい。「ＰＣＩＤＳＳ」としか書かないのも内容を知らないと思われるかもしれないが，だからと言って全部書くこともできない。そこで今回は，設問アの後半に空欄ができたので「ちなみに」という言葉で残りの分量に見合うように内容を説明した。

設問イ

2．セキュリティレベルを維持できなくなる要因とコントロール

2-1.運用段階においてセキュリティレベルを維持できなくなる要因

私はA社の情報システムの運用段階でセキュリティレベルを維持できなくなる要因を以下の通り考えた。

(1) 新しい手口による攻撃を受けるリスク

標的型攻撃のように，手口は高度化・巧妙化していることもあり，ＩＴリテラシーの高い社員でも新しい手口に引っかかり，攻撃を受ける可能性がある。

(2) 新たに発見された脆弱性を突かれるリスク

Ａ社の情報システムで用いているソフトウェア，ミドルウェア等に，新たな脆弱性が発見された場合も注意が必要である。その脆弱性を突かれ，Ａ社の顧客情報の漏洩，ＥＣサイトの商品価格情報や顧客の購買履歴等の改ざん等の被害を受ける可能性があるからだ。

(3) インシデント発生時の対応の遅れにより被害が拡大するリスク

インシデント発生時もその対応が遅れた場合や，対応を誤った場合，被害が拡大するリスクもある。

2-2.リスクに対するコントロール

前述の運用段階においてセキュリティレベルを維持できなくなるリスクに対するコントロールは以下の通りである。

(1) 新しい手口による攻撃を受けるリスクに対するコントロール

新しい手口による攻撃については，Ａ社の社員に対する継続的な教育が必要である。これは，巧妙化・高度化する攻撃が新たに発生し続けている為，一時的な教育ではなく，最新の手口を社員に認識させ，適切な対応と注意を促す継続的な教育が必要な為である。

また，継続的な教育については，Ａ社の取引先情報の

⑤ ここは採点講評にも書いている通り，構築段階ではなく運用段階なので「脅威の変化を踏まえた」内容にしなければならない。

⑥ 問題文に「また，情報セキュリティの脅威に対して完全に対応することは難しいので，インシデント発生に備えて，迅速かつ有効に機能するコントロールも重要になる。」という視点もあったため，これも加えた。

⑦ ここで書くコントロールは，監査人が必要だと考えているコントロールか，それとも実際にA社で行われているコントロール（運用部門やセキュリティ委員会で行われているコントロール）か，いつも悩ましいところである。問題によっては，本当に迷う。どちらでも国語的には問題ないからだ。
今回は，両方混在させている。実際にも，予備調査で存在を見つけられたかどうかだけの話になるからだ。但し，いずれにせよA社に必要なコントロールにしないといけないのは間違いない点には注意しよう。

ような社外秘のデータを外部に持ち出すような，社員による不正を思いとどまらせる効果もある。

(2) 新たに発見された脆弱性を突かれるリスクに対するコントロール

A社の情報システムで利用しているソフトウェアやミドルウェアの製品名やバージョンが管理され，それらの脆弱性に対する情報収集と共有がA社の組織的な取り組みとして行われている必要がある。さらに，脆弱性が発見された場合は，パッチを当てる等の脆弱性を回避する対策を早急にとる必要がある。

(3) インシデント発生時の対応の遅れにより被害が拡大するリスクに対するコントロール

A社でのセキュリティインシデント発生時には，社内における相談を受け付ける窓口がＣＳＩＲＴとして存在する。但し，ＣＳＩＲＴが報告・相談を受けても素早く，正しく機能しなければ，被害を拡大する可能性がある。

⑧
ここは，様々な形態があるのでA社で実施しているコントロールについて書いた。ここに合わせて前述の（1）（2）もA社で実施しているコントロールについて書いてもいい。但し，その場合，少しは監査人の意見を入れるべき。

設問ウ

3．コントロールに対する監査手続

私は，前述したコントロールに対して以下の監査手続を計画した。

(1)新しい手口による攻撃

A社では半年に一度，ＣＳＩＲＴが主導するかたちで，全社員に対してe-Learningによる情報セキュリティ教育を実施し，新しい手口による攻撃やA社内のセキュリティルールを周知している。そこで，その周知が本当に全社員に行き届いているかどうかを確認するために，社員名簿とe-Learning の全社員の受講履歴を突合し，過去の定期的な教育を確認する。

また，全社員は対象のe-Learningで理解度を確認するテストを受講し，一定の点数を取ることが義務付けられている。そこで，そのテストも全社員が受講完了していることをテスト受講履歴と社員名簿を突合して確認する。

(2)新たに発見された脆弱性を突かれた攻撃

A社では脆弱性の情報収集及び情報システム部への連絡を，A社のＣＳＩＲＴが行っている。そこで，A社のＣＳＩＲＴのメンバにヒアリングして，定期的に情報収集する仕組みが存在するか，属人的になっていないかを確認する。また，その実際の対応が適切に行われているかをＣＳＩＲＴの脆弱性の情報収集・対応記録と社内の関係者へ周知された脆弱性に関するメールを査閲して確認する。

次に，各情報システムの構成管理表を入手して，個々のシステムのＯＳやミドルウェアごとに最新バージョンをネットで確認し，最新の情報に維持されていることを確認する。

最後に，各情報システムの構成変更を行ったリリースの記録と，前述の構成管理表，脆弱性の情報収集・対応記録をそれぞれ日付で突合し，脆弱性情報の入手から情報システムのリリースまで，タイムリーに行われている

⑨
設問イでは監査人が必要だと考えているコントロールを書いたため，ここでA社で実施しているコントロールを書いた上で，監査手続について書いている。

⑩
ここも，設問イでは監査人が必要だと考えているコントロールについて書いたため，A社で実施しているコントロールを書いた上で，監査手続について書いた。

ことを確認する。

（3）インシデント発生時の対応の遅れ等により被害が拡大するケース

　ＣＳＩＲＴによる過去のセキュリティインシデント対応履歴の中から，Ａ社のＳＬＡを守ることが出来なかったインシデントを抽出する。そして，そこに原因分析が行われ，再発防止策について検討されているかどうか継続的改善の有無を確認する。

　また，それを検討しているメンバの情報セキュリティに関する知識レベルをインタビューによって確認するとともに，専門知識を持つメンバが不在の場合，外部の情報セキュリティ専門家も加わって検討されていることをインシデント対応履歴で確認する。

　最後に，社員の数名をランダムに抽出してインタビューを実施し，セキュリティインシデントの報告・相談窓口がＣＳＩＲＴであること，ＣＳＩＲＴへの連絡先の記載箇所を社員が実際に認識しているかを確認する。

—以上—

◆A評価のポイント

このサンプル論文は，下表にまとめた通り，第1部の論文共通の部分はもちろん十分満たしているし，第2部の監査手続のポイントも押えているし，採点講評で指摘されている点も全てクリアできています。したがって，A評価の合格論文であることは間違いありません。

ただ，脚注の⑦にも書いた通り，この問題は，設問で求められている「コントロール」が，システム監査人が必要と考えているコントロールなのか，A社で実施しているコントロールなのかの判断が難しい問題です。このサンプル論文ではこのようにしていますが，こういう場合，安全策を考えるならば，設問イで「**監査人の考え＋A社で実施しているコントロール**」にして，設問ウでは「**それに対する有効性の監査**」について書く方がいいでしょう。

また，設問ウの監査手続の中には「**どうやって？**」というもの（説明不足や不可能なもの）もありますが，A評価はあくまでも60点相当のレベルなので，少数であれば減点だけでA評価を確保できます。午後Ⅰ試験でも，誤答をしても60点以上でクリアできますよね。それと同じだと考えて論述しましょう。

チェックポイント			評価と脚注番号
第1部	Step1	規定字数	**約3,200字**。全く問題なし。
	Step2	題意に沿う	問題なし。設問に対するタイトルを付けている。問題文で問われている点に忠実に回答している。採点講評に書かれているポイントも全てクリアできている（⑤⑥）。
	Step3	具体的	問題なし。全体的に具体的に書けている。
	Step4	第三者へ	問題なし。全体的に分かりやすい内容になっている。
	Step5	その他	問題なし。全体的に整合性が取れている。特に，基本的なリスク，コントロール，監査手続に一貫性がある（①②③⑦⑧⑨⑩）。
第2部	AU共通		・設問ウの監査手続が，A社で実施しているコントロールに対して，それが有効に機能しているかどうかが確認されている。 ・また，一つのコントロールに対して複数の視点からチェックしている点，バランスよく多角的にチェックしている点，監査証拠が含まれている点，無理な監査手続があまり入っていない点などから合格点だと判断できる。
	テーマ別		―

表41　この問題のチェックポイント別評価と対応する脚注番号

◆事前準備しておくこと

「**テーマ5　セキュリティ監査**」の問題への準備として，**情報セキュリティ監査基準**，**情報セキュリティ管理基準**に目を通しておくことです。

◆IPA公表の出題趣旨と採点講評

出題趣旨

情報システムを取り巻く情報セキュリティの脅威は刻々と変化し続けていくので，構築時に想定したセキュリティレベルを満たすだけでは，変化する情報セキュリティの脅威に対応することは，難しい。したがって，情報システムの運用段階においては，セキュリティレベルが維持できるように適時に対策を見直すためのコントロールが重要になる。

本問は，システム監査人として，情報システムの運用段階において変化する情報セキュリティの脅威に対して，セキュリティレベルを維持するためのコントロールが有効に機能しているかどうかを監査するための知識・能力などを評価する。

採点講評

問2（情報システムの運用段階における情報セキュリティに関する監査について）は，設問アでは，セキュリティレベルではなく，リスクを論述している解答が多かった。設問イでは，構築段階で想定できる要因とそのコントロールの論述が多く，問題文で求めている運用段階における情報セキュリティの脅威の変化を踏まえた解答は少なかった。設問ウでは，設問イで述べたコントロールに対応した監査手続を論述できていない解答が目立った。また，監査手続ではなく，監査結果，指摘事項などを論述している解答も散見された。本問は，運用段階において変化する情報セキュリティの“脅威”に対する監査の出題であるので，問題文をよく読み，題意を理解した上で，解答してほしい。

平成30年度

問２　リスク評価の結果を利用したシステム監査計画の策定について

組織における情報システムの活用が進む中，システム監査の対象とすべき情報システムの範囲も拡大している。また，情報の漏えいや改ざん，情報システムの停止によるサービスの中断，情報システム投資の失敗など，情報システムに関わるリスクは，ますます多様化している。しかし，多くの組織では，全ての情報システムについて多様化するリスクを踏まえて詳細な監査を実施するための監査要員や予算などの監査資源を十分に確保することが困難である。

このような状況においては，全ての情報システムに対して一律に監査を実施することは必ずしも合理的とはいえない。情報システムが有するリスクの大きさや内容に応じて監査対象の選定や監査目的の設定を行うリスクアプローチを採用することが必要になる。例えば，年度監査計画の策定において，経営方針，情報システム化計画などとともに，監査部門で実施したリスク評価の結果を基に，当該年度の監査対象となる情報システムの選定や監査目的の設定を行うことなどが考えられる。

監査部門がリスクアプローチに基づいて，監査対象の選定や監査目的の設定を行う場合に，情報システム部門やリスク管理部門などが実施したリスク評価の結果を利用することもある。ただし，監査部門以外が実施したリスク評価の結果を利用する場合には，事前の措置が必要になる。

システム監査人は，限られた監査資源で，監査を効果的かつ効率よく実施するために，リスク評価の結果を適切に利用して監査計画を策定することが必要になる。

あなたの経験と考えに基づいて，設問ア～ウに従って論述せよ。

設問ア　あなたが携わった組織の主な業務と保有する情報システムの概要について，800字以内で述べよ。

設問イ　設問アで述べた情報システムについて，監査部門がリスク評価を実施して監査対象の選定や監査目的の設定を行う場合の手順及びその場合の留意点について，700字以上1,400字以内で具体的に述べよ。

設問ウ　設問ア及び設問イに関連して，監査部門以外が実施したリスク評価の結果を利用して監査対象の選定や監査目的の設定を行う場合，その利点，問題点，及び監査部門として必要な措置について，700字以上1,400字以内で具体的に述べよ。

サンプル論文 (1/5)

設問ア

1．組織の主な業務と保有するシステムの概要

1.1 組織の主な業務について

法人Ａは，複数の大学と専門学校を運営している学校法人である。組織は，各大学と専門学校を管理する法人本部と，各大学，専門学校ごとに専属の職員がいる。

法人本部の社員は約30名。会計や人事，学校間の調整業務を行っている。各大学，専門学校には，それぞれ約50～60人の職員がいて，学生管理や学生への対応業務，入試，教務事務，履修や成績管理，情報管理業務など，幅広い学校の事務作業を行っている。

情報システム部門というのはなく，各部門にいる情報システム担当者と，運用保守を委託しているＳＩベンダが法人Ａの情報システムを運用している。

1.2 保有するシステムの概要について

情報システムに関しては，個々の大学，専門学校ごとに導入し，各情報システム担当者が運用・管理している。

大学には様々なシステムが独立して運用されており，必要なデータ交換は１日１回のバッチ処理で連携するような設計になっている。

主な情報システムは，学生管理システム、成績管理システム，教務事務システム、入試管理システム，卒業生管理システムなどの基幹系システムと，電子メールシステムやファイルサーバ，外部公開用Webシステム，内部公開用Webシステムなどになる。他にも，事務システムだけではなく，授業で利用するパソコンルームなどもあり，様々なシステムが稼働している。

法人本部でも，財務会計システム，人事管理システム，給与計算システムなどが，オフィスコンピュータで稼働している。

①
システム監査の問題では，他の試験区分のように設問アの前半が固定されていない。その都度問われていることが違う。したがって事前準備することは難しいので，問題ごとに正確に問題文と設問を理解して，内容が逸脱しないことは当然のこと，設問イや設問ウとの関連性の中で，書くべきことを決めるようにしよう。

②
この問題の場合，1.1で説明した当該組織の保有している情報システムについて，“その数の多さ”や“多岐にわたっている点”をここで説明する。決して特定のシステムの話にならないこと。設問イの“前フリ”なので。

設問イ

2．リスク評価を実施した監査の対象・目的の設定手順と留意点について

2.1 設定手順

(1) 法人Aの監査計画

私は，法人Aの監査部に所属し３名の部下とともに社内のシステムに対して、システム監査も担当している。

法人Aでは，５年ごとに中長期の経営計画と情報化計画を立案している。それに合わせる形で，我が監査部でも中長期のシステム監査計画を立てている。ただ，この場合は，新規開発やシステム更改時の情報化投資，プロジェクト管理，システムそのものを対象にしたシステム監査になる。

運用中のシステム監査（定期監査）に関しては，年２回実施する計画にしているが，その監査対象のシステムは，当該監査を実施するタイミングで，その都度決定するようにしている。時々刻々と変化するリスクに対応するためだ。

(2) リスクアプローチの採用

年２回のシステム監査において，その監査対象を決定する場合，監査の２か月前に次のような手順で絞り込む。

①監査部門で，個々のシステムに対し，それぞれリスクを特定する

②個々のシステムごとに定性的リスク分析を実施

③リスク分析の結果に基づき，全システムのリスクを高得点（高リスク）のものから順番に並べる

④原則，最も高得点のものを監査対象とする

⑤経営者の承認を得て個別監査計画を立案する

2.2 留意点

(1) 前回の評価結果を利用

このリスクアプローチのポイントは，毎年２回実施されるところを利用して，前回の評価結果をベースに行うようにしている点である。そうすることで，リスク評価

③ ここでは，この組織の監査に関して書いている。全体システム化計画との関係性に関してもしっかりと書いている。Good！

④ 監査要員の少なさを人数でアピール。自分1人ではなく，監査は組織で行うものなので複数名にしておいた方がいいだろう。他に，年間予算の制約を併記してもいい。固定費の人件費ではなく，外部に委託する費用でもいい

⑤ その特性上，どうしても一般論になりがちだが，ここはこれでいい。

⑥ 設問で問われている留意点は，監査手続に対するものではなく，監査計画に対するものなので，この事例で重視している点，特徴を説明すればいい。

⑦ 要員の少なさという制約に対して，効率性を考えた留意点。

作業が効率よく実施できる。

そこに，リスク特定の段階で，この半年間で収集した新たなリスク（新たな脅威，新たに発見された脆弱性，新たに気付いたことなど）を加味して評価を変える。

(2) 情報システム化計画，中長期システム監査計画との整合性

監査対象が決定したら，その時点で，中長期システム監査計画と情報システム化計画を確認する。その対象システムのリプレイスが近かったり，すぐ後にシステム監査を実施することが決まっている場合，その監査対象でもいいかどうかを判断するためだ。後に予定している場合は，次に優先すべき監査対象にスイッチすることもある。

(3) 監査対象は総合的に決める

また，監査対象は総合的に判断し，会議で合議制で決定するようにしている。高リスクのものがいくつかある場合と，中リスクが多数ある場合では一概に決められないからである。

⑧ 全体システム化計画との整合性に言及している留意点。

⑨ この論文では，もう残り字数が少なかったのでこの程度にとどめているが，ここを中心に書いても良かったし，具体的なリスク評価について言及しても良かった。

設問ウ

3．監査部門以外が実施したリスク評価を利用する利点及び問題点

3.1 監査部門以外が実施したリスク評価を利用する利点

監査部では、このリスクアプローチを実施する際に，監査部以外が実施したリスク評価も活用している。

監査部では，情報システム部が実施している自主点検結果（ＣＳＡ：コントロールセルフアセスメント）を活用して，リスクアプローチの効率化を図っている。

というのも，我々監査部では，細部にわたってリスクを抽出するところに，どうしても限界があるからだ。ハードウェアや開発アプリケーションに関しての脆弱性に関しては，我々監査部には気付かない部分もある。それを監査部で対応できるようにするには，そこに精通した人材を確保しなければならない。ただでさえ人材不足で情報システム部にも人が足りない状況なので，監査部にそういう人材を確保するなんて到底不可能だし，何より得策ではない。したがって，そのあたりの専門的知識を使って，大きなリスクを見逃すことがないように，情報システム部のＣＳＡを利用している。

3.2 監査部門以外が実施したリスク評価を利用する時の問題点と必要な措置

但し，情報システム部のＣＳＡを利用する場合，第三者的立場で客観的かつ冷静に評価することができない可能性がある。全社的な視点に欠ける可能性もあるし，自分たちの利益を優先して考えた場合に意図的に評価を変える可能性もある。そもそも監査は，当事者でない独立した第三者が実施するから意義があるわけだから，その点を我々で何とかしなければ，ＣＳＡは使えない。

(1) リスクの漏れ

情報システム部がリスク評価をする場合，我々監査部が気付かないようなリスクを特定してもらえるというメリットがある一方で，逆に，先入観が邪魔をしてリスク

⑩
平成24年問1の問題文には「CSAでは，業務の担当者が自ら評価を行うので，当該業務における特有のリスクを発見しやすい。また，評価を通じて自らが遵守すべきコントロールを理解できるといった教育的な効果も期待できる。」というメリットが書いてある。他に，自覚している部分については，確実に改善されるというメリットもあると言われている。

⑪
同様に「自己評価であることにより回答が甘くなってしまったり，業務に精通しているがゆえに客観的な評価が難しかったりする問題もある。」というデメリットも書かれている。

だとは気付いていない（しょうがないと諦めている）ところも出てくることが懸念される。

したがって，リスク特定の段階で，我々監査部と情報システム部がリスクを持ち寄って，ワークショップ形式で実施するようにした。こうすれば双方の視点で，より多くのリスクを特定することができる。

(2) リスクの再評価

そして，個々のリスクに関するリスク評価は，情報システム部門で実施するが，その場合の評価の基準に関しては同じ方法にするようにしている。情報システム部も，同じリスク分析手順でリスク評価を実施してもらう。

こうすることで，情報システムのリスク評価の結果を我々の視点でもレビューできる。レビューした段階で評価結果が大きくかい離する場合には，再度議論して決定するようにしている。

監査部の作業としては，リスク特定やレビューを実施しなければならないので手間のように思われるが，全くそんなことはない。一から作成することに比べれば，かなり効率がいい。

以　上

⑫ CSAにおいて，ワークショップ形式は良く行われる手法になる。

⑬ 一般的にCSAは，ワークショップ形式，アンケート，チェックリストなどを使うことが多いが，リスク評価に関しては合わせてもらうことにした。

◆A評価のポイント

この問題は，午後Ⅱ試験で最もオーソドックスな“監査手続が求められている論文”ではなく，ニッチな（＝あまり出題されないという意味）**“監査計画の策定”**について求められている問題です。

こういうニッチな問題の場合，十分な準備ができている受験生が少なく，（この試験区分が）経験者の受験も少ないことから，それほど**ハイレベルな内容を目指す必要はありません。**基本に忠実になり，本書の第1部に書いている論文共通の部分を満たせば合格論文になります。このサンプル論文も，基本的な部分がしっかりできている点が評価できると考えています（下表参照）。

知識面では，**年度計画の立案手順やCSA**に関する知識は必要になりますが，その点に関しても，サンプル論文ではしっかりと書いているので，A評価は間違いないでしょう。

チェックポイント			評価と脚注番号
第1部	Step1	規定字数	**約3,300字。**全く問題なし。
	Step2	題意に沿う	問題なし。設問に対するタイトルを付けている。問題文で問われている点に忠実に回答している。設問アでは，その組織の全体の情報システムについて言及した上で，システム監査の対象とすべき情報システムが多様であることを表現している（②）。
	Step3	具体的	問題なし。全体的に具体的に書けている。リスクアプローチを説明している部分（⑤）が一般論のようになっているが，リスクアプローチの手順は，インシデント対応手順や進捗管理手順と同様，逆にアレンジしまくりだと独自路線だとみられる可能性もあるので，ここがある程度一般論での手順になるのは問題は無い。その後，留意点で特徴を書く必要があるが，そこで具体的にアレンジしていることを書けばいい（⑥⑦⑧⑨）。
	Step4	第三者へ	問題なし。全体的に分かりやすい内容になっている。
	Step5	その他	設問ウではCSAに関する知識が問われているが，そこは，監査部以外のリスク評価の結果として情報システム部門のそれを中心に書いてみた。利点は問題文にも書いているので，問題点及び監査部門として必要な措置を“正しい答え”で回答すればそれでいい（⑩⑪⑫⑬）。
第2部	AU共通		―
	テーマ別		―

表42　この問題のチェックポイント別評価と対応する脚注番号

◆事前準備しておくこと

この問題と同じテーマの問題（**年度監査計画やCSAの問題**）は，しばらく出題されないと思いますが，いつ出題されても対応できるように，必要な知識だけは獲得しておきましょう。それさえあれば，そんなにハイレベルな論文でなくてもいい（基礎に忠実であればいい）ので，仮に出題されたとしてもA評価を取りやすいし，午前や午後Ｉでも役立ちますからね。

具体的には，平成24年問1の問題文中にある**CSAを利用するための留意点**を確認するとともに，ネットで“**システム監査　CSA**”で検索して基礎知識を覚えておきましょう。

◆IPA公表の出題趣旨と採点講評

出題趣旨

組織における情報システムの活用が進む中，システム監査において監査対象とすべき情報システムが増大する一方で，情報システムに関わるリスクはますます多様化している。そこで，システム監査においては，限られた監査資源の下で，効果的かつ効率よくシステム監査を実施するためのリスクアプローチに基づく監査計画の策定が求められる。監査計画の策定に際しては，監査部門以外が実施したリスク評価結果を利用することもあるが，その場合には，監査資源の限界を補うという利点がある反面，無条件で利用することには問題もある。

本問では，システム監査人が，リスク評価の結果を利用して，適切な監査対象の選定や監査目的の設定を行うために必要な知識・能力などを問う。

採点講評

問2（リスク評価の結果を利用したシステム監査計画の策定について）は，設問アでは，受験者が関係する組織が保有する情報システムの概要を論述することを求めたが，特定の情報システムについての論述が目立った。設問イでは，監査部門がリスク評価を行うことを前提としているにもかかわらず，リスク評価の手順がほとんど論述されず，リスク評価の結果だけを論述しているものが多かった。設問ウの監査部門以外のリスク評価結果を用いる場合の利点及び問題点については，よく理解した論述が多かった。しかし，問題点に対する事前措置については，監査部門が結果を確認するなどの抽象的な内容が多かった。

平成31年度

問２　情報セキュリティ関連規程の見直しに関するシステム監査について

サイバー攻撃，個人情報規制，テレワーク，スマートデバイス，クラウド利用拡大などに伴って変化するリスクに，組織全体で対応するためには，情報セキュリティ関連規程（以下，関連規程という）を適時に見直すことが求められる。この関連規程には，情報セキュリティ基本方針，その詳細な管理策，実施手順などが含まれる。

また，関連規程の見直しによって，各部署で管轄するハードウェア，ソフトウェア，ネットワークなどの多くの IT 資産の管理及びその利用に大きな影響を与えることになるので，組織には，見直した関連規程を十分に周知徹底することが求められる。

関連規程を効果的で実現可能な内容に見直すためには，目的，適用時期，適用範囲，対応技術などを適切に検討する手続が必要である。さらに，見直した関連規程が適切に運用されるためには，単に社員教育だけでなく，影響する IT 資産・利用者の範囲，組織体制などを考慮した周知手続，進捗管理，適用上の課題解決などが重要である。

システム監査人は，このような点を踏まえ，関連規程の見直しが適切な手続に基づいて実施されているかどうか確かめる必要がある。また，見直した関連規程が，全ての部署に適切に周知徹底されるように計画され，実施されているかどうかについても確かめる必要がある。

あなたの経験と考えに基づいて，設問ア～ウに従って論述せよ。

設問ア　あなたが携わった情報セキュリティ関連規程の見直しの概要，その背景及び影響を与える IT 資産の管理と利用について，800 字以内で述べよ。

設問イ　設問アで述べた関連規程の見直しに関する手続の適切性を確かめるための監査手続及び留意すべき事項について，700 字以上 1,400 字以内で具体的に述べよ。

設問ウ　設問ア及び設問イを踏まえて，見直した関連規程を周知徹底するための計画及び周知徹底状況の適切性を確かめるための監査手続及び留意すべき事項について，700 字以上 1,400 字以内で具体的に述べよ。

サンプル論文 (1/5)

設問ア

1．情報セキュリティ関連規程の見直しに関するシステム監査

1－1．情報セキュリティ関連規程見直しの背景、概要

A社は，衣料品をＥＣサイトで販売している企業である。最近、競合のＢ社で、業務に関係するメールを装った標的型攻撃により顧客情報が流出し，億単位の損害が発生した。その話を聞いたA社の経営者は，情報セキュリティ委員会（以下、i-sec ）に対して、早急に標的型攻撃に関する調査を行い，必要に応じて対策を行うように指示を出した。

i-sec では，標的型攻撃に対するシステム面での出口対策を強化するとともに，入口対策として全社員の標的型攻撃に対する適切な対応が必要だと判断して，業務用ＰＣ利用規定を見直すことを中心に，その上位規程の情報セキュリティ対策基準や，関連する規定類を見直すことを決定した。なお，その手順については「情報セキュリティ規程」で細かく決められており，i-sec の担当者（適任者）がその手続きを踏んだ上で作成し，最終的には i-sec 内部の承認を受ける必要がある。

1－2．影響を与えるＩＴ資産の管理と利用

今回，関連規定を見直すうえで影響を与えるＩＴ資産は，A社の全社員に１人１台貸与されている“業務用ＰＣ”になる（約1000台）。

基本的に，日常の管理は各社員に任されており，管理責任者は各社員の所属する部門長になる。情報システム部では，保守やライセンス契約があるので資産管理を行うとともに，各社員からの問合せに対応したり，インシンデントへの対応を行っている。

社員は毎日，自分の業務用ＰＣを利用しているが，ウイルス感染やその拡散を防ぐために，業務用ＰＣ利用規定に従うことを義務付けられている。したがって，その規定の変更は全社員に影響が出てくるものであった。

①
最初に，設問で求められている背景を持ってきた。

②
「規定が体系的に整備されていること」，「見直す場合の手続きが決められていること」を説明している。具体的な手順に関しては，書くスペースが無いし，その手順が適切かどうかが問われているわけでもないので，今回は書かないことにした。設問イで監査手続を書くときに，部分的にその内容を書けばいいという判断だ。

③
ここでは，1−1. で述べた管理規定を変更した時に影響をうけるIT資産が問われている。加えて，そのIT資産の“管理”と“利用”について問われているので，その両方に対して丁寧に述べてみた。

④
最後に，影響の大きさを伝えることで，システム監査の必要性につながるようにしている。影響が大きくなければ，特に監査は必要ないからだ。

設問イ

2．関連規程の見直し手続きの適切性を確認する監査手続

今回の業務用ＰＣの利用規定の見直しは，慎重に行わなければならない。全社員の行動を変えることになるからだ。効果が有るのなら協力してもらえるが，効果が無い意味のない変化は，無駄な労力を使わせるだけである。今後の同様のルール変更時にも影響が出てくるだろう。

そのためＡ社では，こうしたセキュリティ関連規定を変更する際には，細心の注意を払うように，情報セキュリティ規定で決められているので，その情報セキュリティ規定の手順に基づいて監査手続を行うことにした。

情報セキュリティ規定では，情報セキュリティ関連規定を変更する際には，毎月開催されている情報セキュリティ委員会の月例会議に起案して，そこで議論のもとどういう体制で誰が作成の適任者かを報告して承認される必要がある。そこで，月例会議の議事録を参照して，そこでどのような体制で i-sec の誰が改訂内容を作成するのかを確認する。

次に，その体制の中に記載されている作成者にインタビューして，見直しに必要なリソースや専門家に，どのような意見を求めたのかを確認する。そのための会議を開催した場合には会議の議事録を，専門家のレビューを受けた場合には，その記録を確認し，適切に専門家の意見が入っていることを確認する。

特に今回のケースでは，Ａ社のセキュリティ対策を支援しているベンダＸ社が専門家になるので，ベンダＸ社から十分な支援を受けたかどうかを確認することが重要になる。今回の見直しでは，標的型攻撃対策に関する豊富な経験を持った人からの情報は不可欠である。攻撃や対策の最新事例が必要だからだ。その存在を確認しなければならない。

次に，情報セキュリティ規定では，直接変更する関連

⑤
ここでも，今回のシステム監査が必要な理由を示唆している。

⑥
情報セキュリティ規定に書かれているルールを確認しながら監査手続を決めて行っている。

⑦
この監査手続きの「留意すべき事項」を，こういう形で表現している。

規定以外に，他の関連規定に影響がないかどうかを確認し，必要に応じて他の関連規定も変更し整合性を取らないといけないとしている。そこで私は，その部分が実施されていることを確認するために，X社が参画した変更会議の議事録を提示してもらい，関連規定の影響度分析と見直しが行われているかどうかを確認する。加えて，個々の規定類の管理責任者の承認の有無を確認する。関連規程の変更が必要か必要ないかが，その規程に詳しい人と利用者によって正しく判断されていなければ漏れが発生するからだ。そこは，今回の監査でもしっかりとチェックしておかなければならない点である。

情報セキュリティ規定では，そうして策定した関連規定は，最終的に情報セキュリティ委員会で内容を確認され問題が無ければ承認され確定する。承認されると改訂版の表紙に，情報セキュリティ委員会の承認印が押下されるため，それは確認済みである。但し，当該委員会でどのような意見があったのかは，その承認月の議事録を確認しなければならないので，議事録を確認する。

そして最後に，情報セキュリティ規定では，変更の目的，適用時期，周知計画書，そのための必要予算等を企画書にまとめて，経営会議にかけて承認を得なければならない。そこで，その企画書を確認して経営会議での承認を得ていることを確認する。

⑧
二つ目の監査手続に関しては，「留意すべき事項」をこのような形で説明している。

設問ウ

3．関連規程の周知の適切性に関する監査手続

今回見直した業務ＰＣ管理規定は，その内容もさることながら，全社員の業務用ＰＣの利用方法が大きく変わるため，その周知徹底が成否を左右する。

そこで私は，その責任部門が情報システム部門ということなので，情報システム部門がどうやって周知しているのかを確認して，その適切性を監査することにした。

3－1．周知計画の監査手続

情報システム部門では，今回の規定変更後に周知計画書を作成している。その計画では，全社員に周知するために3か月間にわたって，週1回，説明会を実施し，社員は3か月間の間に，必ず1回は出席しないといけないルールにしている。そこで，まずはそのルール通りに全社員が出席する計画になっているかどうかを確認する。具体的には，最新の社員名簿と，説明会の出席簿の出席予定者及び出席者を突合し，全社員が説明会を受講する予定にしているか，もしくは受講しているかを確認する。

但し，重要なのはあくまでも全員が参加することになる。1人でもその運用を知らなければ，それだけで全てのセキュリティ対策が無駄になることもある。そこで，終了している説明会の出席簿を入手して欠席者を抽出し，再度出席を促すなどして確実に全員が出席する計画になっているかどうかを，現時点の周知計画書と社員名簿をもとに確認することにした。加えて，情報システム部門の部門長（責任者）にインタビューを実施して，この3か月間で出席できなかった者へのリカバリに対して，何か策があるのかを確認する。

3－2．周知徹底状況の適切性の監査手続

また，A社では，単に説明会に出席しただけで周知が完了したとは考えておらず，説明会に出席した社員に対し，標的型攻撃を想定した巧妙なメールを送信して、不用意にメールの添付ファイルを開封したり，メール内の

⑨
この問題を見る限り，設問イよりも，設問ウの方を重視しているような印象を受ける。特に設問イは，その手順に王道があるため，どうしても抽象的になりやすい。しかし設問ウでは周知徹底の計画は，個別に異なる。そのため，ここでできる限り個性を出すようにしたい。

⑩
この監査手続における「留意すべき事項」は，こういう形で説明している。

ＵＲＬを押下しないかをテストしている。いわゆる抜き打ち試験だ。そして，そのメールを受信した時に，情報システム部に連絡すれば問題ないが，誤ってメールの添付ファイルをクリックしたり，ＵＲＬをクリックした場合には，再度注意喚起するとともに，説明会に出席することを義務付けている。

そこで，当該テストの実施記録と結果報告書を入手して、実施状況を確認する。その中で，誤って添付ファイルをクリックしたり，ＵＲＬをクリックした社員の説明会への再出席状況をチェックし，全員が計画通り再度説明会を受講していることを確認する。

そして最後に，情報システム部が，この規定の周知徹底の効果測定を行っていることを，何かしらの方法で確認しなければならない。このルールが守られていれば，実際に不審なメールを受信した時に，情報システム部に連絡が入るようになっている。情報システム部では，それをインシデント対応レポートにまとめているので，その推移をチェックするとともに，情報システム部が，それをどう分析し，どのように評価・改善しているのかを，情報システム部の部長にインタビューすることで確認する。

この時に留意すべきことは，全社員をリードする立場にいる情報システム部の部長の持つ継続的改善に関する意欲や知識の確認である。　　　　以　　上

⑪ ここはちょっと弱いかもしれないが，何かしらの効果測定を実施し，それをもとに評価・改善しているかどうかを確認したかった。その点に関しては，どう考えているのかをインタビューで確認するにとどまっている。

⑫ 最後に「留意すべき事項」としてストレートに表現してみた。

◆A評価のポイント

このサンプル論文は，下表にまとめた通り，第1部の論文共通の部分はもちろん十分満たしているし，第2部のところもポイントを押えているし，採点講評で指摘されている点も，全てクリアできています。特に，この問題特有の監査手続とともに要求されている「**留意すべき事項**」についてしっかりと書けている点は間違いなく高評価になるはずです。少なくともA評価は間違いないでしょう。

なお，この問題で案外難しいのが，関連規定の見直しにおけるシステム監査の必要性です。添削をしていると「監査まで必要？」と判断するケースが多々あります。その点に関して問題文では「**関連規程の見直しによって，各部署で管轄するハードウェア，ソフトウェア，ネットワークなどの多くのIT資産の管理及びその利用に大きな影響を与える**」というように書いているため，論文でもそこを表現する必要があります。この論文で，全社員が利用するPCの利用規定にしたのは，そのためです。

チェックポイント			評価と脚注番号
第1部	Step1	規定字数	**約3,600字**。全く問題なし。字数が多い時の注意点は他の問題に同じ。
	Step2	題意に沿う	問題なし。設問に対するタイトルを付けている。問題文で問われている点に忠実に回答している。特にこの問題では監査手続に加えて留意事項も問われている。その点に関してもしっかりと書けている。Good（⑦⑧⑩⑫）。さらに設問ウでも教育だけではなく，抜き打ちテスト，継続的改善の視点も入っている。
	Step3	具体的	問題なし。全体的に具体的に書けている。
	Step4	第三者へ	問題なし。全体的に分かりやすい内容になっている。
	Step5	その他	問題なし。一貫性がある。なお，この問題のように，システム監査の場合は，特に定量的数値を書くことはそんなにない。
第2部	AU共通		・監査証拠を含む監査手続の表現に問題は無い（⑥⑪）。 ・留意事項に関してもしっかりと表現できている（⑦⑧⑩⑫）。
	テーマ別		—

表43　この問題のチェックポイント別評価と対応する脚注番号

◆事前準備しておくこと

このテーマに対して準備しておく場合，ISMS認証を受けている企業の場合は，自社の各種規程集や，規定の見直し手続きを確認しておくといいでしょう。ISMS認証を受けていない場合は，JIPDECのISMSガイド等を利用して，設問イで求められている各種規定の見直し手順（変更規定）を確認しておきましょう。

◆IPA公表の出題趣旨と採点講評

出題趣旨

情報セキュリティ関連規程は，常に変化する企業の外部環境及び内部環境に伴って見直しが行われなければならない。特に近年は，サイバー攻撃の高度化や新しい情報技術の導入など，リスクを大きく変化させる事象が頻繁に発生している。そして，これらのリスクは，多くのIT資産の管理やその利用に影響を与える。このため，組織には，情報セキュリティ関連規程を，リスクの変化に応じて適時かつ適切に見直し，これを各部署に周知徹底させることが求められる。

本問では，システム監査人として，情報セキュリティ関連規程の見直し手続，当該規程を周知徹底するための計画及び周知徹底状況が適切かどうかを監査するための知識・能力などを問う。

採点講評

問2（情報セキュリティ関連規程の見直しに関するシステム監査について）では，見直される情報セキュリティ関連規程の体系を説明しながら論述している解答は少なかった。また，情報セキュリティ関連規程の見直しに関する手続の適切性に関する監査手続の論述を求めたが，見直しを行う立場での論述，見直した関連規程を適用する際の留意点を論述している解答が散見された。関連規程の周知徹底計画及び周知徹底状況の監査手続については，周知徹底を行う立場で論述している解答が散見された。問題文には“単に社員教育だけでなく”と記述され，様々な例を挙げているにもかかわらず，社員教育だけを論述している解答が目立った。

著者

IT のプロ 46

IT 系の難関資格を複数保有している IT エンジニアのプロ集団。現在（2020 年 1 月現在）約 250 名。個々のメンバの IT スキルは恐ろしく高く、SE やコンサルタントとして第一線で活躍する傍ら、SNS やクラウドを駆使して、ネットを舞台に様々な活動を行っている。本書のような執筆活動もそのひとつ。ちなみに、名前の由来は、代表が全推ししている乃木坂 46 から勝手に拝借したもの。近年 46 グループも増えてきたので、拝借する部分を“46”ではなく“乃木坂”の方に変更し「IT のプロ乃木坂」としようかとも考えたが、気持ち悪いから止めた（代表談）。迷惑も負担もかけない模範的なファンを目指し、卒業生を含めて、いつでもいざという時に何かの力になれるように一生研鑽を続けることを誓っている。
HP：http://www.itpro46.com（https://www.itpro46.org/）

代表　三好康之（みよし・やすゆき）

IT のプロ 46 代表。大阪を主要拠点に活動する IT コンサルタント。本業の傍ら，SI 企業の IT エンジニア に対して，資格取得講座や階層教育を担当している。高度区分において脅威の合格率を誇る。保有資格は，情報処理技術者試験全区分制覇（累計 32 区分，内高度系累計 25 区分，内論文系 16 区分）をはじめ，中小企業診断士，技術士（経営工学部門）など多数。代表的な著書に，『勝ち残り SE の分岐点』，『IT エンジニアのための【業務知識】がわかる本』，『情報処理教科書データベーススペシャリスト』（以上翔泳社），『天使に教わる勝ち残るプロマネ』（インプレス）他多数。JAPAN MENSA 会員。“資格”を武器に！自分らしい働き方を模索している。趣味は，研修や資格取得講座を通じて数多くの IT エンジニアに“資格＝武器”を持ってもらうこと。乃木坂 46 ファンであることを誇れるように徹底的に自分を高めようと考えている。なお，アメブロ（アメーバ公式：ビジネス部門）では「自分らしい働き方」の一環として資格取得を推奨し，そのノウハウを余すことなく公開している。
mail：miyoshi@msnet.jp　　HP：http://www.msnet.jp（https://www.msnet.club/）
アメーバ公式（ビジネス部門）：https://ameblo.jp/yasuyukimiyoshi/

【補足】
なお，論文系 5 区分の試験対策講座を 20 年にわたり開催している。直接指導している人で年間数百人，YouTube や書籍を通じてとなると受験生の約 7 割に上る区分も（PM）。論文添削数は毎年 1,000 本以上なので 20 年で 20,000 本以上。毎回，脅威の合格率（特に，午後 I 通過者の A 評価取得率は 80% 以上）を誇っているため，おそらく情報処理技術者試験の論文試験 5 区分の添削数も合格者数も日本一だと思われる。理系出身者でも普通に，日本語が不得意な外国人も何人も合格のお手伝いをさせていただいた実績がある。

装　丁　結城亨（Selfscript）
イラスト　内村靖隆

情報処理教科書
高度試験午後II論述　春期・秋期　第2版

2013年　7月22日　初　版　第1刷発行
2020年　2月　7日　第2版　第1刷発行

著　者　ITのプロ46
代表：三好康之（みよしやすゆき）
発行人　佐々木 幹夫
発行所　株式会社 翔泳社（https://www.shoeisha.co.jp）
印　刷　昭和情報プロセス株式会社
製　本　株式会社 国宝社

本書へのお問い合わせについては，iiページに記載の内容をお読みください。

造本には細心の注意を払っておりますが，万一，乱丁（ページの順序違い）や落丁（ページの抜け）がございましたら，お取り替えいたします。
03-5362-3705までご連絡ください。

ISBN978-4-7981-6264-5　Printed in Japan